全国高影响天气
监测预报服务技术复盘(2021年)

中国气象局

内容简介

本书精选2021年影响较大的重大气象灾害过程、气候事件和重大活动服务保障等典型案例，系统复盘监测预报预警服务过程，深入分析预报服务难点，凝练提取可推广可应用的预报技术或方法，总结形成可复制可借鉴的预报经验；同时，对气象雷达、气象卫星、数值预报等新产品和应用技术及其在高影响天气、灾害性天气等监测预报预警服务中的作用进行了分析总结。

本书可供气象监测预报服务工作者和科研人员学习参考，也可供相关院校师生案例教学使用。

图书在版编目（CIP）数据

全国高影响天气监测预报服务技术复盘. 2021年 / 中国气象局编著. -- 北京：气象出版社，2022.4
ISBN 978-7-5029-7684-2

Ⅰ. ①全… Ⅱ. ①中… Ⅲ. ①天气预报－气象服务－研究－中国－2021 Ⅳ. ①P45

中国版本图书馆CIP数据核字(2022)第052159号

Quanguo Gaoyingxiang Tianqi Jiance Yubao Fuwu Jishu Fupan(2021 Nian)

全国高影响天气监测预报服务技术复盘（2021年）
中国气象局　编著

出版发行：气象出版社	
地　　址：北京市海淀区中关村南大街46号	邮政编码：100081
电　　话：010-68407112（总编室）　010-68408042（发行部）	
网　　址：http://www.qxcbs.com	E-mail：qxcbs@cma.gov.cn
责任编辑：周露　张玥滢　郝汉　宋祎　高菁蕾	终　审：吴晓鹏
责任校对：张硕杰	责任技编：赵相宁
封面设计：博雅锦	
印　　刷：北京地大彩印有限公司	
开　　本：787 mm×1092 mm　1/16	印　张：20
字　　数：490千字	
版　　次：2022年4月第1版	印　次：2022年4月第1次印刷
定　　价：168.00元	

本书如存在文字不清、漏印以及缺页、倒页、脱页等，请与本社发行部联系调换。

编委会

主　任：庄国泰
副主任：黎　健
委　员：毕宝贵　王存忠　张恒德　金荣花　林　建
　　　　　孙继松　章丽娜　王秀明　肖　潺　毛冬艳
　　　　　陆其峰　李　麟　吴晓鹏　王亚伟　张志刚
　　　　　裴　翀　薛红喜　梁　科

序　言

　　我国地处东亚季风区,受地理位置、地形地貌和气候特征等因素影响,气象灾害种类之多、分布地域之广、发生频率之高、造成损失之重,超过世界上大多数国家。全球气候变化背景下,我国高温、干旱、暴雨洪涝、强台风等高影响天气气候事件多发重发,气象防灾减灾任务重、难度大。与此同时,中国共产党成立100周年庆祝活动、中华人民共和国成立70周年庆祝活动、北京2022年冬奥会和冬残奥会等各类重大活动气象保障服务,挑战大、关注高。广大气象工作者坚决贯彻落实习近平总书记关于气象工作的重要指示精神,践行以人民为中心的发展思想,坚持"人民至上、生命至上",在保障社会经济高质量发展和防灾减灾中力求精密监测、精准预报、精细服务,出色的工作得到了各级党委政府的充分肯定和赞誉。

　　重大天气过程特别是重大气象灾害过程和重大活动气象保障服务的复盘总结,是加深对天气气候过程理解认识、完善预报技术方法、积累气象保障服务经验的重要方式,对不断提升气象事业科技内涵具有重大意义。通过复盘总结,不断深化预报员对高影响天气过程发生发展机理的系统性认识,"从细着手、从精着力",把经验成果固化到气象业务流程和业务体系,不断提高预报预测准确率,最终全面提升气象监测预报预警服务能力和气象防灾减灾能力。

　　本书精选年度影响较大的重大天气过程、气候事件和重大活动服务保障等典型案例,系统复盘监测预报预警服务过程,深入分析预报服务难点,凝练提取可推广可应用的预报技术方法,总结形成可复制可借鉴的预报经验;同时,对气象雷达、气象卫星、数值预报等新产品和应用技术及其在高影响、灾害性天气监测预报预警服务中的作用进行了分析总结,这些都是预报员和一线业务人员需要掌握或者熟练使用的基本知识和技术方法。

本书是现阶段内容新、覆盖面广且具有较高使用价值的日常业务工具书,希望预报员和一线业务人员能够参考和灵活使用,使之真正成为业务中有用的工具和帮手。今后,希望全国气象工作者能够将复盘总结工作制度化、规范化、系统化,努力提供更准确、更及时、更贴心的气象预报服务,让人民群众有更多、更直接、更实在的气象服务获得感、幸福感和安全感!真正发挥复盘总结推动气象事业高质量发展的重要作用,切实筑牢气象防灾减灾第一道防线,为全面建成社会主义现代化强国作出新的更大贡献!

2022 年 4 月

目 录

序言

第一部分 天气气候概述及气候事件复盘

2021年中国天气气候概述 ……………………………………………………………… 003
2021年汛期气候预测复盘总结 …………………………………………………………… 014

第二部分 重大天气过程复盘

■ 一、暴雨

2021年7月17—22日河南特大暴雨过程成因及预报难点分析 ………………………… 027
2021年8月11日湖北随州特大暴雨过程成因及预报偏差分析 ………………………… 041
2021年7月11—12日华北大暴雨过程成因及预报偏差分析 …………………………… 054
2021年10月2—7日山西持续强降雨天气分析 …………………………………………… 066
2021年7月10日四川东北部大暴雨特征及预报偏差分析 ……………………………… 078
2021年8月7—8日四川盆地暴雨特征及预报偏差分析 ………………………………… 090
2021年6月14—17日新疆西南部暴雨成因及预报偏差分析 …………………………… 105

■ 二、台风

2106号强台风"烟花"的主要特点和预报难点分析 …………………………………… 117
2114号超强台风"灿都"路径及强度预报偏差分析 …………………………………… 127
2122号超强台风"雷伊"预报难点和偏差原因分析 …………………………………… 138

■ 三、强对流

2021年4月30日江苏强对流大风过程分析 ……………………………………………… 147
2021年6月1日黑龙江尚志强龙卷特征及成因分析 …………………………………… 158
2021年5月14日江苏盛泽和湖北蔡甸强龙卷特征及成因分析 ………………………… 168

2021年5月15日贵州强风雹天气雷达特征与中尺度模式检验 …………………… 183
2021年7月31日河北南部和东部两地致灾雷暴大风成因对比分析 …………… 195

■ 四、寒潮

2021年11月4—9日中东部寒潮雨雪特征及成因分析 ………………………… 211
2021年12月西藏西北部持续性低温过程成因及预报偏差分析 ………………… 224

■ 五、沙尘

2021年3月15日强沙尘暴天气形成机理及预报难点分析 ……………………… 235

第三部分　重大活动气象保障

中国共产党成立100周年庆祝活动气象保障服务总结 ……………………………… 251
中华人民共和国第十四届运动会气象保障服务总结 ………………………………… 261

第四部分　预报技术支撑

综合观测技术及天气应用复盘(2021年) ……………………………………………… 271
风云气象卫星技术及天气应用复盘(2021年) ………………………………………… 284
数值预报系统技术升级及在河南特大暴雨中的应用复盘(2021年) ………………… 298

第一部分

天气气候概述及气候事件复盘

2021年中国天气气候概述

赵珊珊[1] 贾小龙[1] 陈峪[1] 向纯怡[2] 曹艳察[2] 王凌[1] 李威[1] 谢冰[1]

(1 国家气候中心,北京,100081;2 国家气象中心,北京,100081)

摘要:2021年,我国气候年景为1961年以来第三差,气候暖湿特征明显,为1951年以来最暖年,是2012年以来连续第10个多雨年,北方降水异常偏多,涝重于旱;高温、低温、强降雨、强对流等极端天气气候事件多发,暴雨洪涝、风雹、台风、低温雪灾、干旱等气象灾害影响突出。全国平均气温10.53 ℃,较常年偏高1.0 ℃,创1951年以来新高;全国平均降水量672.1 mm,较常年偏多6.7%,为历史第12多。短期暴雨预报、短时雷暴和风雹预报TS评分均为有评分记录以来最高,24~120 h台风强度预报误差创新低,降水和气温气候预测有8个月PS评分高于历史同期平均值。汛期暴雨过程强度大、极端性显著,河南特大暴雨影响重,黄河流域秋汛明显;高温过程多,夏秋南方高温持续时间长;区域性、阶段性气象干旱明显,华南干旱影响较重;台风生成和登陆均偏少,"烟花"陆地滞留时间长、影响范围广;强对流天气强发,极端大风频发,局地致灾重;寒潮过程多、强度大,极端低温频现;沙尘天气出现早,强沙尘暴过程多。

关键词:气温,降水,极端天气气候事件,气候年景

引言

中国气候类型多样,在亚澳季风系统多个因素影响下,气候年际变率较大。受季风气候、地理位置和特定的地形地貌影响,我国气象灾害种类繁多,主要有干旱、暴雨洪涝、局地强对流灾害、低温冷冻害和雪灾以及台风等。在全球变暖的背景下,气候异常和极端天气气候事件发生的可能性增加[1]。中国气候特征也发生了明显的变化,地表气温明显增加,降水呈微弱增加趋势[2]。

已有的研究表明,2020/2021年冬季,我国气候"前冬冷干、后冬暖湿"特征明显,冷、暖两个阶段气温振幅极大,多地观测气温分别打破了建站以来的最低、最高纪录[3]。2021年春季,我国平均气温为1961年以来第四暖,降水量尽管接近常年同期,但阶段性变化显著[4]。夏季,我国天气气候异常特征突出,极端天气气候事件多,东部多雨区在北方,降水的季节内变化显著,华南前汛期开始偏晚,而华北雨季开始偏早[5]。这些研究主要从季节尺度上研究了2021年中国气候的特征,并探讨了这些气候异常产生的原因。

2021年,我国极端天气气候事件多发强发,给人民生活和社会经济发展造成了明显影响。各类气象灾害中暴雨洪涝灾害最为突出,如7月中下旬河南暴雨洪涝灾害、8月上中旬湖北暴雨洪涝灾害以及黄河中下游严重秋汛。此外,风雹、龙卷等局地强对流灾害也造成了较大的损失。本文从2021年中国气候年景评价、基本气候要素、重大天气气候事件以及国内十大天气气候事件四个方面对2021年中国天气气候特征进行全面阐述和总结,为决策服务、应对气候变化以及防灾减灾提供科学依据。

1 气候年景评价

气候年景是对年内气候状况及其对各敏感行业影响的综合评估,综合表征一年内气候要素偏离正常状态程度。现行业务通常将气候年景划分为5个等级:好、较好、一般、较差、差。气候年景指数越小,代表气候波动小,越接近气候的正常状态,气候年景好;气候年景指数越大,代表气候波动大,气候年景差。本文基于国标《气候年景评估方法》[6],利用1961—2021年全国气象台站观测的温度与降水资料,对过去61年全国及各省(区、市)温度、降水和气候年景进行客观定量的评估。

1.1 全国气候年景

2021年,我国西南、华南和长三角地区温度年景以差为主;华北、华中与东北地区温度年景普遍是一般或较好。2021年,我国东北东部地区、华北和西南地区降水年景以差为主;内蒙古、新疆、西藏和云南降水年景普遍是好或较好。2021年,我国华南、华北和东北地区东部气候年景以差或较差为主;内蒙古中部地区和西南地区气候年景普遍是一般。总体上,2021年全国的温度年景为差,降水年景较差,气候年景为差。

气候年景等级根据气候年景指数的大小来判断,1961—2021年,气候年景指数普遍在104~123,其中好与较好年景的临界指数107.18,较好与一般年景的临界指数109.73,一般与较差年景的临界指数113.41,较差与差年景的临界指数117.82(图1)。2021年全国气候年景指数是120.30,是过去的61年中第三大的年份,年景等级为1961年以来第三差。

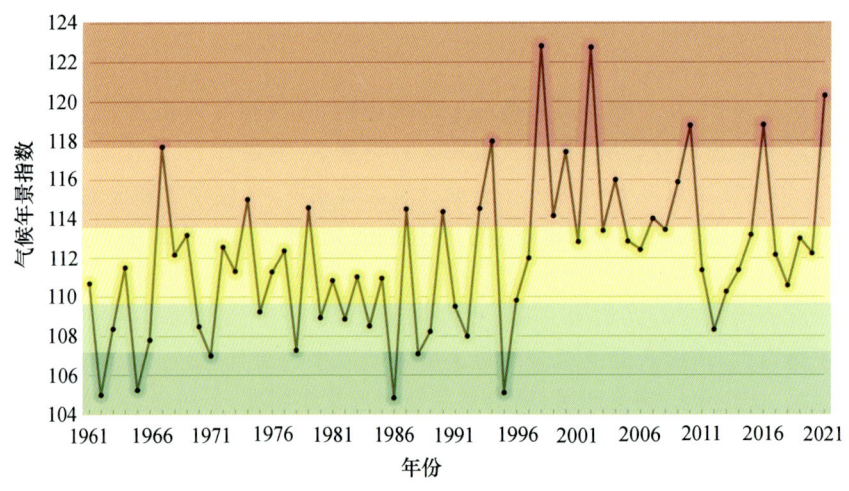

图1 1961—2021年全国气候年景指数的年际变化
(其中深绿色区域为好年景,浅绿色区域为较好年景,黄色区域为一般年景,橙色区域为较差年景,红色区域为差年景)

1.2 各省(区、市)气候年景

2021年,全国除北京、陕西、重庆、四川、云南、甘肃、青海和宁夏8省(区、市)为一般外,其他省份的气候年景等级均偏差(表1)。2021年,东北、华北和西北各省的温度年景等级普遍一般,其中北京的气温年景等级较好,宁夏和新疆的气温年景等级较差,其他省份气温年景等级普遍偏差。2021年降水年景等级普遍偏差,中国东部沿海地区和西部各省份降水年景等级普遍一般,其中四川和云南降水年景等级较好。

表1 2021年全国31个省(区、市)气候年景等级

省份	气候等级	省份	气候等级	省份	气候等级
北京	一般	内蒙古	较差	浙江	差
山西	一般	江苏	较差	江西	差
重庆	一般	安徽	较差	山东	差
四川	一般	福建	较差	河南	差
云南	一般	湖北	较差	湖南	差
甘肃	一般	海南	较差	广东	差
青海	一般	西藏	较差	广西	差
宁夏	一般	陕西	较差	贵州	差
天津	较差	吉林	差	新疆	差
上海	较差	辽宁	差		
黑龙江	较差	河北	差		

2 基本气候要素

2.1 气温

2021年,全国平均气温10.53 ℃,较常年(1981—2010年)偏高1.0 ℃,为1951年以来历史最高(图2)。根据国标《气温评价等级》[7],2021年全国平均气温为明显偏高。年内各月气温均偏高或接近常年同期,其中2月和9月气温均为历史同期最高。从空间分布看,全国大部地区气温较常年偏高,其中华北中部和西北部、黄淮和江淮的大部、江南大部、华南中东部、西南地区西部及吉林东部、内蒙古东北部和中西部、甘肃北部、宁夏、西藏中东部、新疆东北部等地偏高1~2 ℃(图3)。

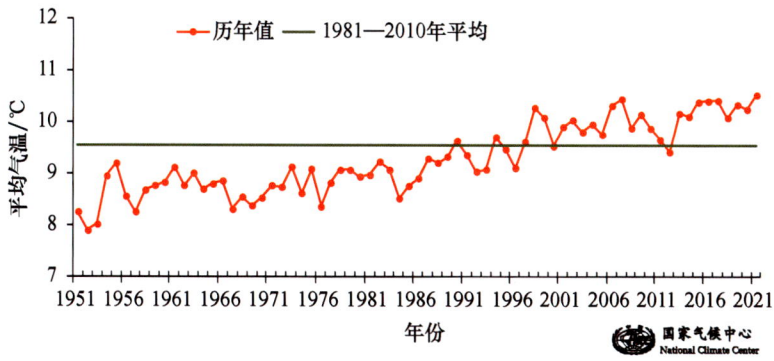

图2 1951—2021年全国平均气温历年变化

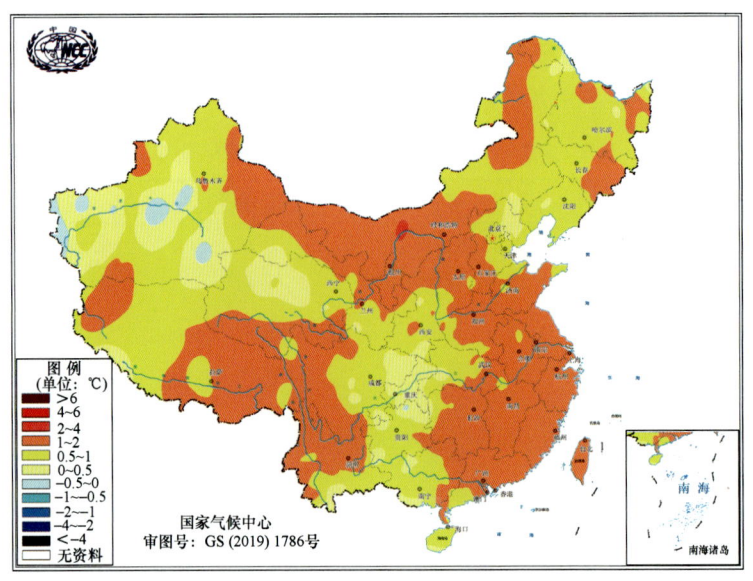

图 3　2021 年全国平均气温距平分布

2021 年,全国 31 个省(区、市)气温均偏高,其中,浙江、江苏、宁夏、江西、福建、湖南、安徽、河南、广东、湖北和广西等 11 个省(区)均为 1961 年以来历史最高,山东、云南和上海为次高,山西和西藏为第 3 高。根据国标《气温评价等级》,除了重庆气温为正常外,其余各省(区、市)均为偏高等级及以上,其中安徽、福建、广东、河南、湖北、湖南、江苏、江西、宁夏、山东、上海、西藏、云南、浙江为异常偏高。

冬季(2020 年 12 月—2021 年 2 月),全国平均气温−2.5 ℃,较常年同期偏高 0.8 ℃,为偏高等级。除黑龙江和海南外,其他各省(区、市)平均气温均接近常年同期或偏高,其中河南、西藏和浙江平均气温较常年同期偏高 1.8 ℃以上,均为 1961 年以来同期第三高。

春季(3—5 月),全国平均气温 11.6 ℃,较常年同期偏高 1.1 ℃,为明显偏高等级,也是 1961 年以来历史同期第 4 高。全国各省(区、市)平均气温均接近常年同期或偏高,其中广东省平均气温较常年同期偏高 2.3 ℃,为 1961 年以来同期最高,海南、上海、云南和浙江为历史同期次高,福建为历史同期第三高。

夏季(6—8 月),全国平均气温 21.7 ℃,较常年同期偏高 0.8 ℃,为明显偏高等级。除北京和重庆外,其他各省(区、市)平均气温均接近常年同期或偏高,其中宁夏和广西平均气温较常年同期分别偏高 1.6 ℃和 0.8 ℃,均为 1961 年以来同期最高,湖南为历史同期次高,贵州、海南和云南为历史同期第三高。

秋季(9—11 月),全国平均气温 10.6 ℃,较常年同期偏高 0.7 ℃,为偏高等级。除新疆、甘肃和重庆外,其他各省(区、市)平均气温均接近常年同期或偏高,其中湖南、江苏和浙江平均气温为 1961 年以来同期最高,安徽、上海和西藏为历史同期次高,湖北和江西为历史同期第三高。

2.2　降水

2021 年,全国平均降水量 672.1 mm,较常年偏多 6.7%,为 1951 年以来第 12 多(图 4)。降水阶段性变化明显,2 月、5 月和 7—11 月降水量偏多,其中 10 月偏多 45.4%;1 月、3—4 月及6月、12月降水量偏少,其中1月偏少56.6%。

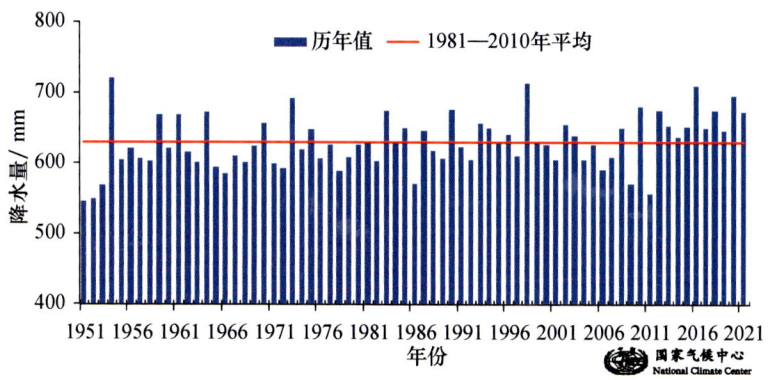

图4 1951—2021年全国平均降水量历年变化

与常年相比,东北西部、华北大部、黄淮、江淮北部、江汉西北部及内蒙古东部、陕西中南部、四川东北部、重庆北部、浙江东部、青海西南部、新疆西南部、西藏西部和中部局部等地降水偏多2成至1倍,河南北部、新疆西南部偏多1~2倍;甘肃西北部、内蒙古西部、云南西部和北部、广西东南部、广东大部、福建南部等地偏少2~5成;全国其余大部地区降水量接近常年(图5)。

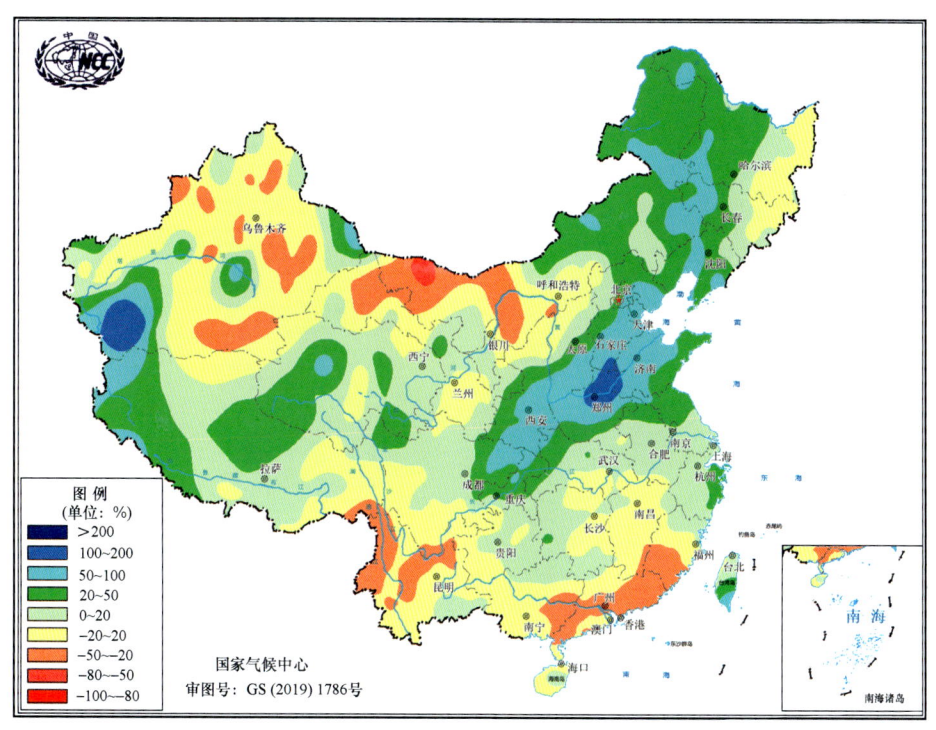

图5 2021年全国降水量距平百分率分布

2021年,全国共有23个省(区、市)降水量较常年偏多,其中,天津偏多83%,河北偏多71%,北京偏多70%,山西和陕西偏多52%,河南偏多51%,均为1961年以来最多,山东偏多53%,为历史次多;7个省(区)降水量较常年偏少,其中,广东偏少24%,广西和福建偏少13%,云南偏少12%;宁夏降水量接近常年。

冬季(2020年12月—2021年2月),全国平均降水量31.0 mm,较常年同期偏少24%;浙江降水量较常年同期偏少46.7%,为1961年以来第四少。春季,全国平均降水量145.3 mm,较常年同期偏少1%;广东降水量偏少43.9%,为历史同期第四少。夏季,全国平均降水量334.1 mm,较常年同期偏多3%;河南、浙江降水量分别偏多62.2%和45.8%,均为历史同期最多,北京偏多78.6%,为历史同期第三多;宁夏偏少55.9%,为历史同期最少。秋季,全国平均降水量159.7 mm,较常年同期偏多33%,为1961年以来同期最多;天津、河北、山西、辽宁、山东、北京和陕西降水量较常年同期偏多150%以上,均为1961年以来同期最多。

2021年,七大江河流域中,除珠江流域降水量(1310.6 mm)较常年偏少16%外,其他流域降水量均偏多。其中,海河流域(886.9 mm,偏多74%)降水量为1961年以来最多,黄河流域(645.8 mm,偏多39%)为次多,辽河流域(785.9 mm,偏多34%)和淮河流域(1065.6 mm,偏多32%)均为第三多;松花江流域(617.3 mm)和长江流域(1244.1 mm)分别偏多18%和6%。

2021年,全国平均降水日数(日降水量≥0.1 mm)为101.1天,较常年偏少2.0天。与常年相比,东北大部、华北东部和南部、黄淮大部、江汉西北部及内蒙古东部、陕西南部、四川东北部、重庆西北部、浙江东部等地降水日数偏多10~20天,其中黑龙江西南部、辽宁南部、河北东北部、山东东北部等地偏多20天以上;江南南部、华南大部、西南地区南部及西藏东部、新疆北部、青海东部局部等地降水日数偏少10~20天,局地偏少20天以上;全国其余大部地区降水日数接近常年(图6)。

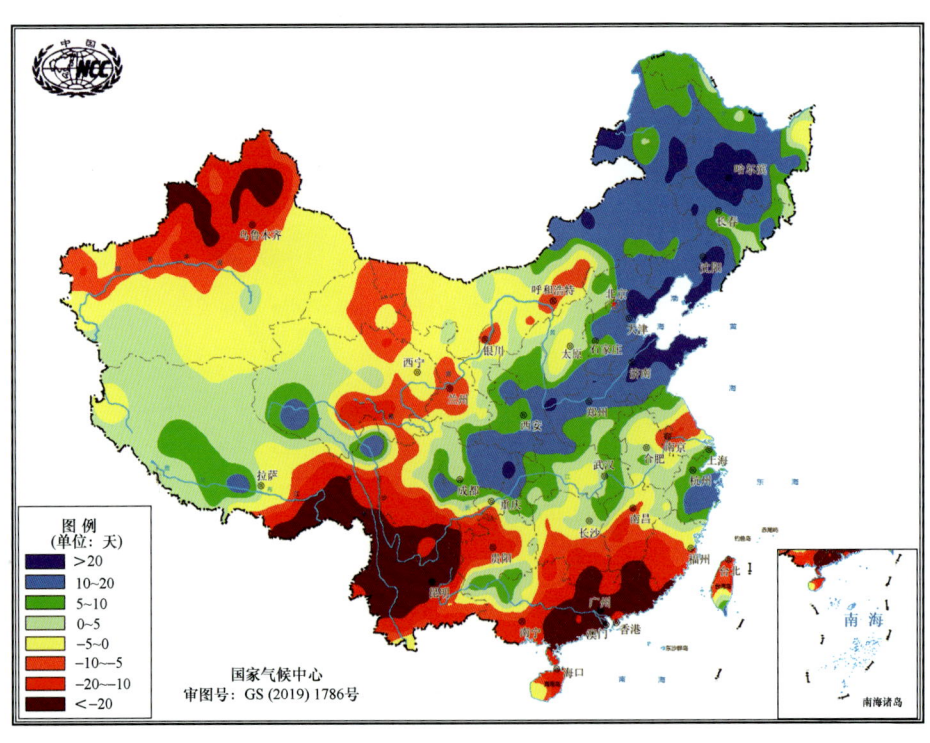

图6 2021年全国降水日数距平分布

华南前汛期、西南雨季和梅雨季开始晚、结束早,降水量偏少;华北雨季、东北雨季和华西秋雨开始早、结束晚,降水量偏多(表2)。华北雨季长度为1961年以来第2长,降水量为第3多;华西秋雨降水量为历史最多。

表 2 2021 年雨季进程

雨季类型	2021 年				与常年相比			
	开始时间	结束时间	雨季长度/天	降水量/mm	开始时间	结束时间	雨季长度	降水量
华南前汛期	4月26日	7月2日	67	494.6	偏晚20天	偏早4天	偏短24天	偏少31%
西南雨季	6月4日	10月4日	122	634.5	偏晚9天	偏早10天	偏短19天	偏少15%
梅雨季	6月9日	7月11日	32	267.2	偏晚1天	偏早7天	偏短8天	偏少22%
华北雨季	7月12日	9月9日	59	276.4	偏早6天	偏晚22天	偏长28天	偏多103%
东北雨季	6月5日	8月29日	85	364.3	偏早17天	偏早4天	偏长21天	偏多23%
华西秋雨	8月23日	11月8日	77	379.9	偏早8天	偏晚7天	偏长15天	偏多87%

3 天气气候检验评估

2021年,中央气象台08时起报的24 h暴雨预警准确率达90%,除144 h时效外,短、中期暴雨预报TS评分均为有评分记录以来最高,较各家数值预报模式均提高10%以上,其中24 h评分(0.223)接近美国WPC评分(0.23),对全年21次重大强降水过程累积降水量落区预报评分平均值为84.2分。中央气象台过去5年24 h台风路径预报误差已缩小至70 km左右,路径预报准确率已优于美国和日本,连续5年24 h台风强度预报误差小于4 m/s,2021年24～120 h台风强度预报误差创新低。2021年汛期,中央气象台08时起报的12 h雷暴、短时强降水、风雹TS评分分别为0.412、0.285、0.071,预报能力与国际先进水平相当,其中雷暴和风雹TS评分达有评分记录以来新高。12 h内逐1 h雷暴、短时强降水客观短时预报产品TS评分均较数值预报模式提高100%以上。

图 7 2012—2021 年 08 时起报 24 h 时效主观暴雨 TS 评分

气候预测方面(图8),2021年1—12月降水预测平均PS评分为66.9分,较最近30年(1991—2020年)平均值(65.4分)提高了1.5分,其中有8个月预测评分高于历史同期平均值。2021年1—12月气温预测平均PS评分为78.2分,较最近30年平均值(73.4分)提高了4.8分,其中有8个月预测评分高于历史同月平均值。

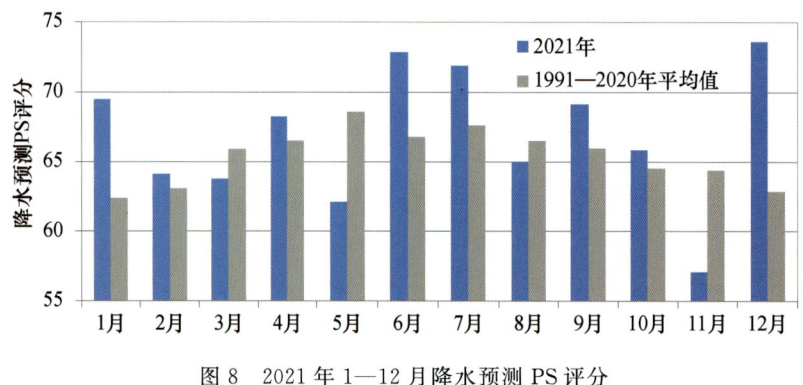

图 8　2021 年 1—12 月降水预测 PS 评分

4　重大天气气候事件

4.1　暴雨

2021年,全国共出现暴雨(日降水量≥50.0 mm)7667 站日,较常年偏多 26.9%,为 1961 年以来第 2 多,仅次于 2016 年。2021 年,我国共出现 36 次区域暴雨过程,北方地区降水量为 1961 年以来历史第 2 多。

7 月 15—22 日,华北中部和南部、黄淮西部和南部出现强降雨过程,河北南部、河南西部和北部累积降水量超过 250 mm。河南出现特大暴雨,郑州最大日降水量达 624.1 mm,接近该站常年的年降水量(641 mm);郑州最大小时降水量达 201.9 mm,超过此前我国大陆地区小时降水量气象观测纪录。

秋季,华北、西北区域平均降水量均为 1961 年以来最多,京津冀及陕西、山西降水量均为 1961 年以来历史同期最多。全国共有 134 个国家级气象站日降水量突破秋季历史极大值,其中陕西志丹(113.8 mm,9 月 3 日)、城固(112.8 mm,9 月 26 日)日降水量突破历史纪录;河南正阳(19 天)、山东济宁(12 天)、河北曲周(9 天)等 27 站连续降水日数破历史纪录。9 月 24—26 日,四川盆地、西北地区东部至华北、黄淮一带出现暴雨过程,陕西南部、河南北部等地降水量超过 100 mm;27 日,黄河潼关站、黄河花园口站相继发生 2021 年第 1 号、第 2 号洪水,黄河支流渭河发生 1935 年有实测资料以来同期最大洪水。

4.2　干旱

2021 年,我国干旱日数较常年偏少,影响总体偏轻,但区域性和阶段性干旱明显。年内,江南、华南出现秋冬连旱、云南出现秋冬春夏连旱、西北地区东部和华北西部出现夏秋连旱,华南阶段性干旱频发。

3 月下旬—12 月中旬,华南中东部降水量较常年同期偏少 2~5 成,气象干旱呈现持续性和阶段性的发展态势。3 月下旬—5 月上旬、5 月中旬—6 月下旬、7 月上旬—8 月中旬、8 月下旬—10 月上旬为干旱明显时段。干旱致使华南土壤墒情低,江河水位下降,山塘水库干涸,对农业生产、森林防火、生活生产用水产生了不利影响;干旱还导致珠江口咸潮突出,影响对港供水和电网安全等。此外,2020年秋季至2021年3月,台湾降水持续偏少,遭遇了56年来最严重旱情。

4.3 热带气旋

2021年,西北太平洋和南海共有22个台风(中心附近最大风力≥8级)生成,较常年(25.5个)偏少3.5个,其中5个登陆我国,较常年(7.2个)偏少2.2个。初台登陆时间较常年偏晚31天,终台登陆时间偏晚7天。2021年登陆台风的平均最大风速27.6 m/s,较常年(30.7 m/s)偏弱。

第6号台风"烟花"于7月25日和26日先后登陆浙江舟山普陀及平湖市沿海,为1949年有气象记录以来首个在浙江省两次登陆的台风。"烟花"在我国陆上滞留时间长达95 h,为1949年以来最长。"烟花"登陆后一路北上,先后影响浙江、上海、江苏、安徽、山东、河南、河北、天津、北京、辽宁等10省(市)。

4.4 高温

2021年,全国平均高温(日最高气温≥35.0 ℃)日数12.0天,较常年偏多4.3天,为1961年以来次多,仅少于2017年(12.1天)。夏季,我国高温日数为9.1天,比常年同期偏多2.2天。

2021年,我国发生区域性高温过程9次,比常年(4次)偏多5次,为1961年以来最多。7月20日至8月9日,西北地区西部和东部、华北西南部、黄淮西部、江淮西部、江汉大部、江南大部、华南大部及重庆、四川东部、贵州东部等地出现高温天气过程,极端最高气温普遍有35~40 ℃,其中新疆南部、内蒙古西部、重庆西部等地超过40 ℃,新疆托克逊达46.5 ℃。9月17日—10月5日,南方出现1961年以来最晚高温过程,结束时间较常年(8月30日)偏晚36天,黄淮西南部、江汉东部、江淮西部、江南大部、华南大部及重庆等地极端最高气温普遍有35~38 ℃。

4.5 大风冰雹等强对流

2021年,我国初雹时间为3月6日,较2001—2020年平均初雹时间(2月上旬)偏晚;终雹时间为12月31日,较平均终雹时间(11月中旬)偏晚;全国有13个省(市)共发生龙卷27县次,较平均值(49县次)明显偏少,但强度大。

5月14日,江苏苏州和湖北武汉遭受强龙卷袭击,其极端性和破坏性为近年来罕见。江苏苏州市吴江区盛泽镇最大风力17级,造成4人死亡、149人受伤,多处电力设施和房屋受损。湖北武汉市出现雷暴、大风、冰雹等强对流天气,蔡甸区、武汉经济技术开发区突发强龙卷,影响距离长达18 km,最大破坏直径1000 m,持续时长约30 min,共造成2.5万人受灾、10人死亡、230人受伤;直接经济损失约3亿元。

4.6 低温冷冻害和雪灾

2021年发生并影响我国的冷空气过程有29次,其中寒潮过程11次,较常年(5.2次)明显偏多,为1961年以来第2多。

1月6—8日,我国中东部地区出现寒潮天气过程。西北地区东部、华北大部、东北地区中西部、黄淮、江淮、江南、华南等地降温幅度有6~12 ℃,其中河北东部、山东中部和河南北部降温幅度达12~16 ℃,北京大部地区最低气温在−24~−18 ℃;东北地区南部、华北大部、黄淮、江淮及内蒙古中东部等地部分地区出现6~8级阵风,局地9~10级;辽宁大连、山东半岛等地出现中到大雪、局地暴雪,四川、湖北、湖南、贵州、安徽、浙江、江西等地出现雨雪天气,贵州、湖南、福建局地出现冻雨。低温、雨雪、大风天气不利于东北地区及内蒙古东部、新疆北部等地畜牧业和设施农业生产,同时还造成道路结冰,给交通带来不利影响。

11月4—9日,我国出现一次全国性寒潮天气,综合强度为历史第4高。我国中东部及西北大部地区降温幅度为8~16 ℃,部分地区超过16 ℃。有429个国家站达到或超过极端日降温阈值,其中116站降温幅度达到或超过历史极值。华北北部及内蒙古东部、吉林西部等地普降暴雪或大暴雪,局地出现特大暴雪。华北北部和东部、内蒙古东部、吉林西部、辽宁西部等地积雪深度超过10 cm,局地有30~50 cm。呼和浩特最大风速25.2 m/s(10级),河南平顶山瞬时极大风速39.2 m/s(13级)。此次寒潮给北方部分地区农业、交通、电力以及居民生活等造成较大影响。

4.7 沙尘暴

2021年,我国首次沙尘天气过程发生时间为1月10日,较2000—2020年平均(2月17日)偏早38天,较2020年(2月13日)偏早34天,沙尘过程首发时间为2002年以来最早。2021年春季,北方地区共出现9次沙尘天气过程,比常年同期(17次)偏少8次,其中沙尘暴(包括2次强沙尘暴)过程4次,强沙尘暴过程为2013年以来最多。春季,北方地区平均沙尘日数为3.8天,比常年同期偏少1.2天,为2007年以来同期最多。

3月13—18日的强沙尘暴过程是近10年影响我国最强的沙尘天气过程,持续时间长、影响范围广,波及19个省(区、市)。内蒙古中西部、宁夏、陕西北部、山西北部、河北北部、北京等地部分地区出现强沙尘暴,部分地区阵风达9~10级;北方多地PM_{10}峰值浓度超过5000 μg/m³,北京PM_{10}最大浓度超过7000 μg/m³,最低能见度500~800 m;沙尘还南下至安徽、江苏、上海、浙江等南方省(市)。

5 国内十大天气气候事件概要

2021年,国内十大天气气候事件[8]为:北方降水偏多,居历史第二;"21·7"河南特大暴雨创大陆小时气象观测纪录;华南阶段性气象干旱造成严重影响;台风"烟花"长时间陆上滞留破纪录;12月超强台风影响南海历史罕见;1月中东部、2月北方出现极端冷暖转换;入秋后频繁遭遇强寒潮天气;龙卷多发,强对流天气致灾严重;3月遭遇10年来最强沙尘天气;风云气象卫星家族新增两名成员(详情参见《中国气候公报(2021年)》)。

6 总结和讨论

2021年,我国气候年景为1961年以来第3差,气候暖湿特征明显。全国平均气温10.53 ℃,较常年偏高1.0 ℃,创1951年以来新高;四季气温均偏高,春季偏暖显著。全国平均降水量672.1 mm,较常年偏多6.7%,为历史第12多,是2012年以来连续第10个多雨年。北方降水异常偏多,为1961年以来历史第2多。冬季降水偏少,春、夏、秋三季偏多,秋季为历史同期最多。华南前汛期、西南雨季和梅雨季开始晚、结束早,雨量偏少;华北雨季、东北雨季和华西秋雨开始早、结束晚,雨量偏多。

2021年,中央气象台24 h暴雨预警准确率达90%,短、中期大部分时效暴雨预报TS评分均为有评分记录以来最高,全年21次重大强降水过程累积降水量落区预报评分平均值为84.2分。汛期12 h雷暴和风雹TS评分达有评分记录以来新高。过去5年24 h台风路径预报误差已缩小至70 km左右,连续5年24 h台风强度预报误差小于4 m/s,24~120 h台风强度预报误差创新低。降水和气温气候预测有8个月平均PS评分高于历史同期平均值。

2021年我国气象灾害主要特点是涝重于旱,高温、低温、强降雨、强对流等极端天气气候事件多发。气象干旱总体偏轻,但区域性、阶段性干旱明显,华南、云南等地干旱影响较重;北方地区降水量为1961年以来第2多,汛期暴雨过程强度大、极端性显著,河南等地出现严重暴雨灾害,黄河流域出现严重秋汛,渭河发生1935年以来同期最大洪水;生成和登陆台风偏少,"烟花"陆地滞留时间长、影响范围广,超强台风"雷伊"12月中旬正面袭击南沙群岛;高温过程为1961年以来最多,结束时间偏晚;寒潮过程明显偏多,年初及11月上旬出现强寒潮天气,多地出现极端低温;强对流天气过程频发、强发,致灾严重;北方沙尘天气出现早,强沙尘暴过程多,3月出现近10年最强沙尘天气。

参考文献

[1] IPCC. Summary for policymakers [M]//IPCC. Climate Change 2021:the Physical Science Basis. Contribution of Working Group I to the Sixth Assessment Report of the Intergovernmental Panel on Climate Change. Cambridge:Cambridge university press,2021.

[2] 丁一汇,任国玉,石广玉,等. 气候变化国家评估报告(I):中国气候变化的历史和未来趋势[J]. 气候变化研究进展,2006,3(Z1):1-5.

[3] 韩荣青,石柳,袁媛. 2020/2021年冬季中国气候冷暖转折成因分析[J]. 气象,2021,47(7):880-892.

[4] 刘芸芸,高辉. 2021年春季我国气候异常特征及可能成因分析[J]. 气象,2021,47(10):1277-1288.

[5] 赵俊虎,陈丽娟,章大全. 2021年夏季我国气候异常特征及成因分析[J]. 气象,2022,48(1):107-121.

[6] 中华人民共和国国家质量监督检验检疫总局. 2017. 气候年景评估方法:GB/T 33670—2017[S]. 北京:中国标准出版社.

[7] 中华人民共和国国家质量监督检验检疫总局. 2017. 气温评价等级:GB/T 35562—2017[S]. 北京:中国标准出版社.

[8] 国家气候中心. 中国气候公报(2021年)[R]. 北京:国家气候中心,2021.

2021年汛期气候预测复盘总结

陈丽娟　赵俊虎　章大全　顾　薇

(国家气候中心,北京,100081)

摘要：2021年3月底国家气候中心较准确地预测了汛期(5—9月)我国的气候总趋势,即"气候状况总体为一般到偏差,旱涝并重,区域性、阶段性旱涝灾害明显,极端天气气候事件偏多,主要多雨区在我国北方",但是,对北方多雨的范围和异常程度以及西北地区东部和华南大部的旱情估计不足。6月发布的盛夏预测,扩大了北方多雨区和南方少雨区范围,与实况更吻合。2021年汛期预测重点考虑了PDO(北太平洋年代际振荡)冷位相、La Niña(拉尼娜)事件衰减、NAT(北大西洋三极子)正位相和冬季青藏高原积雪异常偏少等多个年代际和年际先兆信号对东亚夏季风的综合影响,结合动力气候模式的预测信息,预测东亚夏季风偏强、主要多雨区在我国北方,然而对东亚夏季风环流季节内变化和河南等区域降水极端性的预测有较大偏差。

关键词：旱涝,东亚夏季风,季节内变化,极端性

引言

受东亚夏季风系统复杂性的影响,我国是短期气候预测难度最大的国家之一。夏季旱涝受到多因子、多时间尺度的综合影响[1],且每年的预测信号强弱不同,造成可预报性有差异。结合国内外气候预测领域的研究进展以及气候预测业务服务的需求,我们逐步形成基于不同的超前时间关注不同的外强迫信号和大气内部变率特征及其影响的预报思路[2]。在2—3月提供夏季预测时,更多地考虑年代际和年际预测先兆信号及其影响并结合动力气候模式对未来海温和环流的预测信息;而在4—6月的滚动预报中,更加关注大气季节内尺度信号的演变及动力气候模式的预测。

预报对象和预报因子的年代际尺度特征是进行气候预测时首先关注的内容。我国汛期主雨带有明显的年代际变化特征,这和PDO冷暖位相的变化有密切的联系。在PDO冷位相期,东亚夏季风偏强,副热带高压(简称副高)偏北,华北地区降水异常偏多[3]。此外,三大洋(太平洋、印度洋、大西洋)海温异常和欧亚、青藏高原积雪异常是我国夏季气候预测的主要年际变化信号[4,5],其中ENSO(厄尔尼诺-南方涛动)是全球大气环流和气候异常的强信号,El Niño(厄尔尼诺)可通过西北太平洋反气旋异常来影响东亚气候。La Niña对东亚夏季风和我国夏季雨带的影响与El Niño大致相反,但没有El Niño显著,显示出与El Niño影响的不对称性。

动力气候模式是短期气候预测的重要工具[6],经过多年的发展和应用,多模式集合预测[7]、动力-统计相结合的预测理论和方法[8,9]等在气候预测业务中发挥了重要作用。

2021年夏季我国天气气候特征极为异常,虽然全国平均降水量接近常年同期略偏多,但旱涝空间分布差异很大,长江中下游及其以北大部分地区降水偏多,且夏季降水的季节内变率

大,极端性降水和高温事件频发,台风强度总体为中等到偏弱[10]。2—3月发布夏季预报,强调主要多雨区在我国北方;6月订正预报,强调长江及其以北地区大范围偏多,扩大了北方多雨区范围,但是预测降水异常的强度与实况仍有较大偏差。本文首先回顾了对2021年汛期降水、东部雨季进程、台风的预测效果,然后总结了发布汛期降水预测前重点考虑的预测依据和实际应用情况,通过复盘去反思其中的科学问题和解决途径,为今后提高预测准确率提供参考。

1 2021年汛期气候预测效果评估

1.1 汛期降水和雨季进程

2021年夏季(6—8月)全国平均降水量为334.1 mm,较常年同期偏多2.7%。但旱涝分布有明显的空间差异,我国东部降水异常主要呈现长江中下游及其以北大部地区偏多而以南地区偏少的"北涝南旱"型分布(图1a)。3月底发布的预报(图1b),准确预测了2021年夏季"我国北方降水偏多"的特征。内蒙古、东北、华北、黄淮北部、江南东部、西南西部等地降水偏多,而西北中西部、江南西南部降水偏少与实况一致;准确预测了海河流域局部、松花江流域、长江上游和下游可能有较重汛情。

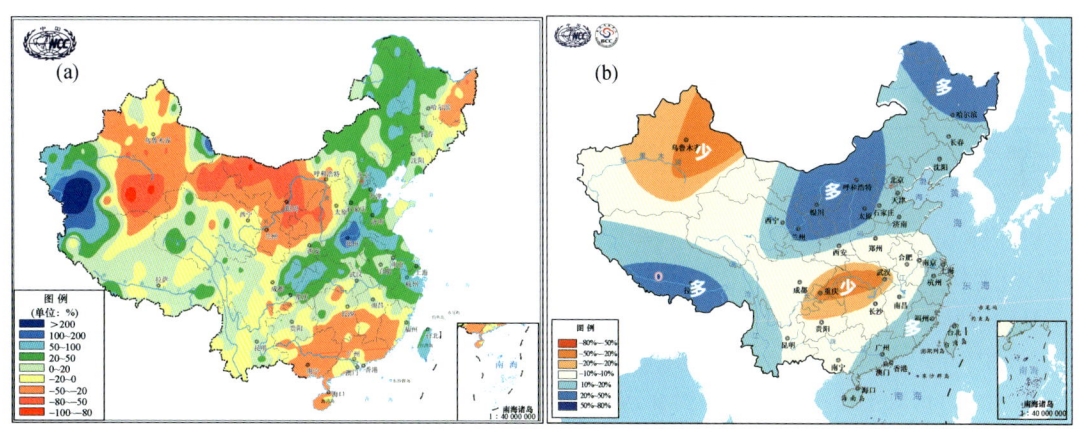

图1 2021年汛期(6—8月)降水距平百分率实况(a)和3月底发布的预报(b)

主要不足之处:一是对北方异常多雨的中心和程度预测与实况偏差较大。预测华北和东北等地降水偏多10%～20%,西北地区东部和华北西部偏多20%～50%;而实况北方降水偏多区域普遍偏多2成至1倍,其中河南北部、新疆西部等地偏多1～2倍,局地偏多2倍以上,西北地区东部降水明显偏少。二是对华南东部、长江中游(四川盆地、江汉、江南西北部)少雨中心的预测和实况相反,尤其对华南的干旱估计不足。由于2021年北方雨季的延迟,9月西北地区东部的降水明显增强,因此对汛期整体而言,主要预测不足是华南干旱。而长江中下游梅雨期降水强度偏弱,8月出现罕见的"倒黄梅"天气,导致长江中下游地区季节平均降水偏多。在6月底对盛夏(7—8月)的滚动预报中,扩大了北方多雨区范围,预测长江中下游及其以北地区大范围降水偏多,新疆中东部、华南北部至江南南部降水偏少(图2b),均与实况较一致(图2a),但是对北方地区降水异常多的中心和华南南部异常少的趋势预测仍与实况偏差较大。

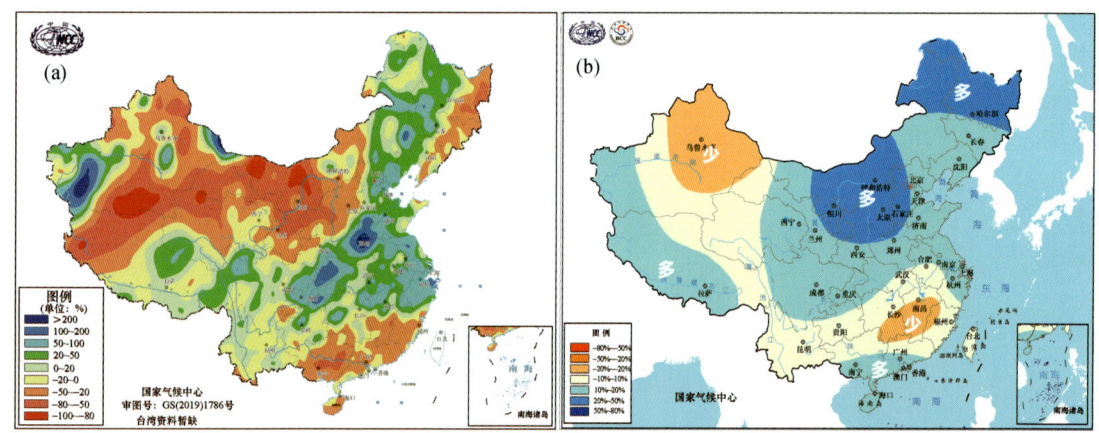

图2 2021年盛夏(7—8月)降水距平百分率实况(a)以及6月底发布的预报(b)

2021年,亚洲夏季风暴发时间总体偏晚,其中南海夏季风于5月第6候暴发,较常年(5月第5候)略偏晚,东亚夏季风阶段性偏强。我国东部雨季进程总体表现为前期偏晚、后期偏早,前弱后强的特征。与实况相比,比较准确预测了华南前汛期开始偏晚强度偏弱、梅雨开始偏早强度偏弱、华北雨季开始偏早强度偏强、华西秋雨开始偏早强度偏强等雨季进程主要特征(表1)。但是监测显示华北雨季雨量偏多约1倍,华西秋雨雨量偏多近90%,强度为1961年以来第一位,预测低估了华北雨季和秋雨偏多的异常程度。

表1 2021年汛期中国东部雨季进程的预测与实况对比

雨季名称	开始时间	结束时间	雨量/mm	预测时间	预测强度
华南前汛期	4月26日(晚20 d)	7月2日(早4 d)	494.6(少31.1%)	开始偏晚	雨量偏少
江南梅雨	6月9日(晚1 d)	7月11日(晚3 d)	309.1(少15.4%)	开始偏早	雨量偏少
长江中下游梅雨	6月10日(早4 d)	7月11日(早2 d)	259.4(少7.7%)	开始偏早	雨量偏少
江淮梅雨	6月13日(早8 d)	7月11日(早4 d)	227.3(少14.0%)	开始偏早	雨量偏少
华北雨季	7月12日(早6 d)	9月9日(晚22 d)	276.4(多103.2%)	开始偏早	雨量偏多
华西秋雨	8月23日(早8 d)	11月8日(晚7 d)	379.9(多87.3%)	开始偏早	雨量偏多

注:第2列至第5列,括号外数据为2021年的雨季监测结果,括号内数据为监测实况与气候态(1981—2010年平均)的差异。

1.2 台风

2021年西太平洋和南海生成台风个数为22个,较常年(26个)偏少,登陆我国台风个数为5个,较常年(7个)偏少。台风强度总体偏弱,22个编号台风中有11个为热带风暴强度等级,占比较常年值显著偏高。台风移动路径以西北行为主,其中6号台风"烟花"在浙江舟山登陆后北上,持续时间长,累积雨量大,影响范围广,给华东、华北、东北等地造成严重风雨影响。台风初次登陆我国日期(6号台风"烟花",7月25日)较常年(6月28日)偏晚,末次登陆我国日期(18号台风"圆规",10月13日)较常年(10月6日)偏晚。台风活动的阶段性特征显著,其中 7 月中旬至 8 月上旬有 6 个台风生成,而 8 月中下旬台风活动明显受到抑制,仅有 1 个生成。

2021 年 3 月中国气象局发布预测:"预计在西北太平洋和南海海域生成的台风个数为 27~29 个,较常年(26 个)偏多;登陆我国的台风个数为 8~10 个,较常年(7 个)偏多,台风的总体强度为中等到偏弱,台风活动路径以西北行为主,可能有北上台风,对华东和华南东部沿海影响较大;初次登陆我国的时间较常年(6 月 28 日)偏早,末次登陆我国的时间较常年(10 月 6 日)偏晚。"

2021 年较准确地预测了台风总体强度和盛行路径,但对生成和登陆个数以及初次登陆我国日期较实况存在偏差。后期的滚动预测和服务中,分别在 2021 年 5 月对夏季台风、2021 年 8 月对秋季台风进行了订正预测,减少了台风的生成数量和登陆数量,与实况更加吻合(表 2)。

表 2 2021 年全年(1—12 月)热带气旋预测与实况对比

预测对象	预测	实况(气候值)	评估
全年生成	27~29 个	22 个(26 个)	趋势不一致
夏季生成	11~12 个	9 个(11 个)	趋势不一致
秋季生成	9~11 个	9 个(11 个)	趋势一致
全年登陆	8~10 个	5 个(7 个)	趋势不一致
夏季登陆	4~5 个	4 个(5 个)	趋势一致
秋季登陆	2~3 个	2 个(2 个)	趋势一致
台风路径	西行和西北行,有北上台风	西行和北上	趋势一致
影响区域	华东和华南沿海	华南沿海、华东和华北等	趋势一致
台风强度	中等到偏弱	中等到偏弱	趋势一致
初台时间	偏早	7 月 25 日(6 月 28 日)	趋势不一致
终台时间	偏晚	10 月 13 日(10 月 6 日)	趋势一致

2 2021 年汛期降水预测先兆信号及应用

首先分析了预报对象和预报因子的多时间尺度特征及联系,从年代际尺度、年际尺度和次季节尺度等多方面进行诊断,并参考动力气候模式预测信息,在不同超前时段提供详略不同的预测内容:2—3 月底给出汛期气候趋势展望;4—6 月,根据亚洲夏季风的季节推进特征,对汛期气候趋势进行订正,同时提供雨季进程特征预测。

2.1 年代际尺度先兆信号

2017 年 7 月,PDO 指数由正值转为负值,至 2021 年 2 月期间,大部分月份为明显的负值,即 PDO 可能处于冷位相。2017—2020 年,我国北方地区均有一条明显的多雨带,与 PDO 冷位相下东亚气候的特征吻合。2021 年 3 月,PDO 指数为 -1.67,结合动力气候模式对全球海温的预测,预计 2021 年 PDO 将维持明显的冷位相,可能对东亚夏季风的年际变化有明显的调制作用。至 2021 年 8 月监测显示,PDO 指数一直维持在 −1.0 以下,证明 2 月份的预估判断是正确的。而华北大部降水明显偏多,其中可能有年代际尺度信号的贡献。

2.2 年际尺度先兆信号

2020 年 8 月,赤道中东太平洋经历了一次中等强度的 La Niña 事件,峰值出现在 2020 年 10 月,Niño3.4 指数为 −1.39 ℃(图 3)。2021 年 3 月,国内外多数动力气候模式预测 La Niña 事件将在春季结束,赤道中东太平洋海温于夏季进入中性状态。监测显示 2020 年 10—11 月、2020/2021 年冬季和 2021 年 3—4 月的热带大气和东亚环流对 La Niña 事件表现出显著的响应:在对流层低层菲律宾附近为异常气旋式环流,我国南方降水异常偏少。到 2021 年 8 月的监测实况显示,国内外动力气候模式对 La Niña 事件于 2021 年 4 月结束的预测是成功的,ENSO 从春季至夏季维持中性状态。

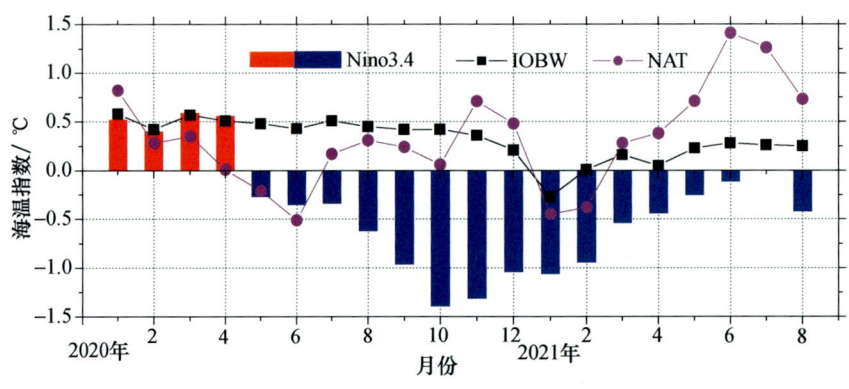

图 3 2020 年 1 月至 2021 年 8 月逐月海温指数

然而对 1981 年以来 La Niña 衰减年的历史资料分析显示,我国夏季降水异常分布(雨型)存在多种可能性,按照夏季降水主雨带异常分布可归为四种类型:一是北方型,主要多雨区位于黄河流域及其以北,例如 1984、1985、2012 和 2018 年;二是中间型,主要多雨区位于淮河流域,例如 1989、2000、2009 年;三是南方型,主要多雨区位于长江流域以南地区,例如 1999、2001、2006、2017 年;四是全国多雨型,我国大部分地区降水偏多,例如 1996 和 2008 年。因此仅根据 La Niña 衰减信号做预测很难获得确定的结果,还需要增加其他先兆信号进一步判断。

印度洋海温异常也是亚印太地区及我国气候异常的重要外强迫因子。热带印度洋全区一致海温模态(IOBW)指数在 2014 年春季以来至 2020 年 12 月总体为正值,即热带印度洋处于年代际偏暖的背景下。进入 2021 年,IOBW 指数明显减弱(图 3),说明印度洋海温对 La Niña 事件有一定程度的滞后响应。3 月,国内外多数动力气候模式预测 2021 年春、夏季印度洋海温接近常年到略偏暖状态,即印度洋海温异常不显著,可能对夏季气候的影响"有限"。实况显示,2021 年春夏季热带印度洋处于弱暖状态,明显低于 2020 年同期,显示动力气候模式的预测是正确的。而 IOBW 为弱暖状态时,其他因子对东亚气候的影响可能起到更重要的作用。

北大西洋三极子(NAT)也是我国夏季降水预测的重要先兆信号之一。从 NAT 的监测和预测看,2021 年 1—2 月 NAT 处于负位相(图 3),3 月转为正位相,动力气候模式预测 2021 年春季和夏季 NAT 指数仍将维持较强的正位相,而 NAT 春季持续正位相,有利于东亚夏季风偏强[11]。进一步合成冬春季 La Niña 衰减且春季 NAT 为正位相年的 850 hPa 风场距平(图略),西北太平洋副热带地区为气旋性距平环流,日本岛及其周围为反气旋性距平环流,即我国华北和东北地区为西南风异常,有利于东亚夏季风偏强。

除海温外,青藏高原的动力和热力作用对全球大气环流和气候变化也有明显的影响。而前期高原积雪面积的多少会直接影响夏季高原的热力效应,通过改变高原上空大气环流异常进而影响下游的东亚夏季风强弱特征。2020/2021 年冬季青藏高原积雪面积较常年偏少23.1%,位列 1979/1980 年冬季以来第 8 偏少年,有利于次年东亚夏季风偏强,我国北方多雨[4]。同样合成冬春季 La Niña 衰减且前冬青藏高原积雪偏少年的 850 hPa 风场距平图(图略),西北太平洋副热带地区为气旋性距平环流,日本岛及其周围为反气旋性距平环流,我国华北和东北地区为明显的西南风异常,即东亚夏季风偏强,有利于主要多雨区在我国北方。

2.3 动力气候模式评估和预测

国家气候中心 BCC_CSM 1.1 m 模式 3 月起报的结果,预测 2021 年夏季 500 hPa 东北半球高度场为正距平,北半球极涡较常年同期偏弱,欧亚中纬度高度场为显著的正距平,中心位于乌拉尔山和鄂霍茨克海地区,有利于阻塞高压偏强,副热带西北太平洋地区高度场为正值,略强于气候态,有利于西太副高强度略偏强、位置偏北(图 4b)。美国 CFSv2 模式(图 4c)和欧洲 ECMWF 模式(图 4d)对东北半球环流的预测与国家气候中心预测类似。与实况(图 4a)相比,上述动力模式对夏季平均的 500 hPa 高度场距平预测,除了极区趋势与实况相反外,其余

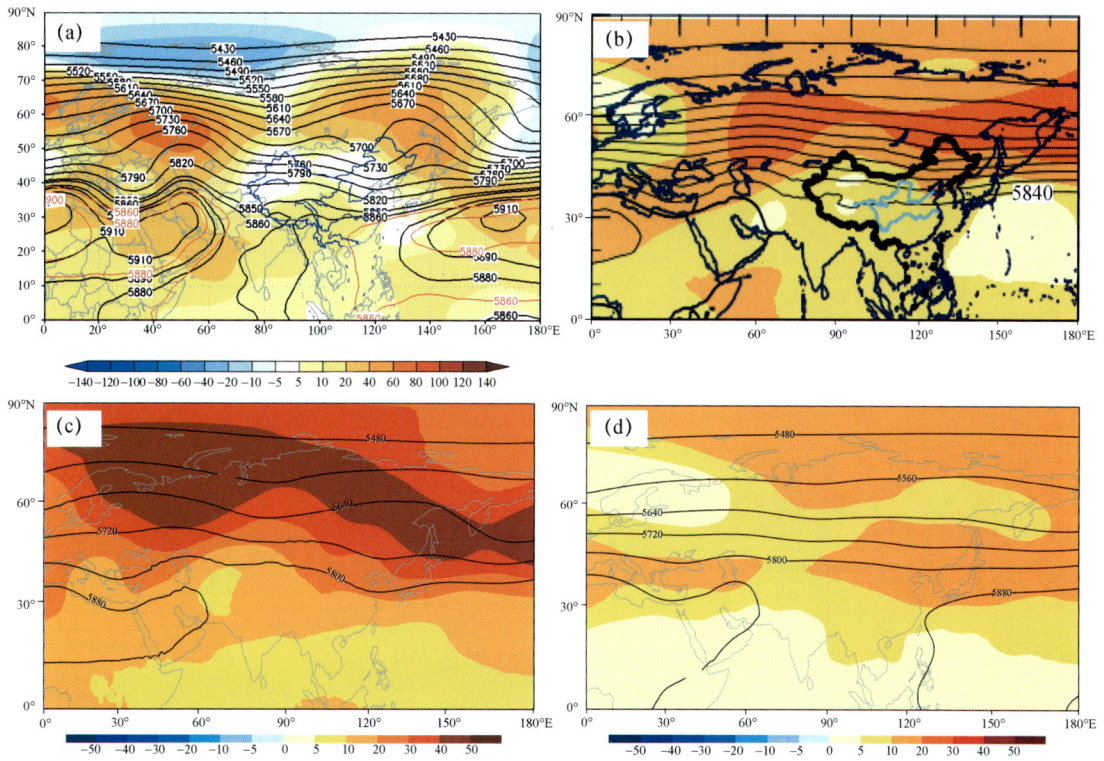

图 4 2021 年夏季 500 hPa 位势高度场和 2021 年 3 月多模式预测场(等值线:位势高度;阴影:距平;单位:gpm)
(a)观测;(b)BCC_CSM 1.1 m 模式;(c)CFSv2 模式;(d)ECMWF 模式

大部分地区与实况较为一致。BCC_CSM 1.1 m 模式预测 2021 年夏季 850 hPa 西北太平洋副热带地区为气旋性距平环流,我国长江中下游地区及其以北为东南风距平。CFSv2 模式预测西北太平洋副热带地区为明显的气旋性距平环流,日本岛及其以北为反气旋性距平环流。ECMWF 模式与 CFSv2 模式预测结果相似,但西北太平洋副热带地区的气旋性距平环流及以北地区的反气旋性距平环流位置相对偏南,我国长江中下游地区及其以北为东南风距平,与观测风场最为接近。

通过对 PDO、三大洋海温和高原积雪等主要先兆信号的综合分析,并结合国内外主流动力气候模式的预测结果,预计 2021 年东亚夏季风偏强,副高偏北,有利于多雨区位于我国北方地区。这是支持 2021 年汛期降水趋势预测成功的主要依据。

国内外多个模式 3 月起报的集合平均预测结果显示:2021 年 6—8 月各月副高强度接近常年,副高脊线均偏北,其中 8 月偏北近 2 个纬度,菲律宾反气旋指数均为负值,东亚夏季风均偏强。即模式预测季节内环流主要特征没有明显的转折。而实况显示 8 月副高强度异常偏强偏南、菲律宾反气旋偏强、东亚夏季风偏弱,这是导致长江流域降水异常偏多、华南降水持续偏少的重要原因。与实况相比,动力气候模式对在提前 2—3 个月对夏季气候季节内变化的预测偏差较大,尤其是 8 月预测与实况完全相反。

此外,动力气候模式预测的夏季降水距平百分率(图 5)总体显示"长江以北多,东南沿海多"的降水异常空间分布特征,BCC_CSM 1.1 m 模式预测我国长江以北地区降水偏多,偏多中心在西北地区中东部和黄淮西部,长江下游降水偏少(图 5a);CFSv2 模式预测西北地区中东部和华北大部降水偏多、长江中游降水偏少(图 5b);ECMWF 模式预测东北和华北、华南南部降水偏多,长江下游降水偏少(图 5c)。上述预测结果显示了动力模式对降水预测的有限性,尤其是南方地区的预测分歧较大。进一步评估动力模式的历史预测技巧也显示了南方大部降水异常的距平相关系数偏低,这可能与动力模式对西北太平洋反气旋位置和季节内变率的预测能力低有关。而在 6 月份对盛夏进行滚动预测时,有利于长江流域及其以北降水偏多的信息比较一致,该信息被采纳。说明对于季节内变率较大年份的预测,初值的重要性提高。

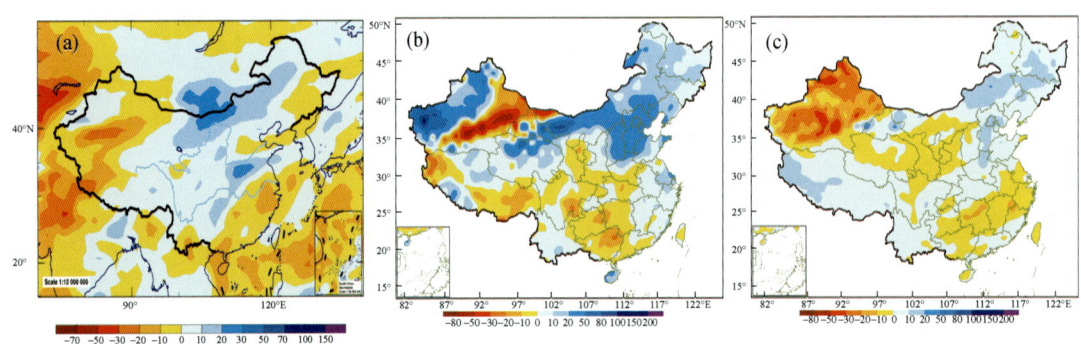

图 5 BCC_CSM 1.1 m 模式(a)、CFSv2 模式(b)和 ECMWF 模式(c)
于 2021 年 3 月起报的 2021 年夏季降水距平百分率

2.4 夏季降水预测成败分析

2021 年提前 2—3 个月通过海温、积雪等外强迫特征以及动力气候模式 3 月起报的夏季环流信息,有利于预测东亚夏季风偏强和我国北方降水偏多的总趋势,很难获得降水异常分布的精准区域和极端性信息。此外,对西北地区东部、华南东部、长江中游的预测和实况相反,主要原因是受到夏季风季节内变率的影响。由于北方雨期的延长,西北地区东部的降水在6—8月偏少,但是9—10月明显增强。长江中下游的6—7月的梅雨期降水强度偏弱,但是8月份出现罕见的"倒黄梅"天气。而华南的干旱也是和后汛期降水不足有关,尤其是8月份台风不活跃,导致前汛期的干旱持续到后汛期。如何进一步提取季节内尺度气候中的极端性特征、分析其可预报性,并提供相应的预测服务是需要深入研究的内容。

3 南海和西北太平洋台风预测

对台风活动全年、夏季、秋季的预测分析显示,ENSO循环的不同阶段对台风活动的季节演变特征有较大影响,同时也需要关注季节内变率对台风活动盛期的影响。

3.1 年度台风预测

ENSO循环是影响台风活动的重要外强迫信号[12]。在前期冬季为拉尼娜事件的背景下,当年西北太平洋台风强度总体偏弱,生成源地位置偏西,移动路径以西北行为主(图6)。夏季有利于西北太平洋副热带高压脊线位置偏北,西伸脊点偏东,在副高西侧引导气流的作用下,有利于台风北上影响我国[13]。拉尼娜次年夏季,西北太平洋海表温度往往偏高,南海上空对流活跃,有利于台风生成和发展。

国内外主流动力气候模式预测夏季西北太平洋及南海上空以西风距平为主,季风槽加深,有利于台风生成。分析显示,前冬赤道中东太平洋发生拉尼娜事件,当年夏季之后进入厄尔尼诺或中性状态时,西太平洋台风活动较为活跃;而夏季之后再次进入拉尼娜状态的情况下,台风活动明显受到抑制,特别是菲律宾以东海域生成台风明显偏少。由于国内外动力气候模式对ENSO预报时效的有限性,以及对赤道中东太平洋海温后期发展趋势预测的不确定性,预测意见维持了全年西太平洋生成和登陆台风频数总体偏多的特征(表2),与实况有偏差。

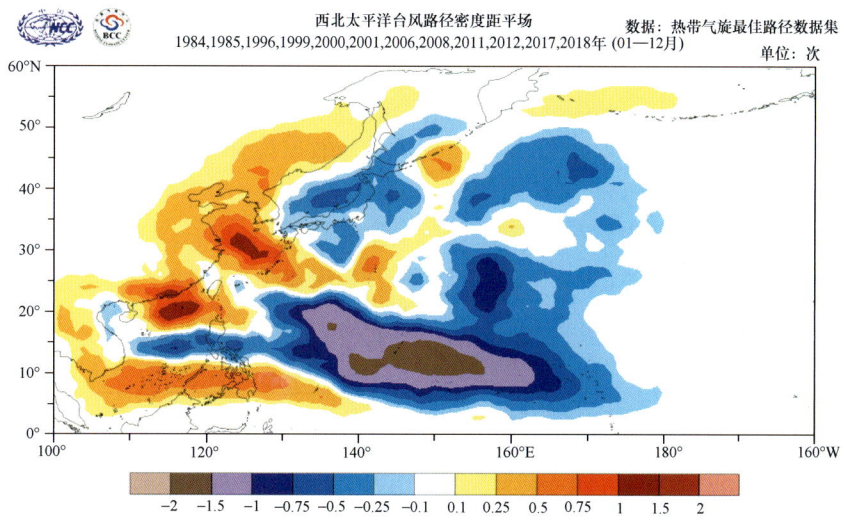

图6 拉尼娜年台风路径密度距平场

3.2 夏季台风预测

基于国家气候中心第二代气候系统模式研发了动力-统计相结合的台风路径预测模型,预测2021年度西北太平洋台风盛行路径以西北行为主(图7),国内外主流动力气候模式5月起报结果,较之3月起报结果,有利于夏季西太平洋台风异常活跃的信号有所减弱。综合物理统计和模式预测信息,将前期预测台风生成和登陆频数偏多的意见,修订为接近常年同期。检验结果表明,滚动订正结果与观测的西太平洋海气系统和台风活动的发展趋势更加吻合(表2)。

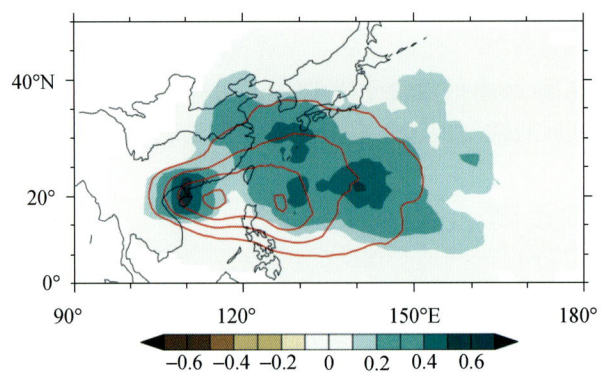

图7 台风路径预测模型对2021年台风路径的预测
(阴影为路径密度距平,等值线为气候态,3月起报结果)

实况显示8月份西北太平洋转为反气旋式环流异常,西太副高加强西伸,南海季风槽异常偏弱,西太平洋暖池区对流不活跃,台风生成频数总体偏少。初步分析认为,8月份热带大气季节内振荡主要在印度洋区域长期滞留可能是导致西太副高在8月异常偏强且台风不活跃的重要原因[10]。

3.3 秋季台风预测

基于国内外动力气候模式对秋季ENSO发展趋势和印度洋海表温度预测结果,重点分析了拉尼娜事件发展(衰减)位相和印度洋海表温度偏暖对西太平洋台风活动的协同影响。研究发现无论是拉尼娜事件的衰减年或是发展年,当印度洋海温偏暖时,西太平洋生成和登陆我国的台风个数均较常年偏少。同时,多个动力模式预测秋季西北太平洋纬向风垂直切变加大,西太副高面积偏大、强度偏强、西伸脊点偏西、脊线位置略偏北,不利于台风生成频数偏多。综合物理统计、数值模式信息,预测2021年秋季西太平洋和南海生成台风个数较常年同期偏少,登陆或明显影响我国个数接近常年(表2)。

4 讨论和启示

在2021年汛期,将诊断分析和国内外动力模式信息相结合,将年代际尺度、年际尺度信号和季节内变率信号相结合,比较准确地预测了主要多雨区在我国北方以及雨季进程前弱后强的特征,主要不足之处是对台风的活跃阶段及影响程度高估,从而低估了南方的干旱;此外,北方地区降水的极端性也是在预测能力之外。通过预测回顾,提出如下亟待解决的科学问题:

(1)加强对我国汛期降水季节内进程异常的研究。2021年夏季,是La Niña事件次年,青藏高原冬春积雪异常偏少,夏季风在盛夏期偏强,结果是6—7月的梅雨期降水强度弱,而8月份出现持续的"倒黄梅"天气,导致长江流域夏季平均多雨。须加强我国汛期季节内降水进程异常的复杂性研究。

(2)科学评估全球变暖背景下极端天气气候事件发生的规律及对季节尺度气候异常的可能影响。2021年夏季,全球多次出现极端天气气候事件,北美西部于6月下旬到7月上旬发生了极端高温热浪天气,西欧于7月上中旬发生严重洪涝灾害。我国夏季气候也出现了明显的阶段性、区域性、极端性等特征。因此深入研究灾害性极端天气气候事件预测及可能的影响,以更好地满足气候预测服务需求。

参考文献

[1] 李维京. 现代气候业务[M]. 北京:气象出版社,2012.

[2] 陈丽娟,高辉,龚振淞,等. 2012年汛期气候预测的先兆信号和应用[J]. 气象,2013,39(9):1103-1110.

[3] 朱益民,杨修群. 太平洋年代际振荡与中国气候变率的联系[J]. 气象学报,2003,61(6):641-654.

[4] 张顺利,陶诗言. 青藏高原积雪对亚洲夏季风影响的诊断及数值研究[J]. 大气科学,2001,25(3):372-390.

[5] 陈丽娟,袁媛,杨明珠,等. 海温异常对东亚夏季风影响机理的研究进展[J]. 应用气象学报,2013,24(5):521-532.

[6] 吴统文,宋连春,刘向文,等. 国家气候中心短期气候预测模式系统业务化进展[J]. 应用气象学报,2013,24(5):533-543.

[7] 刘长征,杜良敏,柯宗建,等. 国家气候中心多模式解释应用集成预测[J]. 应用气象学报,2013,24(6):677-685.

[8] 王会军,孙建奇,郎咸梅,等. 几年来我国气候年际变异和短期气候预测研究的一些新成果[J]. 大气科学,2008,32(4):806-814.

[9] 李维京,郑志海,孙丞虎. 近年来我国短期气候预测中动力相似预测方法研究与应用进展[J]. 大气科学,2013,37(2):341-350.

[10] 赵俊虎,陈丽娟,章大全. 2021年夏季我国气候异常特征及成因分析[J]. 气象,2022,48(1):107-121.

[11] ZUO J Q,LI W J,SUN C H,et al. Impact of the North Atlantic sea surface temperature tripole on the East Asian summer monsoon[J]. Advances in Atmospheric Sciences,2013,30(4):1173-1186.

[12] WANG C,LI C,MU M,et al. Seasonal modulations of different impacts of two types of ENSO events on tropical cyclone activity in the western North Pacific[J]. Climate Dynamics,2013,40(11-12):2887-2902. DOI:10.1007/s00382-012-1434-9.

[13] CAMP J,ROBERTS M,COMER R,et al. The western Pacific subtropical high and tropical cyclone landfall:Seasonal forecasts using the Met Office GloSea5 system[J]. Quarterly Journal of the Royal Meteorological Society,2019,145(718):105-116. DOI:10.1002/qj.3407.

第二部分
重大天气过程复盘

一、暴雨

2021年7月17—22日河南特大暴雨过程成因及预报难点分析*

王新敏[1]　苏爱芳[1]　张　霞[1]　栗　晗[1]　王振亚[1]　赵培娟[1]　陈　涛[2]　夏茹娣[3]

(1 河南省气象局,郑州,450003；2 国家气象中心,北京,100081；
3 中国气象科学研究院,北京,100081)

摘　要：本文针对2021年7月17—22日河南省历史罕见特大暴雨过程的降水实况特征及成因、数值模式检验评估及预报难点分析等方面开展复盘总结。结果表明：本次过程具有累积雨量大、持续时间长、降雨范围广、小时雨强极端等特征；特大暴雨受多尺度天气系统共同影响，副热带高压异常偏北，水汽和动力条件明显偏离气候态，台风"烟花"加剧低层东风水汽输送，山地复杂地形增强辐合抬升，触发中尺度对流发展。模式评估表明，全球数值模式短中期时段对于大尺度环流及主要影响天气系统预报均存在较大不确定性，中尺度模式虽然在累积降水量预报上存在优势，但对低空急流发展、中小尺度地形抬升和阻挡作用等因素难以准确描述，以上原因共同导致此次强降水过程发生时间、落区及强度难以把握。建立"地-空-天"一体化的城市综合气象观测体系，加强复杂地形下模式降水预报偏差的精细化评估与订正，发展对流可分辨的中尺度集合预报系统，研发气象因子与机器学习算法相结合的极端强降水客观预报技术，将有助于进一步提升极端暴雨预报预警能力。

关键词：极端暴雨，分析评估，数值预报，预报难点

引言

2021年7月17—22日，河南省出现了历史罕见的特大暴雨，强降雨中心位于郑州、鹤壁、新乡、焦作和安阳等地，全省因灾死亡失踪398人，其中郑州市380人，占全省的95.5%；12条主要河流发生超警戒水位以上洪水，全省启用8处蓄滞洪区，共产主义渠和卫河新乡、鹤壁段多处发生决口，新乡卫辉市城区受淹长达7天；河南省共有150个县(市、区)1478.6万人受灾，直接经济损失1200.6亿元，其中郑州409亿元，占全省34.1%。(引自《河南郑州"7·20"特大暴雨灾害调查报告》)

极端暴雨成因分析及预报技术方面已有较多研究成果[1-15]。栗晗等[1]分析了2016年7月19日(简称"7·19")豫北的特大暴雨过程中动力因子的极端性特征；张霞等[2]通过对1981年以来年河南省极端暴雨个例诊断，基于物理量因子气候异常度建立了极端暴雨指数并在预报业务中应用。对河南"21·7"罕见暴雨过程研究已取得了部分成果，苏爱芳等[3]分析了本次过程的观测事实和中尺度对流活动特征；梁旭东等[4]开展了多尺度特征研究，认为"21·7"暴

---

* 河南省气象台邵宇翔、崔丽曼、吕林宜、王蕊、杨慧、席乐等也参与了本文数据分析、文字撰写及插图绘制等工作。

雨过程是在对流层高、中、低层以及中、低纬度多尺度大气系统共同作用,并叠加地形影响下产生的。张霞等[5]分析了本次特大暴雨过程的大气环流和物理量因子的异常特征,发现太行山和伏牛山沿山一带水汽辐合偏离气候态最强超过—10σ,表现出显著极端性。这些研究成果可加深对极端暴雨的机理认知,为其预报提供借鉴。

河南省气象部门提前5天预报出了此次特大暴雨过程,并在暴雨过程中滚动发布监测预报预警信息,为河南省委省政府、有关部门防汛救灾和社会公众避险自救提供了高频次、递进式的气象预报服务,但仍然存在预报的降雨区域、时间、雨强不够精准等问题。本文将从降水实况特征及成因、数值模式检验评估及预报难点分析等方面开展复盘总结,并针对本次特大暴雨过程预报预警服务中存在的问题等提出思考建议。

1 降水实况特征

一是累积雨量大、持续时间长、降雨范围广。此次暴雨过程分为三个阶段:第一个阶段为7月17—18日,暴雨主要发生在豫北;第二个阶段为19—20日,暴雨中心移至郑州;第三个阶段为21—22日,暴雨中心再次移至豫北。过程雨量最大值出现在鹤壁科创中心气象站,为1122.6 mm,郑州新密市白寨气象站次之,为993.1 mm(图1)。最强降雨时段为19日下午—21日凌晨,20日郑州国家气象站出现最大日降雨量(624.1 mm),接近郑州平均年降雨量(640.8 mm),为建站以来最大值(189.4 mm,1978年7月2日)的3.3倍。

二是短时雨量极强,降雨极端特征突出。全省2553个自动气象站中,34站超过100 mm,7个国家级气象站1 h降雨量突破建站以来小时降雨量历史极值,其中郑州站7月20日15—18时小时雨强猛增,16—17时出现201.9 mm的极端小时雨强,突破我国大陆气象观测记录历史极值。其中5分钟最大降水量达21.0 mm(图2)。全省近一半站点单日雨量超过100 mm,郑州等19个国家级气象站日降雨量突破建站以来历史极值,郑州、辉县等32个国家级气象站突破建站以来最大连续3日降雨量历史极值,其中郑州国家站最大日降雨量624.1 mm,连续3日累积降雨量787.9 mm。

三是降水与地形密切相关。累积降水量超过400 mm的站点基本分布在太行山、伏牛山迎风坡。其中≥800 mm(红圆点)的两个强降水中心位于豫北新乡、鹤壁两地区西部紧临太行山东麓和郑州西部嵩山东侧(图1)。

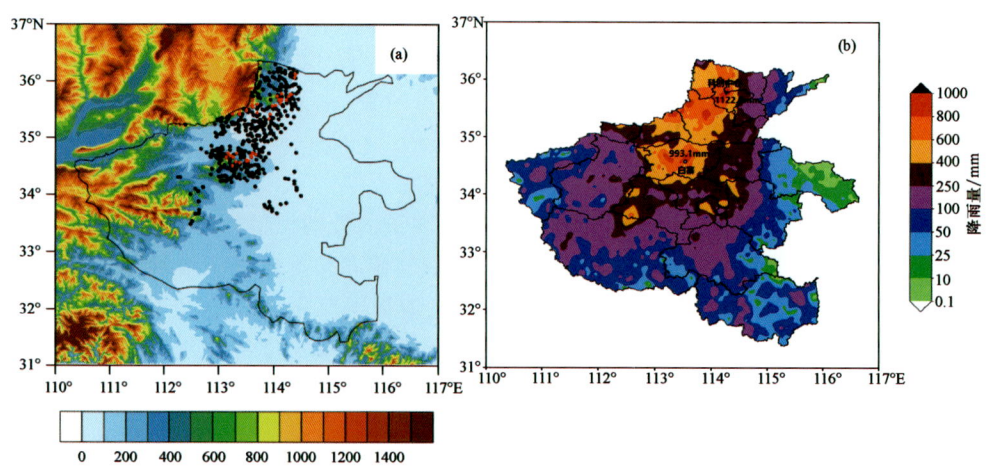

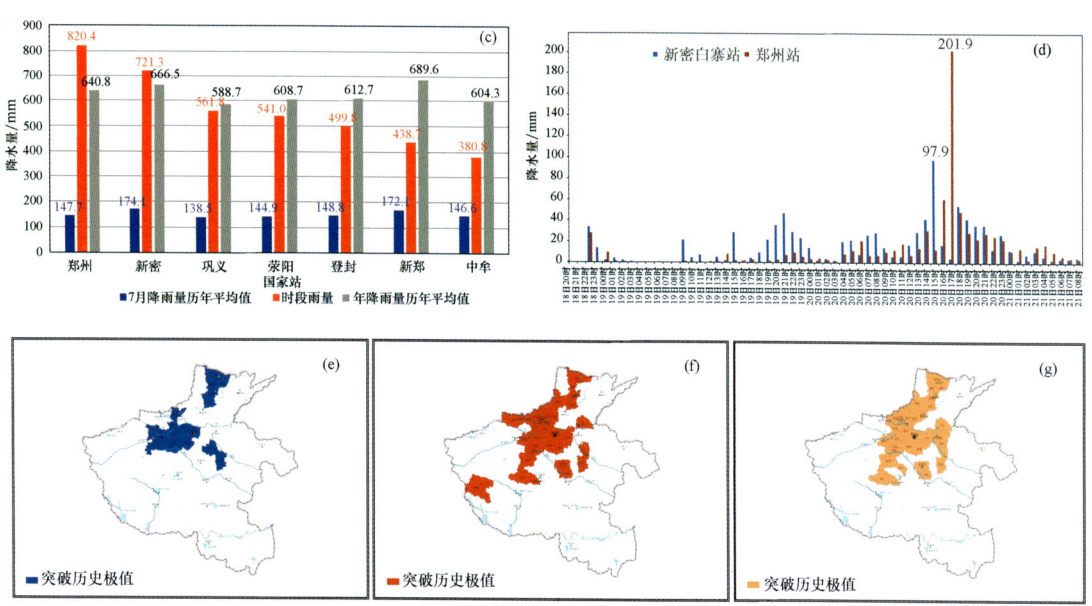

图1 (a)7月17日08时—23日08时过程累积雨量≥400 mm且<800 mm(黑色圆点)和≥800 mm(红色圆点)
站点分布(填色表示海拔高度,单位:m);(b)2021年7月17日08时—23日08时河南省累积降雨量(填色);
(c)郑州辖区7个国家站降雨量;(d)18日20时—21日08时郑州站和新密白寨站逐小时降水量;
(e～g)分别为日连续降水量(19站)、连续降水量(30站)、连续3日降水量(32站)国家级气象站突破
历史极值站点(引自河南省气候中心《极端事件监测快报》2021年第23期)

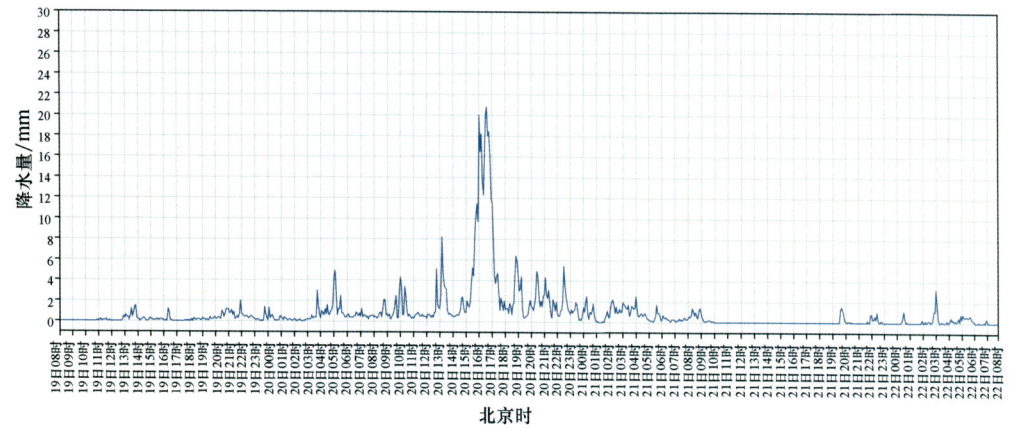

图2 2021年7月19日08时—22日08时郑州国家站逐5分钟降水量时间序列

2 强降雨成因分析

2.1 环流形势和主要天气系统发展演变

河南"21·7"历史罕见暴雨事件是在南亚高压东伸、副热带高压西伸北抬、台风有利水汽输送、低空急流发展及地形抬升和阻挡作用等多种因素的共同影响下发生的。

200 hPa高空图上,7月17—22日,南亚高压脊线位于30°N,东脊点伸至105°E,河南中北部恰好位于槽前辐散区,来自高纬的干冷气流向南侵入到中纬度地区,为暴雨的发生提供了良好的高空辐散条件(图3a、图3b),非常有利于低层系统辐合抬升、对流发展。

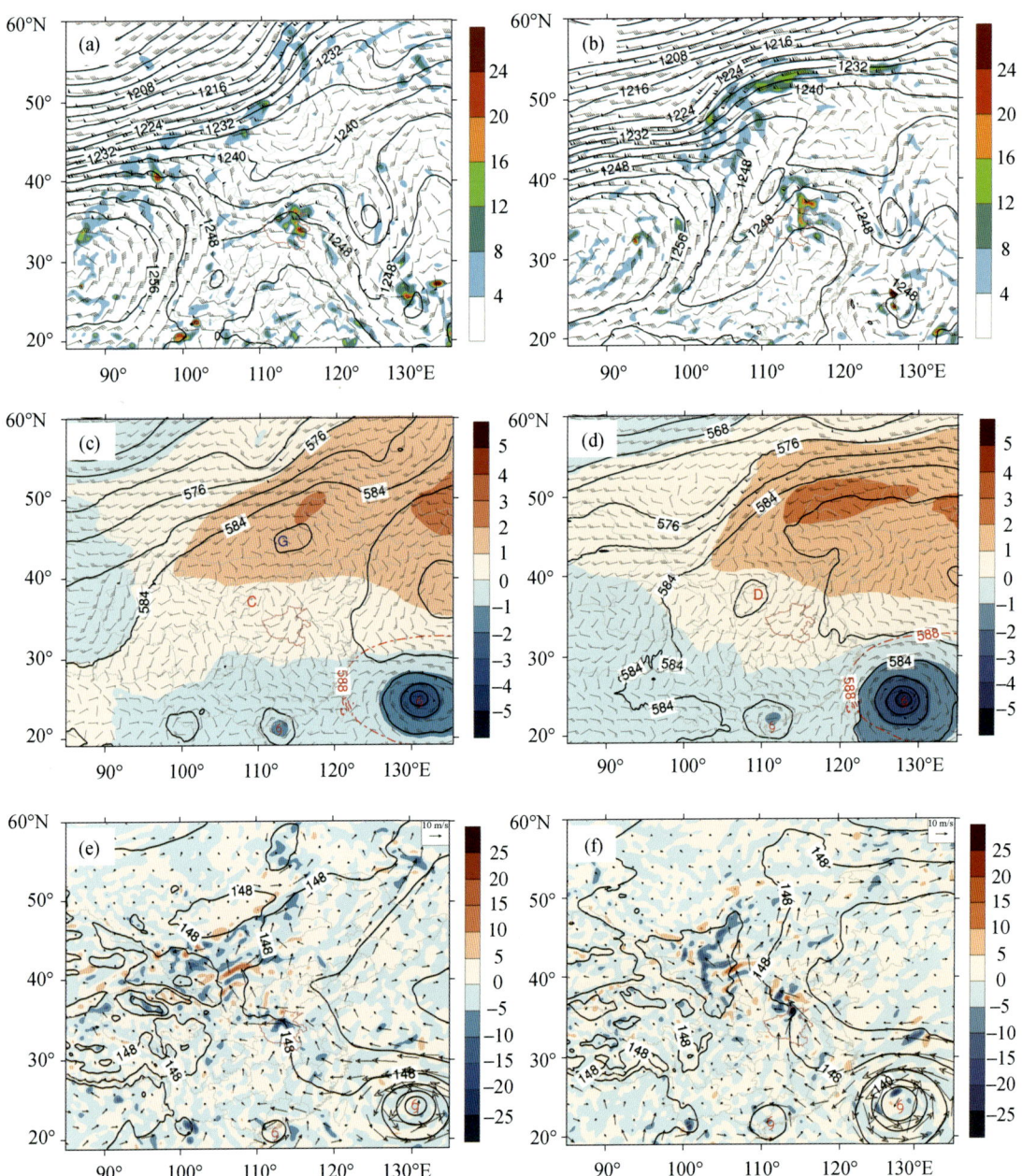

图3 (a,b)为200 hPa高度、散度和风场分布(等值线为高度,单位:dagpm,填色为散度>4区域,单位:10^{-5}/s,图中红色实线为河南省界),(c,d)为500 hPa高度、气候标准差倍数(等值线为平均位势高度,点划线为常年588位势什米线,单位:dagpm,填色为标准差倍数),(e,f)为850 hPa水汽通量(矢量,单位:g/(cm·hPa·s)和水汽通量散度(填色,单位:10^{-5}g/(cm²·hPa·s)),(a,c,e)为2021年7月20日08时,(b,d,f)为2021年7月21日08时

7月15日前后,西太平洋副热带高压北跳至日本海,17—22日,其西段脊线稳定在39°～42°N,较气候平均副热带高压位置偏北约14个纬距,环流形势出现持续性异常;副热带高压南侧有利于形成宽广的东风气流区,将海上水汽向我国中东部内陆地区持续输送,有利于在太行山等地形前形成降水(图3c、图3d)。

在15°～30°N的中低纬地区热带低值系统活跃。6号台风"烟花"北侧和7号台风"查帕卡"东侧气旋性暖湿气流西进北上,合并后携带大量水汽西北向输送至内陆,水汽输送主要出现在850 hPa以下的边界层内,河南豫中、豫北位于水汽通量大值中心前沿(图3e、图3f),稳定维持的副热带高压阻挡了台风北上,使得河南水汽供给稳定维持。

7月19日夜间至20日白天河南西部出现新生中尺度低涡,涡旋系统移动缓慢、发展迅速,进一步加强了低涡前部郑州地区低层风场辐合和环境水汽聚集,提高了中小尺度对流系统强度和组织化程度,导致郑州出现极端累积降水量和极端短时强降水。

2.2 中小尺度系统精细化发展演变

FY-4A卫星10.8 μm红外通道产品分析显示(图4),7月18日午后自豫东南发展北上的弧状中尺度对流系统(MCS)影响豫北地区,造成≥50 mm/h的极端短时强降水。19日下午到夜里,豫东到豫中受结构紧凑的α带状MCS影响,短时强降水位于亮温≤−52 K的MCS左侧梯度大值带上。20日下午,嵩山山前有后向发展对流云向东北方向传播,16时前后形成云顶亮温≤−52 K的西南至东北走向的带状MCS持续影响郑州;值得关注的是,郑州站最强降水发生时段,16—17时MCS亮温在−52 K左右,最低为−62 K。20日20时—21日02时,豫中东部发展的强盛椭圆形MCS给开封、周口等地造成强降水,该系统减弱后经后向发展再次形成圆形β中尺度对流系统,21日03—08时给漯河、周口造成强降水。21日10—17时,太行山东侧云顶亮温≤−52 K的$M_\beta CS$形成发展并向东北方向传播,同时表现出明显后向发展特征,17—23时形成亮温≤−52 K、最低亮温达−72 K的带状MCS,豫北降水达最强。

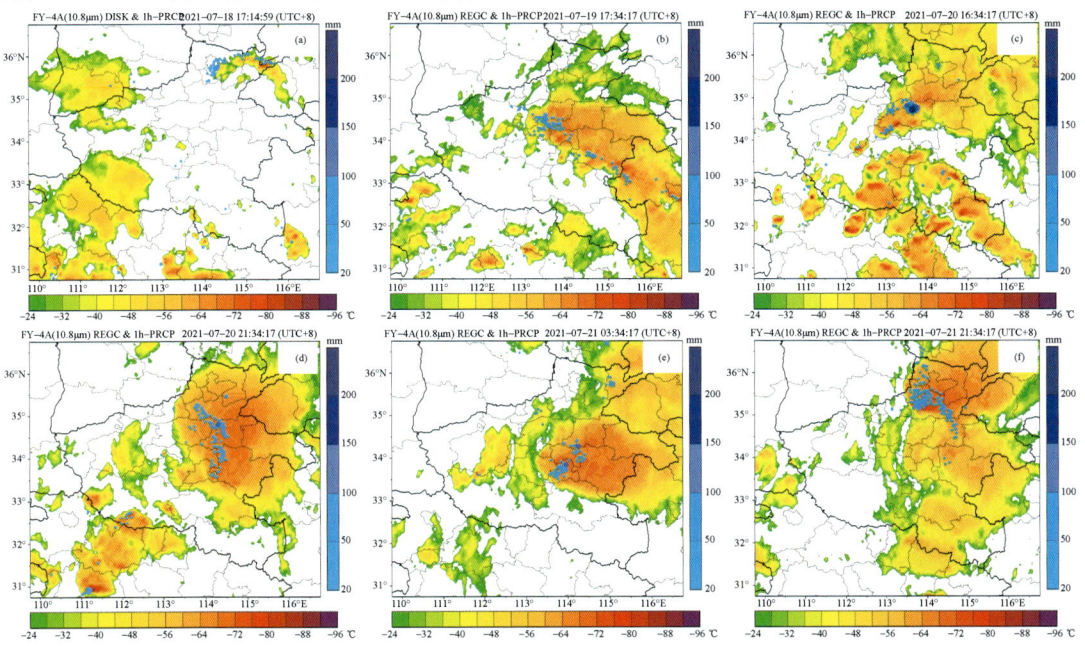

图4 典型时刻FY-4A卫星10.8 μm通道云图(色斑)及其后整点短时强降水(散点)

郑州站和鹤壁科创中心站附近雷达拼图反射率产品演变显示(图5),郑州站7月20日14—16时回波发展旺盛,55 dBZ回波高度超过10 km,随后迅速下降,16—17时出现的201.9 mm/h的极强降水与旺盛发展的对流系统关系密切[3];比较而言,两站小时降水峰值出现时,系统表现出相似的发展旺盛的对流云结构特征(强回波中心≥55 dBZ),但郑州站50 dBZ以上强度回波高度更高,科创中心站受≥45 dBZ回波影响频次多,对应11次短时强降水。

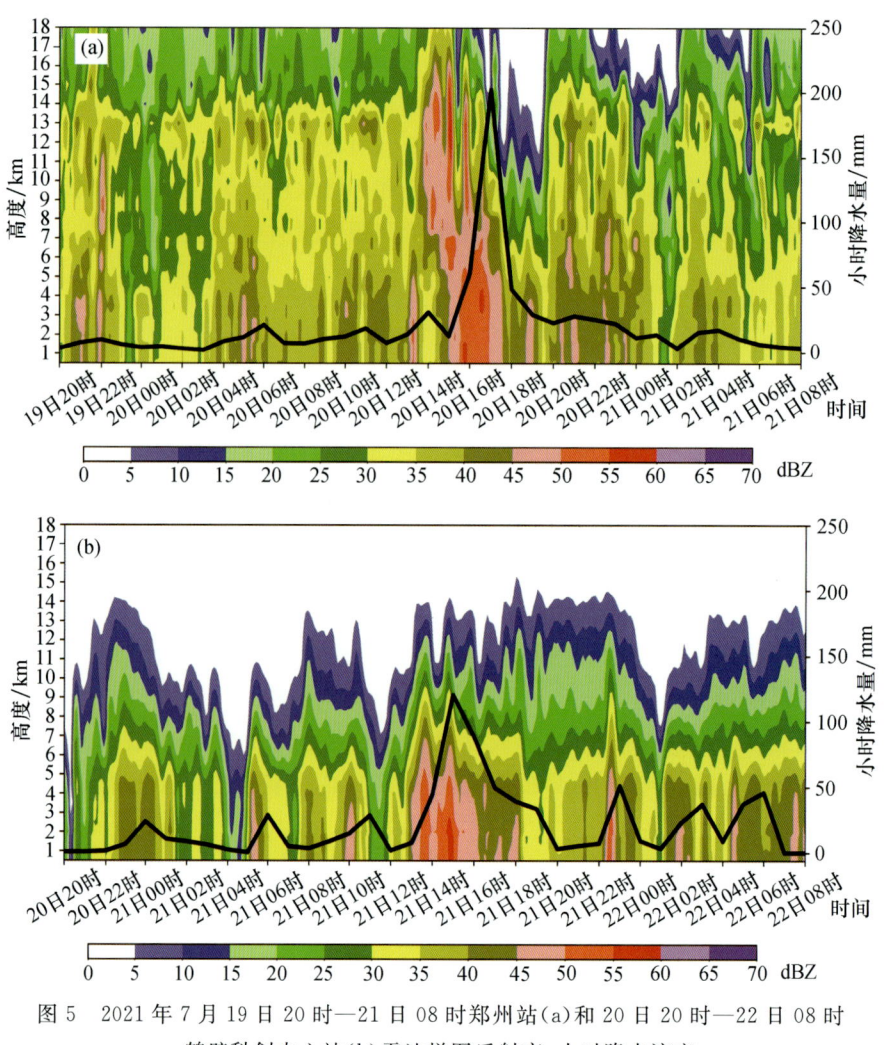

图5 2021年7月19日20时—21日08时郑州站(a)和20日20时—22日08时
鹤壁科创中心站(b)雷达拼图反射率、小时降水演变

7月20日中午后有源自西南方向的强度≥50 dBZ的强降水MCS向东北方向移动,15时前后在郑州主城区与前期存在的对流单体合并,随后强度≥50 dBZ、伸展高度≥5 km强回波在郑州主城区停滞超2 h,16—17时中心强度超60 dBZ,郑州站降水量达201.9 mm。21日14时,鹤壁西部至安阳中部形成长度约60 km的线状MCS,15时30分科创中心站附近回波强度超55 dBZ,形成120.5 mm/h短时强降水,15—20时沿山对流带向北移动,但沿山脉后向传播特征明显,17时30分前后新乡牧野乡站附近的对流云发展旺盛且位置稳定,强度≥55 dBZ,持续给该地区造成极端强降水;同时,豫中东部有弧状MCS发展北移,20—22时与牧野乡附近的MCS合并发展,牧野乡站20—21时降水强度达149.9 mm,随后沿山地区的MCS收缩减弱、北移(图6)。

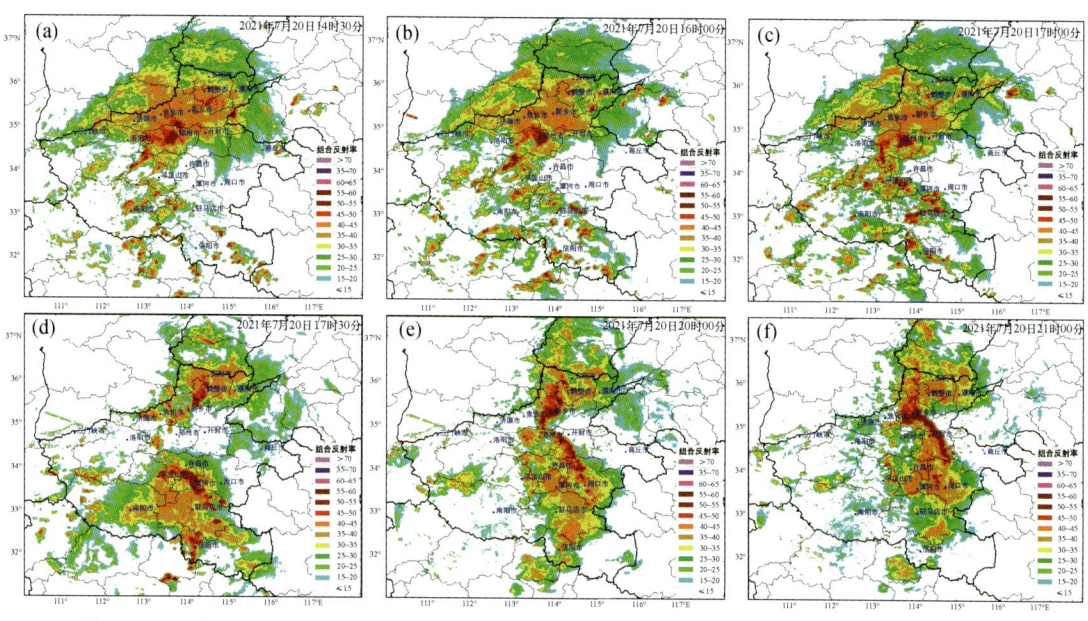

图 6 2021 年 7 月 20 日 14 时 30 分(a)、16 时(b)、17 时(c)及 21 日 17 时 30 分(d)、20 时(e)、21 时(f)河南省组合反射率拼图

2.3 水汽及动力条件异常性分析

2.3.1 有利的水汽输送和水汽辐合

台风"烟花"对河南极端暴雨的水汽供应有重要和直接影响。7 月 19 日白天至 20 日中午"烟花"增强为台风级,副热带高压外围东南风水汽输送通道与台风北侧偏东风水汽输送通道打通,东海至黄淮地区建立深厚、稳定的东南风气流;其中水汽输送主要出现在 850 hPa 以下的边界层内,河南位于水汽通量大值中心前沿,水汽通量达到 1~2 个标准化异常[5](图 7)。

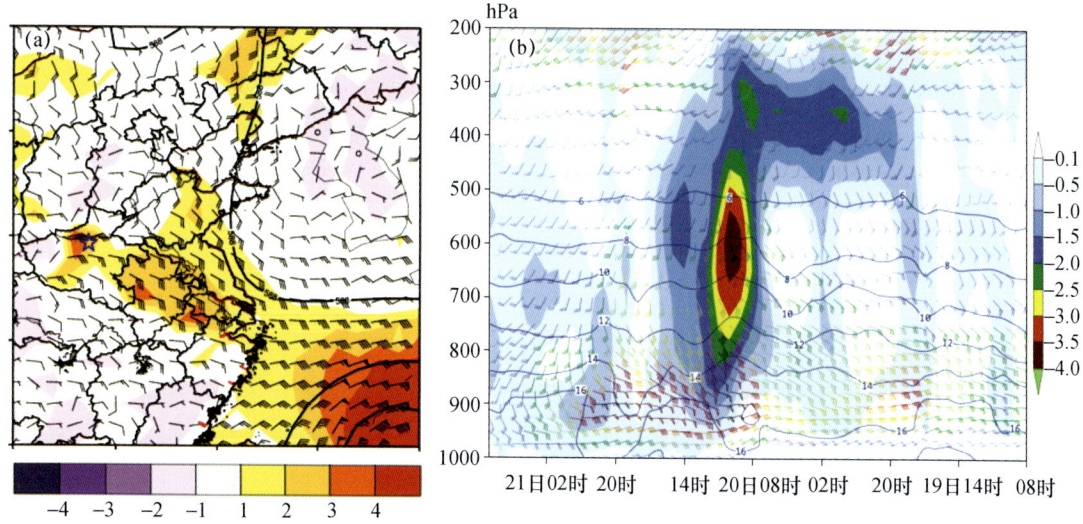

图 7 (a)950 hPa 风场和水汽通量的气候标准差;(b)7 月 19—20 日沿强降雨中心(35°N,113°E)时间-层次剖面,填色为垂直速度(阴影,单位:Pa/s)、比湿(蓝色等值线,单位:g/kg)、风场(风向杆,其中红色代表风速大于 12 m/s)的时间-高度剖面图

7月19日08时—21日08时以郑州为中心的强降水区域(112.4°～114.1°E、34.2°～35.2°N，下文简称豫中)700 hPa、850 hPa和925 hPa三层的水汽通量和水汽通量散度演变显示：19日20时起，豫中的水汽输送三层标准差倍数均维持在1.5σ以上，尤其是20日白天，水汽输送和辐合均异常偏强，水汽通量的标准差维持在3σ以上(图8a)，而水汽通量散度标准差自19日08时起均过−3σ，20日期间更是维持在−6σ以下(图8b)，异常偏强且持久维持的水汽输送和水汽辐合是郑州产生极端性暴雨的关键因素[5]。

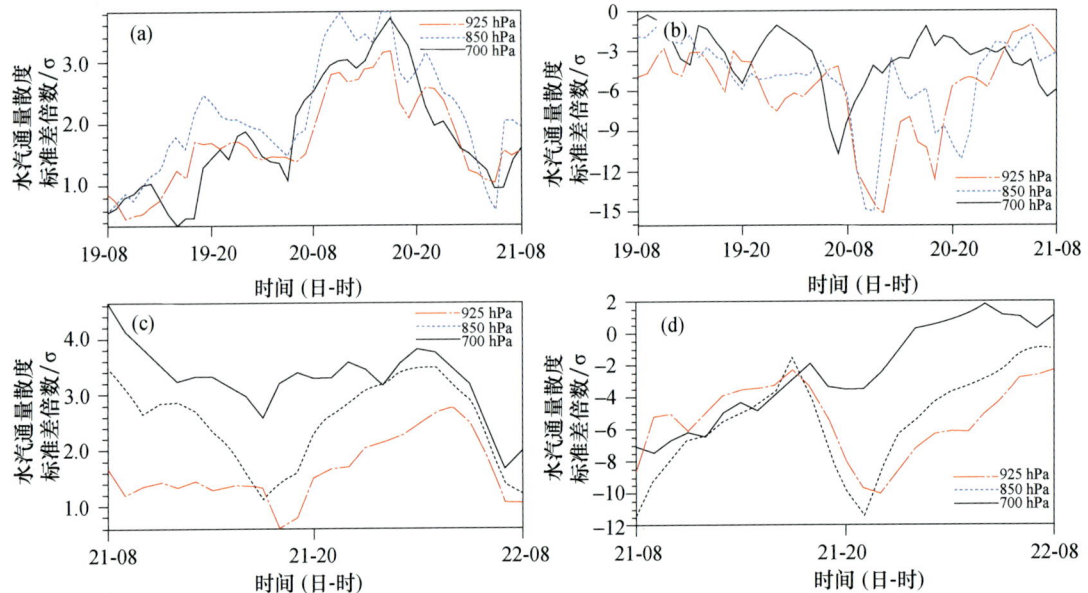

图8 2021年7月19日08时—21日08时豫中强降水区域(a,b)和7月21日08时—22日08时豫北强降水区域(c,d)各层水汽通量(a,c)及水汽通量散度(b,d)逐小时标准差倍数曲线

2.3.2 异常强的动力抬升条件

7月19日08时—21日08时豫中强降水阶段，河南上空200 hPa为明显辐散区，辐散中心位于伏牛山东侧与太行山南麓形成的喇叭口地形区域，相较历史气候态达到了2σ～3σ(图9a)，850 hPa涡度场上全省均表现为辐合区，郑州以西的伏牛山东沿山一带为强辐合中心，其标准差最大达到了6σ(图9b)，850 hPa垂直速度场上，河南省中西部有强上升运动，上升运动中心的标准差倍数超过−3σ[5](图9c)。

2.3.3 地形对水汽输送及动力抬升的影响

过郑州站(34.7°N)的水汽通量和水汽通量散度剖面显示，"烟花"台风外围及副热带高压南侧的水汽沿东南气流向内陆输送，伏牛山地形阻挡了对流层下层水汽而使其在地形迎风坡一侧形成辐合，大于12 g/(cm·hPa·s)的水汽通量在地形迎风坡处向上伸至700 hPa，湿层深厚，925 hPa和850 hPa上，地形起伏处有多个水汽辐合中心存在(图10a)；强降水集中时段豫中地形区域(112.4°～114.1°E，34.2°～35.2°N)和其东侧同纬度平原区域(114.2°～115.4°E，34.2°～35.2°N)逐小时水汽条件变化对比显示(图10b，图10c)，地形区域的水汽辐合强度和伸展高度均明显高于平原区域，水汽通量大值区伸展的高度和中心值具有类似特征，山前迎风坡一带持续维持强而深厚的水汽输送和水汽辐合，利于强降水持续而达特大暴雨[5]。

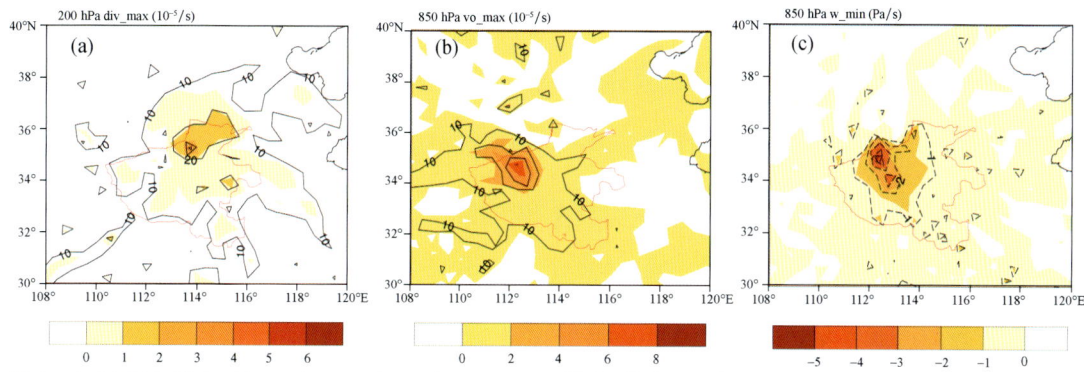

图9 2021年7月19日08时—21日08时(a)200 hPa散度(单位:10^{-5}/s)、(b)850 hPa涡度(单位:10^{-5}/s)和(c)850 hPa垂直速度(单位:Pa/s)及其标准差倍数

(等值线为物理量,取每个格点在所选时段内最有利于降水的物理量值,填色为物理量相对于历史气候态的标准差倍数)

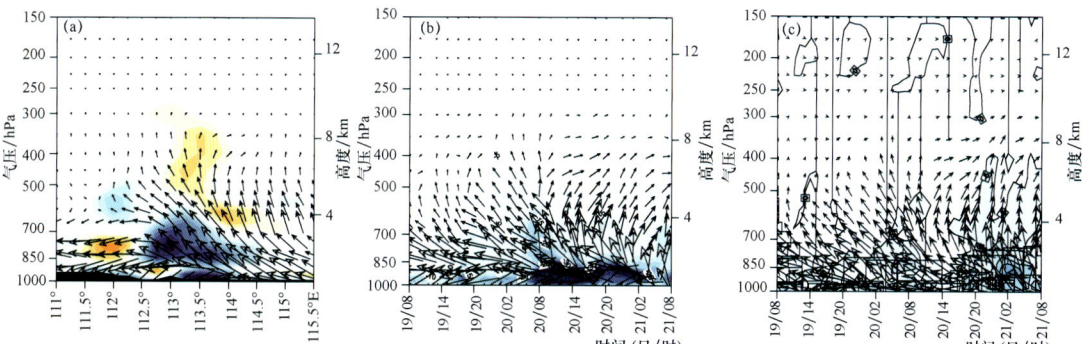

图10 水汽通量(矢量,单位:g/(cm·hPa·s))和水汽通量散度(填色,单位:10^{-5} g/(cm^2·hPa·s),图中黑色阴影为伏牛山地形)剖面图

(a)2021年7月20日08时过郑州(34.7°N)高度剖面;(b)19日08时—21日08时豫中地形区域和豫中平原区域;
(c)逐小时最大/最小值时间-高度剖面

过豫中强降水中心的垂直速度剖面显示,上升运动中心分布于伏牛山地形前迎风坡一侧,最强中心位于600 hPa附近,向上伸展至300 hPa(图11a),逐小时垂直速度变化显示(图11b),强降水集中时段,伏牛山前对流层一直维持强上升运动,尤以7月20日08时—20时期间更强,中心更是超过了$50×10^{-1}$ Pa/s,而其东侧同纬度平原区域,上升运动虽维持,但强度较地形区域明显偏弱(图11c),因此,无论小时雨强、累积雨量均以地形区域更强[5]。

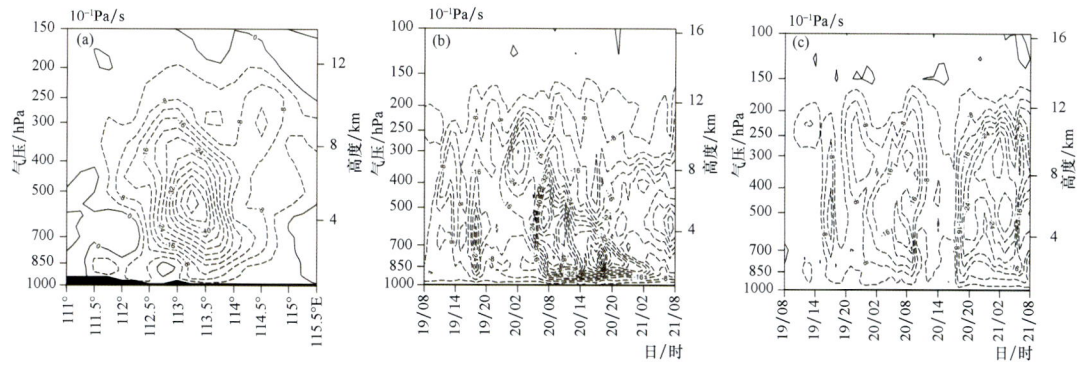

图11 垂直速度剖面图(等值线,单位:10^{-1} Pa/s,图中黑色阴影为伏牛山地形)

(a)2021年7月20日08时过郑州(34.7°N)高度剖面;(b)19日08时到21日08时豫中地形区域和豫中平原区域;
(c)逐小时最大/最小值时间-高度剖面

3 数值模式检验评估及预报难点分析

3.1 全球模式短中期预报评估

基于天气学检验和 TS 评分等方法，分析 CMA-GFS(中国气象局全球同化预报系统)与 ECMWF(欧洲中期天气预报中心)两个全球模式对河南 7 月 20 日 08 时—21 日 08 时最强降水日的预报表明(图 12)：从 7 月 16 日开始，两个模式对 20 日强降水预报均有较好的参考性，但预报极值和区域都存在一定偏差，24 h 降水预报最大值都在 200 mm 以下。对比暴雨预报 TS 评分，ECMWF 模式在提前 1～3 天(36～84 h)预报占优，CMA-GFS 模式提前 4～5 天(108～132 h)预报优于 ECMWF 模式，但其大暴雨预报评分低于 ECMWF 模式。

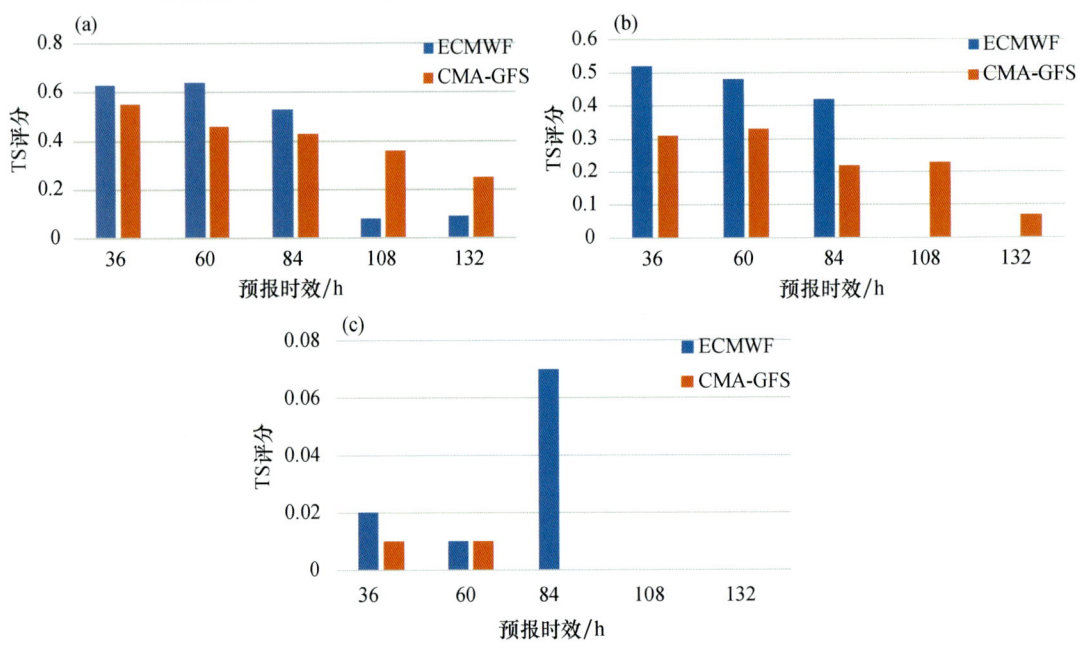

图 12 2021 年 7 月 21 日河南省 36～156 h ECMWF 和 CMA-GFS 累积降水 TS 评分
(a)大雨；(b)暴雨；(c)大暴雨

3.2 中尺度模式预报评估

基于 FSS(邻域空间检验方法)、CRA(连续雨区法)等空间检验技术对中尺度模式降水预报产品进行评估。CRA 检验结果显示，针对 24 h 大暴雨预报，CMA-BJ(中国气象局北京快速更新循环数值预报系统)预报降水强度及范围均远大于其他模式，但其落区位置预报持续较实况明显偏西，CMA-SH9(中国气象局上海数值预报模式系统)位置预报优于其他模式，其次为 CMA-MESO(中国气象局中尺度天气数值预报系统)；从 3 h 大于 20 mm 降水预报的位置偏差评估来看，CMA-MESO 和 CMA-SH9 预报位置偏差更多表现在南北方向，但在更临近预报时效南北方向位置偏差明显减小，CMA-BJ 的位置偏差则主要表现在东西方向。FSS 检验结果也表明，各模式在较大空间邻域尺度上才能够对 24 h 特大暴雨和 3 h 超过 70 mm 的强降水表现出一定预报技巧。总体来看,区域中尺度模式相对全球模式在累积降水量预报上存在优势,但各模式对于强降水极值和位置预报仍然存在较大偏差,尤其是对郑州 201.9 mm/h 的极端强降水预报缺少参考价值。

3.3 极端降水预报难点分析及改进思路

此次过程中暴雨可预报性高,但降水极值及落区可预报性低。全球模式在短期时段对此次过程的主要影响天气系统低涡、"烟花"台风预报路径、强度均存在较大不确定性,不同起报时次模式预报的大尺度环流场也出现大幅度调整,导致强降水过程的开始、结束及持续时间难以把握,进而影响过程降水雨量极端性的准确估计。

从低涡及"烟花"台风各模式预报与实况对比来看:本次过程中低涡移动路径复杂,自生成后经历了原地打转、东移、南掉、西折减弱填塞、"新生"西北移 5 个阶段(图 13a),结合 ERA5(第五代欧洲再分析)资料及探空资料对 ECMWF 模式、CMA-GFS 模式对低涡移动的评估也显示,模式预报的低涡路径均较实况出现明显偏差(图 13b、图 13c、图 13d);"烟花"台风对于

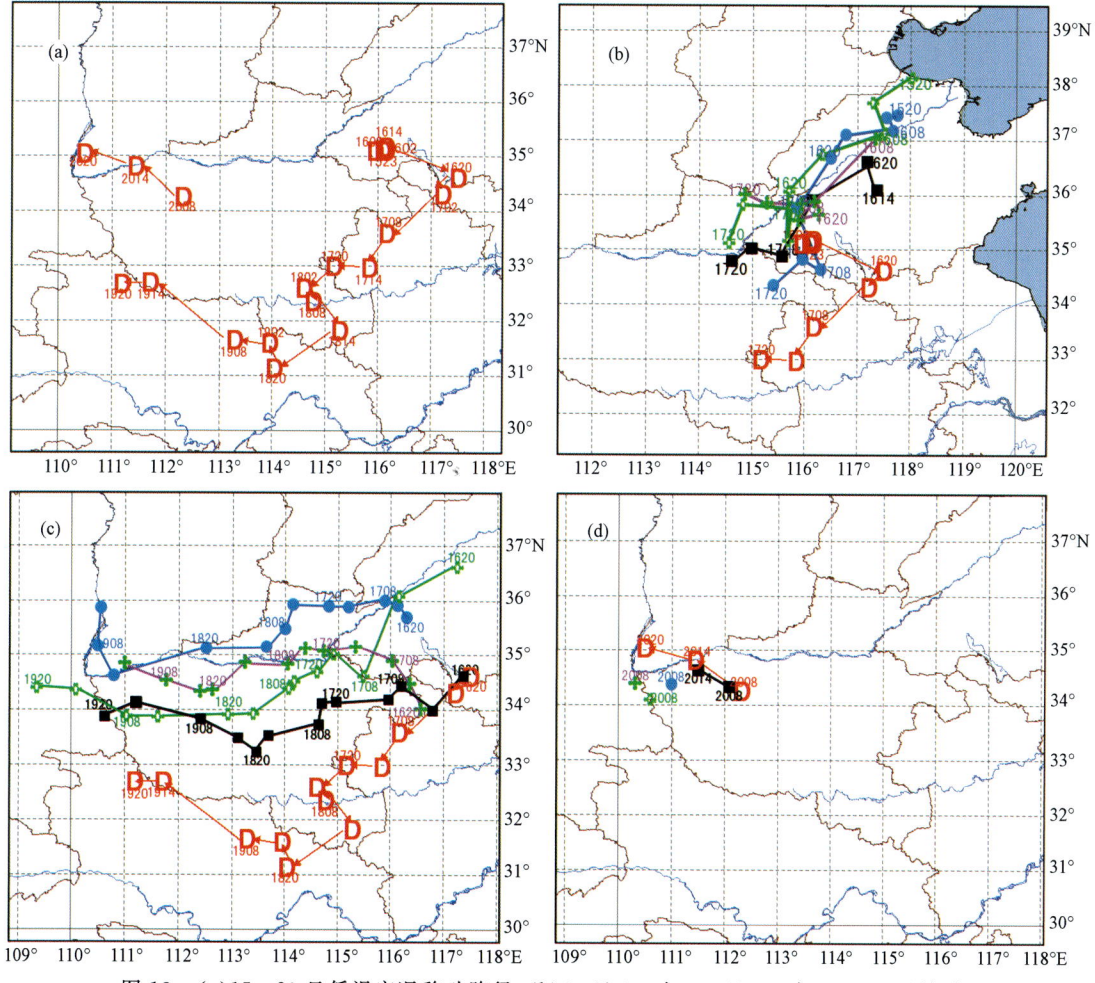

图 13 (a)15—20 日低涡实况移动路径;(b)15 日 20 时—17 日 20 时 ECMWF 预报与
实况低涡路径对比;(c)16 日 20 时—19 日 08 时 ECMWF 预报与实况低涡路径对比;
(d)20 日 08 时—20 日 20 时 ECMWF 预报与实况低涡路径对比

此次过程中的水汽输送至关重要,同时也影响低涡移动、发展,对比 ECMWF、NCEP(美国国家环境预报中心)、GRAPES(全球同化预报系统)等集合预报系统不同起报时次对于"烟花"台风路径的预报结果来看,在副热带高压和台风"查帕卡"双重影响作用下,各模式对"烟花"台风初期的路径预报发散性很大,也具有较大不确定性。

此外,低空急流发展、中小尺度地形抬升和阻挡作用等因素,也导致此次过程不同阶段降水极值及落区难以把握。基于 ERA5 资料评估 ECMWF、CMA-SH9、CMA-BJ 等不同尺度数值模式 36 h 预报环境场发现(图 14),CMA-SH9 对低空急流和水汽辐合预报偏弱,导致其对 7 月 19—20 日降水强度估计不足,ECMWF 与 CMA-BJ 在 19—20 日预报低空急流明显偏西是导致降水落区位置偏差的主要原因;21 日,CMA-BJ 预报低空急流过多的偏东分量导致其在太行山陡峭地形处预报了偏强的地形增幅降水,ECMWF 和 CMA-SH9 预报低空急流风向更接近实况,但对于低层水汽辐合强度和时间的预报偏差也导致预报降水个体出现了较明显的南北方向位置偏差。

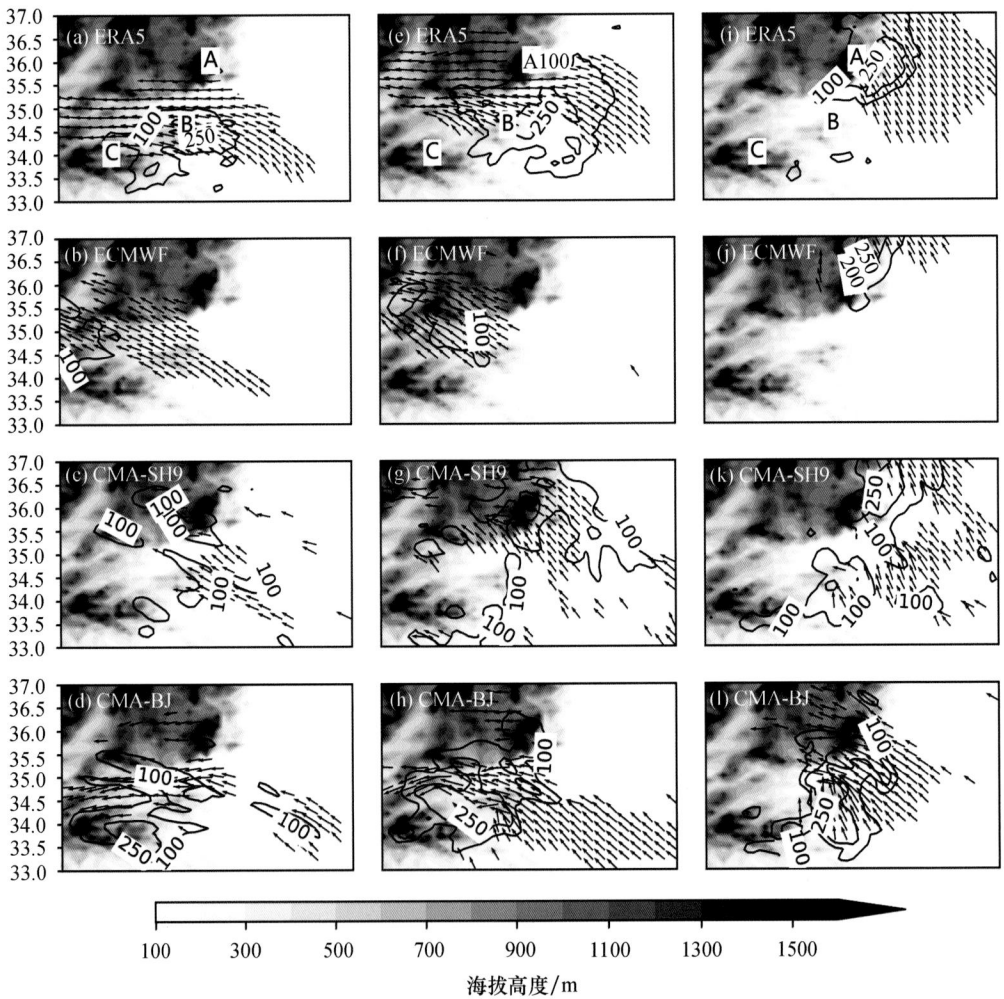

图 14 各模式预报 24 h 累积降水量和 850 hPa 风场(大于 12 m/s),(a~d)为 18 日 20 时起报预报 19 日 08 时—20 日 08 时累积降水量和 19 日 20 时风场;(e~h)为 19 日 20 时起报预报 20 日 08 时—21 日 08 时累积降水量和 20 日 20 时风场;(i~l)为 20 日 20 时起报预报 21 日 08 时—22 日 08 时累积降水量和 21 日 20 时风场((a,e,i)中的字母 A,B,C 分别代表太行山、嵩山、伏牛山位置)

综上所述,从本次暴雨过程的关键影响系统及不同尺度模式的检验评估分析来看,"21·7"罕见暴雨过程的预报难点主要表现在以下5个方面(表1)。

表 1 河南"21·7"暴雨过程预报难点

序号	预报难点
1	低涡移动路径不确定
2	"烟花"台风路径不确定
3	暴雨过程的持续时间不确定
4	过程雨量的极端性
5	郑州小时雨强极端性

结合当前天气预报业务现状以及此次极端降水过程成因和预报难点分析,本文提出针对极端强降水预报技术的改进思路如下:通过科学设计和布设雷达等观测网,建立"地-空-天"一体化的城市综合气象观测体系,结合快速循环同化系统和人工智能技术提升短临外推预报能力,进一步提升针对重点区域的极端暴雨临近预警能力;对模式在复杂地形区域的降水预报偏差进行精细化评估,结合高精度地形、模式预报近地层环境场、地形降水增幅估算模型等对复杂地形区域模式降水预报进行修正;提升中尺度数值模式的预报性能,发展对流可分辨率的中尺度集合预报系统,同时加强中尺度模式及其集合系统的检验评估和应用,结合人工智能技术建立极端强降水集合概率预报方法;发展不同区域持续性和短历时极端强降水物理概念模型,研发异常强降水气象因子与机器学习算法相结合的极端强降水客观预报技术。

4 结论与讨论

(1)"21·7"河南罕见暴雨过程的日最大降水量、全省平均降水量及日雨量破历史极值站数超过"75·8""63·8"等新中国成立以来河南的极端强降水过程,过程累积降水量超过400 mm的站点集中分布在太行山东麓邻近地区和伏牛山东侧迎风坡一侧,与地形关系十分密切。

(2)历史上河南省多次极端暴雨过程均与稳定的大尺度环流背景和台风远距离降水有关,河南"21·7"历史罕见暴雨事件是在南亚高压东伸、副热带高压西伸北抬、台风有利水汽输送、低空急流发展及地形抬升和阻挡作用等多种因素的共同影响下发生的,台风"烟花"对河南极端暴雨的水汽供应有重要和直接影响。暴雨过程中,水汽输送和输合、对流层中低层的动力条件(辐合和上升运动)等物理量偏离气候态达±2σ以上,极端性特征显著。

(3)不同时段强降水系统的发展演变特征不同,"列车效应"是强降水长时间维持的重要原因。强度≥55 dBZ的强回波伸展至5 km高度以上且持续时间超过1 h为极端短时强降水的回波特征,尤其20日16—17时郑州站附近≥55 dBZ强回波伸展高度超过6 km、持续时间达2 h左右。

(4)对比24 h暴雨预报TS评分,ECMWF模式1~3天预报优于CMA-GFS,区域中尺度模式相对全球模式在累积降水量预报上存在优势,但对于强降水极值和位置预报仍然存在较大偏差;全球模式在短期时段不同起报时次的预报大尺度环流场及主要影响天气系统低涡、"烟花"台风等出现大幅度调整,中尺度模式对低空急流发展、中小尺度地形抬升和阻挡作用等因素难以准确描述,上述原因共同导致此次强降水过程发生时间、落区及强度难以把握,进而影响过程降水雨量极端性的准确估计。

(5)本文从数值模式精细化评估与客观订正、集合预报极端性产品释用、强降水异常因子与人工智能技术相结合、大城市等重点区域科学观测布网等角度,提出针对强降水预报预警技术的改进建议,以期为进一步提升极端暴雨预报预警能力提供思路。

针对预报难度较大的类似"21·7"河南暴雨,需加强实况分析和服务,强化递进式预报预警,特别是分钟级降水实况和小时雨强的外推估算,以提高暴雨临近预警的准确性和时效性;第一时间掌握灾情信息将有助于开展有针对性的基于场景的更加精细的预报预警和风险分析研判,按照"宁可十防九空、不可失防万一"的要求,以影响预报和风险预警来提升防灾减灾能力。

参考文献

[1] 栗晗,王新敏,张霞,等.河南"7·19"豫北罕见特大暴雨降水特征及极端性分析[J].气象,2018,44(9):1136-1147.

[2] 张霞,王新敏,栗晗,等.基于环境参数的极端暴雨指数构建及其应用[J].气象,2020,46(7):898-912.

[3] 苏爱芳,吕晓娜,崔丽曼,等.郑州"7·20"极端暴雨天气的基本观测分析[J].暴雨灾害,2021,40(5):445-454.

[4] 梁旭东,夏茹娣,宝兴华,等.2021年7月河南极端暴雨过程概况及多尺度特征初探[J].科学通报,2022,67(10):997-1011.

[5] 张霞,杨慧,王新敏,等."21·7"河南极端强降水特征及环流异常性分析[J].大气科学学报,2021,44(5):672-687.

[6] 陈豫英,苏洋,杨银,等.贺兰山东麓极端暴雨的中尺度特征[J].高原气象,2021,40(1):47-60.

[7] 徐珺,毕宝贵,谌芸,等."5·7"广州局地突发特大暴雨中尺度特征及成因分析[J].气象学报,2018,76(4):511-524.

[8] 雷蕾,孙继松,何娜,等."7·20"华北特大暴雨过程中低涡发展演变机制研究[J].气象学报,2017,75(5):685-699.

[9] 李泽椿,谌芸,张芳华,等.由河南"75·8"特大暴雨引发的思考[J].气象与环境科学,2015,38(3):1-12.DOI:10.16765/j.cnki.1673-7148.2015.03.001.

[10] 高涛,谢立安.近50年来中国极端降水趋势与物理成因研究综述[J].地球科学进展,2014,29(5):577-589.

[11] 孙军,谌芸,杨舒楠,等.北京"7·21"特大暴雨极端性分析及思考(二)极端性降水成因初探及思考[J].气象,2012,38(10):1267-1277.

[12] DAVIS R S. Flash flood forecast and detection methods: severe convective storms [J]. American Meteo-logical Society,2001,69:481-525.

[13] 孙继松.短时强降水和暴雨的区别与联系[J].暴雨灾害,2017,36(6):498-506.

[14] 郑永光,陶祖钰,俞小鼎.强对流天气预报的一些基本问题[J].气象,2017,43(6):641-652.

[15] 田付友,郑永光,张涛,等.我国中东部不同级别短时强降水天气的环境物理量分布特征[J].暴雨灾害,2017,36(6):518-526.

2021年8月11日湖北随州特大暴雨过程成因及预报偏差分析

吴翠红[1]，王珊珊[1]，李银娥[1]，包红军[2]，吴 涛[1]，陈赛男[1]，李 超[3]

(1 武汉中心气象台，武汉，430074；2 国家气象中心，北京，100081；
3 中国气象局武汉暴雨研究所，武汉，430074)

摘要：2021年8月11日夜间，襄阳、随州南部发生了创历史极值的强降水过程，导致严重洪涝灾害和重大人员伤亡。利用高空和地面实况、卫星、雷达、ERA5数据对此次极端降水进行分析，得到以下结论：降水期间湖北极端降水区域大气可降水量、925 hPa散度和涡度呈现明显的持续异常特征；在有利大气环流背景下，低层中尺度低涡生成发展，在襄阳宜城稳定维持5 h，同时随县南部山区先由多个γ中尺度对流单体生成发展造成柳林强降水，此后受低涡东移叠加影响又致柳林持续强降水。模拟表明，山区地形对柳林强降水发生发展起到了增幅作用。本地产流大并与上游汇水形成叠加效应，下游河道行洪能力不足对柳林洪水形成顶托作用，导致柳林发生严重的山洪灾害。此次极端暴雨模式预报偏差大，主观预报有难度，做好短临监测分析预警在防灾减灾第一道防线中至关重要。

关键词：极端暴雨，湖北随州柳林，中尺度低涡，地形，雨洪叠加

引言

2021年8月8—14日，湖北出现历史同期少见的持续性降水天气过程，鄂北和鄂西南南部累积降水量达250～582 mm，其中11日20时至12日14时为降水最强时段，宜城和随县局部地区出现了极端暴雨，导致严重山洪灾害和人员伤亡。据当地居民介绍，柳林街道12日凌晨04时左右开始涨水，水量大、水流急、水位上涨很快；至08时左右水位最高，街道最大淹没水深约5 m，一般约3 m，街道两旁房屋一楼基本被淹。襄阳和随州两市受灾人口达69.96万人，因灾死亡28人，转移安置4.31万人；农作物受灾面积7.37万公顷，其中绝收面积1.38万公顷；直接经济损失19.88亿元。

针对此次过程，8月7日首次发布决策服务材料，此后滚动发布《气象信息专报》4期，得到了湖北省领导重要批示。随州市气象台于12日01时15分发布暴雨红色预警信号，指出"山区山洪、地质灾害、中小河流洪水气象风险很高"，此后又连续发布7次暴雨红色预警信号，面向政府部门开展"叫应"服务50余次。同时，武汉中心气象台滚动向湖北省应急管理厅通报紧急雨情和预警信息，湖北天气微博滚动发布各类气象信息24条。过程期间，湖北省气象局先后启动重大气象灾害（暴雨）Ⅳ级和Ⅲ级响应，并多次参加省政府防汛救灾调度决策指挥会议。

此次降水过程具有突发性和极端性，在特殊地形下形成的洪水上涨迅速、淹没深，不同尺

度模式对强降水的预报均明显偏弱,因此有必要深入分析此次极端降水的成因和预报偏差原因,总结预报服务的经验和不足,为今后精准预报、精细服务提供启示。

1 降水实况特点、预报检验及预报难点

1.1 降水特点

据实况监测,8月11日20时至12日14时南漳北部、宜城、随县南部、孝感局部等地有7站累积降水量超过300 mm,3站超过400 mm,其中随县柳林降水量最大,达518.5 mm,其次为宜城莺河,达494.7 mm(图1a)。此次致灾暴雨显著特点是夜间突发,极端性强,叠加特殊地形因素,洪水淹没严重。11日23时、12日02—04时和06时,宜城莺河雨强均超过50 mm/h,12日06时宜城朝阳寺雨强达117.9 mm/h,创2021年湖北最大雨强;受灾最严重的随县柳林于12日04时雨强突增至83.5 mm/h,05时和06时连续超过100 mm/h,其最大1 h、6 h和24 h降水量分别为105.4 mm、462.6 mm和518.5 mm,均创随州历史极值(图1b)。

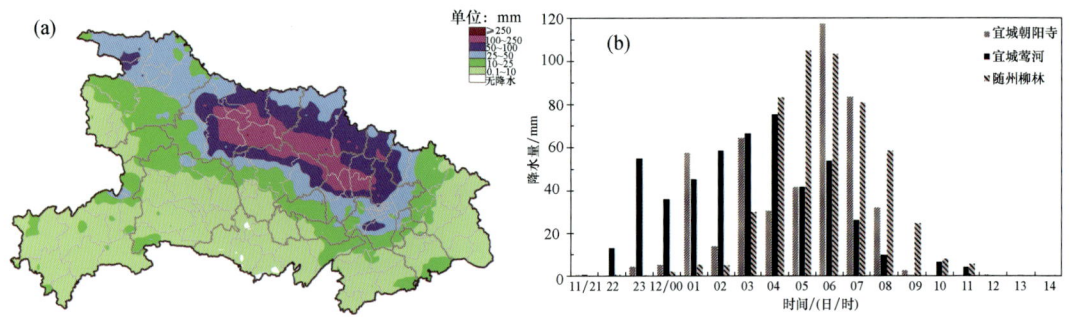

图1 2021年8月11日20时至12日14时湖北累积降水量分布图(a)和部分站点逐小时降水直方图(b)

1.2 主客观预报检验评估

1.2.1 模式降水预报站点检验情况

针对中国气象局中尺度天气数值预报系统(CMA-MESO)、中国气象局上海数值预报模式系统(CMA-SH9)、欧洲中期天气预报中心(ECMWF)、美国国家环境预报中心(NCEP)四个模式预报质量进行检验,检验时段为2021年8月11日20时至12日20时,降水实况选取湖北业务考核使用的323站点监测数据,检验选取各模式4个起报时次(分别为11日08时、10日20时和08时、9日20时)的24 h 50 mm以上降水预报产品。结果表明,ECMWF模式对暴雨及以上降水预报效果最优,CMA-MESO模式和CMA-SH9模式预报效果相当,NCEP模式对此次过程预报效果最差(图2)。

从各模式4个起报时次的调整来看,CMA-SH9、ECMWF、NCEP模式均是08时降水预报效果优于20时,其中,CMA-SH9和ECMWF两个模式10日08时预报效果又优于11日08时,即临近时预报效果有所下降,表明各模式对此次降水过程预报尚存在不稳定性和不确

定性。CMA-MESO 模式则是 20 时预报效果优于 08 时,且越临近预报效果越好。

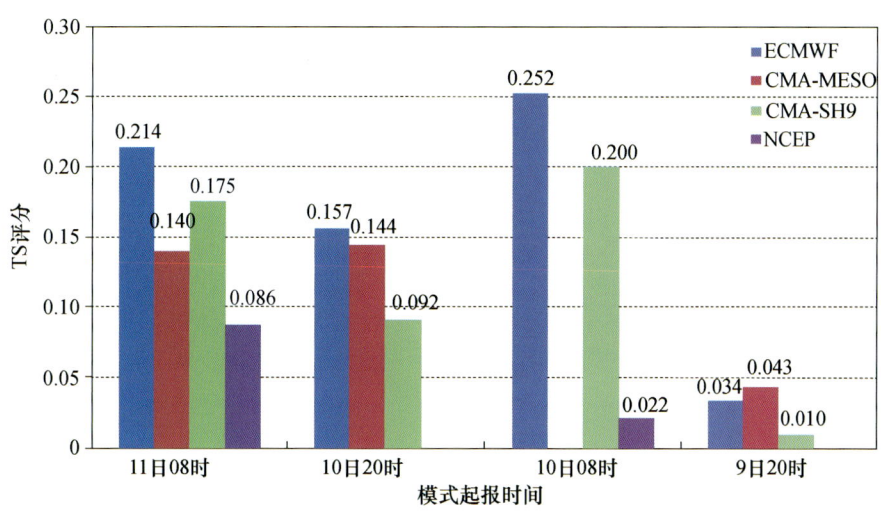

图 2　2021 年 8 月 11 日 20 时至 12 日 20 时各模式 4 个时次起报的降水≥50 mm 的 TS 评分

1.2.2　模式降水落区预报检验情况

对比 CMA-MESO 和 ECMWF 模式降水落区预报效果(图 3)发现,ECMWF 模式 8 月 10 日 20 时和 11 日 08 时均在湖北北部预报出暴雨至大暴雨的雨带,雨带位置南北摆动,强度方面具有一定极值指示性,如 11 日 08 时 ECMWF 模式预报距实况偏北 80 km 处极值达 331 mm(实况极值为 518.5 mm)。ECMWF 模式 20 时预报的暴雨范围和分布形态均与实况差别显著,不如 08 时预报效果好。CMA-MESO 模式在临近 2 个时次预报湖北北部有暴雨,但强度明显偏弱,量级不足 100 mm,不具有极值指示性。

1.2.3　主观降水预报站点检验情况

中央气象台指导和湖北省气象台主观短期预报检验(检验方法同 1.2.1)显示,24 h、48 h 湖北省气象台基于中央气象台预报有所订正,技巧评分分别提高 0.026、0.115。24 h 暴雨以上主观预报 TS 评分较各模式有较大提升,相较于 ECMWF 模式而言,湖北省气象台主观预报 TS 评分提高 0.04,中央气象台指导预报 TS 评分提高 0.014。72 h 时效中央气象台指导预报和湖北省气象台预报均未预报暴雨。

1.2.4　短时强降水检验情况

CMA-MESO、CMA-SH9、ECMWF 三个模式 8 月 11 日 08 时起报的逐 3 h 分级降水对比检验表明,仅 CMA-SH9 模式有一定预报能力,但存在虚假雨区,其他两个模式对短时强降水均有明显预报偏差或没有预报能力。

ECMWF 模式 24 h 时效内逐 3 h 降水(≥20 mm)TS 评分为 0.006,从逐 3 h 降水分布来看(图略),预报落区较实况偏北,使得 24 h 时效降水(≥50 mm)空报率达 97.8%,漏报率达 99.2%。CMA-MESO 模式的 24 h 时效降水(≥50 mm)全部漏报,空、漏报率均达 100%。检验 CMA-SH9 模式逐 3 h 降水(≥20 mm)发现,21 h 和 33 h 时效 TS 评分最高,接近 0.10,但空报明显,对应的系统性误差评分远高于 1,为 9～10。

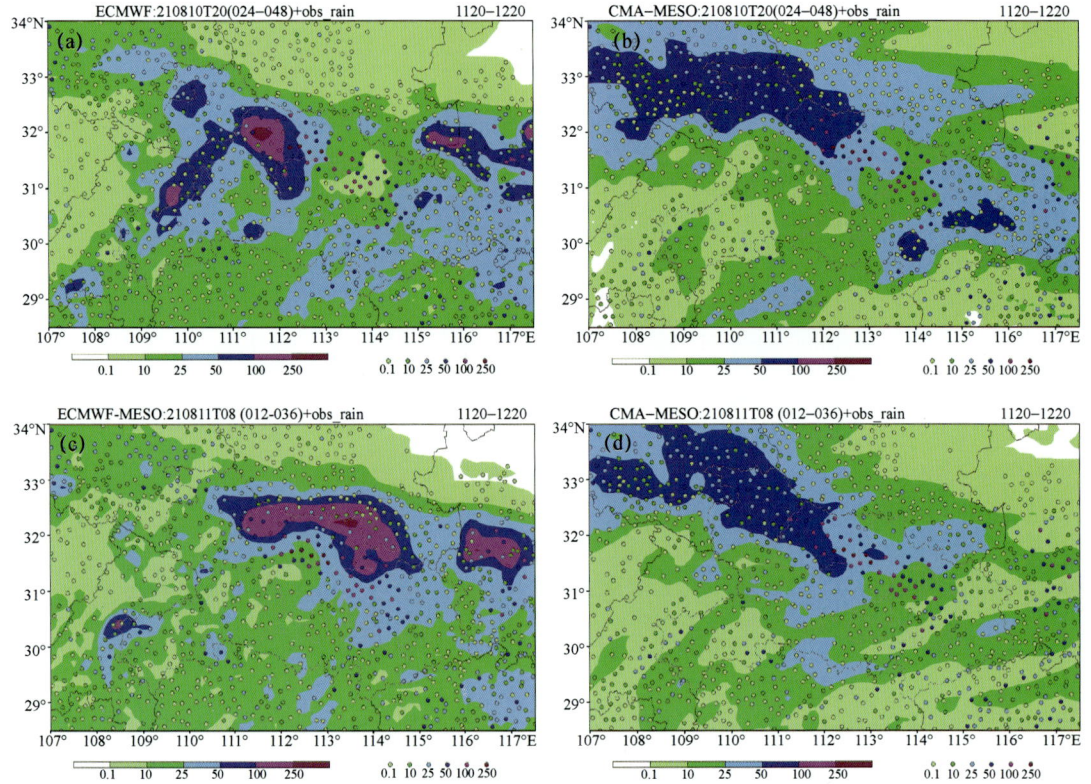

图 3 2021 年 8 月 11 日 20 时至 12 日 20 时模式降水 24 h 降水预报检验
(a)ECMWF 模式 10 日 20 时起报;(b)CMA-MESO 模式 10 日 20 时起报;
(c)ECMWF 模式 11 日 08 时起报;(d)CMA-MESO 模式 11 日 08 时起报
(色斑为模式预报,彩色点为实况站点观测,单位:mm)

1.3 预报难点分析

(1)模式预报很不稳定。各模式对此次过程的中短期预报调整非常大,中期阶段均没有预报,即使 48 h 之内,模式变化仍很大。不仅模式之间差异显著,同一模式不同起报时次也有较大差异。因此,实际预报此次强降水时困扰较多。

(2)降水强度极端性判断难。提前决策服务时,预计的中心强度为 200～300 mm,最大小时雨强 100 mm 左右。实际上,低涡在宜城稳定少动数小时,并由此带来持续强降水,这种情形没有预料到。

(3)地形作用难以把握。柳林在内的随县南部地区强降水,是由不同降水机制先后影响造成的,尤其是先在山区触发多个 γ 中尺度对流单体向柳林移动、合并与停滞等情况,能否提前预估地形何处触发、何时触发、是否触发等问题一直是预报难点。

2 强降水成因及预报偏差分析

2.1 环流背景和大气层结条件

暴雨发生期间,中高纬 500 hPa 形势场为两槽一脊,东北低槽和副热带高压稳定少动,588 dagpm 线北界位于江汉和江淮一带(图略),强降水区处于 588 dagpm 线附近偏西气流中。东北低槽后部冷空气在华北形成反气旋冷高压,中低层华北高压底部的偏东急流在江淮至江汉一带稳定维持,与副热带高压西部偏南形成切变线并发展加强为中尺度低涡,低涡的发展和维持常常导致极端降水的发生[1-6]。降水期间,200 hPa 南亚高压脊线位于 28°N 附近,脊线北侧西北气流与高空偏西急流在湖北北部形成分流辐散区(图略)。低层辐合和高层辐散为强降水提供了有利的动力条件。

距襄阳、随州最近的南阳探空显示(图略),8 月 11 日 20 时湿层伸展到 400 hPa 以上,边界层比湿大于 18 g/kg,对流有效位能(CAPE)为 1053.1 J/kg,同时对流抑制能(CIN)仅 29.1 J/kg,对短时强降水发生非常有利。低层 0~3 km 垂直风切变为 6 m/s,中层 0~6 km 垂直风切变明显增大至 11.7 m/s,利于对流的组织和发展。12 日 08 时随着对流的发生和不稳定能量释放,CAPE 下降到 445.3 J/kg,同时低层 850 hPa 附近温度露点差加大,有干空气卷入,襄阳、随州降水强度开始明显减弱。

2.2 中小尺度系统精细化发展演变

2.2.1 中尺度对流系统演变特征

分析随州雷达资料和 FY-4 卫星红外云图可知,造成此次随州柳林强降水的中尺度对流系统前期表现为准静止块状对流,后期与东移涡旋对流连接,组织成近东西向的涡旋带状对流伴有列车效应。对流持续时间长达 9 h,属暖云降水性质,具有极端降水中尺度对流系统的典型特征。

第一阶段,准静止块状对流的组织发展加强(8 月 12 日 00—05 时)。11 日 20 时后,宜城一带有涡旋对流 C0 发展,柳林南部对流单体活跃;12 日 01 时合并形成中 γ 尺度对流单体 C1(图 4a);02 时,柳林东南方向新生对流单体 C2 北抬与 C1 合并(图 4b 和 4c),对应云团发展增强,云顶亮温 207 K;此后 C1 呈准静止状态且发展强盛(图 5d),云顶亮温低值区(≤212 K)范围扩大,造成 04 时、05 时柳林小时降水量分别达 83.5 mm、105.4 mm。

第二阶段,列车效应和暖云降水特征明显(8 月 12 日 05—09 时)。12 日 05 时后,涡旋对流 C0 东移,同时江汉平原新生对流 C3 北抬(图 4d);06 时后 C0、C3 均与 C1 相连接,发展成近东西向的对流带(图 4e);对流回波垂直剖面显示≥45 dBZ 强回波集中在 0 ℃层以下(图略),呈现低质心的暖云特征,降水效率高,对流带上列车效应导致柳林降水进一步增强;09 时后,随着对流带东移南压(图 4f),柳林强降水趋于减弱结束。

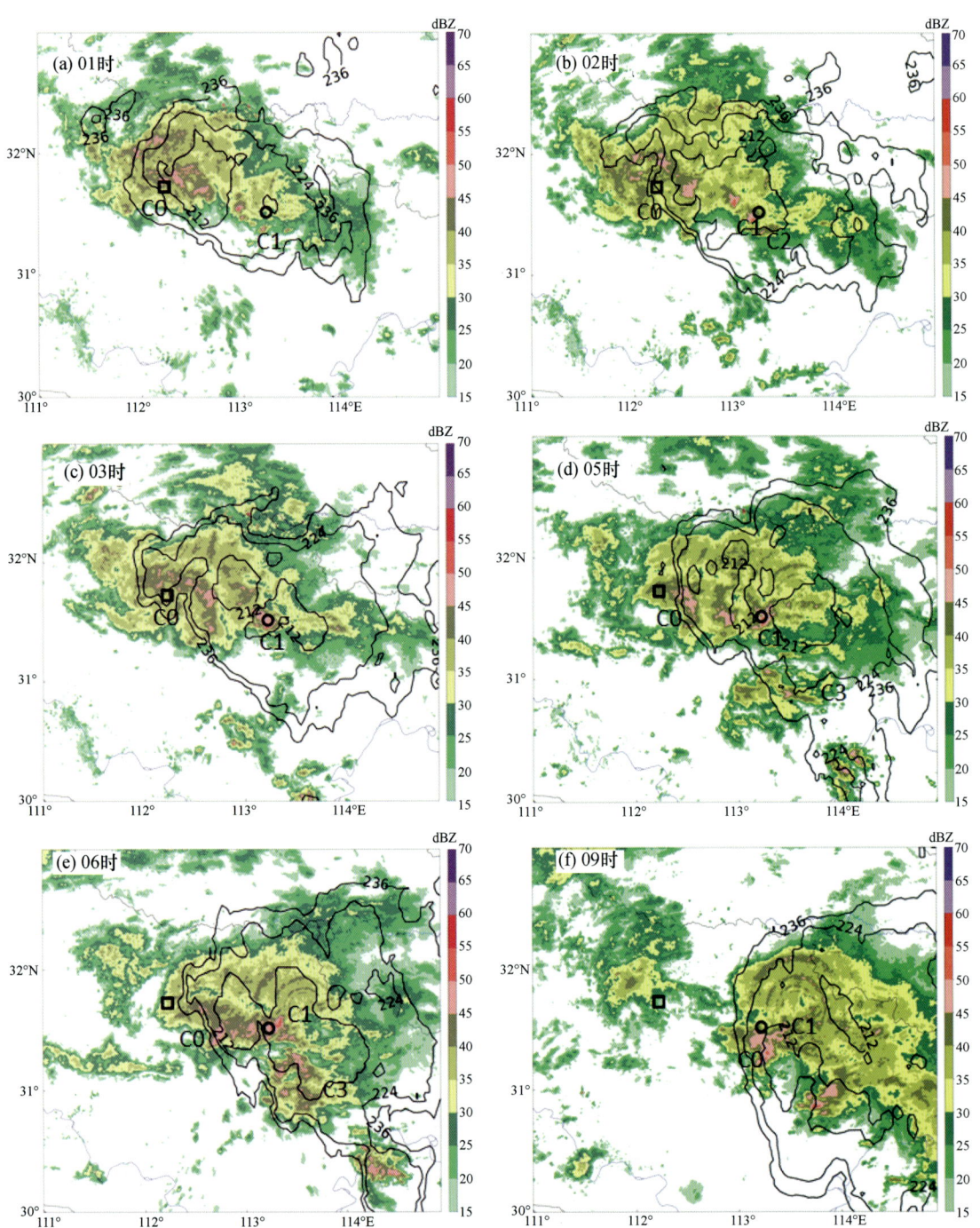

图4 2021年8月12日01—09时随州雷达组合反射率因子和FY-4卫星红外云顶亮温演变图
(色斑图表示组合反射率因子,单位:dBZ;等值线表示云顶亮温,单位:K,间距为12 K,起止范围212~236 K;圆圈表示柳林;方框表示宜城)

2.2.2 边界层中尺度涡旋演变特征

分析地面自动气象站观测和随州雷达径向速度图可知,8月11日20时宜城、柳林受河南南下的偏北气流控制(图5a),随该区域对流开始初生和发展;12日01时宜城南部出现偏南气流,同时西部山区西北气流下山,三支气流在宜城形成了中尺度涡旋(图5b)。海平面气压场上,00时中尺度涡旋所在区域3 h变压为-0.4 hPa;至01时发展为-1.3 hPa的降压中心(图略)。

8月12日01—05时,随州雷达径向速度图显示,低层有明显风向辐合且偏南气流增强(图略),宜城中尺度涡旋原地维持并发展达数个小时;05时后涡旋缓慢向东偏南移动(图5c),期间涡前偏南气流向东扩展至大洪山南部,处于该区域的柳林南部不断有对流生成和发展。随州南部自动站海平面气压时序图显示持续降压,至12日05时达最低值1005 hPa(图略)。以上风压场的变化均有利于柳林强降水发展,尤其是05时后涡旋东移过程中,宜城涡旋对流与柳林局地对流合并,又导致柳林06—08时的雨强连续超过50 mm/h。中尺度涡旋对长江中游地区强降水有重要作用[7,8],此次随州对流主要位于中尺度涡旋前侧,显然与中尺度涡旋伴随的辐合有密切关系。08时后,中尺度涡旋南压加快;13时,其对随州的影响结束(图5d)。

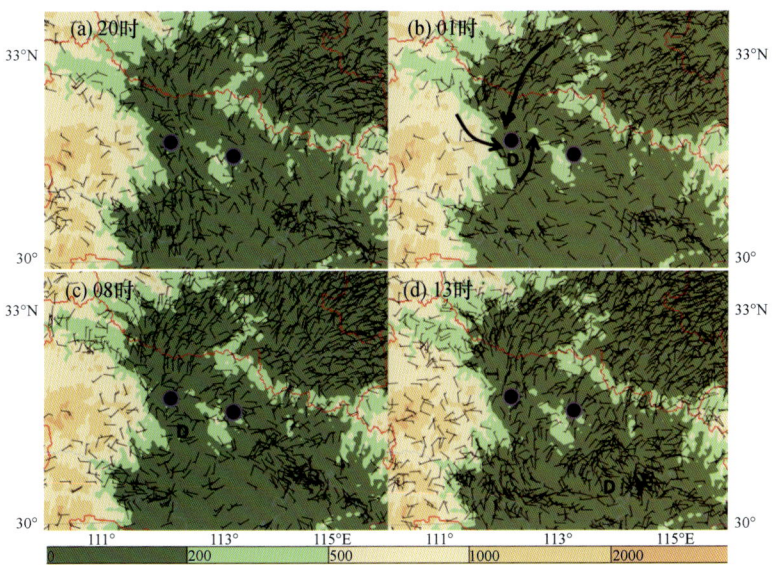

图5 2021年8月11日20时至12日13时地面自动站风演变图
(a)11日20时;(b)12日01时;(c)12日08时;(d)12日13时
(色斑图表示地形高度,单位:m;左右圆点分别表示宜城和柳林;D表示中尺度涡旋)

2.2.3 地形影响作用模拟试验

基于天气研究和预报模式(WRF),利用模式自带30s地形数据以及FNL大气再分析资料,进行数值模拟和地形敏感性试验,将111.5°~114°E,30.5°~34°N区域内的原始地形高度均降低10倍,该处理可视为将大洪山脉与桐柏山脉地形完全移除后的试验效果,因此敏感性试验结果能有效反映出山脉移除后对局地强降水的影响。试验表明,(1)模式模拟最强降水时段相较于实况滞后2~3 h,实况最强降水为8月12日03—08时,而模式模拟为12日05—11时。(2)地形移除前模拟试验发现(图6a),柳林强降水落区主要位于大洪山与桐柏山之间的狭长山谷区域内,强降水维持期间狭长山谷区域内出现显著的近地面风场辐合。(3)地形移除后模拟试验发现(图6b),原本位于峡谷内的强降水带向北推进,而此时近地面风场辐合带也对应出现向北推进特征。因此,大洪山与桐柏山之间的狭长山谷地形对此次山谷区域强降水的发生有利,东北侧桐柏山对于山前近地面风场辐合带的稳定维持也起到了积极的作用。

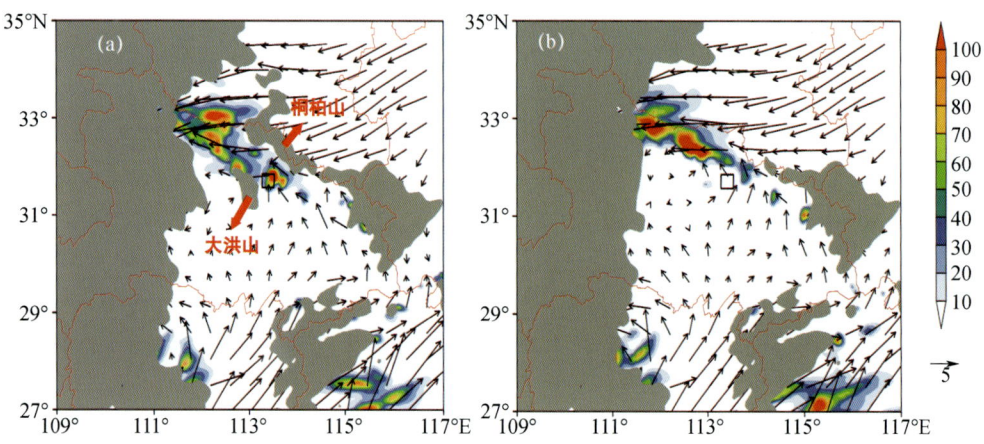

图 6　2021 年 8 月 12 日 05—11 时累积降水及 975 hPa 风场的地形敏感性试验结果
(a)地形移除前;(b)地形移除后
(矢量箭头表示风场,单位:m/s;彩色填色表示降水量,单位:mm;灰色阴影表示 250 m
以上高度地形轮廓;黑色矩形方框代表随州柳林所处位置)

2.3　关键物理量诊断分析

2.3.1　异常度分析

基于第 5 代欧洲再分析(ERA5)逐小时资料(空间分辨率为 0.25°×0.25°),应用标准化距平法计算了关键物理量的异常度,结果显示,降水期间湖北大部大气整层可降水量(PW)在 65 mm 以上,极端降水区域为 75 mm 以上,8 月 12 日 02 时表现为偏多 2.5 个以上标准差,并呈现明显的持续性异常特征(图略)。极端降水区 925 hPa 辐合中心散度低于 -20×10^{-5}/s,较气候平均偏低了 3 个标准差;同样,低层涡度大值区也对应着异常度高值区,925 hPa 涡度中心较气候平均偏高了 3 个标准差(图 7)。

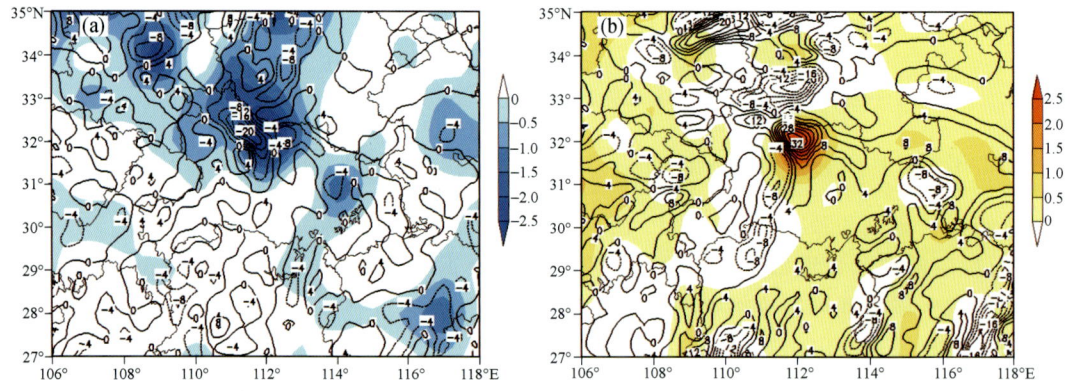

图 7　2021 年 8 月 12 日 02 时 925 hPa 散度(a)和涡度(b)及其与标准化距平场叠加图
(散度单位:10^{-5}/s;涡度单位:10^{-5}/s;图中填色表示标准化距平)

2.3.2 物理量演变特征

前面逐小时风场和降水分析显示,在襄阳强降水和切变线加强共同作用下形成中尺度低涡,低涡形成后加强了其右前侧的辐合,使随州的降水长时间发展加强。根据低涡中心及移动影响范围,计算强降水区域111°~114°E,31.5°~23.5°N内的平均小时降水量和各层平均涡度、最大小时降水量和各层最大涡度(图略)。比较而言,中低层最大涡度和最大小时降水量有更好的对应关系,因此,中尺度低涡可以分为3个阶段:中尺度低涡形成阶段(8月12日00时前)、发展少动阶段(12日01—05时)和成熟东移阶段(12日06时以后),最强降水出现在低涡发展至成熟阶段。

(1)形成阶段。沿低涡中心(32°N)的风场、涡度和垂直速度的纬向剖面显示(图8),该阶段正涡度中心先从中层初始加强,而后向低层发展,中心涡度柱呈垂直分布,随着正涡度增大,降水发展加强。

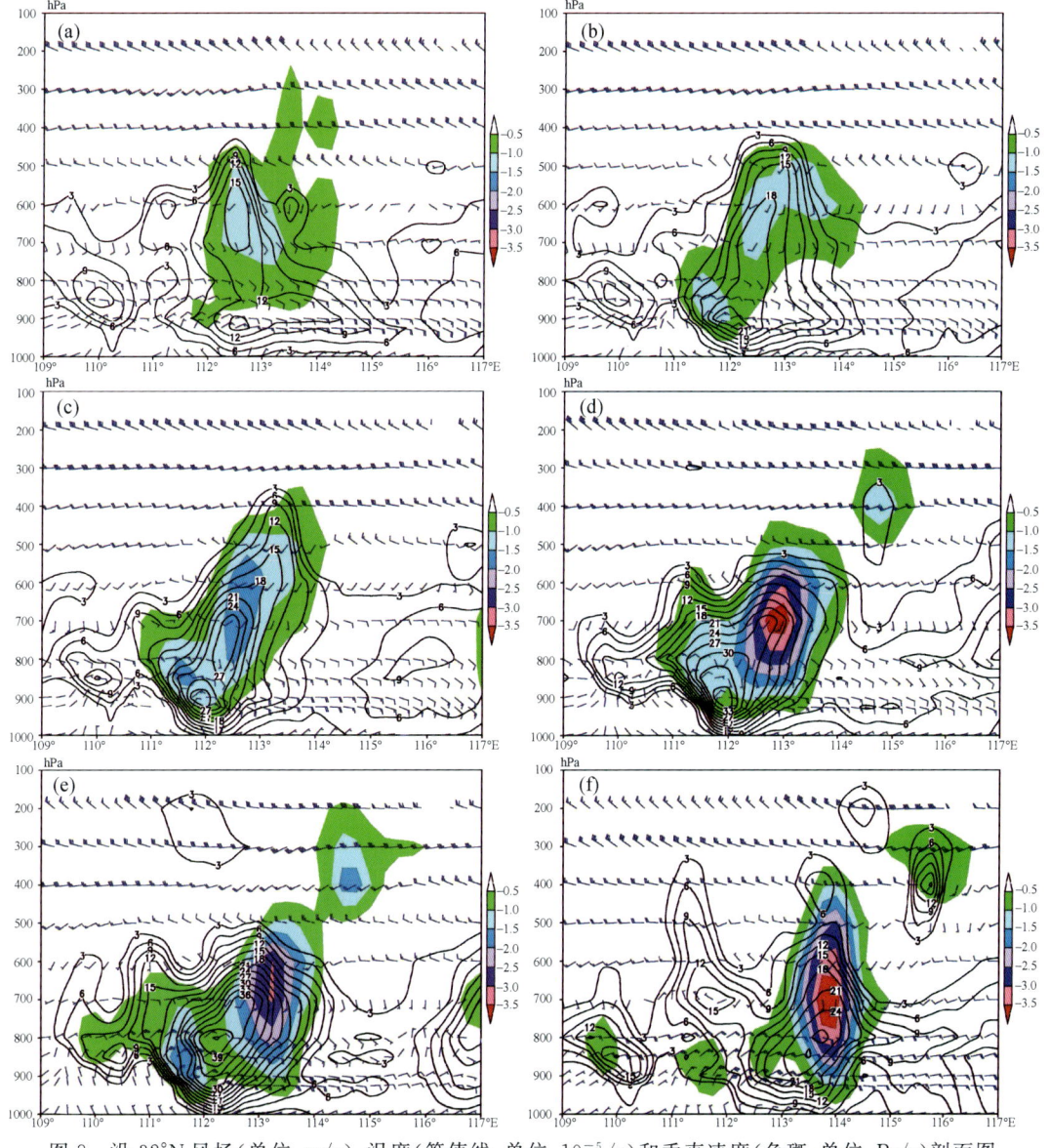

图 8 沿 32°N 风场(单位:m/s)、涡度(等值线,单位:10^{-5}/s)和垂直速度(色斑,单位:Pa/s)剖面图
(a)11日21时;(b)11日23时;(c)12日01时;(d)12日05时;(e)12日06时;(f)12日11时

(2)发展阶段。正涡度大值区向上、向东发展加强,涡度柱由垂直转为倾斜,倾斜涡度发展,导致低层中尺度低涡形成和加强。

(3)成熟阶段。12日06时低层(850～800 hPa)中心涡度增大到$39×10^{-5}$/s以上,为最强时段,此时最大雨强117.9 mm/h(襄阳朝阳寺)。12日08时通过南阳探空可见850 hPa干层存在,显示低涡后部有干空气南下,随着低层干空气侵入,正涡度中心和上升运动区东移,此后襄阳和随州降水逐渐减弱结束。

2.4 模式预报强降水偏差原因分析

根据2.2检验评估,ECMWF模式8月10日08时24 h预报效果最好,但是该时次的12 h间隔预报与实况偏差较大,其预报强降水时段为12日白天,比实况偏晚了12 h。

对比分析发现,8月10日08时和11日08时ECMWF模式对副热带高压位置的预报与实况基本一致(图略),对850 hPa风场预报偏差较大,预报低涡的形成时间和移动方向有差异。10日08时起报的12日08时在襄阳南部形成低涡,低涡形成前预报3 h降水量在5 mm以下,预报降水最强时段为12日11—17时,其中12日11—14时3 h降水量120 mm。11日08时预报的低涡形成时间、原地发展、强降水时段与实况基本一致,但预报降水中心位置偏北,强降水主要位于低涡中心及其切变线北侧的偏东急流区,实际上,宜城强降水位于低涡附近,柳林强降水位于偏南气流中。可见,模式预报强降水的产生机制与实际情况存在明显差异[9,10]。

3 暴雨山洪致灾成因分析

本次暴雨山洪致灾成因主要为"雨强、水大、流急",降水突发性强,降水量极高,本地产流大并与上游汇水形成叠加效应,下游河道行洪能力不足对柳林洪水形成顶托作用,导致柳林严重的山洪灾害。

3.1 降水极端性强

本次突发性短时强降水总量大,最强时段的8月12日05—06时,累积降水量为209 mm,04—07时为373 mm,6 h累积降水量为463 mm,12 h累积达到503 mm,为当地有气象记录以来极值。

3.2 本地产流大并与上游汇水形成叠加效应

柳林位于湖北府河支流浪河上游,本次降水量大,在柳林当地产生地表径流很大。根据中央气象台分布式水文气象模型复盘模拟,8月12日05时1 h单点产流量就高达79 mm(图9a)。考虑强降水过程是自流域上游向下游移动发展,本地产流大并与上游汇水形成叠加效应,加剧在柳林大量级径流量形成(图9b)。由于柳林雨强强和降水量大,此次径流组成中,产流量占比明显高于一般洪水的当地产流量占比。

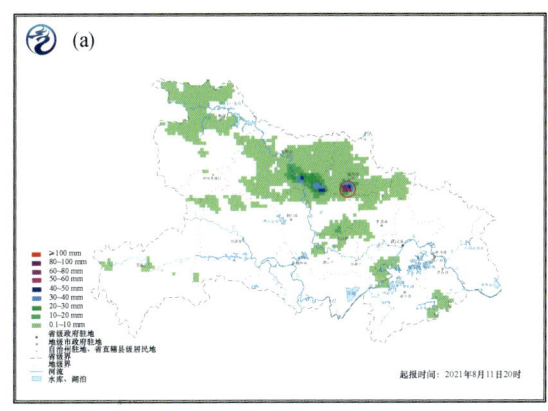 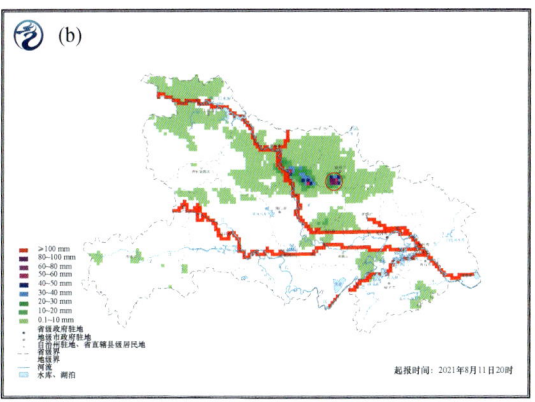

图 9　2021 年 8 月 11 日 20 时预报的 12 日 04—05 时湖北产流量(a)和径流量(b)
(量级如色标划分,图中红圈代表柳林镇)

3.3　河道行洪能力差,形成洪水顶托作用加剧灾害

柳林三面环山,处于丘陵地区低洼地带,地形落差大,上游汇水快。当遭遇强降水时,上游山区径流会持续向柳林汇水,河道上宽下窄,行洪能力差;当在柳林形成大量级的河道径流时,极易造成顶托作用,导致镇区平均积水深度 3.5 m,最深处达 5 m。

4　预报分析及改进思路

4.1　强降水预报分析思路和着眼点

(1)须加强多种模式综合应用及检验评估。当天气形势配置有利于对流降水发生时,须结合 CMA 高分辨区域数值模式,分析各层系统发展演变、相互配置与降水落区强度是否一致。值得注意的是,中小尺度系统主导的强降水或极端降水,高分辨区域模式容易出现较多空、漏报,须应用集合预报概率产品加以分析订正,综合形成降水强度和落区预报。

(2)重视观测资料的分析应用。地面风场往往可以提前分析流场辐合等信息,具有很好的指示性和警示性。高时空分辨率的雷达监测可以提供对流单体生消、合并、列车效应、系统结构等细致信息,是短临时段判断雨强、持续时间、强弱变化等最有效的支撑。

4.2　强降水预报改进思路

目前,中尺度模式预报能力还有限,业务应用时需进行模式订正和方法改进,这里从短期潜势预报和短临预报 2 个方面提出改进思路和技术方案[11-14]。

(1)短期潜势预报改进思路。针对不同雨强等级寻找环境条件和影响系统的异常表现,统计不同强度降水的模式预报敏感性因子,研发分级短时强降水概率预报产品[15]。从应用效果看,此次过程中该产品大于 80 mm/h 的降水概率达到 80%(图略),对于极端降水具有一定指示性和警示性。今后将不断完善和改进,提高客观产品的实用性和参考性。

(2)短临预报改进思路。参考高分辨率快速更新模式预报,跟进对流系统生消变化信息,及时修订预报结论。加强综合资料的中尺度分析,结合湖北极端强降水雷达回波模型,可以较好地提前做出预警。改进提高雷达定量降水估测(QPE)算法,为精准预警提供更加可靠的参考。深入总结研究不同流场结合地形特征对降水的作用。

5 总结与讨论

本文通过上述分析,得出以下主要结论。

(1)本次极端降水过程发生在华北高压和副热带高压之间形成稳定的辐合带上,水汽条件和动力辐合条件呈现出明显异常性,均较气候平均偏高了3个标准差。

(2)宜城和随县的局部极端强降水产生原因有差异,前者主要是由于切变线和低涡系统的稳定造成的持续降水,后者则是先由地形触发多个γ尺度对流单体并合并停滞,接着又叠加了低涡东移影响而形成极端强降水。

(3)造成随县柳林强降水的中尺度对流系统前期表现为准静止块状对流,后期组织成近东西向的涡旋带状对流,形成列车效应,且具有暖云降水特征,降水效率高。数值模拟表明,山区地形对此次柳林极端强降水的落区和稳定维持起到了一定作用。

(4)随县柳林比宜城洪涝灾害严重的原因,一方面由于其特殊地理位置,另一方面是本地强降水产流大并与上游汇水形成叠加效应,加剧了柳林大量级径流的形成。

宜城低涡形成之后维持近5 h稳定少动,其原因和机理有待更深入研究;目前局地山洪风险预警能力还远远不够,山区洪水如何形成汇流等仍是亟待研究解决的科学问题。

参考文献

[1] 程麟生,冯伍虎."98·7"突发大暴雨及中尺度低涡结构的分析和数值模拟[J]. 大气科学,2001,(4):465-478.

[2] 雷蕾,孙继松,何娜,等."7·20"华北特大暴雨过程中低涡发展演变机制研究[J]. 气象学报,2017,75(5):685-699.

[3] 苏爱芳,吕晓娜,崔丽曼,等. 郑州"7·20"极端暴雨天气的基本观测分析[J]. 暴雨灾害,2021,40(5):445-454.

[4] 谌芸,孙军,徐堷,等. 北京"7·21"特大暴雨极端性分析及思考(一)观测分析及思考[J]. 气象,2012,38(10):1255-1266.

[5] 孙军,谌芸,杨舒楠,等. 北京"7·21"特大暴雨极端性分析及思考(二)极端性降水成因初探及思考[J]. 气象,2012,38(10):1267-1277.

[6] 苗春生,吴琼,王坚红,等. 淮河流域大别山地形对梅雨期暴雨低涡影响的模拟研究[J]. 大气科学学报,2017,40(4):485-495.

[7] 胡伯威,潘鄂芬. 梅雨期长江流域两类气旋性扰动和暴雨[J]. 应用气象学报,1996,7(2):138-144.

[8] 吴涛,张家国,牛奔. 一次强降水过程涡旋状MCS结构特征及成因初步分析[J]. 气象,2017,43(5):504-551.

[9] 章淮. 地形对降水的作用[J]. 气象,1983,9(2):9-13.

[10] 符娇兰,陈双,沈晓琳,等. 两次华北冷涡降水成因及预报偏差对比分析[J]. 气象,2019,45(5):606-620.

[11] 孙继松.短时强降水和暴雨的区别与联系[J].暴雨灾害,2017,36(6):498-506.

[12] 樊李苗,俞小鼎.中国短时强对流天气的若干环境参数特征分析[J].高原气象,2013,32(1):156-165.

[13] 陈元昭,俞小鼎,陈训来.珠江三角洲地区重大短时强降水的基本流型与环境参量特征[J].气象,2016,42(2):144-155.

[14] 何立富,周庆亮,谌芸,等.国家级强对流潜势预报业务进展与检验评估[J].气象,2011,37(7):777-784.

[15] 雷蕾,孙继松,王国荣,等.基于中尺度数值模式快速循环系统的强对流天气分类概率预报试验[J].气象学报,2011,70(4):752-765.

2021年7月11—12日华北大暴雨过程成因及预报偏差分析

张夕迪　张　芳　胡　艺　李晓兰　权婉晴　符娇兰　张芳华

(国家气象中心,北京,100081)

摘要：利用多源观测资料、ERA5(第5代欧洲再分析)资料及业务数值预报资料,对2021年7月11—12日华北地区低涡暴雨过程的降水特征及成因和预报偏差进行了分析。结果表明：本次降雨过程具有影响范围广、累积雨量大、局地雨强破极值等特点,但从累计雨量、降雨强度、影响范围、持续时间和极端性等方面均不及"16·7"华北极端强降雨过程。本次暴雨过程发生在南亚高压东伸加强、副热带高压西伸北抬、中纬度西风带低涡系统东移北上发展、下游高压坝稳定维持的环流背景下,低涡及其东侧低空急流的发展以及充沛的水汽为这次强降雨过程提供了非常有利的动力和水汽条件。降雨存在明显的阶段性发展特征,第一阶段为低层偏东风与地形相互作用导致的强降水;第二阶段表现出明显的螺旋型对流雨带结构,水平涡度旋度和垂直涡度平流可能是其触发机制;第三阶段为华北北部暖切变产生的降水,这与该区域的不稳定层结和地形密切相关。各家数值预报模式对低涡路径和暴雨落区预报分歧较大,其中,CMA-BJ(中国气象局北京快速更新循环数值预报系统)和CMA-GD(中国气象局广东快速更新同化数值预报系统)区域模式表现较好。分析表明,ECMWF(欧洲中期天气预报中心)模式在初始阶段对低涡位置预报偏西,而低涡中心强降水造成的潜热释放形成正反馈过程,可能是导致低涡路径和暴雨落区预报持续偏西的原因。

关键词：华北低涡暴雨,成因分析,水平涡度旋度,垂直涡度平流,预报偏差分析

引言

华北暴雨受东亚夏季风的季节性北推影响明显,通常具有显著的特征:每年暴雨总次数相对较少,但往往单次降雨强度大,出现时间相对集中,常出现在7—8月,与地形关系密切[1-4]。华北暴雨主要是由低涡、暖切变线和低槽冷锋等天气系统引发的,最常见的环流形势是华北位于长波槽前,下游有高压脊或阻塞高压,可使上游槽移动减慢或停滞,这种东高西低的形势也是华北暴雨最基本的环流形势[1]。

2021年7月11—12日华北地区入汛以来的首场大范围强降水过程正是在这样的典型环流形势下出现的,具有影响范围广、累积雨量大、局地雨强破极值等特点。本次过程伴随低涡及黄淮气旋的强烈发展并东移北上,并在第二阶段出现了明显的螺旋型雨带特征。低涡暴雨不同于其他类型的暴雨,其螺旋型雨带特征较为明显,2016年7月19—21日的华北"16·7"极端暴雨过程也是在相似的环流背景下出现了螺旋型雨带特征[5]。尽管业务预报对本次强降水过程的总体情况把握较好,主观暴雨预报准确率也较数值模式有明显提升,但对低涡路径、

降水落区、降水阶段性精细特征仍估计不足。因此,本文针对此次过程的降水实况、环流特征、阶段发展特征及其成因以及预报偏差进行详细分析,重点分析螺旋型雨带的可能触发机制、模式性能以及模式偏差的可能原因,以期加深对华北暴雨的理解和认识,为业务预报提供参考。

1 降水概况与阶段性特征

2021年7月11—12日,受低涡东移北上影响,华北地区出现入汛以来首场大范围强降雨过程,京津冀大部、山西东南部以及河南北部、山东北部等地出现暴雨到大暴雨,最大累积降水量379.6 mm(图1)。京津冀地区共2526个站(占总站数72.9%)累积雨量超过50 mm,1053个站(占总站数30.4%)超过100 mm,33个站超过200 mm。河北和河南有7个国家级气象观测站日雨量突破7月极值,河北鸡泽(206.4 mm)、河南滑县(211.7 mm)的日雨量突破有气象记录以来历史极值。本次降雨过程中大部分地区降雨持续时间普遍超过12 h,其中京津冀中北部超过24 h(图2a);河北中南部、河南北部和山东北部等地出现了2～4次大于20 mm/h的短时强降水(图2b);过程最大小时雨强普遍达到30～80 mm/h,河北南部、河南北部的大部分站点降雨强度超过50 mm/h,其中最大小时雨强为125.5 mm/h(邯郸鸡泽风正乡,11日20—21时)(图2c)。降水持续时间最长的区域、短时强降水出现次数最多的区域和小时雨强最大的区域主要分布在燕山南麓和太行山东麓,表明地形起到了一定的增幅作用。

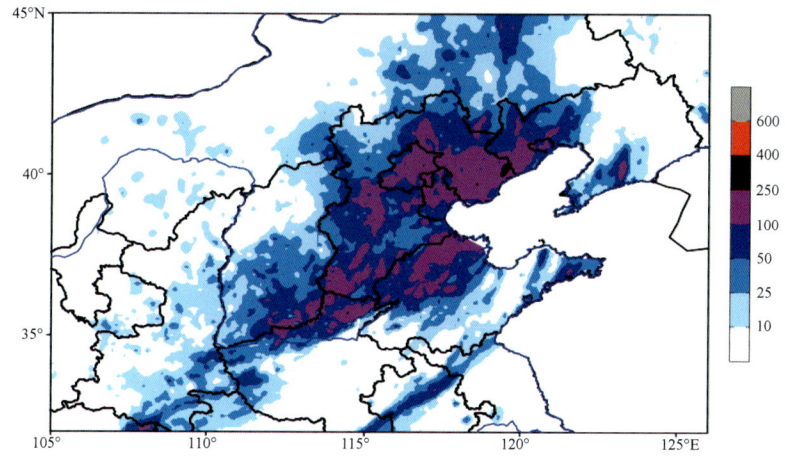

图1 2021年7月11日00时至13日08时累积降水量分布(单位:mm)

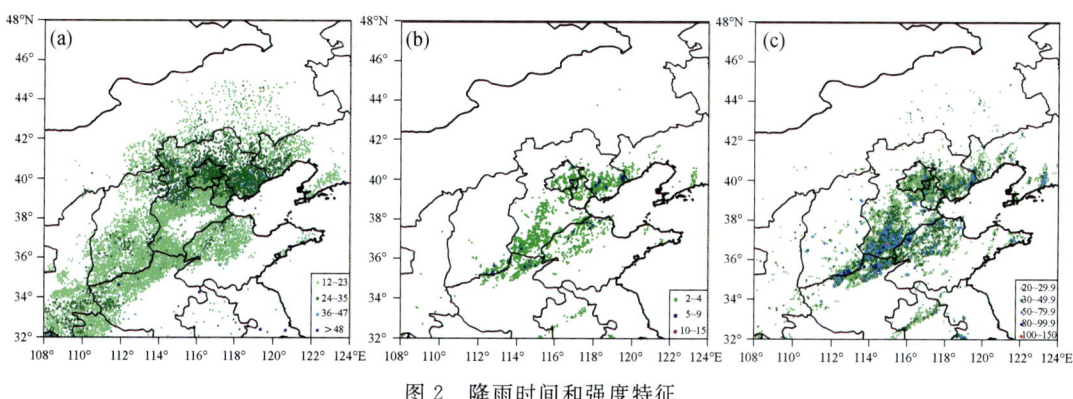

图2 降雨时间和强度特征

(a)过程降雨持续时间(单位:h);(b)小时雨强>20 mm/h出现的次数;(c)过程最大小时雨强(单位:mm/h)

本次降水过程具有明显的阶段性特征。从影响系统以及雷达回波的演变特征可见,强降水主要分为3个阶段:(1)7月11日0—16时,低涡初生期切变与地形抬升产生的强降水(图3a);(2)7月11日17时—12日16时,低涡发展期东侧螺旋型雨带对流降水特征显著(图3b);(3)7月12日17时—13日03时,低涡减弱期华北北部不稳定层结中的暖切变降水(图3c)。11日0时起,山西南部至河南西部的太行山南麓一带有成片的对流回波出现,对流系统受槽前偏南风的影响不断向北移动发展,并于11时前后移入河北境内。雷达回波主要表现为层积混合型降水回波,回波中不断有新的对流单体发展加强并沿太行山南麓和东麓北上,从而导致了河北南部、河南北部至山西东南部一带的强降水。从山西南部地面观测站小时雨量的时序变化可以看出,11日白天小时雨强在30~80 mm/h,强降雨持续6~8 h,主要呈单峰型分布。11日17时前后,低涡强度明显增强,在低涡东侧强风速切变区不断有螺旋状回波带出现,并随着低涡的北上向东向北旋转,从而造成京津冀、河南北部和山东北部的强降水。该阶段的降水回波同样表现为层积混合型,螺旋型雨带回波在11日夜间主要向北推进,12日白天河北、山东等地的螺旋状回波主要向东移动。山东北部、北京中部等地自动站的小时降水量演变表现为多峰型分布,与多条螺旋型雨带的不断经过有较好的对应。从12日17时起,螺旋型雨带特征逐渐消失,低涡进一步北上,强度有所减弱,在对流不稳定层结中低涡东侧的暖切变给华北中北部带来较强降水,北京地区也出现了89.6 mm/h的短时强降水。

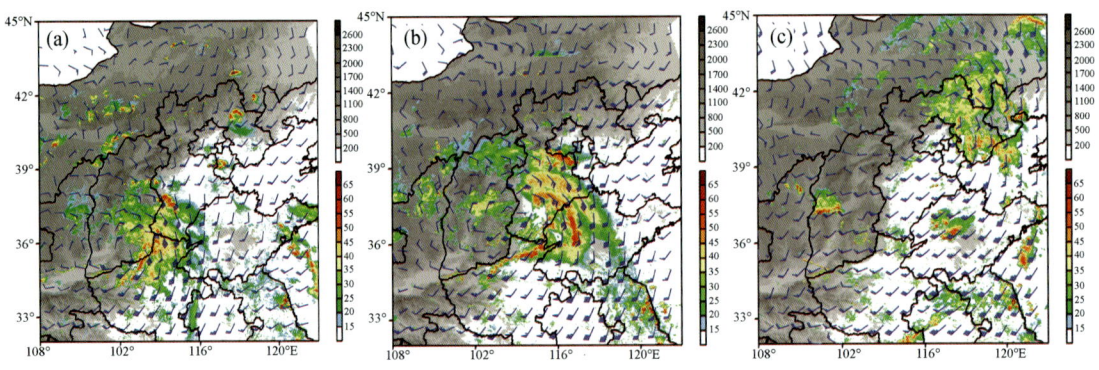

图3 雷达组合反射率(彩色填色,单位:dBZ)和850 hPa风场,灰色阴影为地形(单位:m)
(a)7月11日14时;(b)7月11日23时;(c)7月13日00时

2016年7月19—21日,在相似的环流背景下华北地区出现了一次极端强降雨过程("16·7"过程),京津冀等地累积降雨量普遍在200~450 mm,局地600 mm以上;北京大兴(242 mm)、河北井陉(379.7 mm)、武安(374.3 mm)、山西平定(192 mm)、辽宁建昌(184.4 mm)等市(县)日雨量突破有气象记录以来历史极值,共60个站次日雨量突破7月历史极值[5]。降雨持续时间普遍在12~36 h,其中山西中部、河北西部、北京中西部持续时间为36~48 h,河北石家庄、山西忻州和阳泉等地的部分地区持续时间超过48 h。河北西部沿山和东北部、北京西部沿山和中南部、天津南部以及辽宁西南部等地普遍出现5~10次大于20 mm/h的短时强降水。河北西部沿山、河南北部等地最大小时降雨量为50~100 mm/h,其中以河北赞皇县降水强度最强(139.7 mm/h,19日16—17时)。从以上的对比可以看出,从累积雨量、强降雨范围、降雨持续时间、短时强降水频次和最大雨强等角度来看,"16·7"过程的极端性均明显强于本次过程。

2 强降雨成因分析

2.1 环流形势和影响系统演变

本次过程发生在南亚高压东伸加强、副热带高压西伸北抬、低涡沿副热带高压边缘东移北上、下游高压坝稳定维持的环流背景下。10日08时,500 hPa高空槽位于西南地区东部呈西北—东南向分布,副高北界位于长江中下游地区呈东西向水平分布,850 hPa在西南地区东部有西南涡存在(图4a)。随着高空槽不断加深发展东移,副高也逐渐西伸北抬,850 hPa低空西南急流不断加强,并于11日02时在陕西东南部形成一个新生低涡。11日10时500 hPa高空

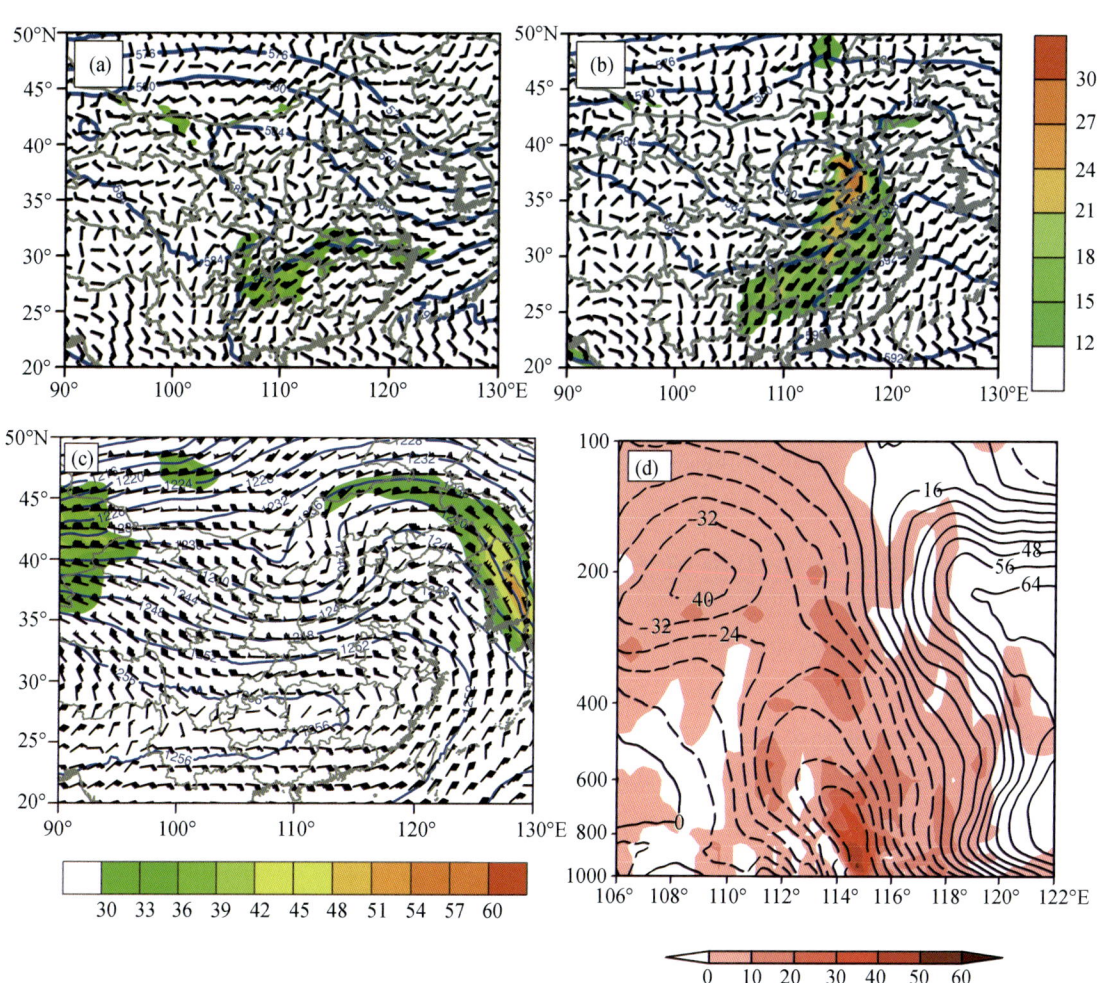

图4 500 hPa位势高度(蓝色实线,单位:dagpm)、850 hPa风场和≥12 m/s的风速(填色,单位:m/s),
(a)2021年7月10日08时,(b)12日00时;(c)2021年7月12日08时200 hPa位势高度(蓝色实线,
单位:dagpm)、200 hPa风场和≥30 m/s的风速(填色,单位:m/s);(d)2021年7月12日08时沿38.25°N的
涡度垂直分布(填色,单位:10^{-5} s^{-1})和区域内位势高度距平(等值线,单位:dagpm)

槽在山西、陕西交界处切断出低涡,同时低涡东侧高压脊形成明显的高压坝。至 12 日 00 时(图 4b),系统发展到最强盛阶段,此时低涡位于河北南部,低涡东部 21 m/s 以上的偏南风低空急流从湖北东部延伸至河北南部,为强降雨的发生提供较好的动力和水汽条件。此后,受东侧高压坝阻挡,低涡沿太行山东麓缓慢北上并在河北北部逐渐减弱消散(图 5)。此次过程中高层 200 hPa 以纬向气流为主,仅伴有较弱的浅槽(图 4c),低涡发展并不十分深厚,主要集中在对流层中低层 500 hPa 以下(图 4d)。

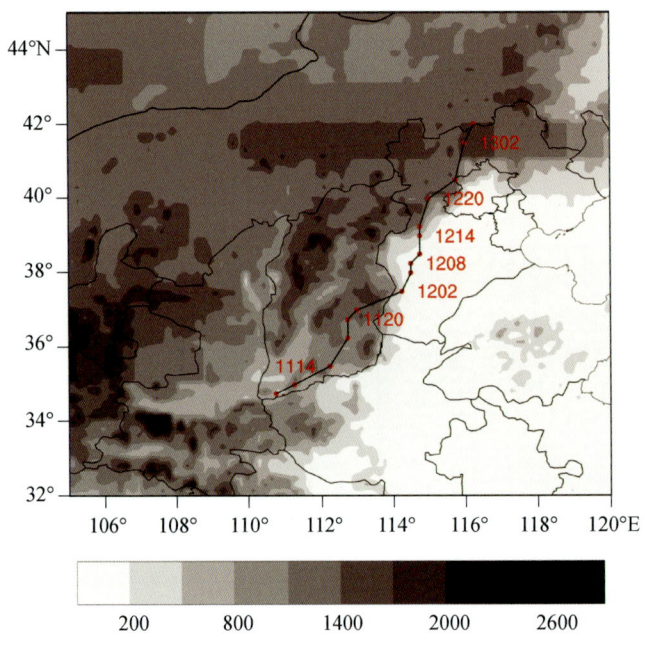

图 5　850 hPa 低涡移动路径(灰色阴影为地形,单位:m)

2.2　低涡初生阶段强降水成因

该阶段主要维持东高西低的环流形势,高压坝长时间维持并对低涡的移动起到一定的阻挡作用,环流形势相对稳定。10 日夜间起,随着高空槽的逐渐东移,850 hPa 低涡从陕西移动至山西,低涡东侧的偏南风低空急流逐渐增强。从 11 日 13 时 850 hPa 风场和散度可见,太行山南麓低涡中心附近存在明显的西南风与东南风切变并伴有明显的风速辐合,同时偏南风急流与太行山南麓地形存在一定的正交性,风场的辐合以及地形的动力抬升为强降水提供有利的动力条件。在此过程中河北南部、河南北部等地的整层可降水量达到 60 mm 以上,对流有效位能普遍在 1500 J/kg 以上,充沛的水汽和较高的能量为对流的持续发展提供了有利的环境条件。

2.3　低涡发展期螺旋型雨带降水成因

11 日傍晚起,低涡从山西移至河北并缓慢东移北上,副高和高压坝依然稳定少动,受其影响低涡东侧的气压梯度明显增大,低空急流有显著的增强。涡旋东侧存在强烈的层结不稳定及其重建过程,并不断有螺旋型对流雨带被触发并向北旋转。下面从水平涡度和垂直涡度平流的角度探讨螺旋型雨带的可能形成原因。

在 z 坐标系下,三维涡度的表达式为:

$$\zeta = \left(\frac{\partial w}{\partial y} - \frac{\partial v}{\partial z}\right)\boldsymbol{i} + \left(\frac{\partial u}{\partial z} - \frac{\partial w}{\partial x}\right)\boldsymbol{j} + \left(\frac{\partial v}{\partial x} - \frac{\partial u}{\partial y}\right)\boldsymbol{k} \qquad (1)$$

式中,$\zeta_x = \frac{\partial w}{\partial y} - \frac{\partial v}{\partial z}$、$\zeta_y = \frac{\partial u}{\partial z} - \frac{\partial w}{\partial x}$ 分别为 x、y 方向的水平涡度,可见水平涡度是由垂直速度的水平切变和水平风的垂直切变构成。一般而言,垂直速度的水平切变项较小,因此,水平涡度的大小主要由水平风的垂直切变决定。将 z 坐标中的水平涡度转化至 p 坐标:

$$\zeta_x \approx -\frac{\partial v}{\partial z} = \frac{\rho g}{RT}\frac{\partial v}{\partial p} \propto \frac{\partial v}{\partial p} \qquad (2)$$

$$\zeta_y \approx \frac{\partial u}{\partial z} = -\frac{\rho g}{RT}\frac{\partial u}{\partial p} \propto -\frac{\partial u}{\partial p} \qquad (3)$$

式中,u、v 分别为 p 坐标系下的水平风速;p 为气压,T 为温度,g 为重力加速度,R 为气体参数,ρ 为空气密度。

对 p 坐标系的连续方程两边求 p 的偏导,可得:

$$\frac{\partial^2 \omega}{\partial p^2} = \frac{\partial}{\partial x}\left(-\frac{\partial u}{\partial p}\right) - \frac{\partial}{\partial y}\left(\frac{\partial v}{\partial p}\right) \qquad (4)$$

由式(2)和(3)可知,$\zeta_x \propto \frac{\partial v}{\partial p}$,$\zeta_y \propto -\frac{\partial u}{\partial p}$。因此,当垂直速度 ω 具有波状特征时,$\frac{\partial^2 \omega}{\partial p^2} \propto (-\omega)$,垂直速度与水平涡度的水平旋转程度(以下简称水平涡度旋度)成正比,即当水平涡度呈逆时针旋转时,$\omega<0$ 为上升气流;当水平涡度顺时针旋转时,$\omega>0$ 对应下沉气流。因此,由风的垂直切变引起的水平涡度矢量的旋转对垂直运动的方向具有指示性意义。

垂直涡度平流对垂直运动同样具有一定的指示意义。根据准地转原理,当垂直涡度平流为正时,在地转偏向力作用下会产生辐散,低层由于减压作用会产生辐合,因而强迫出垂直上升运动;当垂直涡度平流为负时,在地转偏向力作用下会产生辐合,低层由于加压作用会产生辐散,因而强迫出垂直下沉运动。由此可见,根据垂直涡度平流的分布也可以判断其对垂直运动的影响。

从11日夜间起,在低涡东侧开始出现多条螺旋型雨带向北旋转并不断更替。至12日03时,螺旋型雨带主要位于河北东南部至山东北部一带,850 hPa垂直上升运动区主要位于螺旋型雨带上(图6a),与之对应在华北中南部低涡东侧区域850 hPa的正水平涡度旋度(图6c)和500 hPa正垂直涡度平流(图6e)呈现较为明显的螺旋状分布特征,能够较好地表征螺旋型雨带和垂直速度的分布。在"16·7"过程的第二阶段降水中也存在类似的螺旋型雨带特征,主要出现在低涡北侧。2016年7月20日凌晨开始在低涡北侧逐渐出现多条螺旋型雨带并向西向北旋转,从而导致强降水中心主要位于太行山东麓和燕山南麓。至20日10时,螺旋型雨带主要位于河北中部,与之对应的850 hPa垂直速度(图6b)、850 hPa正水平涡度旋度(图6d)和500 hPa正垂直涡度平流(图6f)均与螺旋型雨带出现的位置和形态有较好的对应。由此可见,水平涡度旋度和垂直涡度平流通过触发垂直上升运动,从而造成低涡螺旋型雨带的降水,两次过程中螺旋型对流雨带出现位置的差异主要是由水平涡度旋度和垂直涡度平流的位置分布差异造成的。

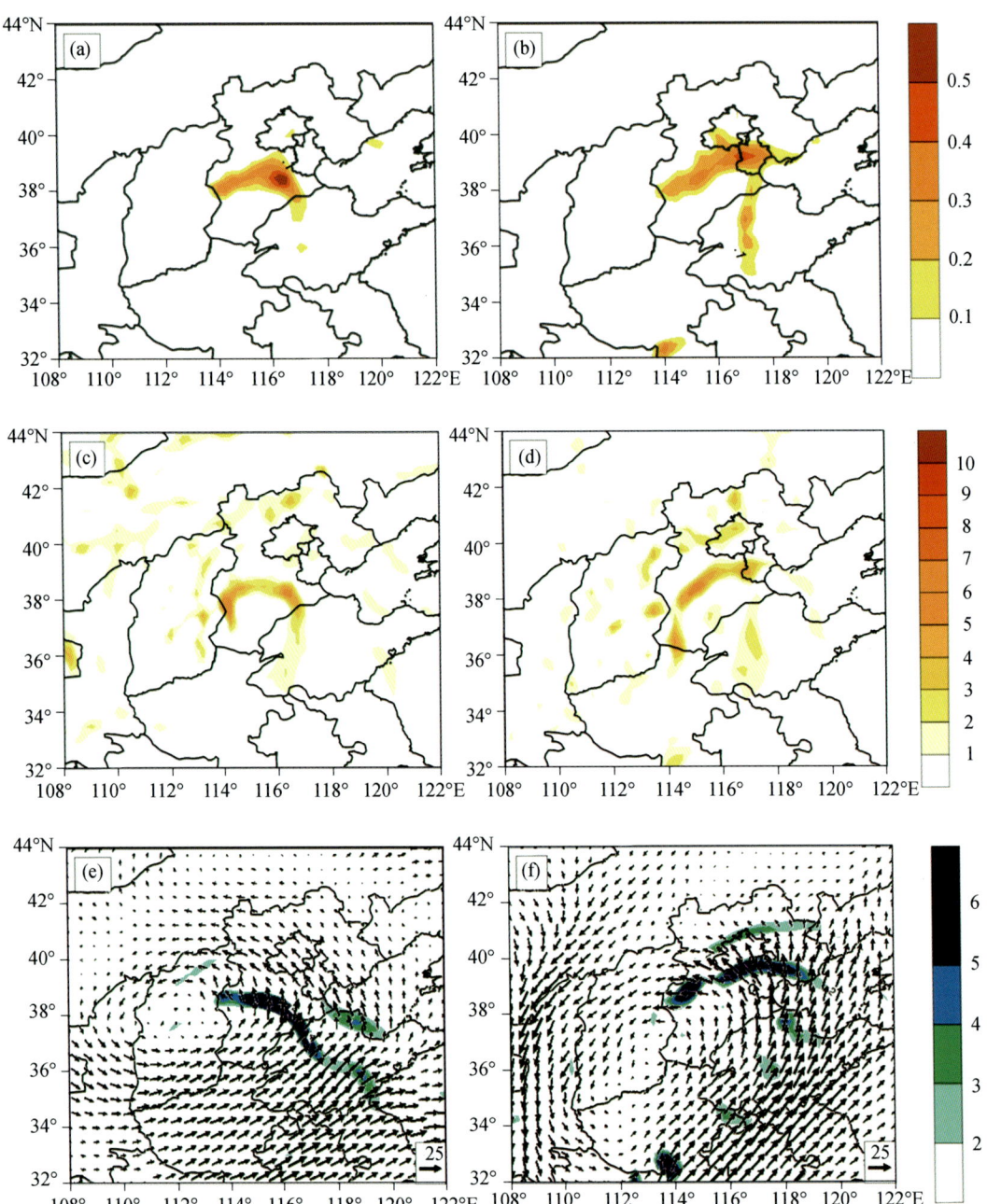

图6 850 hPa垂直速度(a,b;单位:m·s^{-1})、850 hPa水平涡度旋度(c,d;单位:10^{-8} Pa^{-1}·s^{-1})和500 hPa风矢量及垂直涡度平流(e,f;单位:10^{-8} m·s^{-2}),其中(a)、(c)、(e)为2021年7月12日03时;(b)、(d)、(f)为2016年7月20日10时

2.4 低涡减弱期不稳定层结中的暖切变降水成因

在降水的第三阶段,12日夜间低涡已移动至华北北部,在低涡中心附近及其东侧存在明显的偏南风与偏东风形成的暖切变,配合燕山地形的作用,华北北部存在明显的低层辐

合。从12日18时沿116.5°E垂直剖面可见(图7),在700 hPa以下假相当位温线分布较为密集,且在山前平原及地形过渡带假相当位温随高度递减,表明大气层结为对流不稳定状态。中低层辐合抬升配合对流不稳定层结,有利于对流系统的触发,从而造成了此阶段的强降雨发生。

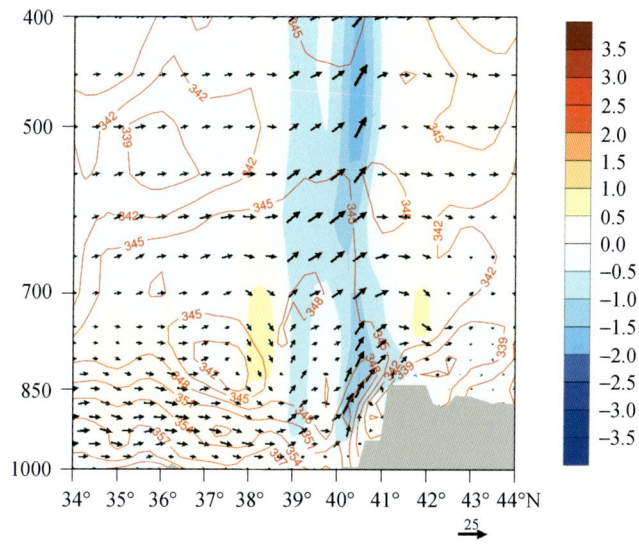

图7 2021年7月12日18时假相当位温(红线,单位:K)、风矢量和垂直速度(填色,单位:Pa·s^{-1})沿116.5°E的垂直剖面(灰色阴影为地形)

3 预报检验及偏差成因分析

3.1 主客观预报检验评估

中央气象台和相关省(市)气象台对本次过程的暴雨强度、落区和起止时间做出了较为准确的预报。从7月4日起,中央气象台就在《中期天气公报》中持续关注此次过程。10—13日,中央气象台共计发布暴雨预警11期,其中蓝色预警5期、黄色预警5期、橙色预警1期;11日08时至12日08时、12日08时至13日08时暴雨主观预报TS评分分别为0.516、0.476,相对模式提升30%~50%,明显高于各家数值模式,取得了良好的预报服务效果。

从中期时效开始,各家模式对此次强降雨过程均有体现,但不同模式的预报落区和降水强度存在一定差异,且预报稳定性较差。11日的降水ECMWF模式预报偏西最显著,NCEP(美国国家环境预报中心)预报强度偏小、落区明显偏南,CMA-GFS模式也存在偏南的情况(图8)。各区域模式中CMA-GD和CMA-BJ模式表现最好,但总体来讲各模式分歧较大、可预报性较低。从ECMWF模式不同时效预报对11日08时—12日08时24 h累计降水量的对比来看,提前6天模式已经能够预报出降水过程和大致降水形态,但预报落区始终偏西,且稳定性较差,132 h预报效果最好,TS评分达0.37,随着预报时效的临近,预报雨带再次出现偏西的情况,且评分有所降低。至36 h时效TS评分达0.26,但强降雨带仍存在较明显偏西的情况。从11日和12日降水的主观预报检验可见,对11日的降水主观预报虽然暴雨TS评分达到0.516并明显高于各家全球模式,但落区仍略偏西,而12日的降水预报各模式趋于一致,可预报性相对较高。

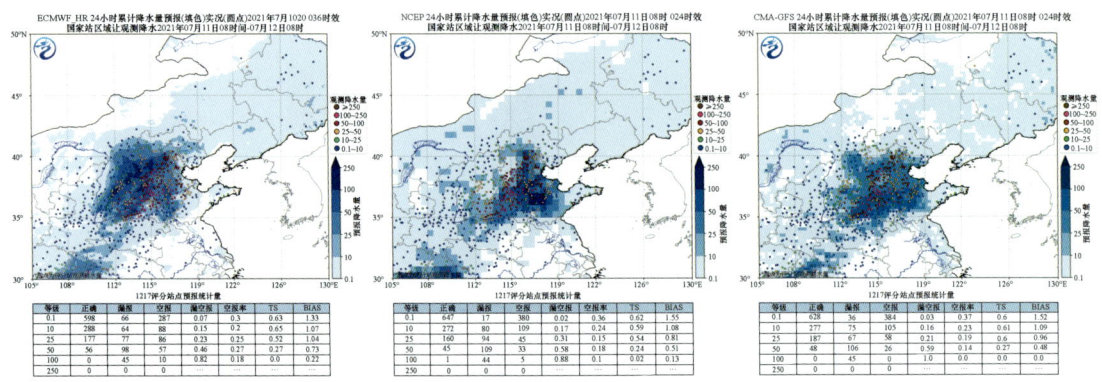

图8　2021年7月10日20时起报的36 h时效24 h累积降水量(单位:mm)

3.2 预报偏差成因分析

从10日20时起报的各模式850 hPa低涡路径来看(图9a),ECMWF模式预报低涡路径偏西,进而导致降水预报偏西;NCEP预报低涡生成偏晚,且路径偏南;其他模式预报在初期低涡路径较为准确,后期略有偏差。而11日08时起报的结果表明,各模式对低涡路径的预报趋于一致,偏差变小(图9b)。因此,10日20时模式低涡路径的预报偏差是降水预报出现偏差的关键原因。

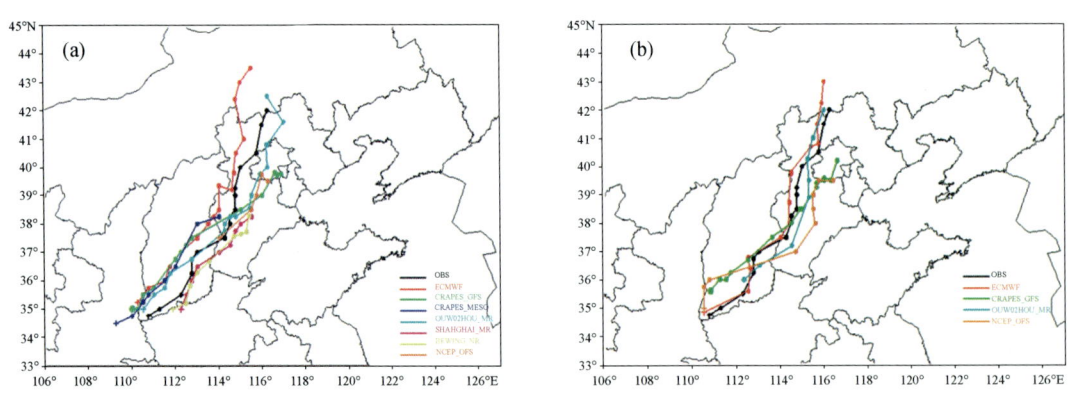

图9　7月10日20时(a)和11日08时(b)起报的各模式低涡路径

从ECMWF模式对第一阶段降水的精细化预报检验来看(图10a、b),11日08—11时,强降水主要出现在山西南部至河南西部一带,而ECMWF模式预报的强降水略微偏西偏强,主要位于山西西南部,且在降水中心存在较强的3 h负变压。到了11日23时(图10c、d),强降水主要位于低涡东侧河北南部至河南北部一带,而ECMWF模式预报的强降水主要出现在低涡中心,且依然对应较强的3 h负变压,而东侧螺旋型雨带降水预报偏弱。这可能是因为模式在初始阶段对低涡预报偏西,且将强降水主要预报在低涡中心附近,强降水导致的潜热释放使低层减压,加强了低层的低涡,进而在低涡中心附近预报出更强的降水,形成正反馈过程。

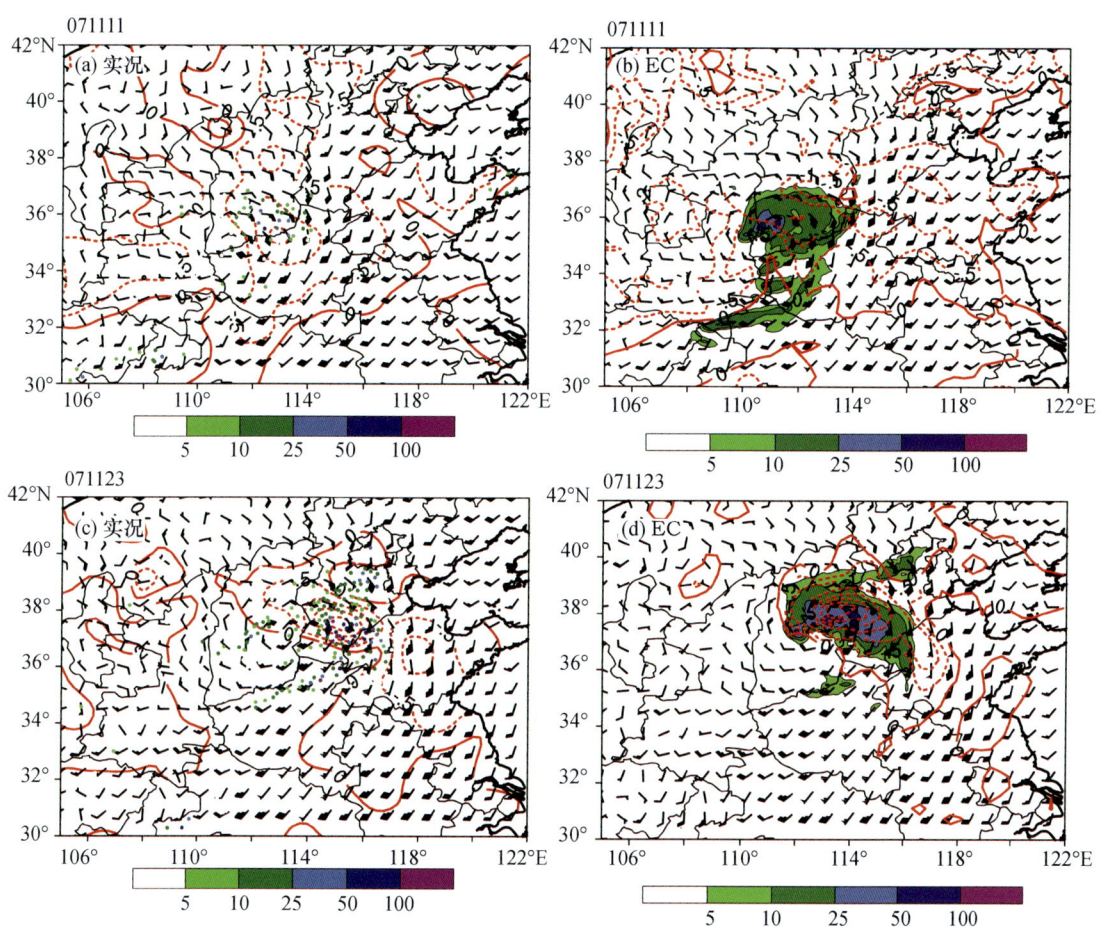

图 10 7月11日11时和23时实况与ECMWF模式(10日20时起报)预报的
降水量(填色,单位:mm)与3 h变压(等值线,单位:hPa)

3.3 预报难点分析

各家模式低涡路径和降水预报分歧较大,低涡东侧螺旋型雨带等降水的中尺度特征较为复杂,事前难以准确预计。中尺度对流的触发也是预报难点,中尺度模式虽然能在一定程度上有所体现,但仍不够准确,给降水的精细化预报带来较大困难。

4 预报改进思路及对策

4.1 强降雨预报分析思路和预报着眼点

对于低涡路径预报分歧较大这一预报难点,可以考虑从低涡的发生发展机制入手,如从涡度平流、温度平流、高层位涡异常和降水凝结潜热释放等角度分析低涡未来的可能发展强度和位置,以减少低涡预报的不确定性。对于第二阶段螺旋型雨带的降水特征,可以尝试从本文提到的水平涡度旋度和垂直涡度平流等角度分析螺旋型雨带的出现可能,进而加强对降水精细化特征的预报。

本文从动力学角度初步探讨了华北地区的气旋暴雨中螺旋型雨带的可能成因,提出水平涡度旋度和垂直涡度平流可能是螺旋型雨带的触发机制。这对于理解华北地区的气旋暴雨中螺旋型雨带的形成是一种积极的尝试。

4.2 强降雨预报偏差的改进思路

7月10日夜间降水开始阶段对各模式的检验表明 ECMWF 和 CMA-BJ 表现最好,因此主要选择这两个模式,而这两个模式后期对低涡路径和降水的预报也出现分歧。同时,低涡东侧螺旋型对流降雨带等中尺度特征较为复杂,事前仍难以准确预计,中尺度模式虽然能在一定程度上有所体现,但仍不够准确,给降水的精细化预报带来较大困难。因此,应加强模式初始误差来源诊断以及不同参数化方案导致的偏差研究,并加强在实际预报服务中的应用。同时,应及时复盘总结,进而梳理同类型华北暴雨过程的预报着眼点和模式的系统性偏差,并研究模式订正方法。此外,应加强一线业务人员与模式研发和客观方法研发人员合作互动以及加强对智能网格精细化预报的检验应用。

5 总结与讨论

本文对2021年7月11—12日华北低涡暴雨过程,利用多源观测资料和再分析资料从降水特征和成因及预报偏差等方面进行了较为系统的分析,并与"16·7"过程进行了对比,主要结论如下。

(1)这两次暴雨过程均发生在南亚高压东伸加强、副热带高压西伸北抬、中纬度西风带低涡系统东移北上发展、下游高压脊稳定少动的环流背景下,均给华北地区带来大范围持续性强降雨,但本次过程的累积雨量、降雨强度、影响范围、持续时间和极端性等方面均不及"16·7"过程。本次过程以混合型降水为主,对流发展高度不高,局地小时雨强较强,且有一定的地形降雨特征。可见,华北地区低涡暴雨是大尺度环流背景、天气尺度系统、地形等相互配合的结果。

(2)本次过程的降雨可分为三个发展阶段,第一阶段为低涡初生期,由于低涡位于太行山以西,其低层偏东风或偏南风与地形相互作用导致的强降水;第二阶段为低涡发展期,低涡东侧有多条螺旋型对流雨带被触发,强降水表现出明显的螺旋型雨带结构特征;第三阶段为低涡减弱期,切变辐合配合对流不稳定层结以及燕山地形等共同作用产生强降水。水平涡度旋度和垂直涡度平流可能是螺旋型雨带的触发机制,低涡结构的不同使得两次水平涡度旋度和垂直涡度平流的分布不同,从而导致两次过程螺旋型雨带出现的位置不同。本次过程螺旋型雨带主要出现在低涡东侧,而"16·7"过程螺旋型雨带主要发生在低涡北侧。

(3)本次华北暴雨过程的预报服务效果总体较好,暴雨以上量级的降水预报评分较模式有显著提升,但仍存在一些不足之处,如主观预报和ECMWF模式对11日08时—12日08时的暴雨预报都存在一定程度的偏西情况。同时,各模式对于低涡路径以及降水的预报分歧较大,也给预报带来一定困难。低涡中心强降水导致的潜热释放形成正反馈过程,可能是 EC 模式对低涡路径和暴雨落区预报持续偏西的原因。

参考文献

[1] 丁一汇,李吉顺,孙淑清,等.影响华北夏季暴雨的几类天气尺度系统分析[C]//中国科学院大气物理研究所集刊(第9号):暴雨及强对流天气的研究.北京:科学出版社,1980.

[2] 陶诗言.中国之暴雨[M].北京:科学出版社,1980.

[3] 陶祖钰.湿急流的结构及形成过程[J].气象学报,1980,1980(4),331-340.

[4] 张文龙,崔晓鹏.近50 a华北暴雨研究主要进展[J].暴雨灾害,2012,31(4):384-391.

[5] 符娇兰,马学款,陈涛,等."16·7"华北极端强降水特征及天气学成因分析[J].气象,2017,43(5):528-539.

2021年10月2—7日山西持续强降雨天气分析

乔 钰[1]　薄燕青[1]　包红军[2]　孙颖姝[1]　任 璞[1]　赵海英[1]

(1. 山西省气象台,太原,030006;2 国家气象中心,北京,100081)

摘要: 利用常规气象观测资料和ERA5(第5代欧洲再分析)0.25°×0.25°资料,对2021年10月2—7日山西省出现的极端持续性强降水天气进行分析总结。结果表明:(1)500 hPa乌拉尔山阻塞高压和切断低涡稳定维持,副热带高压异常偏北偏强并稳定少动;切断低涡后部不断有冷空气扩散东移南下,与副高外围的暖湿空气持续交汇,给山西带来持续性降水。(2)低层异常偏强的西南急流持续将南海和孟加拉湾的水汽向山西输送,同时高层辐散区叠置在低层辐合区上方,高低空系统耦合形成强烈上升运动,造成山西中南部极端持续强降水,64站破历史同期极值,导致黄河流域发生较大洪水。(3)ECMWF(欧洲中期天气预报中心)和CMA-GFS模式(中国气象局全球同化预报系统)对于西太平洋副热带高压位置预报偏北、中纬度短波槽强度预报偏弱以及对低空急流的预报偏差,导致对此次暴雨落区存在局部漏报,对降水极值存在低估;关注数值模式预报的影响系统的位置和强度与实况的差别,用实况及时订正模式预报,同时注意山西复杂地形对降水的影响,可有效提高预报准确率。

关键词: 极端降水,副热带高压,急流

引言

2021年10月2—7日,山西出现了有气象记录以来秋季最强的大范围持续性降水过程。降水从2日夜间开始,7日凌晨结束,其中4日和5日山西中部出现区域性暴雨。此次降水过程累积雨量大、影响范围广、持续时间长,部分地区与前期降雨集中区位置重合,导致多地出现内涝、地质灾害、洪水等灾情,多座水库水位超汛限。此次强降雨共致山西11个市76个县(市、区)175.71万人受灾,因灾死亡15人,失踪3人,紧急转移安置12.01万人,农作物受灾面积357.69万亩[①],房屋倒塌1.95万间,严重损坏1.82万间,直接经济损失50.29亿元。

针对此次强降水天气,9月29日,山西省气象局组织有关厅局召开了国庆天气大会商,对本次天气过程及影响情况进行了分析研判,30日召开了国庆假日天气形势新闻发布会。10月3—5日,省气象台发布和变更暴雨蓝色预警共3期。3日16时,山西省重大气象灾害应急指挥部启动了暴雨Ⅳ级应急响应,省气象局同时启动了部门暴雨Ⅳ级应急响应。应急期间,省市县三级气象部门联合水利、自然资源、公安、住建等部门,第一时间发布山洪灾害气象风险、地质灾害气象风险、道路交通安全、城市内涝等气象灾害风险预警563条。

气象部门根据最新预报和雨情,每3小时报送一次最新实况信息,同时省气象台与国家气

---

① 1亩≈666.67 m²。

象中心、华北区域气象中心、海河流域气象中心等单位及省市级气象台之间积极开展加密会商,及时调整预报结论,分别于10月2日和3日滚动更新了《气象信息专报》2期,将刚开始的"过程降水量40～120 mm,局部地区可达或超过140 mm"订正到"过程降水量20～140 mm,局部地区可达200 mm或以上",连续、准确、有效的气象信息,为党政部门领导及时部署和调整防灾减灾重点工作提供了可靠的决策依据。

数值模式对本次降水过程天气形势预报较为稳定,有利于预报员较好地把握持续强降水落区,山西省气象台也准确预报了此次强降雨天气的起止时间和强度。但此次预报仍存在不足,譬如暴雨量级以上的降水存在漏报,主客观预报的过程累积降水量比实况偏少,对降水过程的极端性考虑不足等。本文试图通过复盘总结,分析持续强降雨的成因和预报偏差,以进一步提高对极端持续性强降雨天气的监测及预报预警能力。

1 强降雨实况及黄河流域水情

2021年10月2日08时—7日08时,全省过程降水量为15.4～273.3 mm(峰值位于大宁县),其中国家站有13站降水量≥200 mm,50站降水量为100～200 mm,27站降水量为50～100 mm(图1)。与常年同期相比,全省大部分地区降水偏多1倍以上,中南部部分地区偏多100倍以上,最大为榆次,偏多322倍,有64站累积降水量超过历史同期极值;降水过程前期2—3日山西中南部伴有雷电、风雹和短时强降水等强对流天气,最大雨强为44.4 mm/h;后期4—6日以稳定性降水为主。

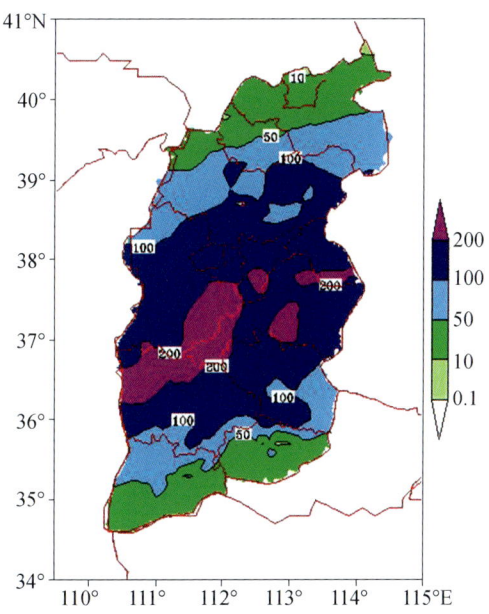

图1 2021年10月2日08时—7日08时过程累积降水量(单位:mm)

8月下旬以来,黄河流域共出现8次明显秋雨过程;黄河中下游累积面雨量396 mm,较常年同期(122 mm)偏多2.3倍;泾渭河、北洛河、汾河、沁河、伊洛河、大汶河等累积面雨量均列1961年以来同期最高值。10月2日至7日强降水过程,导致泾渭河、北洛河、无定河、三川河、汾河下游等子流域面雨量达到 73～123 mm(图2)。

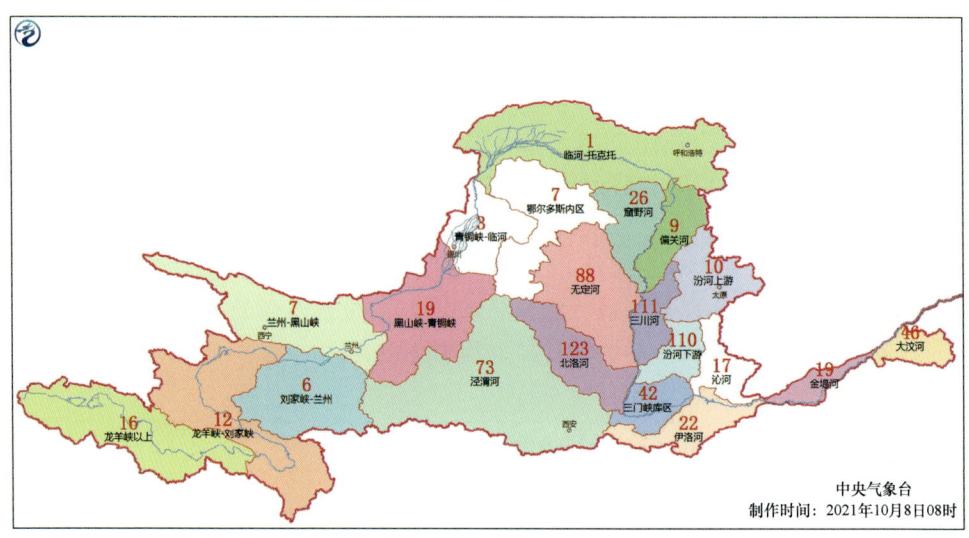

图2　黄河流域2021年10月2日08时—8日08时面雨量实况(单位:mm)

受降雨影响,黄河干流9天内先后出现3次编号洪水,潼关站发生1979年以来最大洪水,同时也是1934年有实测资料以来同期最大洪水,花园口站发生1996年以来最大洪水。黄河支流泾渭河、伊洛河、沁河均发生有实测资料以来同期最大洪水。

受渭河、黄河北干流来水共同影响,黄河中游干流潼关水文站10月5日23时流量涨至 5090 m³/s(图3),依据水利部《全国主要江河洪水编号规定》,编号为"黄河2021年第3号洪水"。

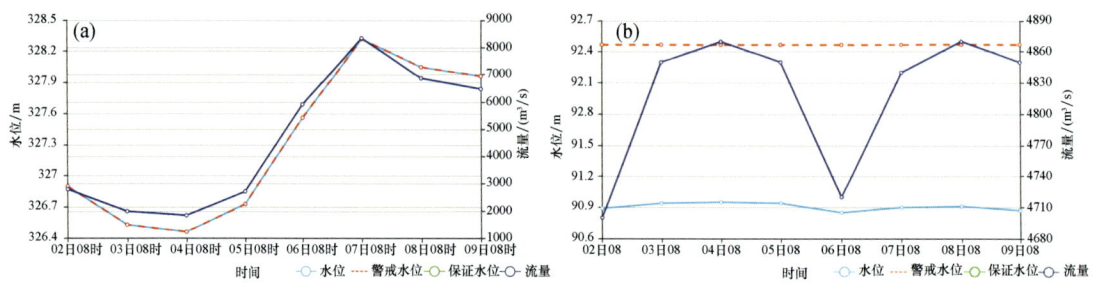

图3　2021年10月2—9日黄河流域潼关(a)、花园口(b)水文站水位和流量变化

2　强降雨成因

当发生持续性强降雨过程时,大尺度环流背景通常出现异常,对流层中低层有源源不断的水汽供应、持久的上升运动[1-4]。西太平洋副热带高压稳定北抬、乌拉尔山阻塞高压的形成和维持,有利于在山西出现强降水天气[5,6]。

2.1　环流形势及异常分析

2021年10月2—3日,500 hPa欧亚中高纬地区为"两槽两脊"型,其中,乌拉尔山附近有阻塞高压伴随切断低涡存在,中纬度环流较为平直,锋区位于40°~45°N,副热带高压逐渐北抬西伸,588 dagpm线北界由湖北中部—浙江北部逐渐北抬至河南中部—山东中部一线。2日20时,贝加尔湖南侧有低涡形成,山西受贝加尔湖南侧低涡低槽和高原东侧的短波槽共同影响。4日,乌拉尔山东侧的切断低涡有所西退,贝加尔湖附近的高压脊和其东部切断低压东移减弱,副热带高压继续北抬,中纬度有短波槽形成并东移影响山西。5—7日欧亚中高纬环流形势调整为"一槽一脊"型,乌拉尔山东侧的切断低涡后部有冷空气扩散东移南下,中纬度有短波槽形成并加深发展东移,6日08时与南支槽同位相叠加,20时低槽东移,副热带高压东退南撤,山西降水趋于结束。总之,2—7日山西受中高纬切断低涡后部冷空气扩散东移南下与副热带高压相互作用,出现持续降水天气。

从10月2—7日200 hPa平均位势高度与标准化距平场(图4a)看出,乌拉尔山东侧的低槽异常偏强,比常年同期偏低1σ(1倍标准差)以上,在华北一带为弱脊区控制,华北北部局地比常年同期偏高2σ以上;低槽与弱脊之间有强的偏西急流,高空急流明显偏北,山西处于高空急流入口区右侧的强辐散区,有动力抽吸作用。从500 hPa平均位势高度和标准化距平场(图4b)看到,乌拉尔山附近的阻塞高压和其伴随的切断低涡异常偏强1σ以上,有利于冷空气聚集,同时西太平洋副热带高压异常偏强偏北,比常年同期偏高2σ以上,山西处于副热带高压的西北侧。结合200 hPa和500 hPa环流形势及其异常场,乌拉尔山附近的阻塞高压和其伴随的切断低涡在整个对流层上层均表现出异常偏强的特征,西太平洋副热带高压系统异常深厚,有利于山西出现异常强降水天气。

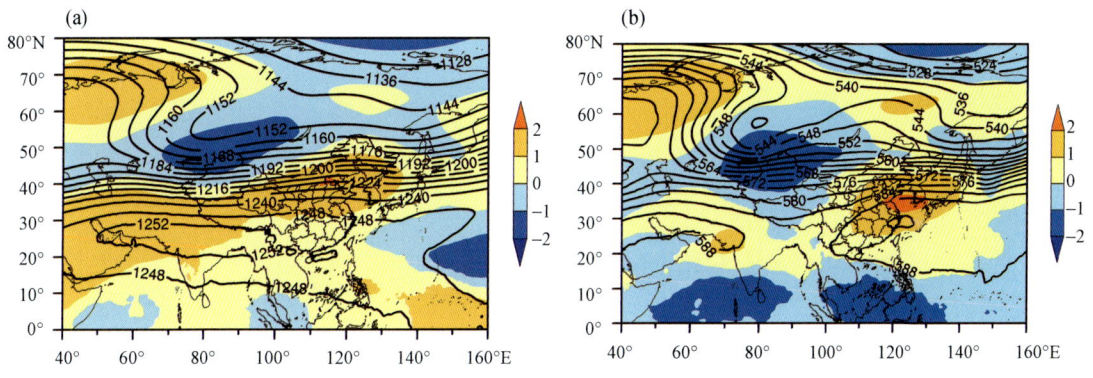

图4　2021年10月2—7日平均位势高度(等值线,单位:dagpm)及标准化距平场(阴影,单位:σ)
(a)200 hPa;(b)500 hPa

2.2　中低层影响系统

天气系统的有效配置和稳定维持是强降雨持续的主要原因,低空急流的演变和进退与强降雨落区和强度的演变关系密切[7-9]。2日夜间至3日,河套地区700 hPa切变线与副热带高压之间有西南急流存在,随着副热带高压北抬,西南急流向北伸展到山西;4—5日冷暖切变线维持在河套到山西北部,随着副热带高压继续北抬,低空西南急流和副热带高压外围的偏南气流持续输送暖湿水汽,在山西中部形成明显的水汽辐合中心,大到暴雨区出现在低空急流左前方;6日08时,西南急流向东北方向伸展,急流头到达东北地区,降水强度减弱。

2日20时850 hPa蒙古东部地区的低值系统伴随的"人"字形切变线位于河套到内蒙古东

部,随着低值系统东移,3日冷式切变线由山西北部南压到山西南部。4日08时蒙古中部—内蒙古中部为高压环流,其底部有偏东风、河套地区的偏北风与山西南部的东南风形成"人"字形切变线,高低空系统配置为后倾形势,以稳定性降水为主。5日高压环流东移南压,山西受高压环流底部偏东风控制。6日08时,山西受偏东风与河套地区的偏南风形成的辐合影响,偏东风明显减小;20时,随着高空槽过境,山西转为偏北风控制,降水趋于结束。

2.3 环境参量特征分析

2日夜间山西处于地面冷锋前部暖区,属于暖区降水。2日20时(图5a),由太原探空站资料看出,低层水汽条件较差,近地层有逆温存在,600 hPa以下风随高度顺转,有暖平流,600～700 hPa有明显的干空气,大气层结不稳定,对流有效位能(CAPE)为315 J/kg,但对流抑制较大,对流抑制能(CIN)为680 J/kg,最优抬升指数(BLI)—3.3 ℃;0～6 km垂直风切变较强,达22.8 m/s;0 ℃层位于600 hPa附近,—20 ℃层位于400 hPa附近,适宜于冰雹的形成增长。3日白天地面冷锋逐渐南压,湿层增厚,近地层仍有逆温存在,有利于储集不稳定能量,700 hPa以下风随高度顺转,有暖平流,0 ℃层略有下降,位于600 hPa,0～6 km垂直风切变23.7 m/s,仍然偏强。4日白天,地面冷高压中心由贝加尔湖西南侧自西向东缓慢移动,并分裂出多个高压中心,山西受冷高压底部偏东风影响,5日冷高压主体继续东移,冷高压中心东移到东北地区,山西逐渐转受高压底后部影响;4—5日整层大气处于饱和状态,对流层低层700～800 hPa之间有锋面逆温存在,750 hPa以下偏东风较前期明显加强,近地层温度下降,大气层结稳定(图5b)。因此,2—3日以混合降水为主,4—5日以稳定性降水为主。

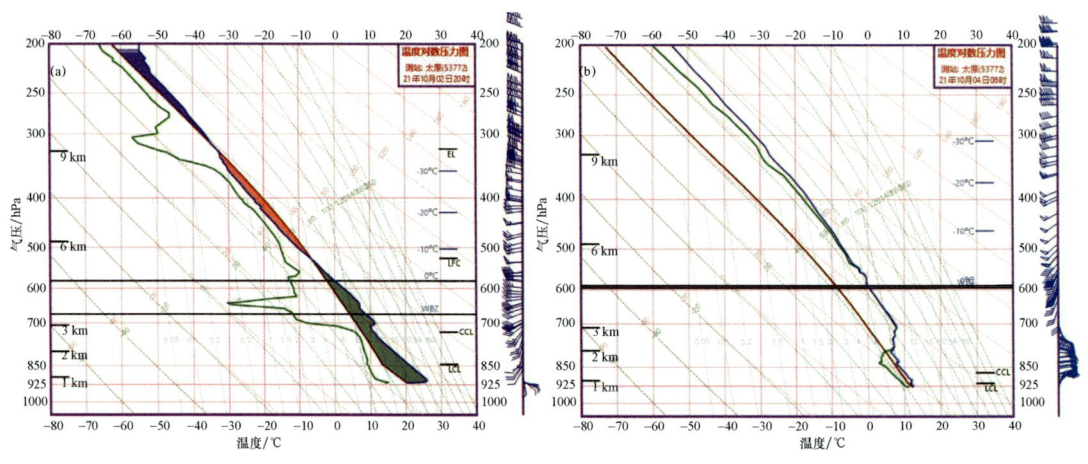

图5 2021年10月2日20时(a)和4日08时(b)太原站探空曲线

2.4 水汽特征分析

中国暴雨的主要水汽来源是孟加拉湾和南海的西南风水汽输送[10,11]。从2—7日水汽通量和距平场(图6)可以看出,700 hPa水汽同样来源于孟加拉湾和南海,分别由西南低空急流和副热带高压外围的东南气流将水汽输送到山西,导致山西中南部大部水汽通量异常达2σ以上(图 6a)。850 hPa 副热带高压外围的偏南风将南海的水汽向山西输送,并在山西南部分为两支,一支转为东南风向山西输送,另一支为西南风向山东半岛输送,山西中南部大部水汽通量异常达 2σ;同时,位于内蒙古中部的高压环流底部的偏东风与山西南部的东南风形成明显辐合,有利于山西中部出现强降水天气(图 6b)。总之,持续异常偏强的水汽输送,为山西降水提供源源不断的水汽,有利于产生持续性降水天气。

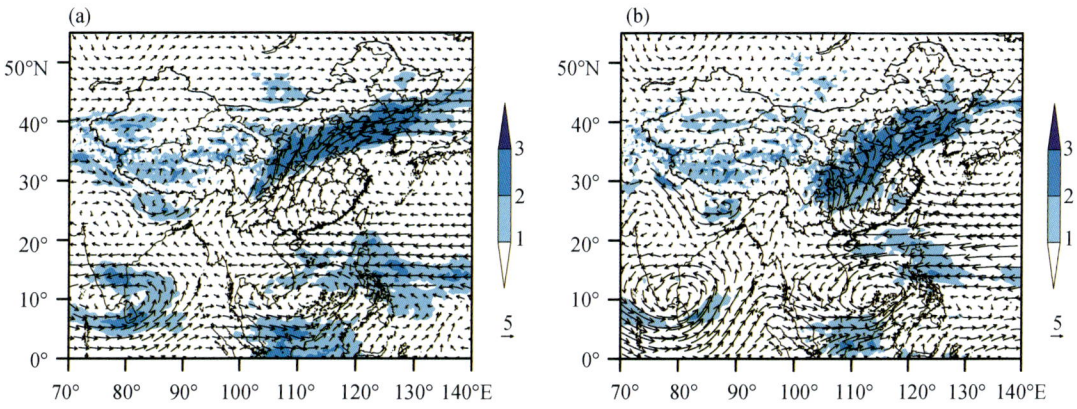

图 6　2021 年 10 月 2—7 日 08 时 700 hPa(a)、850 hPa(b)平均水汽通量(箭头,单位:g/(s·hPa·cm))及距平场(阴影,单位:σ)

由于副热带高压异常偏北,与低层切变线相互作用,形成的西南低空急流持续向山西输送水汽,为强降水的产生提供了有利的条件。由 700 hPa 水汽通量散度图(图略)看出,4 日 08 时和 14 时,水汽辐合大值区位于山西中部,5 日 08 时和 20 时,水汽辐合大值区略南压,与暴雨落区相对应。

2.5　动力条件分析

从太原站垂直剖面图(图 7)看出,2—7 日低层辐合,有上升运动存在;3 日夜间高空辐散增大,低层辐合增强,垂直上升运动发展,并持续到 6 日,有利于强降水的出现。2 日 20 时—4 日 08 时,对流性降水阶段,上升运动剧烈,垂直速度达 -1.5 Pa/s;之后上升运动有所减弱,但仍达 -0.9 Pa/s。

4 日 08 时(图 8a、c),位于高空急流南侧的区域(110°～114°E,36°～40°N),存在明显的高空辐散和低层辐合,散度中心分别达 15×10^{-5} s^{-1} 以上和 -15×10^{-5} s^{-1} 以上,有明显的上升运动发展;4 日 20 时至 5 日 08 时,高空辐散、低层辐合的强度较前期减弱;5 日 20 时(图 8b、d),高空辐散、低层辐合的强度再次增强。高层辐散区叠置在低层辐合区上方,高低空系统耦合,在山西中南部形成强烈上升运动,有利于强降水的发生与维持。从图 5a、b 中可以看出,700 hPa 以下 ≥12 m/s 的偏东风沿太行山东麓爬坡,一部分直接汇入上升气流中,一部分沿山顶西进,与偏南风形成辐合产生较强的上升运动。

图7 2021年10月2—7日太原垂直速度(等值线,单位:10^{-1} Pa/s)和散度(阴影,单位:10^{-5} s^{-1})的时间-高度垂直剖面图

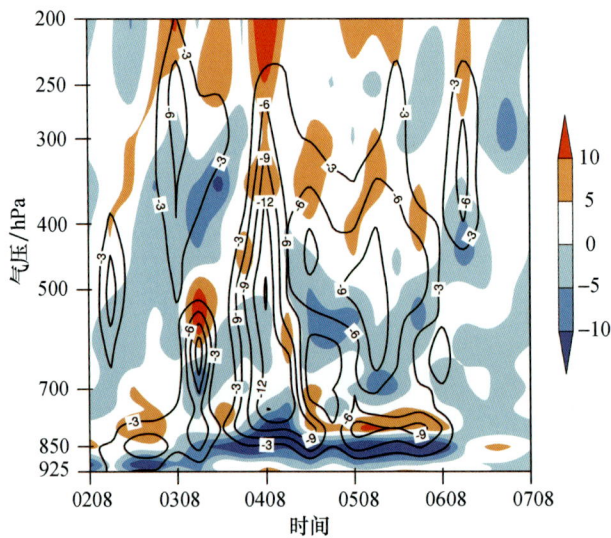

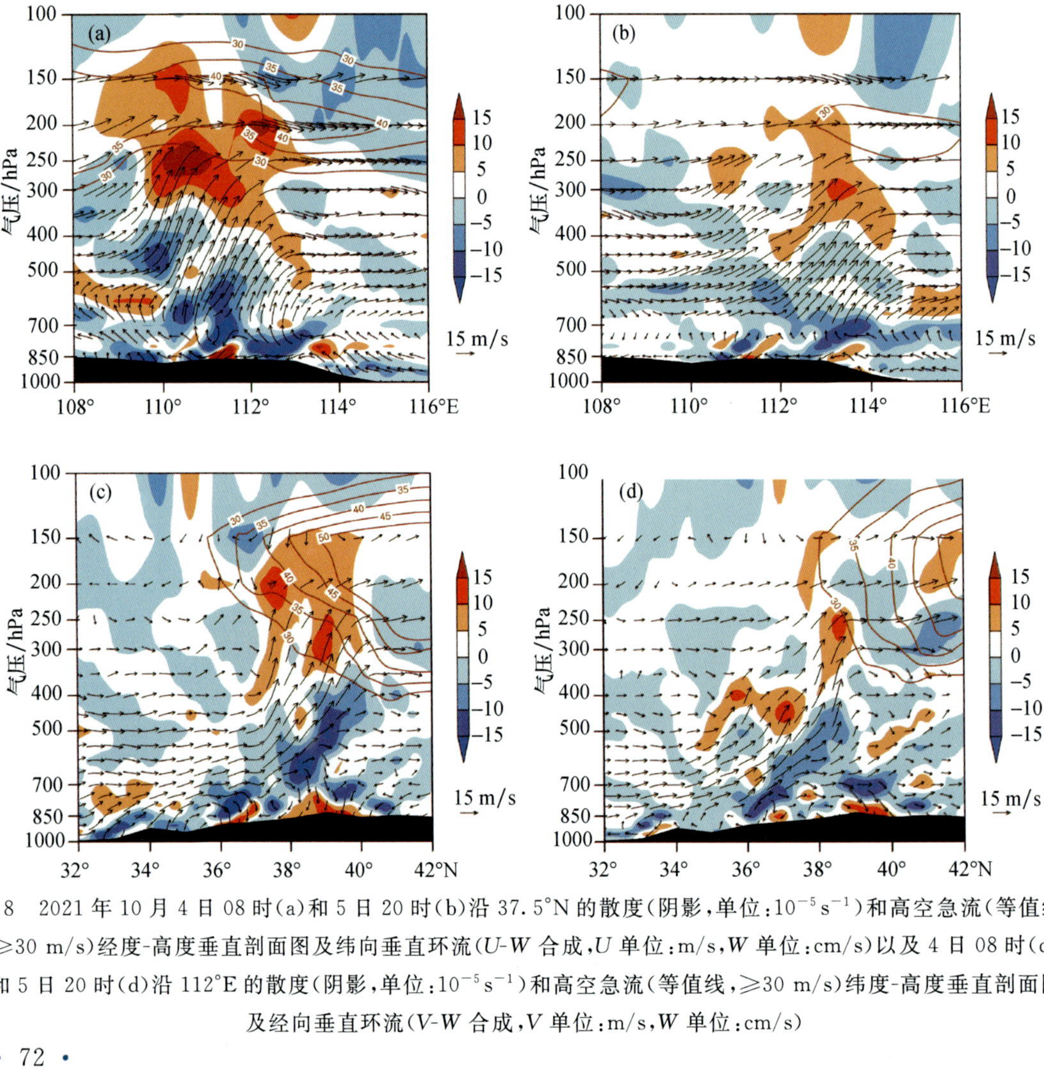

图8 2021年10月4日08时(a)和5日20时(b)沿37.5°N的散度(阴影,单位:10^{-5} s^{-1})和高空急流(等值线,≥30 m/s)经度-高度垂直剖面图及纬向垂直环流(U-W合成,U单位:m/s,W单位:cm/s)以及4日08时(c)和5日20时(d)沿112°E的散度(阴影,单位:10^{-5} s^{-1})和高空急流(等值线,≥30 m/s)纬度-高度垂直剖面图及经向垂直环流(V-W合成,V单位:m/s,W单位:cm/s)

2.6 热力条件分析

2日20时,山西南部处于高能区,850 hPa 的 θ_{se}(假相当位温)达 344 K,2日21时—3日00时地面风场显示在陕西关中盆地有中尺度涡旋形成和维持,并触发对流,此后雷达显示强回波沿山西运城、长治一带的地面中尺度辐合线东移,在山西南部出现对流性暖区强降水。3日能量锋区南压,36°N 以南 700~850 hPa 假相当位温随高度减小,山西南部对流层中下层处于不稳定层结,夜间地面冷锋过境时,再一次在山西南部触发对流性降水。4日08时地面冷锋南压至山西、河南交界,暖湿空气沿锋面爬升,配合对流层中低层切变线,在山西中部上空形成强烈的上升运动,对应 θ_{se} 在对流层中上层呈"漏斗状",暖湿空气活跃,为降水提供了足够的能量和水汽[12],且等值线稀疏,垂直梯度小,大气层结稳定度接近中性(图9)。5日山西受地面高压底部东风回流影响,回流东风携带湿冷空气迫使中低层暖湿空气抬升,降水持续。6日20时之后山西逐渐转为高压系统控制,整层大气为稳定层结,降水基本结束。

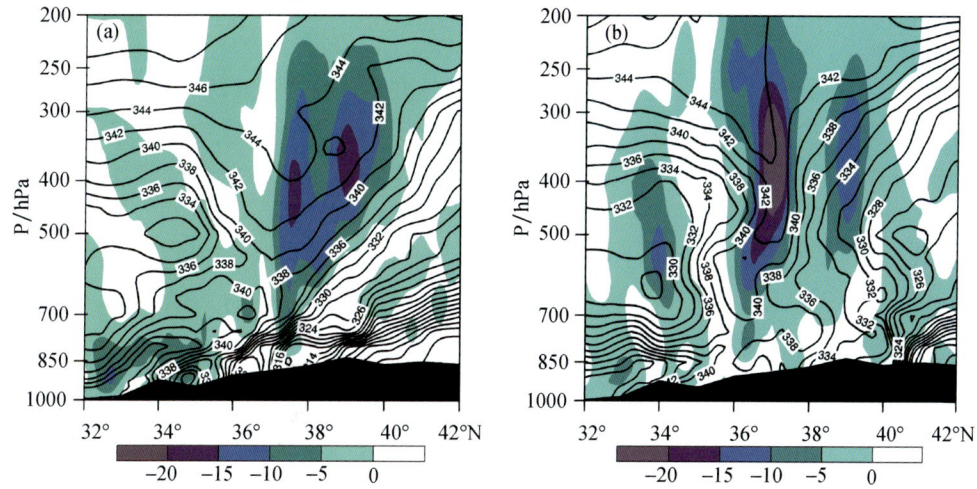

图9 2021年10月3日08时(a)和10月4日08时(b)沿112°E 的假相当位温(等值线,单位:K)和垂直速度(阴影,单位:10^{-1} Pa/s)纬度-高度垂直剖面图

3 预报检验及偏差订正

3.1 预报检验评估

针对此次持续性降水过程,对2日08时—7日08时的提前24 h 时效的降水落区进行降水累加检验(图10),结果显示:(1)山西省气象台订正报的各量级 TS 评分与中央气象台指导报(SCMOC)接近;相对各家数值模式预报,对各量级降水整体为正订正,尤其是暴雨量级的 TS 评分达 0.50 以上,明显优于其他模式;(2)各模式对于≥0.1 mm 的 TS 评分接近,达到 0.85 以上;≥10.0 mm 的 TS 评分接近 0.75,CMA-MESO(中国气象局中尺度天气数值预报系统)、

CMA-BJ(中国气象局北京快速更新循环数值预报系统)和 EC 有明显优势;≥25.0 mm 的 TS 评分,CMA-GFS 表现较好;≥50.0 mm 的 TS 评分,CMA-BJ 表现最优,达 0.418。

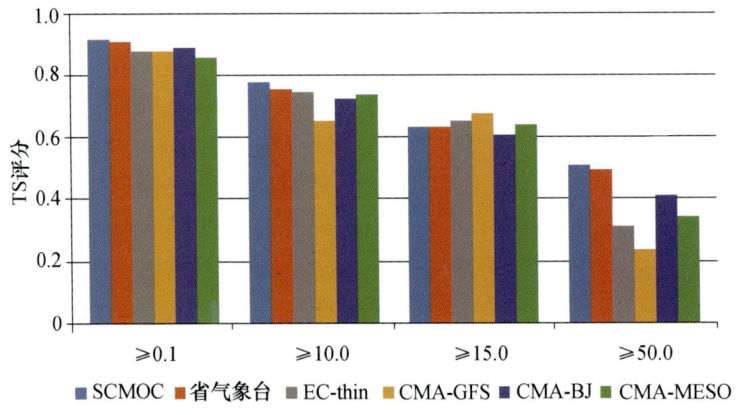

图 10 主观客观预报降水累加检验的 TS 评分

针对 4—5 日主要强降水时段的降水预报进行检验(图 11)。EC 对强降水落区预报较为稳定,模式调整小。CMA-GFS 强降水落区预报不稳定。在暴雨落区的预报上,EC 模式提前 48 h 与实况最为接近,其他预报时效漏报较为明显,尤其对 5 日山西中东部的暴雨存在明显漏报;CMA-GFS 临近时效预报效果较好,雨带位置预报与实况一致,暴雨落区存在局部漏报。全球模式预报的最大降水量比实况偏小。对比中央气象台指导预报和省台智能网格预报,24 h 时效内 SCMOC 和省气象台预报的暴雨落区与实况均较为一致。

在前期降水过程中(2 日 08 时—4 日 08 时),中尺度模式 CMA-MESO、CMA-BJ 在 24 h 时效内对强降水落区,特别是对强对流天气落区有较好指示意义。在后期稳定性降水过程中(10 月 4 日 08 时—7 日 08 时),中尺度模式对降水强度和落区均有好的预报效果,其中,对 4 日暴雨过程,对比全球模式来说,CMA-BJ 的暴雨落区范围更接近实况,CMA-MESO 则对强降水落区预报略偏北;对于 5 日暴雨过程,CMA-BJ 在山西中东部出现漏报,而 CMA-MESO 在山西中部暴雨的落区与实况较为接近。

总之,降水过程前期(2—3 日),CMA-BJ 对于强降水中心有较好指示意义;对于后期稳定性降水(4—7 日),无论是各模式还是主观预报,预报效果都较好。

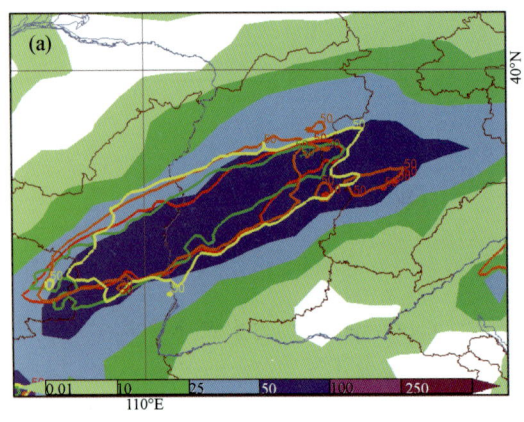
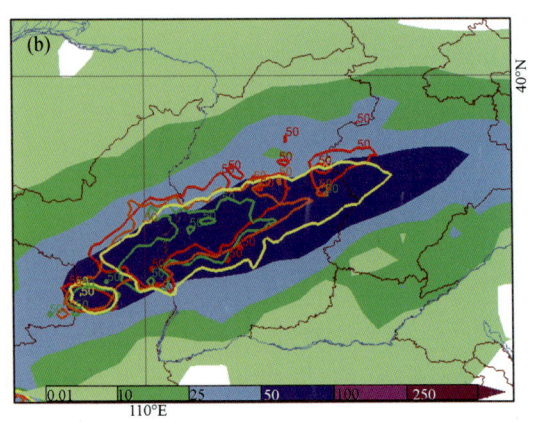

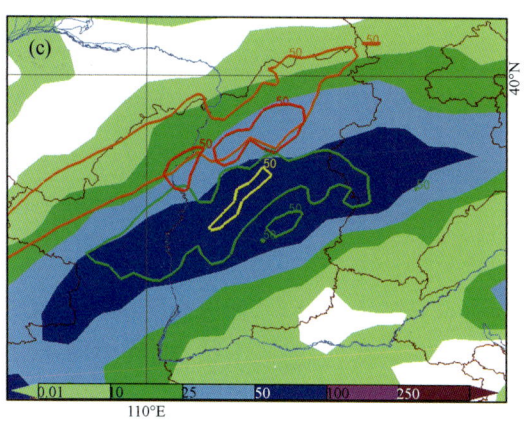
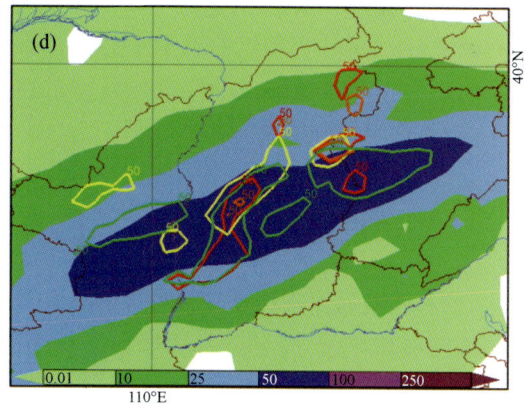

图 11 2021年10月4日08时—5日08时(a,c)、10月5日08时—6日08时(b,d)24 h降水实况(阴影)和EC(a,b)、CMA-GFS(c,d)模式暴雨落区预报(等值线,红色为提前72 h,橙色为提前60 h,黄色为提前48 h,绿色为提前36 h)

3.2 强降水预报偏差分析

对比EC和CMA-GFS模式的500 hPa环流形势预报场与实况场(图略)可看出,预报场与实况场较为一致,但对中纬度短波槽的强度和西太平洋副热带高压北界位置的预报略有偏差;从模式稳定性来看,随着预报时效临近,预报场与实况场越来越接近。从4—5日的对比中可见,河套西部短波槽的强度预报偏弱,副热带高压北界较实况略偏北。

EC模式对700 hPa在山西中部到河北中部一带的低空急流预报较实况偏弱,导致低层水汽辐合较实况偏弱,降水量低估,对5日山西中东部暴雨漏报(图12a);CMA-GFS模式前期对

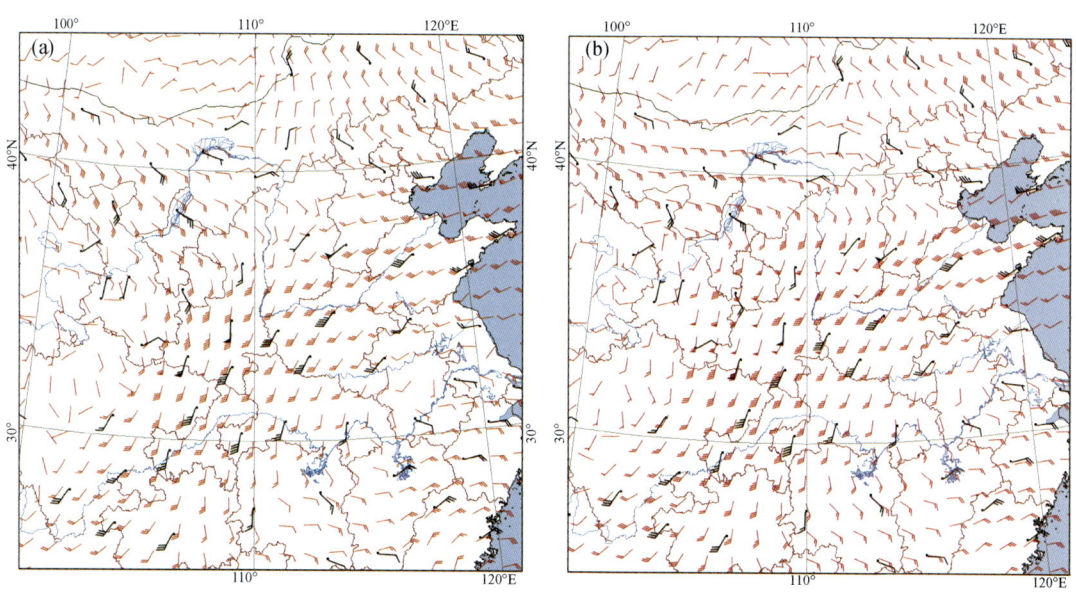

图12 2021年10月5日08时700 hPa风场的实况(黑色)和模式预报(棕色)
(a)EC模式提前12 h预报;(b)CMA-GFS模式提前48 h预报

强降水落区预报不稳定,主要是700 hPa西南急流的位置和强度较实况明显偏北偏强,强辐合中心偏北(图12b),而临近时效低空急流的强度以及位置均与实况较为一致。全球模式对中尺度地形刻画不够细致,对850 hPa强盛的偏东气流在山西中部太行山东麓的辐合强度预报偏弱,导致迎风坡降水预报偏弱。

3.3 预报订正思路

(1)关注数值模式预报的稳定性,抓住大尺度环流背景的主要特点,加强模式的预报场与实况场的对比检验,着重分析造成强降水影响系统的演变特征,关注高空槽、低涡、副热带高压、低空切变线、低空急流、地面冷锋等天气系统的位置与强度变化,及时与实况进行对比检验,考虑山西地形对降水的增幅作用,对模式强降水落区进行订正。对于极端性强降水天气可适当参照中小尺度模式对强降水落区和强度的预报。

(2)建立灾害性天气典型个例库,对于天气现象极端的、影响重大的灾害性天气进行分类总结,归纳分析各类数值模式对于不同天气系统的预报能力,以便预报员在值班过程中针对不同系统对模式进行有效订正。

4 结论及讨论

2021年10月2—7日,山西出现极端持续强降雨天气,致灾严重。分析此次过程得出以下结论。

(1)乌拉尔山附近阻塞高压和其伴随的切断低涡异常深厚,西太平洋副热带高压异常偏北偏强、稳定少动,是此次过程大尺度环流的突出特征;切断低涡后部不断有冷空气扩散东移南下,在中纬度形成短波槽,引导冷空气东移和副热带高压西北侧暖湿气流在山西持续交汇,有利于山西出现持续性强降水天气。

(2)低层异常偏强的西南急流输送水汽,在山西中南部形成水汽辐合中心;高空西风急流入口区右侧的强辐散区叠置在低空急流出口区左前方的强辐合区,在山西中南部产生强烈上升运动,有利于出现极端强降水,导致黄河流域出现大洪水。

(3)山西省气象台对于此次极端持续强降水过程做出了较准确的预报,省气象台订正报与中央气象台指导报的各量级TS评分最优,尤其在暴雨预报上有明显优势;模式预报中CMA-BJ的暴雨TS评分最优,EC在模式稳定性上有明显优势。大尺度模式对西太平洋副热带高压、中纬度短波槽以及低空急流和低空切变线等预报的偏差,导致其对暴雨落区存在局部漏报,对降水极值存在低估,提出了暴雨落区和极端降水的预报订正思路。

在预报服务方面要进一步加强系统的开发、复合型人才的培养以及与其他部门的合作。

(1)加强预报服务系统的开发,提高科技服务支撑力,实现决策服务从"智能化"到"智慧化"的转变。

(2)气象服务作为一门自然科学与社会科学的交叉学科,要求气象服务人员不断拓展知识领域,不仅要加强天气、气候、应用气象、农业气象、水文气象等气象相关领域的学习,还要加强与气象相关的关系到国计民生等领域的学习,培养视野更宽广、服务经验更丰富的气象复合型人才。

(3)加强与其他部门如水利、自然资源、公安、住建等部门的合作与联防,及时获取相关信息,为更好的决策气象服务提供便捷。

参考文献

[1] 陶诗言.中国之暴雨[M].北京:科学出版社,1980:121-177.

[2] 张弘,孙伟.2003年陕西持续性暴雨成因分析[J].灾害学,2004(3):57-63.

[3] 鲍名.近50年我国持续性暴雨的统计分析及其大尺度环流背景[J].大气科学,2007,31(5):779-792.

[4] 邹海波,单九生,吴珊珊,等.江西持续性强降水的气候特征及其大尺度环流背景[J].暴雨灾害,2013,33(4):449-456.

[5] 符娇兰,马学款,陈涛,等."16·7"华北极端强降水特征及天气学成因分析[J].气象,2017,43(5):528-539.

[6] 赵桂香.一次阻高背景下地形对晋南特大暴雨的作用分析[J].高原气象,2009,28(4):897-905.

[7] 陈红专,叶成志,陈静静,等.2017年盛夏湖南持续性暴雨过程的水汽输送和收支特征分析[J].气象,2019,45(9):1213-1226.

[8] 闵屾,钱永甫.中国极端降水事件的区域性和持续性研究[J].水科学进展,2008,19(6):763-771.

[9] 徐明,赵玉春,王晓芳,等.华南前汛期持续性暴雨统计特征及环流分型研究[J].暴雨灾害,2016,35(2):109-118.

[10] TAO S Y,CHEN L X. A review of recent research on the East Asian summer monsoon in China[M].Oxford:Oxford University Press,1987:60-92.

[11] 周玉淑,高守亭,邓国.江淮流域2003年强梅雨期的水汽输送特征分析[J].大气科学,2005,29(2):195-204.

[12] 申李文,苗爱梅,赵建峰.2011年山西省一次连续性降雪过程成因分析[J].气象与环境科学,2013,36(1):7-14.

2021年7月10日四川东北部大暴雨特征及预报偏差分析

肖递祥　周　威　牛俊丽　王佳津　郭善云

(四川省气象台,成都,610072)

摘要：2021年7月9日20时—10日20时,四川盆地北部出现了一次区域性暴雨天气过程,引发了渠江流域大型气象灾害。暴雨发生在500 hPa为"东高西低"的典型暴雨形势下,高原低涡和切变线东移诱发西南涡生成发展和低空急流加强,副热带高压外围偏南气流为暴雨输送了充足的水汽和能量条件。暖区对流随低空急流自南向北发展,与西南涡对流云团合并加强,暴雨中心位于700 hPa和850 hPa低涡耦合区域的右侧和低空急流出口区左侧。本次过程天气形势典型,可预报性较好,但各家模式降雨量预报较实况明显偏西偏北。ECMWF(欧洲中期预报中心)模式暴雨TS评分最优,其预报偏西偏北的主要原因有两个方面,一是对西南涡和低空急流预报偏西偏北,二是偏南风气流中的对流性降水预报偏弱,导致降水预报相对于系统预报出现了更大的偏差。主观预报相对于模式向东做了一定调整,评分优于各模式和客观预报结果,但暴雨中心相对于实况仍略偏西。对暴雨落区和中心位置的精准预报是本次过程的主要难点。

关键词：暴雨,西南涡,低空急流,预报偏差

引言

西南涡是生成于青藏高原东侧的川西高原和四川盆地700 hPa或850 hPa等压面的气旋式低压系统[1,2],是造成四川盆地暴雨的重要天气系统之一,其进一步东移,还可引发长江中下游或华北等地区出现大范围的暴雨[3,4]。除特殊的地形条件外,高原低涡、低槽、切变线等低值系统东移是诱发西南涡生成发展的一个重要因素,傅慎明等[5]研究表明高原对流系统移出高原后在四川盆地引发稳定少动的西南涡并触发一系列暴雨过程,或在四川盆地先触发西南涡,西南涡生成后在引导槽的作用下沿梅雨锋东移,沿途引发系列暴雨。郁淑华等[6]研究发现高原涡和西南涡结伴而行有三种活动方式,分别是高原涡诱发西南涡、高原涡与西南涡耦合以及同一天气系统下两涡并存(两涡相距≥5经/纬度,西南涡未受高原涡环流影响),其中以高原涡诱发西南涡的活动形式占多数。赵玉春等[7]对高原涡诱生西南涡特大暴雨个例进行了数值模拟研究,指出高原涡形成后沿高原东北侧下滑在四川盆地诱生出西南涡,暴雨在西南涡形成过程中由强中尺度对流系统造成。韩林君等[8]统计了2004—2017年不同类型西南涡出现的频数,并对西南涡降水特征进行分析,认为夏半年西南涡降水依次频繁出现在西南涡东北部、东部、东南部、中部,也有少数西南涡个例降水会出现在低涡的西侧。

尽管目前对西南涡的生成发展及其引发暴雨的中尺度特征已进行了大量研究,但西南涡暴雨在实际预报中仍存在不少难点:是"涡生雨"还是"雨生涡"？是否会引发极端性的降水？

暴雨落区和中心位置与西南涡及伴随低空急流有何关系？数值模式能否准确地预报出西南涡的位置和移动方向？这些问题都还有待于进一步的探讨。2021年7月10日，四川盆地出现了一次高原低涡和切变线东移诱发西南涡生成的暴雨过程，川东北普降暴雨或大暴雨、局部特大暴雨，造成渠江干支流17条河流出现超警戒水位洪水，其中11条河流出现超保证水位洪水，渠江形成2021年第1号洪水，通江河发生超历史洪水，共造成直接经济损失27.5亿元，为大型及以上气象灾害。本次过程数值模式暴雨预报明显偏西偏北，尽管主观预报向东做了一定的调整，但订正幅度仍然不够，为提高此类产生重大影响的暴雨预报的精准度和服务水平，本文对此次过程的主要特点和预报偏差进行了总结分析。

1 实况特征、灾情和社会影响

1.1 实况特征、降水特点

2021年7月9日20时—10日20时，盆地北部出现了区域性暴雨，暴雨主要分布在巴中、达州、南充、广元、绵阳、遂宁、资阳等7市，50.0～99.9 mm有554站，强降雨中心位于川东北；巴中、达州、南充3市部分地方降了大暴雨，100.0～249.9 mm有224站，巴中、南充2市有4个乡镇出现了特大暴雨，最大降雨量出现在通江县草庙子304.7 mm。出现暴雨的地区小时最大雨强通常在20.0～40.0 mm，超过50.0 mm的有27站次，最大为63.0 mm。强降雨主要时段出现在10日02时—12时。

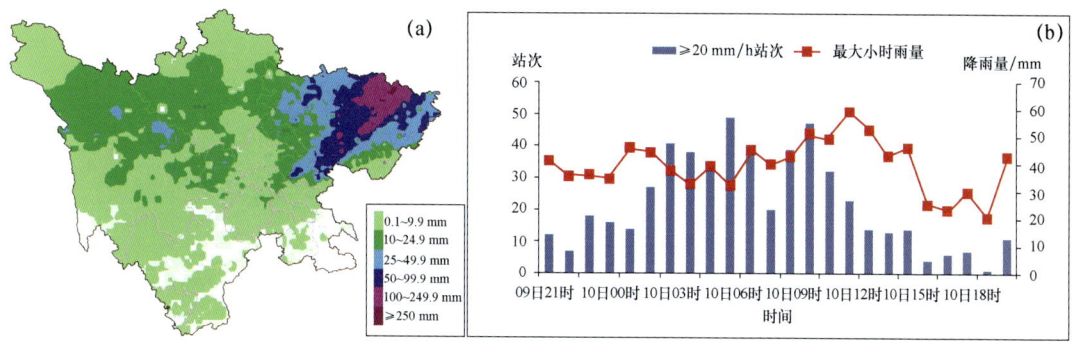

图1 2021年7月9日20时—10日20时累计雨量(a)及逐小时最大雨量和≥20 mm/h站次(b)

1.2 灾情和社会影响

根据中国气象局灾情系统及灾情上报情况，本次暴雨过程灾情类型主要为洪涝灾害，历时短、水量大、破坏力强，渠江干支流17条河流出现超警戒水位洪水，其中11条河流出现超保证水位洪水。渠江形成2021年第1号洪水，通江河发生超历史洪水。强降雨共造成全省34县(市)83.3万人受灾，紧急转移安置17.3万人，直接经济损失27.5亿元，无人员伤亡。本次暴雨致灾能力指数达0.89，为大型及以上气象灾害。过去10年7月上旬同期共发生特大型气象灾害过程4次，大型气象灾害过程6次。

2 预报服务情况、预报检验及预报难点

2.1 预报和服务情况

针对本次暴雨过程,四川省台7日10时发布了强降雨天气趋势预报和气象信息快报:"9—11日盆地北部和东部的部分地方有暴雨,局部大暴雨。"9日16时发布了暴雨黄色预警(图2):"预计9日20时—10日20时,广元、绵阳、巴中、南充、遂宁、资阳6市和德阳、成都2市东部及达州北部的部分地方有暴雨(雨量50.0~80.0 mm),其中广元、巴中2市和绵阳东部、南充西部有大暴雨(雨量100.0~150.0 mm),个别地方雨量可达250.0 mm以上"。过程期间,10日02时30分、08时40分以及14时30分连续发布了暴雨短时临近预报,对短期暴雨预警的落区偏差进行了及时订正。

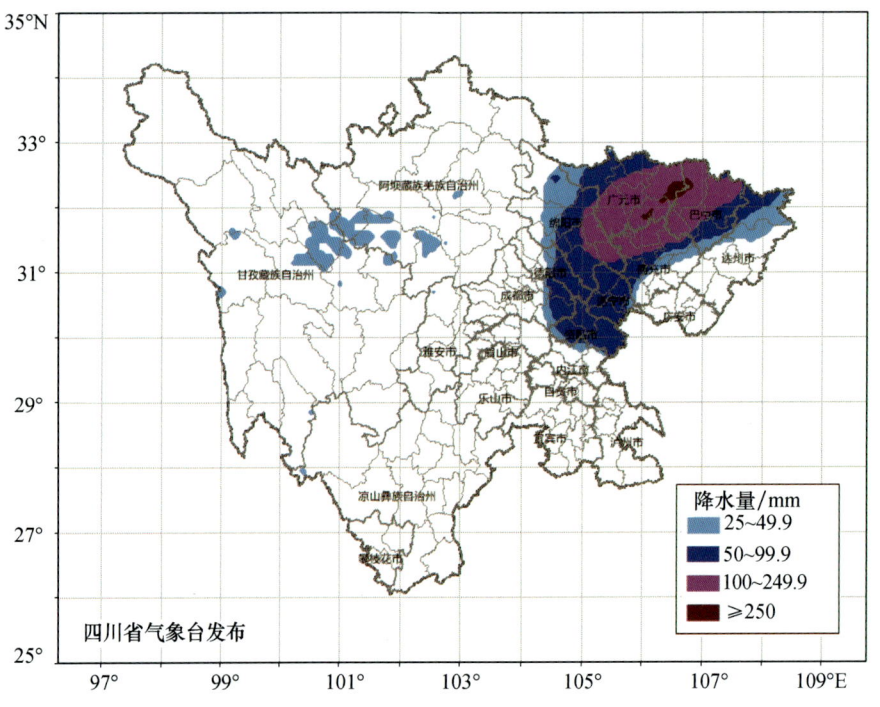

图2 四川省台9日16时发布的暴雨黄色预警(9日20时—10日20时累积降水量预报图)

2.2 主客观预报检验评估

从数值模式TS评分来看(图略),各模式大雨和暴雨量级TS评分都随预报时效临近显著提高,其中以ECMWF模式最优,48 h暴雨TS评分达到了0.35,24 h超过了0.6,其次是ECMWF集合预报,CMA(中国气象局)各模式预报均不如ECMWF模式。

对比分析图3和图1,ECMWF和CMA-GFS(中国气象局全球同化预报系统)雨带形态、

预报偏差和调整趋势是一致的,都较实况偏西和偏北,36 h预报相对于48 h预报都在往东调整,但CMA-GFS偏差幅度较EC更大,且没有预报出250.0 mm以上的降水中心,CMA-MESO(中国气象局中尺度天气数值预报系统)由于预报出了偏南风中的暖区对流降水,因此雨带形态与实况更为接近,但对盆地中部暴雨和北部大暴雨的范围都预报偏大,空报明显。

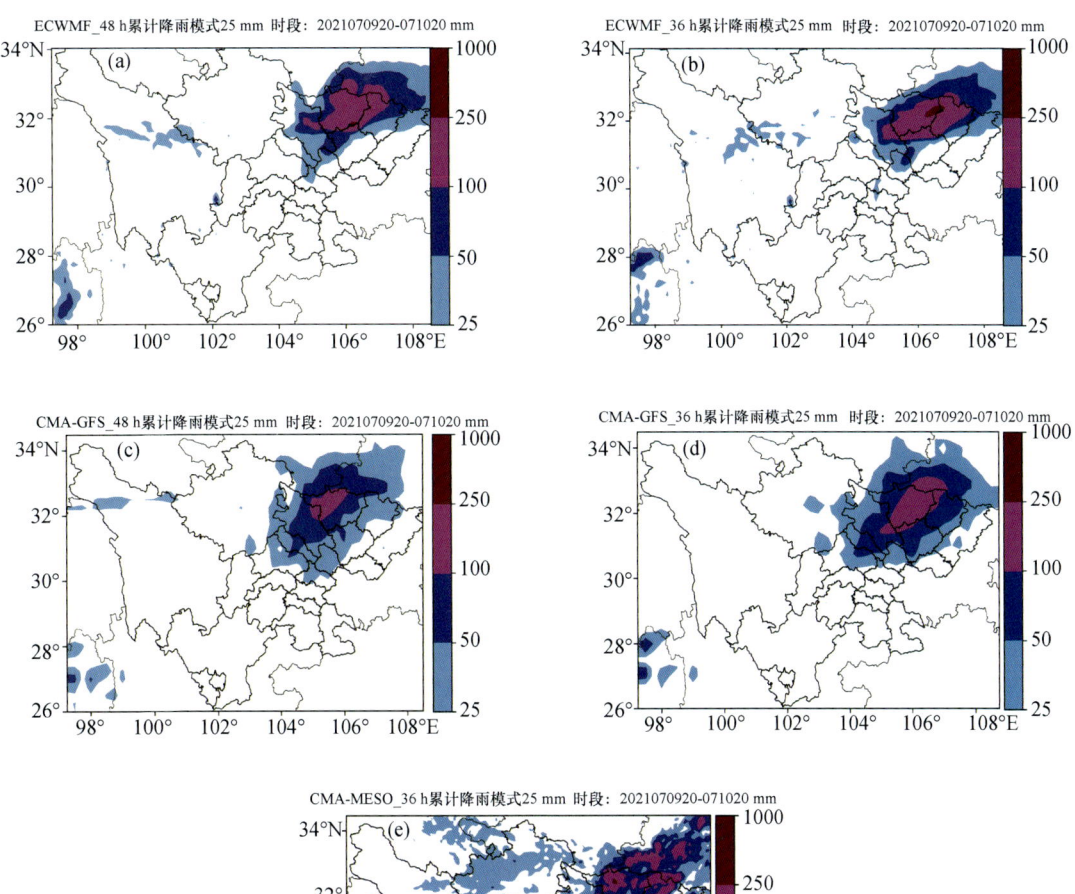

图3 ECMWF和CMA模式对9日20时—10日20时累积降水量预报对比(单位:mm)
(a)8日20时ECMWF预报;(b)9日08时ECMWF预报;(c)8日20时CMA-GFS预报;(d)9日08时CMA-GFS预报;(e)9日08时CMA-MESO预报

从主客观预报TS评分来看(图略),预报员主观预报的优势主要在24 h预报,各个量级均优于省台客观预报和中央台指导预报,也优于模式可用时效预报效果最好的ECMWF模式,其中暴雨TS评分0.45,大雨TS评分0.55;对48 h和72 h暴雨预报,中央台指导预报表现最优,大雨预报则是省气象台客观预报表现最优。对比降水实况(图1)、模式预报(图3)和暴雨黄色预警(图2)发现,本次过程主观预报和ECMWF模式强度预报都基本正确,暴雨预警落区相对于模式向东做了一定的调整,雨带形态和位置与实况更为一致,但订正和调整幅度不够,尤其是100.0 mm以上暴雨落区仍较实况偏西50~100 km,250.0 mm的暴雨中心预报在广元东部和巴中西部,实况出现在巴中东部。

2.3 预报难点分析

预报难点主要有两个方面:一是各数值模式降水落区差异较大,且不同预报时效仍不断调整,落区整体预报较实况偏西,准确预报暴雨中心和雨带位置难度较大;二是对于西南涡生成之前的暖区对流和西南涡形成之后低涡右侧急流中的对流性降水,ECMWF和CMA-GFS预报较实况偏弱,CMA-MESO预报较实况范围偏大,对数值模式的主观订正难度较大。

3 强降雨成因及预报偏差分析

3.1 环流形势和主要天气系统发展演变

本次过程发生在500 hPa东高西低的环流背景形势下,由高原低涡切变线东移诱发西南涡所造成,副高外围偏南风急流为暴雨输送了充沛的水汽和能量,暴雨中心出现在700 hPa和850 hPa低涡右侧和低空急流左侧。过程期间地面为一低压控制,无明显冷空气影响,高层为南亚高压控制,200 hPa在盆地北部存在分流区,高层辐散抽吸作用利于低层低涡发展。

图4给出了高原低涡(槽、切变)和西南涡动态以及暴雨发生时的中尺度分析综合图。

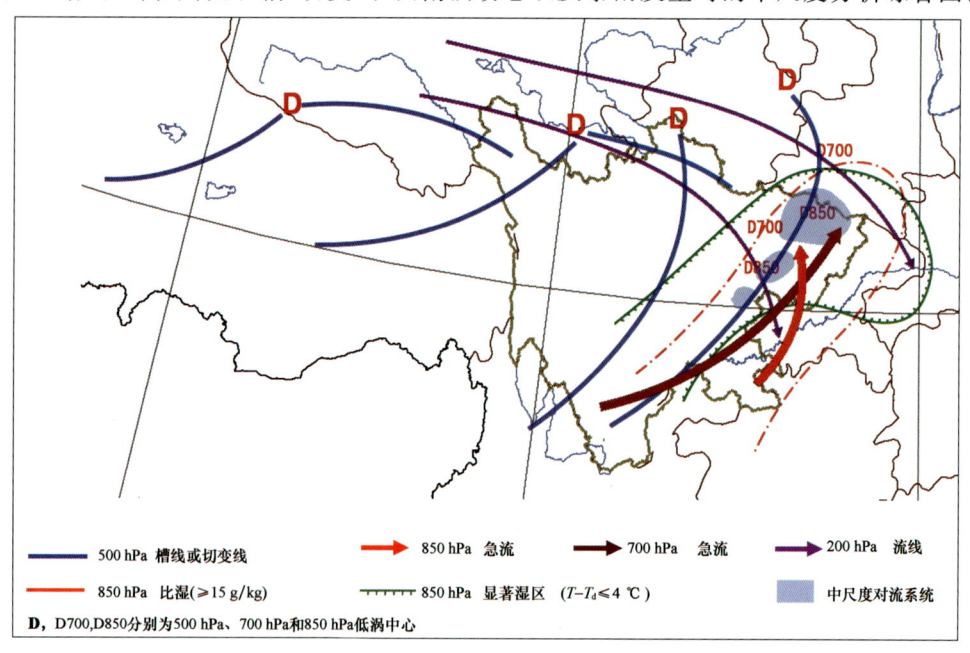

图4 天气系统演变和中尺度分析

(500 hPa低涡切变(槽)自西向东分别为9日08时、9日20时、10日08时和10日20时,700 hPa和850 hPa低涡自西南向东北分别为10日08时和20时,急流和流线为10日08时,等比湿线和显著湿区为9日20时)

分析图 4 和逐日的实况高空观测(图略)发现,9 日 08 时在青藏高原东部生成一高原低涡切变线,9 日 20 时—10 日 08 时东移至甘肃南部至川西高原一带,10 日 08 时高原低涡西侧横切变转变为低槽,低涡中心位于甘肃南部和川西高原北部交界处。10 日 08 时在四川盆地诱发出一西南涡,同时西南涡右侧伴随低空急流加强。700 hPa 西南涡位于盆地北部,威宁—宜宾—达州存在一西南低空急流,最大风速达 20 m/s,850 hPa 西南涡中心位于盆地中部,重庆—达州风速≥12 m/s,副热带高压外围低层偏南风气流的加强为暴雨输送了水汽和能量条件。10 日 08 时副高 588 dagpm 线位于 100°E 附近,脊线位于 25°N 附近,9—10 日随着高原低槽(涡)东移,副高西端 588 dagpm 线略有南压,但副高东部主体有所加强北抬,副热带高压脊线呈西南—东北走向,因此副高外围的偏南风急流有所北抬,引导西南涡向东北方向移动,700 hPa 西南涡中心于 10 日 20 时移至陕西南部。

结合 ERA5 逐小时资料来看(图略),700 hPa 和 850 hPa 西南涡中心均于 10 日 02 时在盆地北部的绵阳境内生成,低空急流也形成于此时刻并逐渐加强,西南涡生成发展和急流加强与图 1b 所示的强降水时段开始时间基本一致。过程期间,700 hPa 和 850 hPa 西南涡中心均缓慢向东北方向移动,700 hPa 西南涡位置略微偏北 1 个纬距左右,两层低涡在广元、巴中、南充一带形成耦合,与暴雨落区基本一致,暴雨中心位于两层低涡右侧和低空急流左侧,但高原低涡中心一直在甘肃南部活动,未与西南涡形成耦合作用。

3.2 中小尺度系统精细化发展演变

图 5 给出了 FY-4A 红外云图演变情况。第一阶段为西南暖湿气流触发的暖区暴雨,偏南风气流中的对流云图自南向北发展旺盛(图 5a~c),造成的小时降水强度较大,并伴随有明显的闪电。9 日 21 时(图 5a)内江、资阳及重庆西部地区对流云团开始发展,此时盆地北部为中低层暖云控制;随着西南气流的不断加强,对流云团不断发展、加强、合并,10 日 03 时(图 5c)暖区对流发展最为旺盛,云顶最低亮温低达-72℃,在南充南部、遂宁东部及重庆西部一带合并,然后往东北方向发展,开始影响盆地东北部。

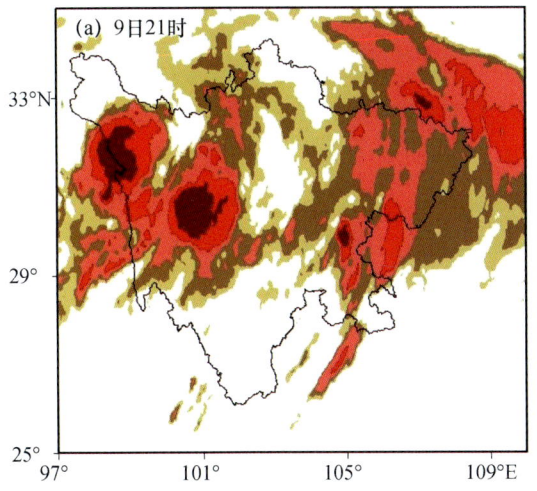
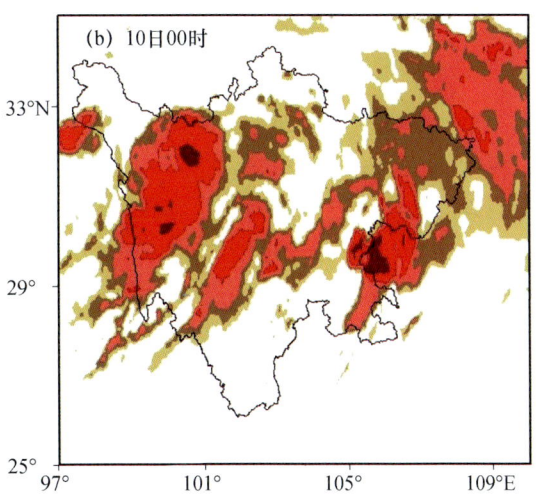

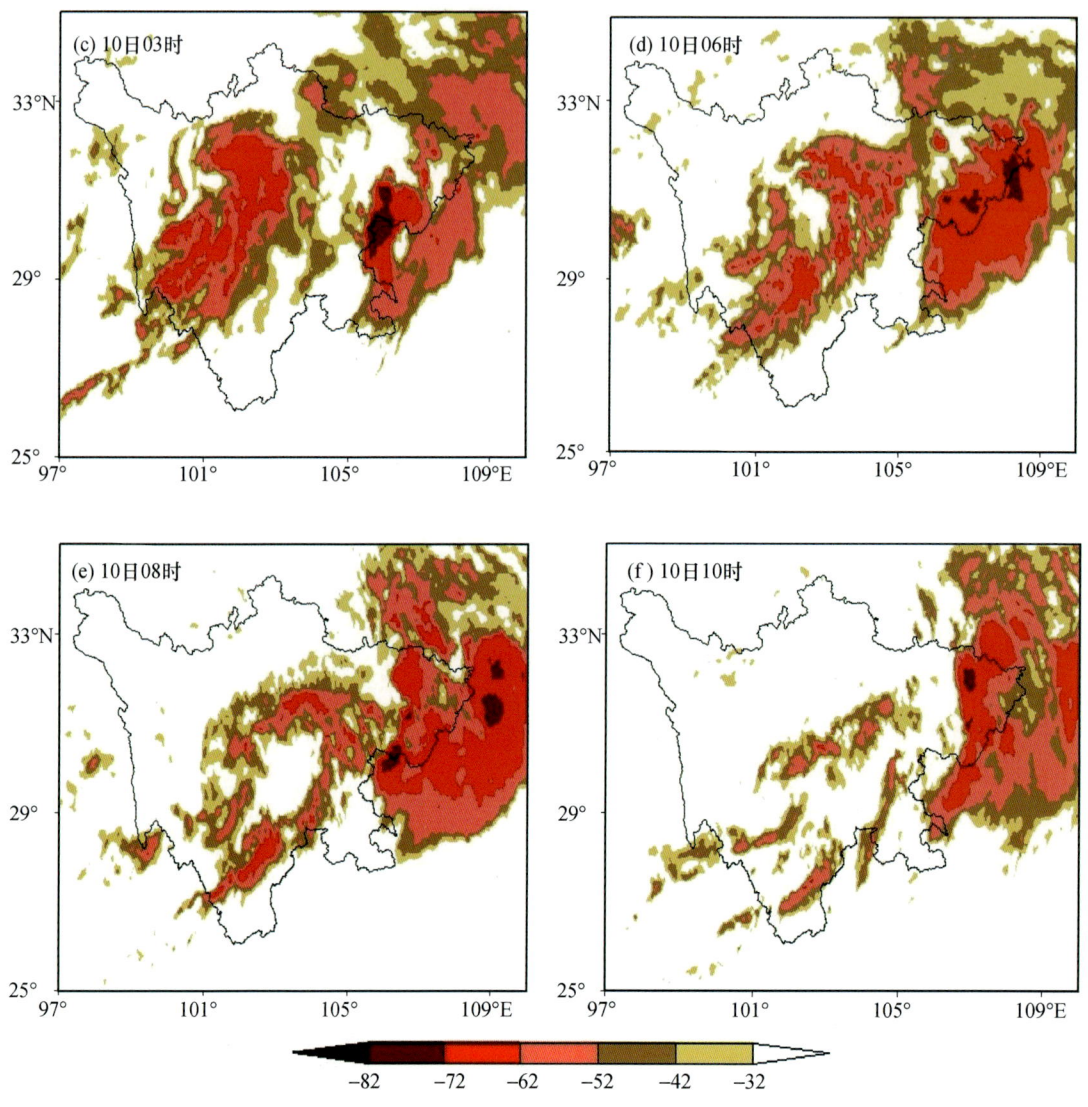

图 5 FY-4A 红外云图云顶亮温演变情况(单位:℃)

第二阶段为西南涡生成发展期间所伴随的中尺度对流云团发展。10 日 06 时(图 5d),广元境内低涡对流云团形成,并迅速发展和加强,然后向东移动,08 时(图 5e)与偏南风气流中北上的对流云团在巴中境内合并,此后对流有所加强,云顶最低亮温低于 −72℃,缓慢向东北方向移动,14 h 后移出巴中境内,这一阶段对流云团在巴中境内维持了 6 h,是此次暴雨过程降水中心出现在这一区域的主要原因。

3.3 关键物理量诊断分析

3.3.1 能量和不稳定条件

表 1 给出了暴雨期间盆地北部剑阁(西南涡加密观测资料)和达州两个探空代表站的物理量参数。本次暴雨过程期间,SI(沙氏指数)在 −2.0~0 ℃,K 指数在 36~40 ℃,850 hPa θ_{se}

(假相当位温)在 77～83 ℃,且 θ_{se} 随高度减小,850 hPa 与 500 hPa 的差值为 0～6 ℃,表明大气层结处于对流不稳定状态。从 CAPE(对流有效位能)值来看,除 9 日 20 时达州达到 1000 J/kg 以上外,其余时次均在 600 J/kg 以下,从相应的温度对数压力图来看(图略),尽管 CAPE 值不高,但呈狭长型,且湿层较厚,低层露点温度较高,有利于短时强降水的产生。

表 1 热力不稳定参数

站名	时间	CAPE/(J/kg)	K/℃	SI/℃	850 hPa θ_{se}/℃	$\theta_{se500\sim850}$/℃
剑阁	9 日 20 时	599	40	−1.9	83	−6
(西南涡加密观测站)	10 日 08 时	504	39	0	80	0
达州	9 日 20 时	1357	36	−0.9	77	−2
	10 日 08 时	224	40	−1.4	81	−5

表 2 给出本次过程剑阁、达州站低层比湿和假相当位温与气候均值[9]的对比,尽管本次过程 CAPE 值不高,强对流发展受到一定限制,但低层高能高湿特征较为显著,两个探空代表站 850 hPa 和 700 hPa 比湿、850 hPa 下 θ_{se} 均显著高于气候平均值,其中与对流发展位置更接近的剑阁站偏高显著,达到了盆地极端暴雨气候均值,因此仍出现了单站日雨量超过 250 mm 的极端性降水。

表 2 本次过程本地温湿条件及其与气候均值的对比

要素	9 日 20 时:剑阁	9 日 20 时:达州	四川盆地极端暴雨均值	四川盆地一般暴雨均值	气候均值
850 hPa 比湿/(g/kg)	16.8	13.6	16.0	13.5	13.1
700 hPa 比湿/(g/kg)	11.0	9.7	11.4	9.8	8.7
850 hPa θ_{se}/℃	83.3	77.3	83.5	74.4	71.7

3.3.2 水汽条件

从 ERA5(第 5 代欧洲再分析)资料 850 hPa 风场和水汽通量散度分布情况来看(图略),本次暴雨水汽源地为南海,低空偏南风急流为这次暴雨提供了源源不断的水汽输送。10 日 02 时盆地内的南风开始不断增强,此时盆地内还未出现明显的水汽通量负辐合区,之后副高外围强劲的南风低空急流源源不断给盆地北部输送水汽。10 日 02—14 时 850 hPa 在盆地北部均形成了强水汽辐合区,强度分别达 -5×10^{-7}、-2×10^{-7} g/(s·hPa·cm^2),这个辐合中心与风场的辐合区紧密相连,说明低空急流对水汽的输送贡献作用明显,中心与降水落区分布较一致,源源不断的水汽输送及强烈的水汽辐合作用为暴雨提供了必要的水汽条件。另外,盆地北部山区地形的阻挡作用,使得南风急流输送的大量水汽在该地汇合,在盆地北部形成了水汽通量的辐合区,为降水的持续提供了充沛的水汽。

3.3.3 动力热力条件

从沿着西南暖湿气流的多要素垂直剖面来看(图 6),θ_{se} 随高度减小,说明暴雨区大气层结不稳定,高能舌和正涡度区随高度向北倾斜,反映了偏南暖湿气流的影响,盆地北部 31°～33°N 主要为上升运动区。随着低空急流的加强和西南涡的生成发展,正涡度的辐合上升运动加强,10 日 08 时 700～600 hPa 高度正涡度中心较 02 时西南涡初生时有显著加强,正涡度中

心超 $3.0 \times 10^{-6} s^{-1}$。另外,从逐小时的演变来看(图略),对流层中低层的正涡度伸展高度与暴雨中心的最强降水时间一致,表明中低层正涡度的加强和维持是西南涡与低空急流耦合作用的结果。

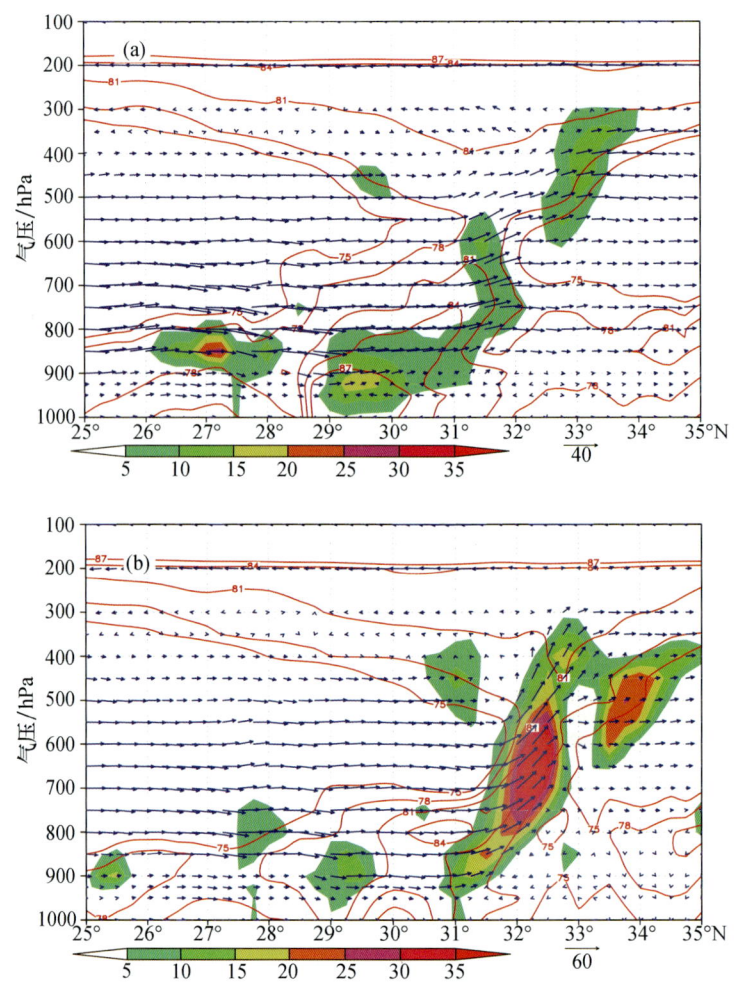

图 6　2021 年 7 月 10 日 02 时(a)和 08 时(b)基于 ERA5 资料沿 106.5°E 的垂直剖面
(等值线为 θ_{se},单位:℃;填色为涡度,单位:$10^{-5} \cdot s^{-1}$,
风矢为 V 分量(单位:$m \cdot s^{-1}$)和垂直速度(单位:$10^{-1} Pa \cdot s^{-1}$)合成)

3.4　强降水预报偏差成因分析

本次过程各个模式降水预报主要偏差是暴雨较实况偏西和偏北。下面以暴雨 TS 评分最优的 ECMWF 模式为例,从影响系统、关键物理量因子和降水性质三个方面讨论强降水预报偏差的原因。因为实况探空观测站点较为稀疏,在对比分析中将用模式的分析场替代实况场。

检验本次过程主要触发系统西南涡和低空急流发现,ECMWF 模式由于对副热带高压位置预报偏北,从而导致了对西南涡的位置偏西偏北。8 日 20 时 700 hPa 西南涡预报偏差较大(图 7a),9 日 08 时对副高预报与实况较为接近(图 7b),预报场与分析场已基本一致(图略),但 850 hPa 预报场(图 7c)较分析场(图 7d)仍有两个方面的偏差,一是低涡中心偏北,二是低涡右侧急流东风分量预报偏大。在西南涡生成后,由于 ECMWF 预报副热带高压较实况略偏强,导致低涡在向东北方向移动的速度较实况更慢,尤其是 850 hPa 西南涡在广元东部一带维持至 10 日 20 时,是造成暴雨中心预报在这一区域的主要原因。上述系统预报的偏差导致辐合中心偏西偏北,对应的垂直速度、正涡度和负散度等动力抬升条件的物理量高值区预报也相应的偏西偏北。

前面从实况探空分析发现,本次过程低层暖湿特征明显,是造成强降水的重要因素。通过对比 850 hPa 和 700 hPa 比湿、假相当位温预报场与 ECMWF 模式分析场及邻近探空实况值(图略)发现,模式对上述要素的预报基本准确,比湿预报偏差在 1 g/kg 以内,假相当位温预报偏差在 2 ℃ 以内,能够准确反映出偏南暖湿气流的高能高湿特征,对流发展物理量环境条件的预报不是出现降水偏差的主要原因。

从 ECMWF 模式总降水、大尺度降水和对流性降水预报与 700 hPa 和 850 hPa 风场对应关系可看出(图略),模式预报大雨以上量级降水主要出现在西南涡中心附近,雨带走向与低涡形态十分一致;大暴雨主要出现在低涡右侧气旋性辐合最强、动力抬升条件最好的区域,并且以大尺度降水为主,对流性降水预报较弱,尤其是对低涡中心右侧偏南风气流中自南向北发展的暖区对流预报明显偏弱,导致模式降水预报的偏差大于西南涡的预报偏差。

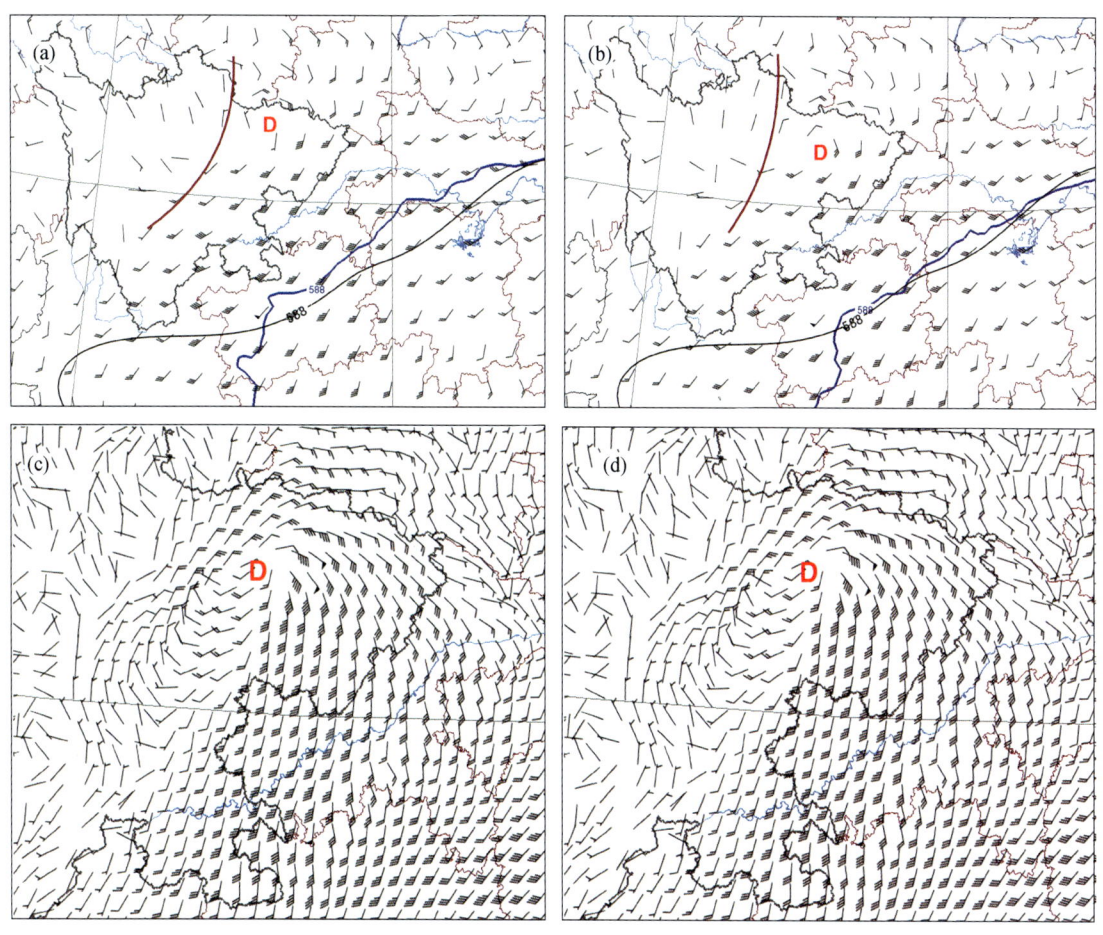

图 7 ECMWF 预报及分析场对比

(a 和 b 分别为 8 日 20 时、9 日 08 时 700 hPa 高空 36 h、24 h 预报场,黑色和蓝色等值线分别为实况和 ECMWF 预报副热带高压 588 线,c 和 d 分别为 850 hPa 高空 9 日 08 时 24 h 预报场和 10 日 08 时分析场)

4 预报服务改进思路及对策

4.1 强降雨预报分析思路和预报着眼点

本次过程主要由高原低涡切变线东移诱发低空急流加强和西南涡生成所造成,此类过程预报分析中需要关注三个方面。一是西南涡的生成条件和维持机制。主要关注是否具备 500 hPa 高原低涡(切变线、槽)伴有明显负变高、四川盆地处于副热带高压西侧偏南气流和气旋性辐合、陕甘地区有偏北风进入盆地等是西南涡生成的有利条件,副热带高压稳定有利于西南涡在盆地维持。二是低空急流中的暖区对流。与西南涡相伴随的低空急流容易激发暖区对流性降水,一方面容易形成列车效应,在急流出口区左侧形成极端性的降水;另一方面对西南涡的维持形成正反馈作用,预报中需特别关注急流中的风速脉动和不稳定能量条件。三是模式调整和可能存在的偏差。因动力触发系统十分清楚,模式提前 5~7 天即预报出有一次暴雨过程,但由于副热带高压位置的摆动和高原低涡(切变线、槽)东移速度、强度的变化,数值模式对西南涡生成时间和位置预报不确定性较大,模式往往容易出现调整,需要关注数值模式在临近时次的预报调整趋势,并结合实况对落区做出订正。

4.2 强降雨预报偏差的改进思路和技术方案

ECMWF 模式对于本次过程预报最优,降水中心量级与实况也较为接近,但仍存在两个方面的预报偏差,一是西南涡和急流轴预报略偏西,二是对于偏南风气流中的对流性降水预报偏弱,导致暴雨范围和位置的偏差相对于系统预报的偏差还要更大一些。对于系统预报偏差所造成的降水偏差,订正难度较大。本次过程西南涡预报偏西偏北与副高 588 dagpm 线预报偏差有关,利用实况资料对模式形势场进行检验有可能提前捕捉到预报出现偏差的信息;另外,ECMWF 模式对四川盆地暴雨预报偏西偏北是一类主要的偏差类型,可以通过统计此类系统性偏差过程的主要特征,得出最优 TS 评分的平均偏差位移,为向东向南订正提供参考依据。对于偏南风气流中的对流降水,ECMWF 模式降水预报虽然偏弱,但对于暖湿特征的物理参数预报却较为准确,发展基于多物理量"配料"构建的暴雨预报指数,以及 ECMWF、CMA-GFS 等全球模式与 CMA-MESO 等中尺度模式降水预报结果融合等客观预报方法,有可能做出一定的订正。

5 总结与讨论

(1)2021 年"7·10"暴雨发生在"东高西低"形势下,副高外围偏南气流为暴雨输送了充足的水汽和能量条件,大气处于对流不稳定状态,高原低涡和切变线东移诱发西南涡生成发展和低空急流加强,暖区对流随低空急流自南向北发展,与西南涡右侧对流云团合并加强,暴雨中心位于 700 hPa 和 850 hPa 低涡耦合区域的右侧和低空急流出口区左侧。

(2)本次过程低层暖湿特征显著,剑阁加密探空站 850 hPa 和 700 hPa 比湿、850 hPa θ_{se} 达到了盆地极端暴雨气候均值,对出现单站 250 mm 以上的极端强降水有一定的提示作用。由于 CAPE 值不高,对流发展并不是特别旺盛,对应小时降雨强度并不极端,加上副热带高压东段主体加强北抬,导致西南涡随副高外围西南气流向东北方向移动,在四川盆地维持时间没有超过 12 h,因此没有出现成片极端性的降水。

(3)本次过程属典型暴雨过程,可预报性较好,但各数值模式预报较实况偏西和偏北,对暴雨落区和中心的精准预报是本次过程的主要难点。主观预报相对于模式向东做了一定调整,评分优于各模式和客观预报结果,但暴雨中心相对于实况仍略偏西。

(4)本次过程 ECMWF 模式暴雨 TS 评分最优,但落区预报偏西偏北,一是对西南涡和急流预报偏西,二是偏南风气流中的对流性降水预报偏弱,导致降水预报相对于系统预报出现了更大的偏差。

ECMWF 模式对四川盆地暴雨预报偏西偏北是一类主要的偏差类型。对于触发系统所造成的偏差,一方面要利用实况进行检验,及时捕捉预报偏差信息;另一方面,还需要统计分析此类系统性偏差过程的主要特征和平均偏差位移,为向东向南订正提供参考依据。对于偏南风气流中的对流降水,需要发展基于多物理量"配料"以及全球模式与中尺度模式降水预报融合的客观方法。

参考文献

[1] 卢敬华. 西南低涡概论[M]. 北京:气象出版社,1986:56-58.

[2] 徐裕华. 西南气候[M]. 北京:气象出版社,1991:56-60.

[3] 四川省气象局. 四川天气预报手册[M]. 成都:西南交通大学出版社,2014:23-24.

[4] 李跃清,徐祥德. 西南涡研究和观测试验回顾及进展[J]. 气象科技进展,2016,6(3):134-140.

[5] 傅慎明,孙建华,赵思雄,等. 梅雨期青藏高原东移对流系统影响江淮流域降水的研究[J]. 气象学报,2011,69(4):581-600.

[6] 郁淑华,高文良. 高原低涡与西南涡结伴而行的不同活动形式个例的环境场和位涡分析[J]. 大气科学,2017,41(4):831-856.

[7] 赵玉春,王叶红. 高原涡诱生西南涡特大暴雨成因的个例研究[J]. 高原气象,2010,29(4):819-831.

[8] 韩林君,白爱娟. 2004—2017 年夏半年西南涡在四川盆地形成降水的特征分析[J]. 高原气象,2019,38(3):552-562.

[9] 肖递祥,杨康权,俞小鼎,等. 四川盆地极端暴雨过程基本特征分析[J]. 气象,2017,43(10):1165-1175.

2021年8月7—8日四川盆地暴雨特征及预报偏差分析

邓承之 张 焱 李 强 罗 娟 刘婷婷 廖芷仪 吴政谦 胡春梅 周盈颖

(重庆市气象台,重庆,407147)

摘要: 2021年8月7—8日,受暖性西南低涡影响,四川盆地中东部出现暴雨到大暴雨,局地特大暴雨,是重庆地区2021年社会影响最大的一次暴雨过程。暴雨期间中尺度对流系统的演变具有显著的阶段性和跳跃性特征,主要中尺度对流系统先后在西南低涡中心东南侧、西南低涡前侧暖切变附近及西南低涡南侧边界层辐合线附近生消。形成的三次阶段性强降雨均具有极端性,川渝多地日雨量及小时雨量突破历史极值。针对各阶段强降雨的诊断分析表明,强降雨主要出现在暖湿不稳定环境中,以暖性低质心降水为主。第一阶段强降雨主要由西南低涡引起的暖湿气流强烈抬升形成,第二和第三阶段的强降雨与低槽、低涡背景下的边界层异常暖湿的大气环境和边界层辐合线影响有关。此次暴雨过程的开始时间及落区预报存在一定偏差,数值模式对此类暖性西南低涡暴雨的预报能力不足,预报员对数值模式在暖性西南低涡暴雨中的预报性能和偏差特征仍需进一步加深理解,加强对暖性西南低涡背景下边界层辐合线影响的高温高湿区的关注。

关键词: 暖性西南低涡,暴雨,预报偏差

引言

西南低涡是青藏高原特殊地形和一定环流条件下,发生于西南地区700 hPa或850 hPa等压面上的气旋性环流或有闭合等高线的α中尺度涡旋,是影响西南地区暴雨的重要天气系统。就西南低涡所造成的暴雨天气的强度、频数和范围而言,仅次于台风,我国历史上许多罕见的特大洪涝灾害都与西南低涡活动密切相关[1-6]。

在西南低涡的早期研究中,将距离锋区较远、形成于暖区内的西南低涡称为暖性西南低涡[7]。发展并移出源地的西南低涡呈现非对称分布,低涡前部为暖平流,后部为冷平流[8,9]。实际上西南低涡在不同发展阶段其结构是不同的,初生阶段的西南低涡是一个暖性浅薄天气系统;成熟阶段的强烈发展的西南低涡是一个深厚的暖湿低压系统;减弱阶段的西南低涡是一个斜压浅薄系统,低层转为冷性结构[10]。屠妮妮等[11]通过模式边界温度增减试验,发现增加模式北边界温度将使得西南低涡和降水落区偏南,雨强和范围增大。Feng等[12]按照区域、季节和结构上的差异将西南低涡分为四类,分别是冬春季的干盆地涡、与暖季夜雨有关的深厚盆地涡、云贵高原边界层中的干暖涡以及与云贵高原东部强降雨有关的准正压涡,其中暖湿且近乎垂直发展的第二类深厚盆地涡和第四类山区准正压涡易产生暴雨天气。韩林君等[13]对比四川盆地内不同区域西南低涡的降水特征发现,在无冷空气入侵的情况下,西南低涡降水位置偏南。

暖性西南低涡暴雨的预报不确定性更大。2021年8月7—8日，四川盆地出现一次暖性西南低涡影响下的大暴雨天气，造成重庆及四川东北部多地出现暴雨洪涝灾害。本文基于多源观测及数值模式预报资料，对此次西南低涡大暴雨天气的环流成因、中小尺度特征及预报偏差等开展分析，以期为此类西南低涡暴雨天气的理解和预报提供参考。

1 实况特征、灾情及社会影响

1.1 实况特征及降水特征

2021年8月7—8日，重庆及四川东北部地区出现大暴雨过程，局地特大暴雨。重庆共有4个雨量站雨量超过250 mm，255个雨量站雨量超过100 mm，956个雨量站雨量超过50 mm，最大累积雨量265.0 mm，最大小时雨量85.9 mm。大暴雨落区具有显著的阶段性和跳跃性演变特征。主要降水过程分为三个阶段：8月7日上午，大暴雨主要出现在四川遂宁及重庆西部，午后迅速减弱（图1a和1b）；8月8日凌晨到上午，大暴雨在四川东北部的大竹等地发展并缓慢移至临近的重庆东北部（图1c～1e）；8月8日午后，大暴雨在重庆中部再次发展，夜间向南移动（图1f～1h）。此次暴雨表现出较强的极端性，重庆涪陵站（国家站）创建站以来的日雨量极值，极值从此次暴雨过程前的117.9 mm突破至175.2 mm，多个区域站日雨量及小时雨量创建站以来极值。四川东部的大竹站（国家站）也突破了当地日雨量极值，大竹站日雨量极值从此前的183.9 mm大幅突破至325.3 mm（图2）。

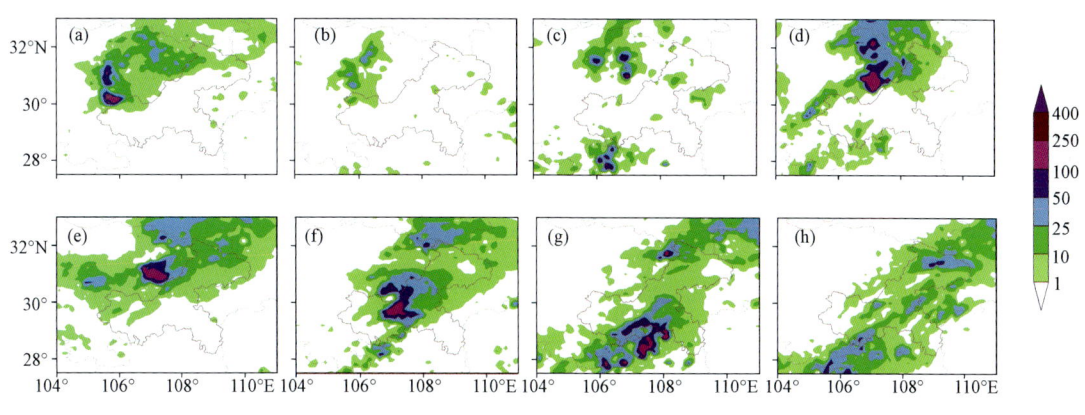

图1 2021年8月7日08时—9日08时逐6 h雨量（单位：mm）
(a)7日08—14时；(b)7日14—20时；(c)7日20时—8日02时；(d)8日02—08时；
(e)8日08—14时；(f)8日14—20时；(g)8日20时—9日02时；(h)9日02—08时

1.2 灾情及影响

暴雨给重庆造成了严重损失，多地出现塌方、滑坡、泥石流等灾害，基础设施被严重损毁，多处道路中断。据重庆市防办灾情统计，暴雨导致23个区（县）323个乡镇100520人受灾，紧急避险转移3255人，倒损房屋4200间，直接经济损失超4亿元。

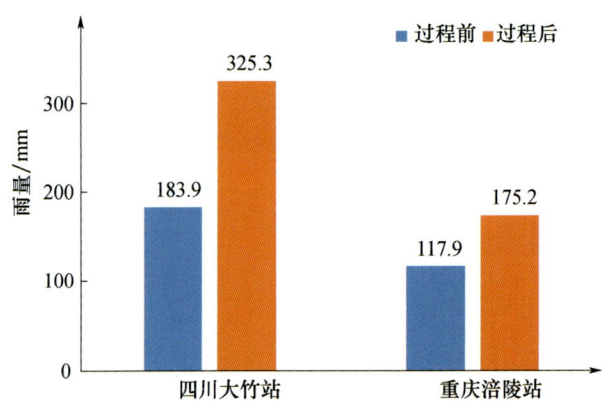

图 2　暴雨过程前后四川大竹站和重庆涪陵站日雨量极值变化

2　预报服务情况、预报检验及预报难点

2.1　预报和服务情况

针对本次暴雨天气过程,重庆市气象台于 8 月 4 日夜间向重庆市委值班室上报强降雨过程预报情况,于 6 日 17 时发布《重要气象信息专报》。市、区(县)两级气象部门根据天气监测和预报情况启动应急响应,开展预报预警服务,主要预报预警服务时间线如图 3 所示。过程期间重庆市气象台共发布暴雨预警信号 5 期,强对流天气临近预警 22 次,气象风险预警 22 条,极端强对流天气临近预警 11 次,报送《雨情通报》80 期、《小时强降水通报》20 期等。重庆市委市政府有关领导做出多次重要批示。

2.2　主客观预报检验评估

主观预报的暴雨开始时间偏晚,暴雨范围偏大。预报 8 月 7 日夜间开始,实际 7 日上午重庆西部已经出现局地大暴雨。预报重庆大部地区将出现暴雨到大暴雨,实际雨带具有跳跃性,重庆西部及中心城区暴雨范围较小,且中心城区暴雨开始时间较预计偏晚。

各家数值模式对于 8 月 7 日上午的暴雨预报落区偏北或强度偏弱,重庆西部局地大暴雨天气存在漏报;对 7 日夜间及 8 日的暴雨天气,欧洲中期天气预报中心(ECMWF)及重庆市气象局中尺度数值预报系统(CQMFS)预报的雨带位置同样偏西偏北,而中国气象局全球同化预报系统(CMA-GFS)和中国气象局中尺度天气数值预报系统(CMA-MESO)预报雨量显著偏弱,中国气象局上海数值预报模式系统(CMA-SH9)相对较好(图 4)。在数值模式降水预报评分上(图 5),夜间(20—08 时)各家数值模式预报降水 TS 评分较低,白天(08—20 时)降水 TS 评分较高,这可能与夜间偏差较高(即空报较多)有关。

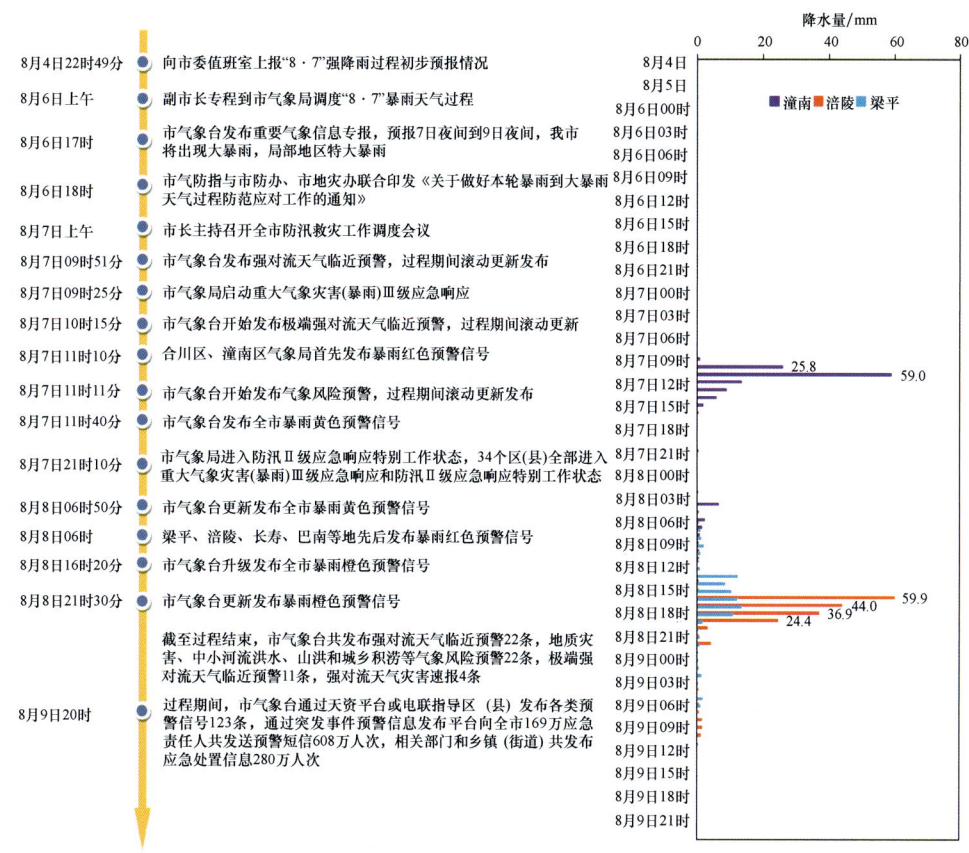

图 3　预报预警服务时间线及重庆地区代表站降水演变

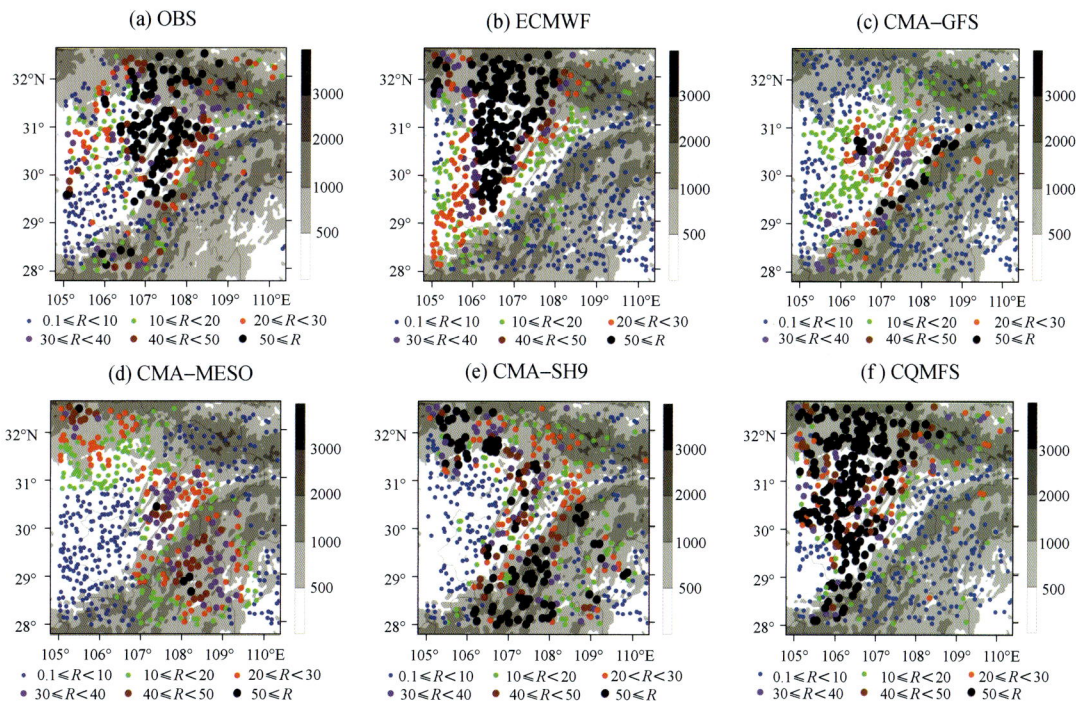

图 4　各家数值模式 8 月 6 日 20 时起报的 8 月 7 日 20 时—8 日 20 时累积降水量

(圆点和 R 代表累积降水量值,单位:mm;灰度阴影代表重庆地区地形分布,单位:m)

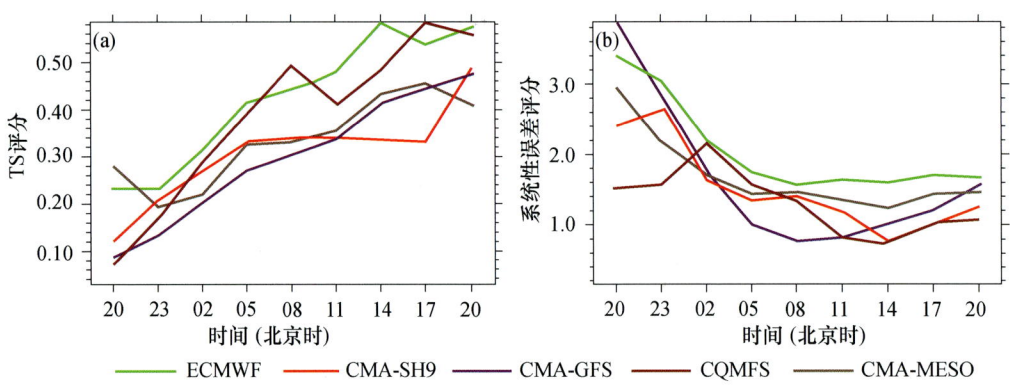

图 5 不同数值预报 8 月 7 日 20 时—8 日 20 时小雨以上降水的 TS 评分和系统性误差评分

2.3 预报难点分析

此次暴雨过程的预报难点主要在于暖性西南低涡暴雨的阶段性、跳跃性和极端性特征显著。模式预报在量级和落区上均存在较大偏差,各家模式对 8 月 7 日上午的局地大暴雨预报显著偏北或偏弱。对 7 日夜间至 8 日白天的局地大暴雨,ECMWF 模式和 CQMFS 模式落区预报偏西偏北,且预报范围明显偏大;CMA-GFS 模式及 CMA-MESO 模式的降水强度预报显著偏弱,预报员订正难度较大。

3 强降雨成因及预报偏差分析

3.1 环流形势和主要天气系统发展演变

8 月 7—8 日,200 hPa 上高空急流轴位于 42°N 附近,500 hPa 副热带高压北进并控制贵州、湖南等地,台风"卢碧"穿越台湾海峡逐渐北上。受副热带高压北侧的纬向环流影响,8 月 7 日和 8 日分别有多支波动槽东移影响重庆及四川东部地区(图略)。

8 月 7 日 08 时,700 hPa 上有西南低涡在盆地中部生成,低涡中心在垂直方向上向西北倾斜,低涡前侧有显著的暖湿舌和西南气流(图 6a)。7 日 08—12 时,低涡东南部出现大暴雨(图 1a),12 时之后低涡减弱北移。8 日 02—08 时,500 hPa 有短波槽东移至盆地东北部,700 hPa 西南低涡中心仍位于盆地中部,但低涡前侧暖切变线和暖湿舌伸至盆地东北部(图 6b 和 6c),达州南部形成暖湿的地面中尺度辐合中心并维持(图 7a)。8 日 02—14 时,四川东北部大竹等地和重庆东北部梁平等地出现大暴雨(图 1d 和 1e)。8 日 14 时之后,高原东部 500 hPa 高空槽再次东移,700 hPa 西南低涡中心在东移之后逐渐南压,低空急流及暖湿舌维持(图 6d),重庆中部地区维持暖湿的地面辐合线(图 7b)。8 日 14 时—9 日 02 时,重庆中部地区出现大暴雨(图 1f 和 1g)。

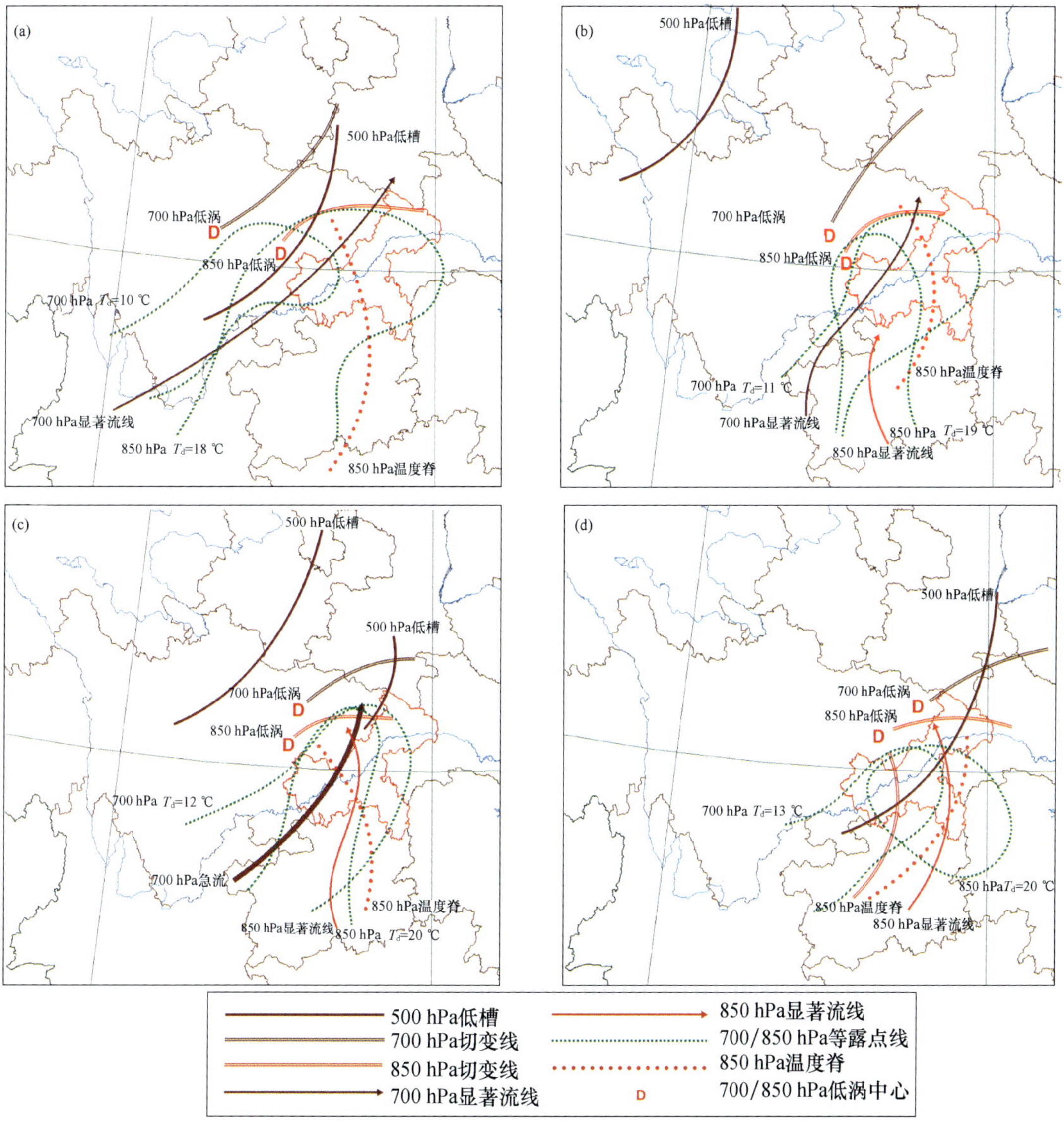

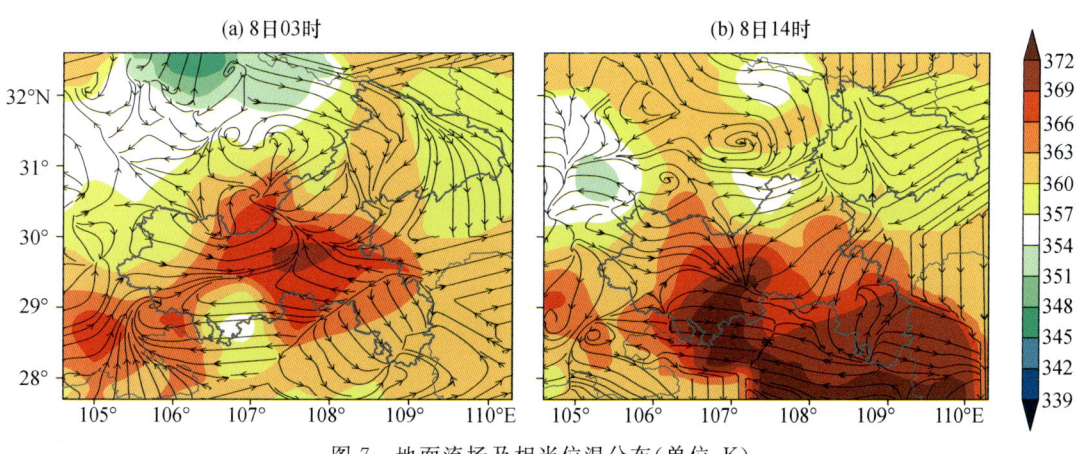

图 6 中尺度分析综合图
(a)7日08时;(b)7日20时;(c)8日08时;(d)8日20时

图 7 地面流场及相当位温分布(单位:K)

此次暴雨期间四川盆地以北无显著冷锋南下影响涡区,850 hPa 西南低涡的东南与东北象限维持显著暖平流,仅低涡的西北与西南象限存在分散弱冷平流,低涡范围内维持显著的暖湿舌,表明了暴雨期间西南低涡的暖性特征(图略)。

西南低涡的移动路径如图 8a 所示。8 月 7 日 700 hPa 低涡中心北移,850 hPa 低涡中心在摆动的同时逐渐北移;8 月 8 日 700 hPa 和 850 hPa 低涡整体上均呈现先向东、再向南的移动趋势。西南低涡的最大涡度经历三段发展过程,分别为 7 日上午、8 日凌晨和 8 日下午(图 8b),低涡涡度的三次增强也对应着三次阶段性的强降雨发展过程。

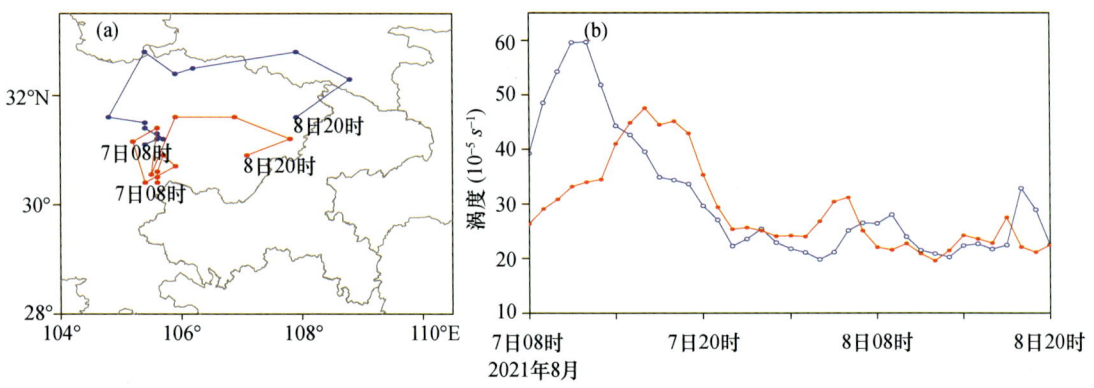

图 8 西南低涡演变

(a)逐 3 h 的 700 hPa 低涡中心(蓝色)、850 hPa 低涡中心(红色)移动路径;
(b)7 日 08 时—8 日 20 时逐 1 h 的 700 hPa 最大涡度(蓝色)、850 hPa 最大涡度(红色)变化

3.2 中小尺度系统发展演变

卫星云图显示,此次强降水过程主要由三个中尺度对流系统(MCS)形成。8 月 7 日 08 时西南低涡前侧的 MCS-A 位于四川中部至重庆西部地区(图 9a),09—10 时发展加强,云顶亮温降至−70 ℃(图 9b)。永川雷达显示,资阳东部和遂宁南部有 β 中尺度的强回波 A1 和 A2 发展东移(图 10a),A1 和 A2 合并后的回波 A 结构密实,水平尺度约 40 km,中心强度接近 60 dBZ(图 10b),最大小时雨量达 84.7 mm。回波 A 具有一定的后向传播特征,呈准静止,在潼南维持约 3 h 之后减弱。

8 月 8 日凌晨随着西南低空急流加强,西南低涡东侧暖切变线附近有对流云系 MCS-B 发展(图 9c),03 时以后形成近圆形、水平尺度约 50 km 的中尺度对流云系,云顶亮温低于−70 ℃(图 9d)。万州雷达显示,8 日 01 时达州西南部和巴中南部形成两块较强的团状回波(图 10d)。其中达州南部雷暴 B 形成在边界层辐合线附近,水平尺度仅 20 km 左右,但中心强度超过 60 dBZ。且雷暴 B 具有后向传播特征,移动速度缓慢,西南侧不断有新生对流单体并入,生命史达到 6 h(图 10e)。达州南部持续出现 100 mm 以上的小时雨量,最大小时雨量达 193.6 mm。08 时后,雷暴 B 逐渐进入北侧的层状云区。

8 月 8 日 14 时对流云系 MCS-B 减弱(图 9e),16 时以后 MCS-B 与四川东移的低槽云系合并为 MCS-C,合并后迅速增强,云顶亮温低于−75 ℃(图 9f)。重庆雷达显示,8 日 13—14

时，重庆西部及中部地区有分散对流单体新生，逐渐形成两条近乎平行的东北—西南向的对流带(图10g)。随后西侧回波带减弱，东侧回波带 C 发展增强，尺度约 200 km，中心强度超过 60 dBZ(图10h)。此时重庆中部降水进入强盛阶段，小时雨量达到 85.9 mm。20 时后 MCS-C 快速东移南压。

可见，各阶段大暴雨均由移动缓慢、维持时间 3～6 h 的 β 中尺度对流系统形成。沿回波移动方向做反射率因子的垂直剖面，结合回波演变可以看出，三个阶段的中尺度对流系统均具有后向传播特征，且强回波质心较低，降水效率高(图10c、10f、10i)。

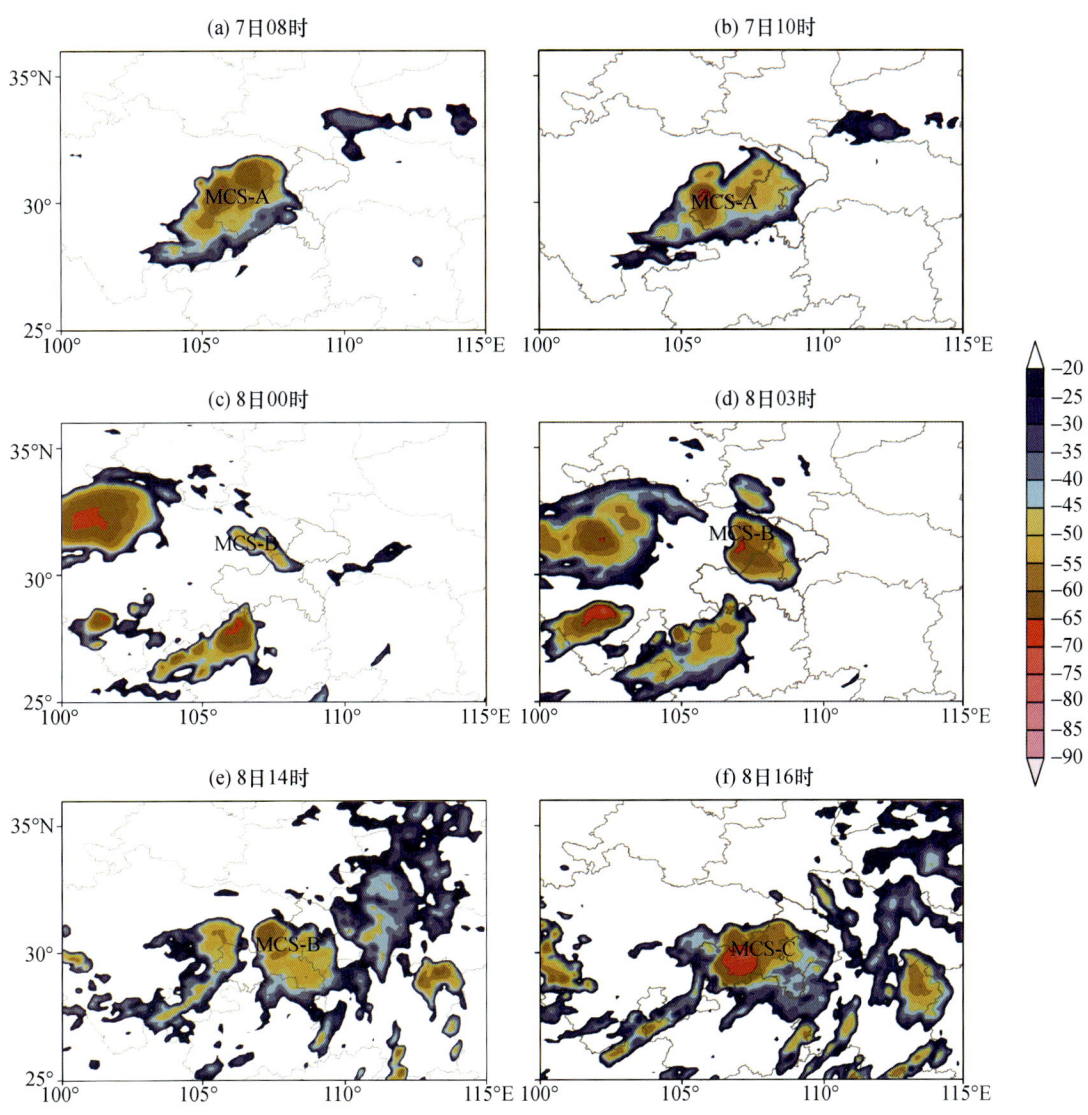

图9 2021 年 8 月 7—8 日卫星云图云顶亮温演变(单位:℃)

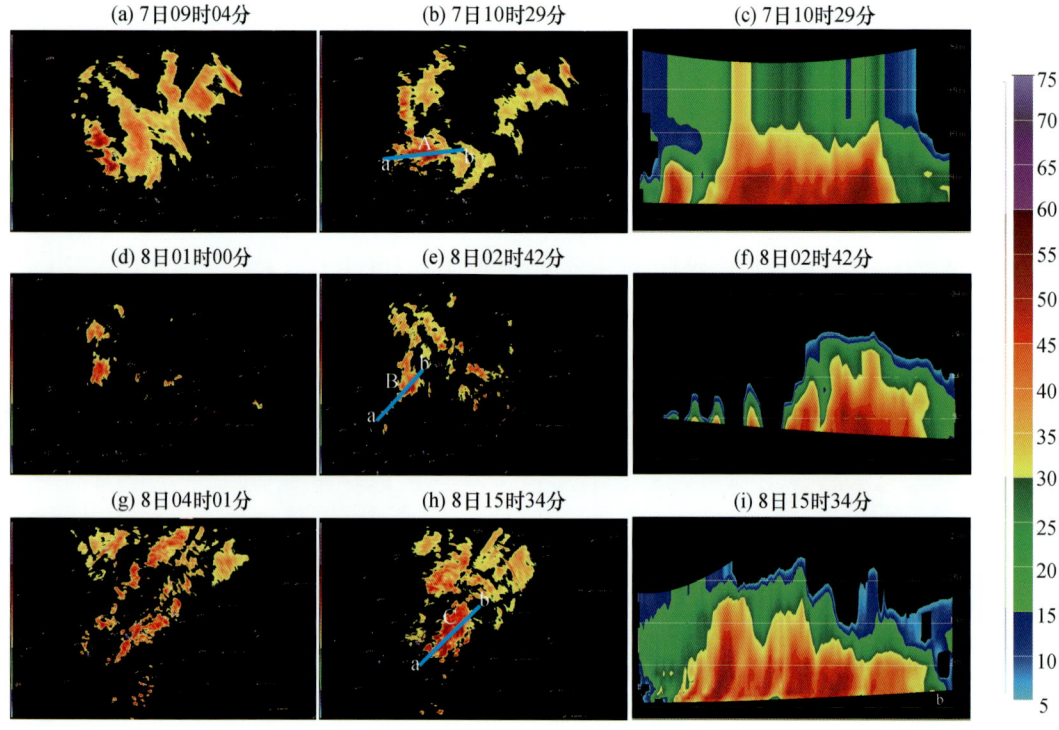

图 10 组合反射率因子及剖面图(A,B,C 分别为暴雨不同阶段天气雷达上发展成熟的
关键中尺度对流系统,剖面位置如图 10c、图 10f、图 10i 中 ab 所示,单位:dBZ)
(a)永川雷达 7 日 09 时 04 分;(b)永川雷达 7 日 10 时 29 分;(c)永川雷达 7 日 10 时 29 分剖面;
(d)万州雷达 8 日 01 时 00 分;(e)万州雷达 8 日 02 时 42 分;(f)万州雷达 8 日 02 时 42 分剖面;
(g)重庆雷达 8 日 14 时 01 分;(h)重庆雷达 8 日 15 时 34 分;(i)重庆雷达 8 日 15 时 34 分剖面

3.3 关键物理量诊断分析

3.3.1 探空特征

从距离三个阶段强降水位置最近的探空观测来看(图 11),强降水开始前对流有效位能(CAPE)超过 1200 J·kg^{-1},K 指数超过 40 ℃,SI 指数在 $-2 \sim -1$ ℃,均存在显著的湿不稳定层结。且 900~500 hPa 风随高度维持顺转特征,表明对流层中低层以暖平流为主;仅沙坪坝站 8 月 7 日 08 时和 8 日 20 时在 900 hPa 以下存在一定的风随高度逆转特征,表明边界层内存在弱冷空气侵入。沙坪坝站和达州站的 0 ℃层高度均维持在 5400 m 以上,结合图 11 可知,强回波主要出现在 0 ℃层高度以下。可见,强降水主要出现在暖湿不稳定环境中,以暖性低质心降水为主。

3.3.2 相当位温、涡度及散度特征

图 12a1~a4 显示,第一阶段重庆西部的强降水主要发生在倾斜抬升的暖湿舌附近,低空急流结合高相当位温的暖湿空气倾斜向上发展,西南低涡从低层到高层形成向西北倾斜的正涡度柱,具有显著的低空辐合、高空辐散特征。强降水区域北侧低空 700 hPa 以下存在暖区上升、冷区下沉的热力正环流,强降水主要由倾斜西南低涡引起的暖湿气流强烈抬升作用形成。

以同样方式经第二阶段(图12b1～b4)和第三阶段(图12c1～c4)强降水中心分别做经向剖面,可以看出,第二阶段发生在四川东部的西南低涡暖切变附近的强降水和第三阶段发生在重庆中部的强降水,边界层内异常暖湿特征显著,雨强也显著强于第一阶段,但正涡度柱和低空辐合特征弱于第一阶段。结合前述分析可知,第二阶段和第三阶段的强降水可能与边界层异常暖湿的大气环境和边界层辐合线的抬升作用有密切联系,对流尺度系统的活动更加显著。

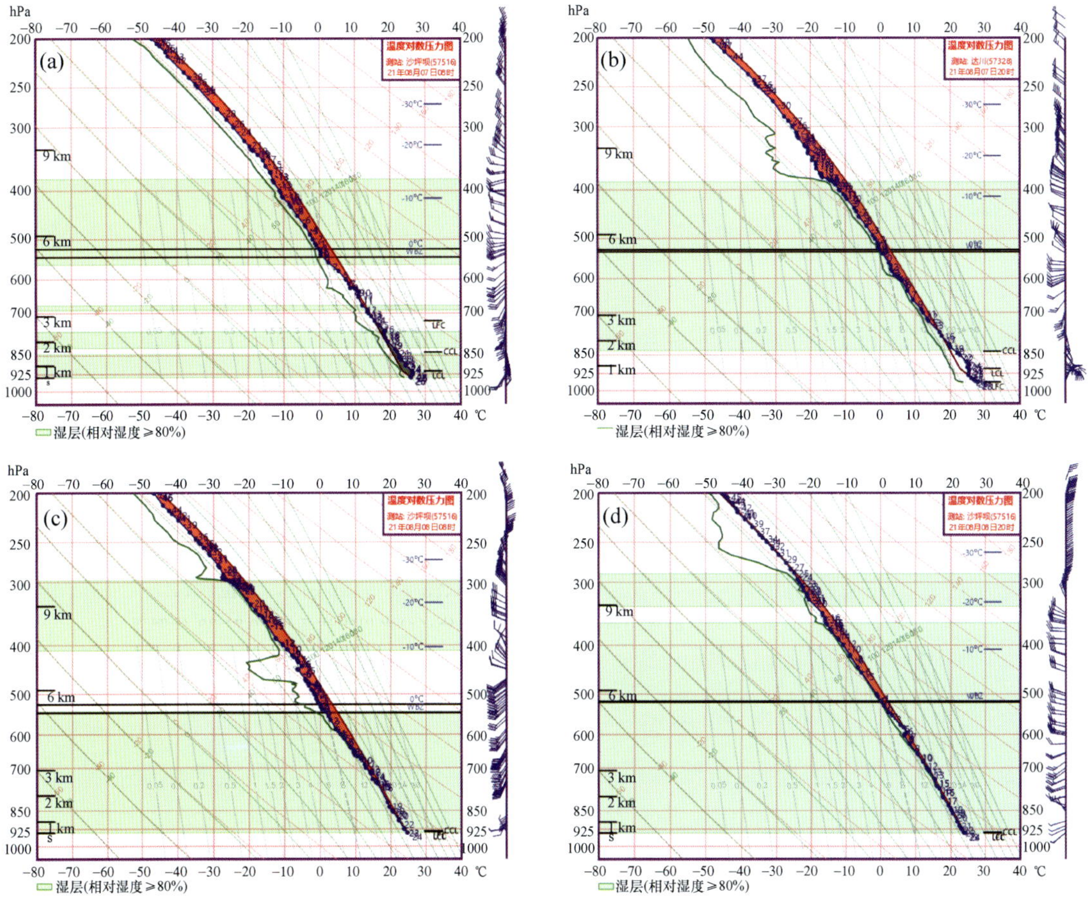

图11 探空图
(a)7日08时沙坪坝站;(b)7日20时达州站;(c)8日08时沙坪坝站;(d)8日20时沙坪坝站

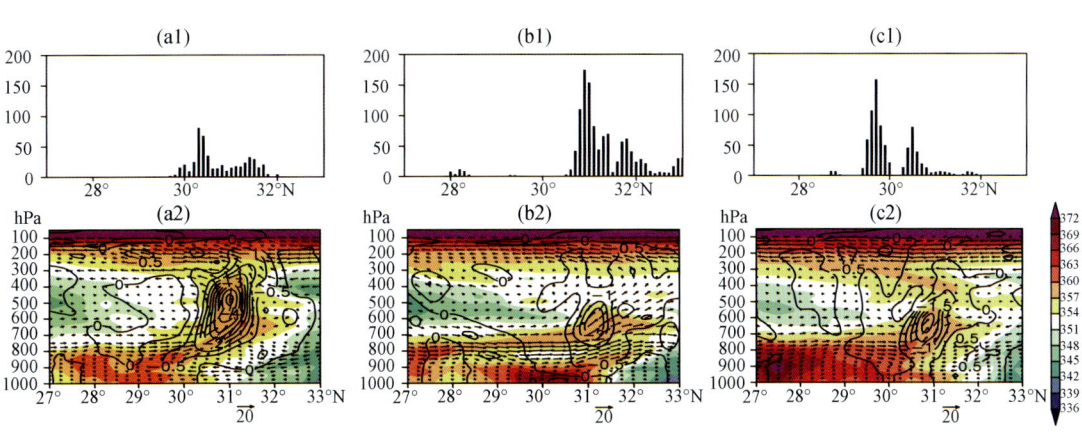

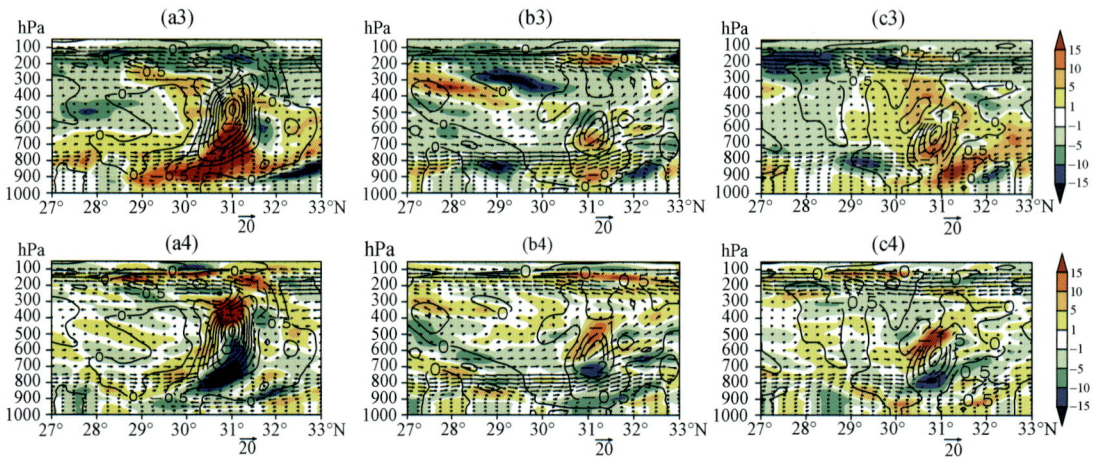

图 12 降水量及相关物理量经向剖面

(a)7日08时沿105.6°E剖面;(b)8日02时沿107°E剖面;(c)8日16时沿107°E剖面;(a1)~(c1)后3 h雨量分布(单位:mm);(a2)~(c2)经向风(矢线,下同)、垂直速度ω(虚线,单位:Pa·s^{-1},下同)及相当位温(填色,单位:K);(a3)~(c3)经向风、垂直速度ω及涡度(填色,单位:10^{-5}s^{-1});(a4)~(c4)经向风、垂直速度ω及散度(填色,单位:10^{-5}s^{-1}))

3.3.3 涡度发展机制

涡度方程被广泛应用在低涡低槽等的诊断中[14,15],不考虑摩擦和积云对涡度的垂直输送效应,p坐标系中的涡度方程为:

$$\frac{\partial \zeta}{\partial t}=-\left(u\frac{\partial \zeta_a}{\partial x}+v\frac{\partial \zeta_a}{\partial y}\right)-\omega\frac{\partial \zeta}{\partial p}-\zeta_a D-\left(\frac{\partial \omega}{\partial x}\frac{\partial v}{\partial p}-\frac{\partial \omega}{\partial y}\frac{\partial u}{\partial p}\right)$$
$$=\zeta_h+\zeta_v+\zeta_d+\zeta_c$$

式中:ζ_h为绝对涡度平流项,是由绝对涡度的水平分布不均引起的;ζ_v为涡度的垂直输送项,代表非均匀涡度场中,由于垂直运动引起的涡度局地变化;ζ_d为散度项,表示由于水平辐合(辐散)引起垂直涡度的增加(减小);ζ_c为倾侧项,表示当有水平涡度存在时,由于垂直运动的水平分布不均而引起涡度垂直分量的变化。方程右边四项的累加代表了相对涡度的局地变化。

图 13 为第一阶段重庆西部强降水中心潼南区的涡度方程各项。在第一阶段强降水期间(8月7日08—12时),除绝对涡度平流项以负贡献为主外,涡度垂直输送项、低空辐合项及倾侧项均为西南低涡的发展提供了正贡献,表明第一阶段的西南低涡具有强烈的低空辐合、旋转和垂直上升运动。图 14 和 15 分别为第二阶段四川东部强降水中心大竹县和第三阶段重庆中部强降水中心涪陵区的涡度方程各项。可以看出,在第二阶段强降水期间(8日02—14时)和第三阶段强降水期间(8日14—20时),正涡度主要源于900 hPa以下的边界层辐合和900 hPa以上的倾侧项,表明边界层辐合和垂直运动的水平分布不均是正涡度的主要制造者,强降水的发生发展可能与边界层辐合和垂直运动的水平分布不均有关。

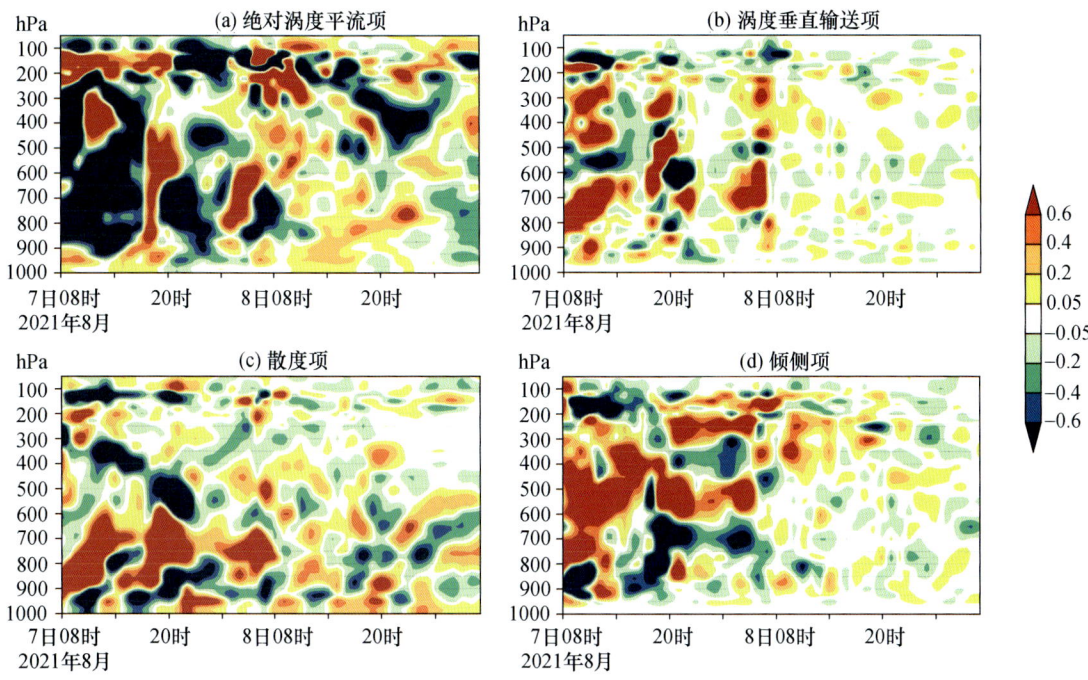

图 13 重庆潼南区（第一阶段强降水代表站）涡度方程各项演变（彩色填图，单位：$10^{-5}\ s^{-1}$）

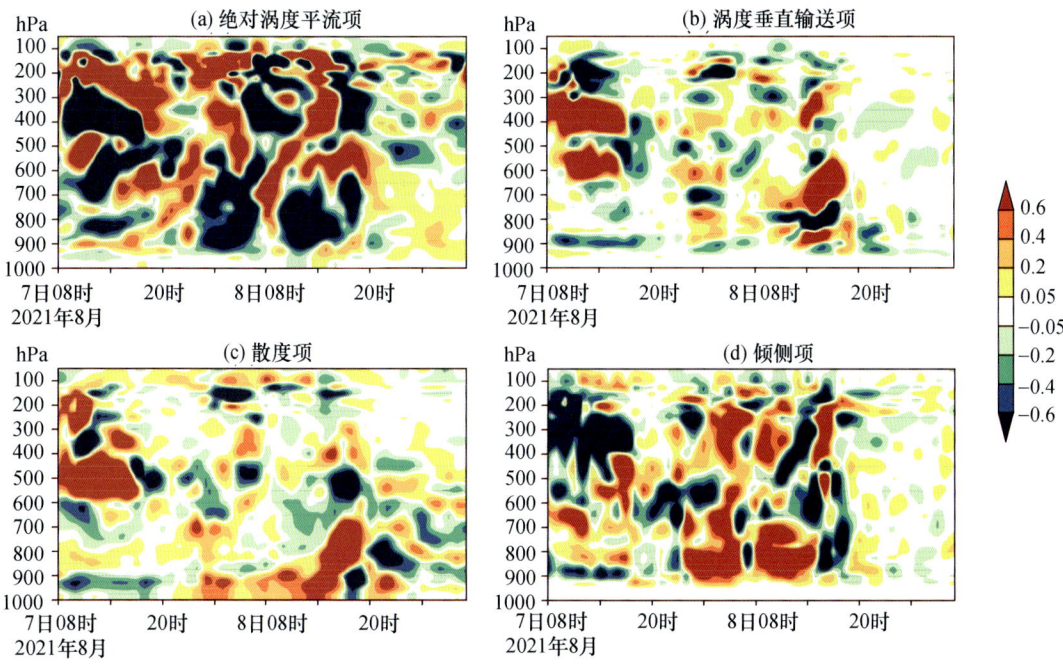

图 14 四川大竹县（第二阶段强降水代表站）涡度方程各项演变（彩色填图，单位：$10^{-5}\ s^{-1}$）

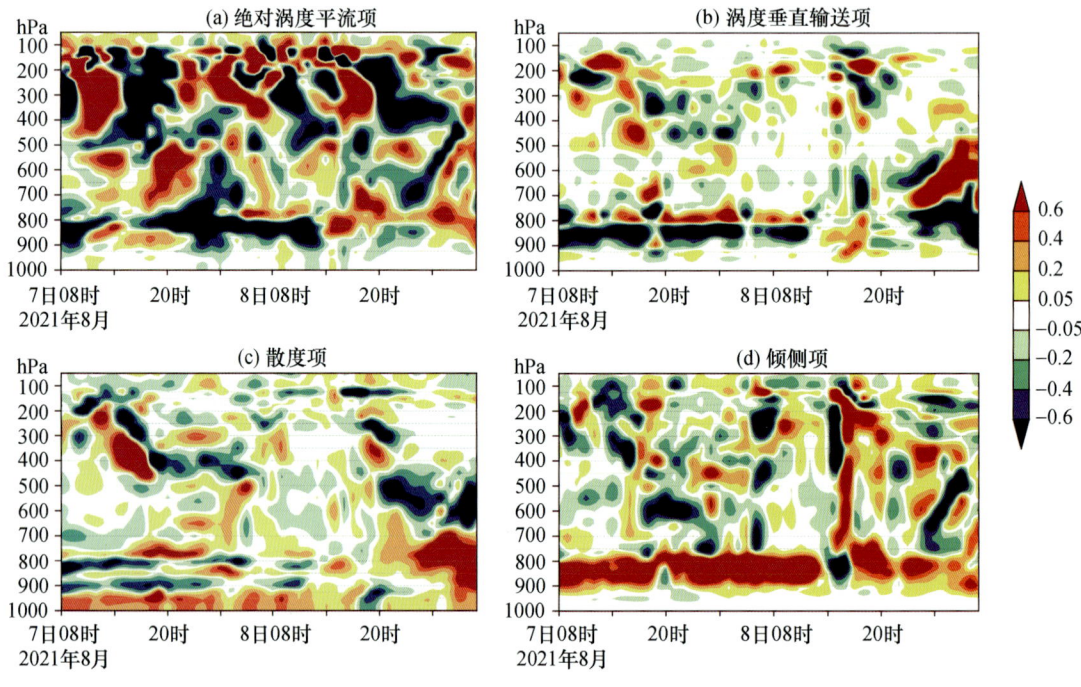

图 15　重庆涪陵区(第三阶段强降水代表站)涡度方程各项演变(彩色填图,单位:$10^{-5}\,s^{-1}$)

3.4　强降水预报偏差成因分析

预报偏差成因主要如下。

(1)预报员对数值模式在暖性西南低涡暴雨预报中的偏差特征认识不足。预报员信任度较高的数值模式对于对第一阶段的西南低涡暴雨预报显著偏北,而对第二阶段的西南低涡暖切变暴雨预报范围显著偏大。这导致预报员在短期预报时效内对重庆西北部局地大暴雨的漏报和对中心城区大暴雨的空报,虽然通过短时临近预警等方式开展了补充和订正预报,但提前量较小影响了预报服务效果。

(2)在此次西南低涡暴雨过程中,预报员未能较好地把握住高原低槽进入四川后诱发西南涡的发展和移动及低涡降雨的日变化特征,对雨带的跳跃性特征估计不足。

(3)对暖性西南低涡的中尺度降雨特征认知不足,预报中过于关注西南低涡中心及其东南象限的强降雨预报,对边界层辐合影响的高温高湿区域可能触发的对流及其产生的中尺度强雨团估计不足。

4　预报服务改进思路及对策

4.1　强降雨预报偏差的改进思路和技术方案

西南低涡是重庆地区汛期最重要的暴雨天气影响系统之一,尤其暖性西南低涡的预报不确定性显著。改进此类强降雨预报的思路可以从以下方面考虑。

(1)基于不同天气系统开展精细的数值模式预报检验,加深对不同天气系统影响下的数值模式预报性能的认识,提高预报员的模式应用能力。

(2)继续开展针对西南低涡暴雨的机制机理分析,加强地面天气图分析能力,准确把握地面辐合线或锋线对落区的影响和订正,更加关注暖性西南低涡背景下的边界层辐合线的触发作用及其产生暖区对流性暴雨的可能性。

(3)在高原低槽东移入川诱发暖性西南低涡暴雨过程中,加强西南低涡位置和强度的订正分析。

4.2 服务改进思路和建议

4.2.1 提供实时分析解读

在8月6日发布的重要气象信息专报中,强降雨落区预报偏大,主要降雨时段预报偏晚。过程期间,重庆市气象局领导多次跟政府部门沟通,适时主动地科学解读气象预报,为重庆市委市政府科学调度、精准决策提供关键信息支撑,成为重庆市委市政府及防汛部门指挥决策的参谋。

4.2.2 开展"递进式"预报服务

此次暴雨天气在时间上较为接近郑州"21·7"特大暴雨过程,政府、气象部门和公众对暴雨都格外关注,社会影响非常大。而暖性西南低涡暴雨的预报具有较大的不确定性,服务中可尝试在现有的预报预警信息外,加强"递进式"的预报服务,适当提供灾害性天气的估测概率、风险预评估等信息,及时向决策者及公众传递天气预报预警的最新信息。

5 结论

2021年8月7—8日,四川盆地中东部出现暴雨到大暴雨,局地特大暴雨,重庆地区出现2021年度社会影响最大的一次暴雨过程。本文采用多源观测及数值预报资料,对此次大暴雨过程中环流成因、中小尺度特征及预报偏差等进行了诊断分析,结果如下。

(1)此次暴雨发生在"卢碧"台风穿越台湾海峡北上,四川及重庆地区受副热带高压北侧纬向气流影响的环流背景下。暴雨天气呈现显著的阶段性、跳跃性和极端性特征。主要降水过程分为三个阶段:第一阶段暴雨出现在波动槽前西南低涡东南部,位于8月7日上午的四川中部及重庆西部地区;第二阶段暴雨发生在波动槽和西南低涡东侧暖切变线共同影响区域,位于8月8日凌晨到上午的四川东北部,并缓慢移至重庆东北部地区;第三阶段暴雨出现在低槽和西南低涡南侧的边界层辐合线共同影响区域,位于8月8日午后的重庆中部。四川大竹及重庆涪陵等多站创建站以来的日雨量极值和小时雨量极值。

(2)各阶段暴雨均出现在暖湿不稳定环境中,由移动缓慢、维持时间3~6 h的β中尺度对流系统形成。形成暴雨的β中尺度对流系统呈后向传播特征,以暖性低质心降水为主。

(3)此次暴雨过程的开始时间及落区预报存在一定偏差,数值模式对此类暖性西南低涡暴雨的预报能力不足,预报员对模式在暖性西南低涡暴雨中的预报性能和偏差特征仍需进一步加深理解,提高模式应用能力,并加强对暖性西南低涡背景下边界层辐合线影响的高温高湿区的关注,准确把握地面辐合线或锋线对落区的影响和订正。

参考文献

[1] 陈忠明,徐茂良,闵文彬,等.1998年夏季西南低涡活动与长江上游暴雨[J].高原气象,2003,22(2):162-167.

[2] 宗志平,张小玲.2004年9月2—6日川渝持续性暴雨过程初步分析[J].气象,2005,31(5):37-41.

[3] 周兵,文继芬.2004年渝北川东大暴雨环流及其非绝热加热特征[J].应用气象学报,2006,17(s1):71-78.

[4] 赵思雄,傅慎明.2004年9月川渝大暴雨期间西南低涡结构及其环境场的分析[J].大气科学,2007,31(6):1059-1075.

[5] 何光碧.西南低涡研究综述[J].气象,2012,38(2):155-163.

[6] 邓承之,赵宇,孔凡铀,等."6·30"川渝特大暴雨过程中西南低涡发展机制模拟分析[J].高原气象,2021,40(1):85-97.

[7] 卢敬华.利用热成风适应原理对暖性西南低涡生成机制的再分析[J].高原气象,1988,7(4):345-356.

[8] 丁治英,吕君宁.西南低涡动态的合成诊断[J].高原气象,1991,10(2):156-165.

[9] 韦统健,薛建军.影响江淮地区的西南涡中尺度结构特征[J].高原气象,1996,15(4):71-78.

[10] 陈忠明,缪强,闵文彬.一次强烈发展西南低涡的中尺度结构分析[J].应用气象学报,1998,9(3):18-27.

[11] 屠妮妮,何光碧,陈静.冷暖空气入侵对西南低涡发生发展影响研究[J].高原山地气象研究,2012,32(2):10-19.

[12] FENG X Y,LIU C H,FAN G Z,et al. Climatology and structures of Southwest Vortices in the NCEP climate forecast system reanalysis[J]. Journal of Climate,2016,29(21):7675-7701.

[13] 韩林君,白爱娟.2004—2017年夏半年西南涡在四川盆地形成降水的特征分析[J].高原气象,2019,38(3):552-562.

[14] 赵宇,李媛,赵光平.引发暴雨天气的中尺度低涡的数值研究[J].大气科学学报,2013,36(6):751-763.

[15] 肖递祥,郁淑华,屠妮妮.高原低涡移出高原后持续活动的典型个例分析[J].高原气象,2016,35(1):43-54.

2021年6月14—17日新疆西南部暴雨成因及预报偏差分析

李如琦 李 娜 李桉孛 李海花 张 萌 洪 月 杜 宁

(新疆维吾尔自治区气象台,乌鲁木齐,830002)

摘要：2021年6月14—17日,南疆喀什地区、克州(克孜勒苏柯尔克孜自治州)、和田地区出现极端降雨过程,中心累积降水量达121.6 mm,3站破最大日降水量历史纪录并超过年平均降水量,洛浦最大日降水量达该站年平均降水量的1.7倍。基于区域自动气象站、卫星、雷达观测数据以及NCEP(美国国家环境预报中心)再分析数据和数值模式预报产品,与一般暴雨过程开展对比分析。结果表明：此次暴雨受深厚的中亚低涡影响,高层西南急流偏强,中层偏南气流发展为东南气流,低层偏东气流加强为急流并与偏西急流汇合,在特殊地形条件下中层偏南翻山冷空气和低层暖空气形成强辐合,使中高层偏南路径输送的水汽与低层偏东、偏西路径输送的水汽辐合抬升形成极端暴雨。南疆极端暴雨发生在"三支气流"异常偏强的有利条件下,结合中低层切变及水汽强辐合,同时考虑地形强迫抬升对降雨的增幅作用,可提高降水预报的准确率。

关键词：极端暴雨,成因分析,预报偏差分析,预报着眼点,改进思路

引言

南疆由于远离海洋,不受季风系统直接影响,大部分地区年平均降水量不足100 mm[1,2],属于典型的干旱区。南疆的暴雨次数与我国东部地区相比偏少,但相对强度大,一次暴雨过程的降水量能够接近甚至超过当地的年平均降水量[3-5],这种小概率暴雨事件的预报是新疆气象预报服务的难点。近年来,南疆暖湿化明显,极端天气气候事件频发,对人民生命财产安全造成极大威胁[6]。

2021年6月14—17日,喀什地区、克州、和田地区出现极端暴雨天气,以日降雨量(前日20时—当日20时)统计,共105站次暴雨、19站次大暴雨、1站特大暴雨(新疆标准:$R_{24}>$24.0 mm为暴雨,$R_{24}>$48.0 mm为大暴雨,$R_{24}>$96.0 mm为特大暴雨,其中R_{24}为24 h降雨量),54站次短时强降水($>$10.0 mm/h),多站降水量破极值,对农牧业生产、交通运输、城市运行等造成较大影响,和田市、洛浦县、岳普湖县共115017人受灾,转移群众11443人,直接经济损失总计10579.79万元。

新疆区、地、县三级气象部门积极联动,做到预报准确、预警及时、服务到位,充分发挥了气象服务保障作用。新疆维吾尔自治区气象台14日预判喀什东部、和田西部将出现暴雨天气,累积降雨量50～120 mm,引起自治区政府高度重视,主要领导均做批示。新疆维吾尔自治区气象台15日发布暴雨蓝色预警信号并升级至红色预警信号,指导发布86条预警信号,气象信

息短信30条;选派2名首席预报员分赴喀什地区、和田地区指导预报服务,并召开加密天气会商。15日下午新疆维吾尔自治区气象台启动重大气象灾害Ⅰ级应急响应,按照《新疆气象局强降水"叫应"制度》,第一时间"叫应"主要领导和相关部门负责人;各级气象台站密切监视天气变化,提供及时、有效的预报预警信息,多渠道对外发布。由于服务及时、应对高效,极端降水过程未致大灾。

虽然此次降水过程的性质和量级预报准确,服务效果较好,但对降水的极端性估计不足,暴雨落区预报偏西,对决策服务也是一次重大的挑战,非常值得分析总结。

1 降水实况特征、预报检验及预报难点

1.1 降水实况特征

2021年6月14日夜间至17日白天,喀什地区、克州、和田地区出现极端暴雨过程(图1),暴雨过程累积降水量大、暴雨站数多、降水强度大、极端性强,174站累积降水量超过24 mm,最大降水中心为和田地区洛浦县山普鲁乡泥石流频发区1号站,累积降水量121.6 mm(表1)。

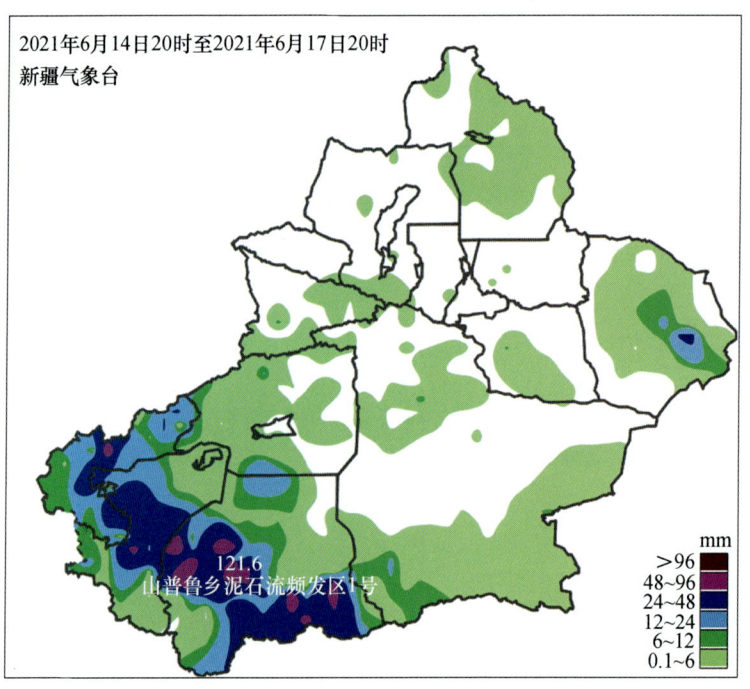

图1 2021年6月14—17日新疆累积降水量分布

在暴雨过程中(表2),共有7站6月最大日降水量超过历史极值,4站超过夏季历史极值,和田地区洛浦、墨玉、和田3站的日降水量超过历史极值并高于其年平均降水量;皮山站日降水量居历史第二位,但为夏季降水量第一位;洛浦站16日的降水量为该站年平均降水量的1.7倍。此次暴雨使洛浦、墨玉、和田3个站的日最大降水量均提升1.0~1.5倍。

表 1 2021 年 6 月 14 日 20 时—17 日 08 时代表站降水实况

地区及县域		代表站	累积降水量 /mm	16 日降水量 /mm	最大小时雨强		最大 3 h 雨强		≥0.1 mm 降水小时数/h
					量值 /mm·h^{-1}	出现时间	量值 /mm·h^{-1}	出现时间	
和田地区	洛浦县	山普鲁乡泥石流频发区 1 号	121.6	106.6	28.8	15 日 21 时	64.9	15 日 19—22 时	19
		山普鲁镇	99.4	82.9	24.1	15 日 21 时	53.2	15 日 19—22 时	19
		县城	97.6	74.1	20.6	15 日 22 时	52.9	15 日 19—22 时	23
	于田县	兰干乡昆仑渠首	102.3	95.8	27.2	16 日 04 时	49.6	16 日 02—05 时	46
	皮山县	布琼村	99.8	41.4	4.8	15 日 19 时	14.0	15 日 18—21 时	54
克州	乌恰县	波斯坦铁列克乡	85.2	24.7	27.4	15 日 12 时	44.9	15 日 11—14 时	33

表 2 2021 年 6 月 15—16 日极端降水监测历史排位表

站名	实况				夏季历史极值		年历史极值	
	日最大降水量/mm	出现日期（年/月/日）	夏季历史排位	年历史排位	日最大降水量/mm	出现日期	日最大降水量/mm	出现日期（年/月/日）
洛浦	74.1	2021/6/16	1	1	37.8	1968/6/29	37.8	1968/6/29
墨玉	59.6	2021/6/16	1	1	20.0	1985/6/28	23.8	2010/5/28
和田	56.0	2021/6/16	1	1	27.7	2019/6/25	27.7	2019/6/25
皮山	56.6	2021/6/16	1	2	28.5	2010/6/6	74.6	2018/5/21
莎车	37.2	2021/6/16	3	4	49.8	2002/7/10	49.8	2002/7/10
英吉沙	28.2	2021/6/16	2	5	29.5	1996/8/19	42.1	2004/5/1
叶城	33.9	2021/6/16	2	/	47.1	2017/7/16	58.5	2013/5/28

1.2 主客观预报检验

ECMWF（欧洲中期天气预报中心）、德国和 CMA-MESO（中国气象局中尺度天气数值预报系统）降水模式均预报出喀什至和田一带为强降水带，但各模式降水中心及落区差别较大：ECMWF 模式（图 2a）预报的累积降水落区位于喀什地区东部及和田地区西部，降水中心位于和田地区皮山县附近，累积降水量达 138.0 mm；24 h 预报将暴雨落区向西调整至喀什东部，降水中心累积降水量 123.0 mm。喀什地区的暴雨落区与实况一致，但和田地区暴雨范围偏大，降水中心整体偏西。德国模式（图 2b）强降水范围较实况偏小，预报了喀什地区、克州的暴雨，但漏报了和田地区的大暴雨，预报降水中心位于喀什地区莎车县附近，降水量级正确，但值偏小。CMA-MESO 模式（图略）降水预报范围和强度均明显偏小，累积降水中心位于喀什地区西部，最大降水量 54.0 mm，大暴雨均漏报。比较而言，ECMWF 模式过程降水预报更接近实况，但暴雨范围预报偏大，降水中心偏西。

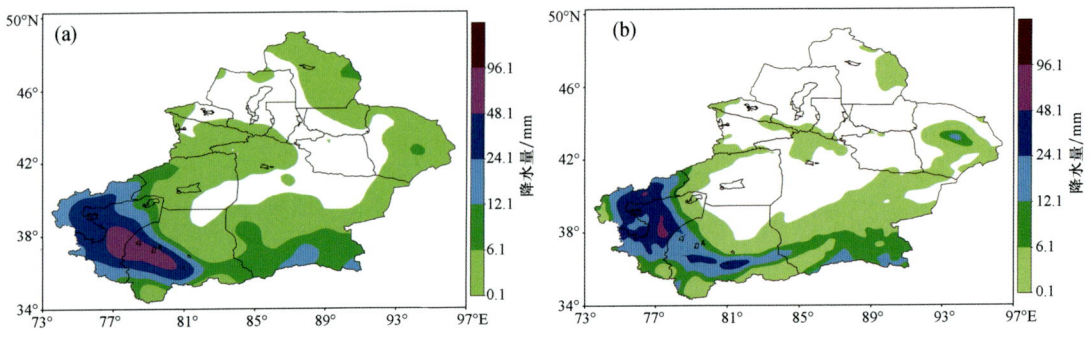

图 2　ECMWF 模式(a)、德国模式(b)2021 年 6 月 14 日 20 时起报的 14 日 20 时—17 日 20 时累积降水量预报

对预报员 14 日 20 时至 16 日 08 时起报的新疆 1679 个站点 24 h 降水预报进行检验分析发现(表 3),对量级预报效果好,小雨、中雨准确率较高,尤其 15 日 20 时主要降水时段中,小雨、中雨预报效果最好,准确率最高并且漏报和空报数量最少,TS 评分最高;但对于大雨及以上量级降雨预报效果相对较弱,大雨、暴雨的漏报站数也是在 15 日最多;对于特大暴雨预报员基本没有预报能力,30 多个站均漏报。

表 3　不同降水量级主观预报检验结果

量级	小雨			中雨			大雨			暴雨			大暴雨		
	正确	空报	漏报	正确	空报	漏报	正确	空报	漏报	正确	空报	漏报	正确	空报	漏报
14 日 20 时	786	133	292	42	70	111	4	31	66	0	0	20	0	0	3
15 日 08 时	762	69	120	261	84	0	154	58	80	22	15	103	0	0	30
15 日 20 时	814	61	48	342	68	20	187	57	122	29	36	132	0	2	34
16 日 08 时	770	67	33	244	17	37	92	91	76	0	2	21	0	0	0

1.3　预报难点分析

各模式的累积降水预报差异大,暴雨、大暴雨落区预报都偏西;降水量大大超出了气候平均值,预报员对极端暴雨预报信心不足;对降水预报产品的检验滞后,尤其是对极端事件的预报能力不清楚,很难准确地把握降水的极端性。

2　环流形势极端性和天气系统发展演变

2.1　环流极端性分析

此次极端暴雨过程中环流配置(图 3)为典型的南疆暴雨形势。南亚高压为双体型,2 个中心分别位于青藏高原和伊朗高原,明显强于同期。副热带长波槽南伸至 33°N,槽前西南气流加强为急流,15 日 20 时达到最大,提供强盛的辐散抽吸作用[7,8],暴雨区正位于西南急流入口区右侧下方[9](图 3a)。

前期500 hPa西太平洋副热带高压西伸北扩与蒙古脊叠加向东北方向发展,伊朗副热带高压与里海、咸海脊叠加向西伯利亚强烈发展,位于中西伯利亚的低涡向西南加深,底端伸至巴尔喀什湖以南的中亚地区,南伸位置与中心强度均偏强于同期平均,形成"两脊一槽"的经向环流。15日08时后,随着里海、咸海脊向东北发展,西伯利亚低槽分裂为南北两段,北段东移影响新疆北部,南段在中亚形成闭合低涡,15日20时,伊朗副热带高压发展,前部的西北气流加强,低涡东移至青藏高原北部,降水区位于低涡北部东南风区(图3b),这与一般南疆暴雨中的西南风明显不同。

15日20时,500 hPa中亚低涡前偏南气流将低纬度暖湿空气输送至南疆,700 hPa和850 hPa南疆盆地南部区域的偏东气流加强为低空急流(中心风速12~16 m·s^{-1})(图3c、图3d),强于一般暴雨出现时的急流强度,同时出现一般暴雨中少见的偏西急流,在降水区形成东西风的辐合。近地层和田地区出现中尺度气旋[10],东风沿地形抬升,与西风在洛浦附近形成辐合。风场辐合和地形强迫抬升使水汽快速集中并抬升凝结,增幅降水。当东、西风减小,辐合逐渐消失,降水也趋于结束。南疆大气处于不稳定状态:850~500 hPa温差大于30 ℃,850~700 hPa有暖平流,700~500 hPa有冷平流,大气为上冷下暖的不稳定状态[11];K指数≥35.9 ℃,沙氏指数≤0 ℃,6 km以下有较强垂直风切变,有利于不稳定发展;和田的CAPE值464.9 J·kg^{-1},民丰的CAPE值93.9 J·kg^{-1},不稳定能量大,有利于对流性降水产生。

在暴雨过程中,一般暴雨出现时较少见的低层东、西风急流辐合后被地形抬升,与高空的强辐散叠加,为降水提供强动力条件。稳定的环流配置使降水持续16 h,形成极端暴雨。

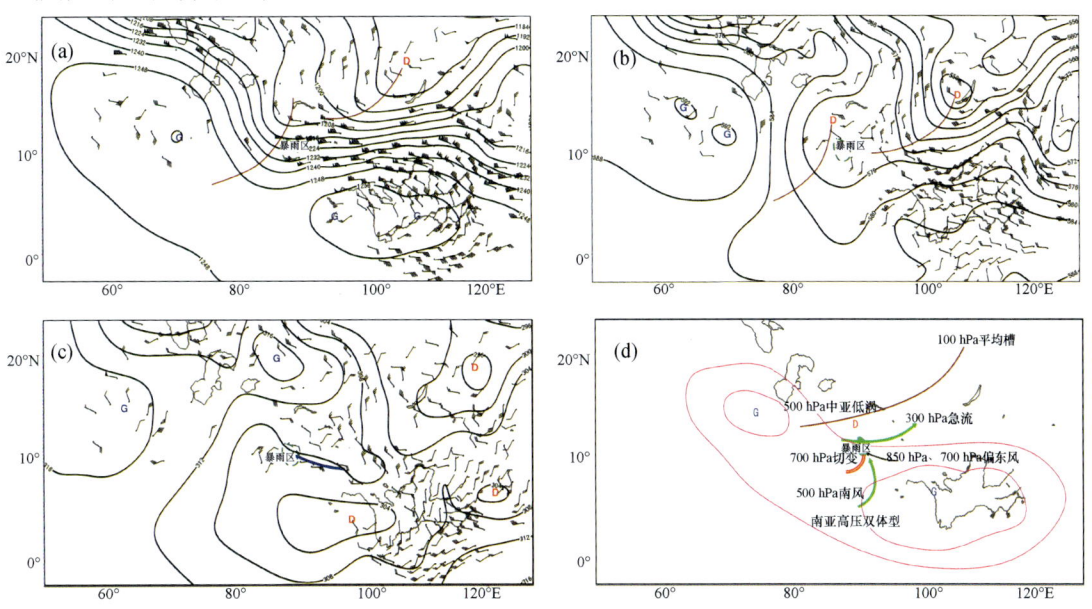

图3　2021年6月15日20时各特性层环流
(a)200 hPa;(b)500 hPa;(c)700 hPa;(d)高低空配置

2.2　中小尺度系统发展演变

2.2.1　卫星资料分析

14日夜间,中亚低涡开始影响南疆,积雨云系在南疆西部上空形成,TBB(云顶亮温)为-28~-26 ℃,南疆西部出现持续性降水。随后克州、阿克苏地区积雨云发展,TBB达到

−34 ℃,出现短时强降水。15 日,中亚低涡发展东移,15 日 13 时,皮山上空有中尺度云团形成,TBB 为−36 ℃,皮山出现短时强降水(17.1 mm·h^{-1})。随后系统减弱东移,15 日 18 时,和田、洛浦上空出现积雨云,TBB 升至−32～−28 ℃,结合可见光云图分析,云系色调亮白,积雨云厚度较大,上升运动强,15 日 20 时,洛浦雨强增大(14.6 mm·h^{-1}),22—23 时洛浦附近 TBB 快速降至−38 ℃,1 号站位于 TBB 梯度密集带,上升运动和强对流发展强盛,雨强达 28.8 mm·h^{-1}(图 4a),至夜间洛浦上空积雨云系不断发展,覆盖面积和强度都有所增强,TBB 中心<−38 ℃(图 4b),云系垂直发展,降雨持续。由于系统东移,不断有水汽补充,和田地区降水云系发展,喀什地区云系不断东移,在和田西部上空交汇发展并维持至 16 日 20 时,造成了持续性的降水天气。

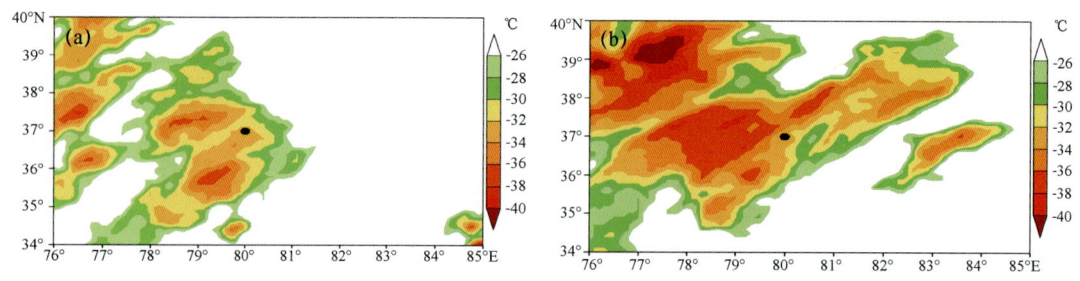

图 4　2021 年 6 月 15 日 23 时(a)、16 日 02 时(b)FY-4 卫星红外云图 TBB(●为降水中心)

2.2.2　雷达资料分析

雷达回波特征表明此次暴雨过程分为对流性降水和稳定性降水两个阶段。对流性降水阶段:15 日 19 时 45 分和田上空为积层混合云,受低层东风影响,回波自东向西影响和田地区策勒—洛浦,当移至泥石流频发 1 号站上空时反射率因子由 30 dBZ 加强至 45 dBZ 以上,回波最强,回波单体质心均匀,回波顶高超过 9 km,同时也有明显的速度辐合,有利出现强降水(图 5a、图 5b)。稳定性降水阶段:15 日 23 时后强回波区主体西退,夜间至 16 日回波以单体质心均匀的层状云回波为主,强度在 30～40 dBZ(图 5c),并配合弱风速辐合,降水维持但强度 ≤0.5 mm·min^{-1}。

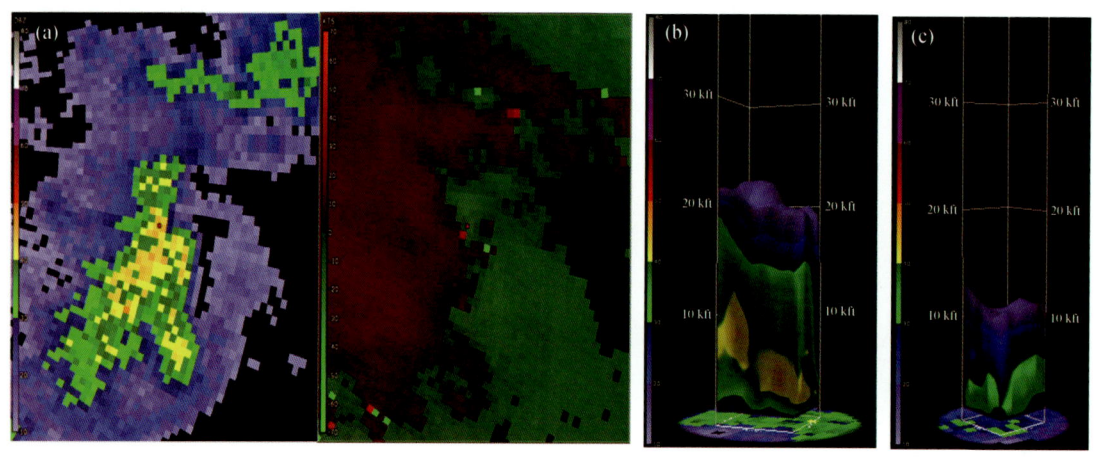

图 5　2021 年 6 月 15 日 19 时 56 分和田雷达 1.6°仰角组合反射率因子和 3.4°仰角径向速度(a)及 19 时 45 分(b)、23 时(c)强降水中心垂直反射率因子剖面图

2.2.3 低层风场分析

此次暴雨落区与低层切变线有一定对应关系。15 日 08 时，低涡进入南疆地区，和田上空 700 hPa 由偏西风转为西北风与东南风的冷式切变，20 时切变扩展至 850 hPa，并且低层西北风和东南风风速增强至 10 m·s^{-1}，和田洛浦周边有明显的风场辐合，降雨强度增强，并持续至 15 日夜间(图 6a)。16 日白天，低层切变逐渐消散，南疆地区的降水强度逐渐减弱。同时，地面有辐合线和中尺度低压配合。15 日 14 时—16 日 08 时，洛浦附近有地面中 β 低压，低压外围有切变线稳定存在，有利于触发抬升对流，地面辐合线出现并稳定存在时，洛浦附近降水强度增强(图 6b)。

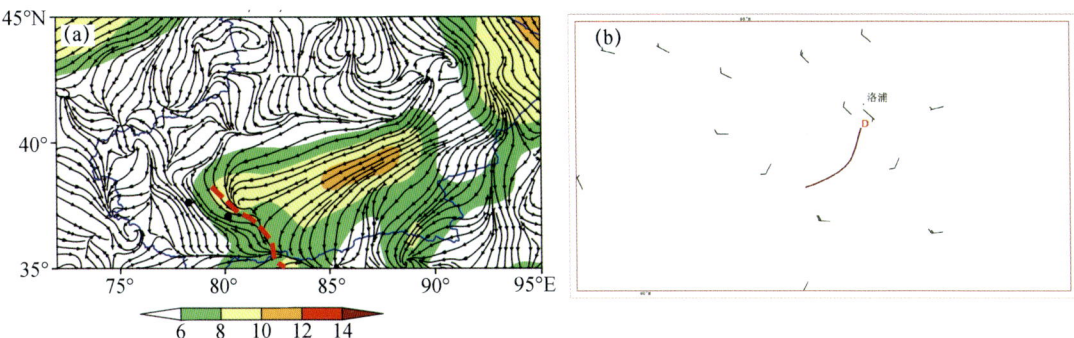

图 6　2021 年 6 月 15 日 20 时 850 hPa(a)和地面(b)风场(单位：m·s^{-1})

(填色代表风速；红色虚线代表切变线)

3　关键物理量诊断分析

3.1　涡度

深厚的中亚低涡是此次极端暴雨天气的主要影响系统。分析中亚低涡的结构(图 7)可以看到，200 hPa 以下中亚至南疆地区为低涡活动区，6 月 16 日 02 时低涡及涡度平流的中心均在 300 hPa 附近，低涡前不断有正涡度平流向南疆地区低空输送，低涡系统不断向垂直方向发展，并不断东移影响喀什至和田一线，提供辐合及上升运动等有利的环流背景[3]。

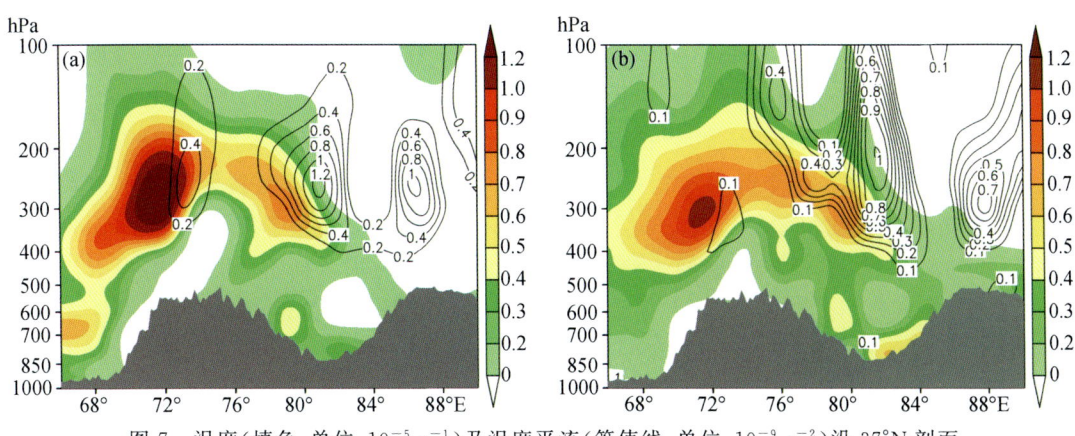

图 7　涡度(填色，单位：10^{-5} s^{-1})及涡度平流(等值线，单位：10^{-9} s^{-2})沿 37°N 剖面

(a)16 日 02 时；(b)16 日 08 时

3.2 垂直速度

南疆盆地为深厚的低涡控制,其前部 80°～82°E(洛浦附近)地面至 600 hPa 为强辐合区(图 8),中心达$-0.5 \sim 10^{-5}\ \mathrm{s}^{-1}$,低涡前强辐合促进上升运动发展。15 日 08 时—16 日 20 时南疆地区一直维持上升运动,15 日夜间达到最强,15 日 20 时—16 日 02 时 $-2\ \mathrm{Pa \cdot s^{-1}}$ 的上升运动中心在 600～850 hPa,明显强于南疆降水平均上升运动速度值[12]($-0.05 \sim -0.10\ \mathrm{Pa \cdot s^{-1}}$)。洛浦位于昆仑山脉北麓山腰起伏带中,80°～82°E 500 hPa 以下干冷西北风翻过山脉在背风坡形成干绝热下沉,82°～85°E 低层不断有暖湿偏东风输入,形成冷暖交汇并维持 6 h,提供了稳定的动力和热力条件。

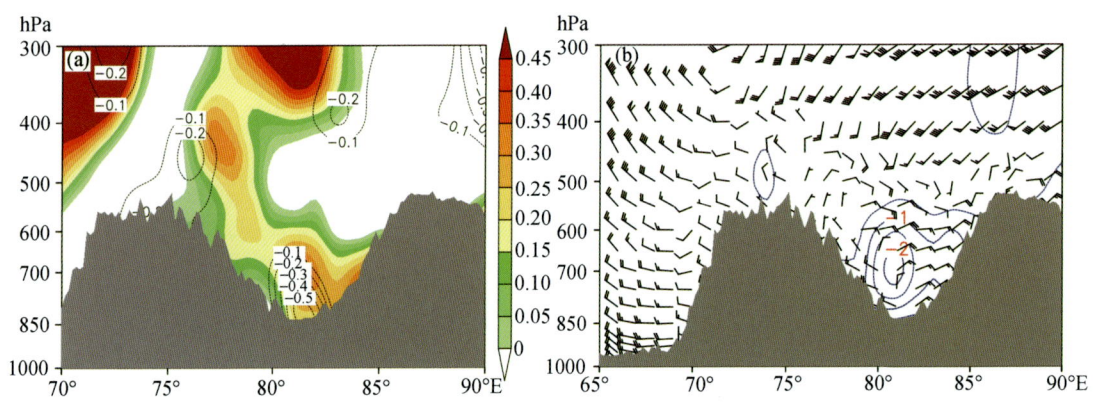

图 8　16 日 02 时涡度平流(填色,单位:$10^{-9}\ \mathrm{s}^{-2}$)、散度(等值线,单位:$10^{-5}\ \mathrm{s}^{-1}$)(a)及垂直速度(单位:$\mathrm{Pa \cdot s^{-1}}$)沿 37°N 剖面(b)

3.3 水汽条件

6 月 14—15 日有西方、南方两支水汽通道向暴雨区输送水汽:西方路径的水汽经地中海、黑海、里海、咸海输送至南疆西部,由中亚低涡外围偏西风接力输送至喀什、和田地区[13-17];南方路径中水汽由孟加拉湾向西北绕过青藏高原后经高原西北部输送至暴雨区,共同为此次南疆极端暴雨提供充沛的水汽(图 9a、图 9b)。15 日地面冷高压进入和田地区,低层风向由偏西风转为一致偏东风,有利于将低层水汽向南疆盆地输送[18,19],15 日夜间,850 hPa 低涡东移至和田上空,低涡的辐合作用有利于低层水汽不断积聚(图略)。

通过降水区 500～300 hPa、700～500 hPa、地面至 700 hPa 高度的水汽收支情况分析不同高度的水汽输送特征。整个降水过程中,西边界各层均为水汽输入,尤其低层为水汽输送主力;北边界高层一直为水汽流出,中、低层为水汽输入,总体而言,北边界流出大于流入;南边界高层为水汽输入,中、低层有小量的水汽流出;东边界低层为水汽流入,中、高层为水汽流出(图 10)。可见在暴雨过程中,水汽主要来源于西边界的偏西风水汽输送、南边界中层南风的水汽输送,及东边界低层东风水汽输送。值得一提的是,在强降水阶段(15 日夜间)西边界水汽输送减弱,南边界高层的水汽输送量由 $8 \times 10^9\ \mathrm{t}$ 激增至 $16 \times 10^9\ \mathrm{t}$,总流入量在水汽输送中贡献为 78%,提供了暴雨过程中主要水汽。本次降水过程中南边界的输入总量明显强于 2020

年 5 月 5 日南疆强降水过程时南边界 $7×10^8$ t[20]。

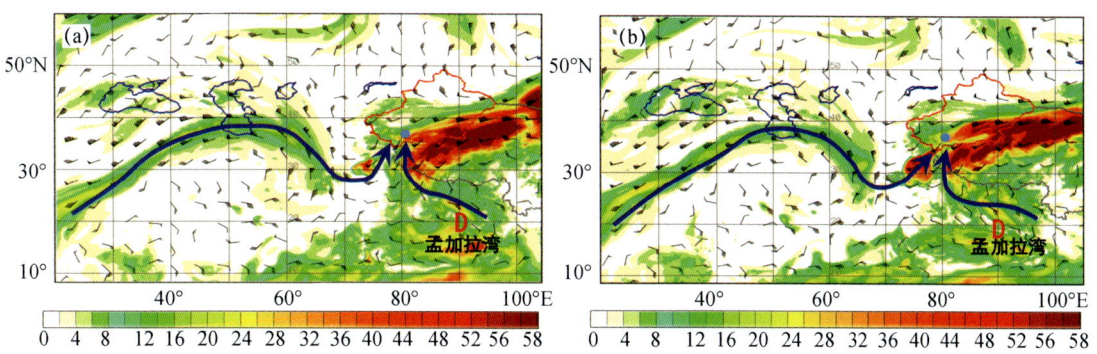

图 9 水汽通量(单位:g·cm^{-1}·hPa^{-1}·s^{-1},阴影为水汽通量>1.0 g·cm^{-1}·hPa^{-1}·s^{-1})
(a)15 日 20 时;(b)16 日 02 时

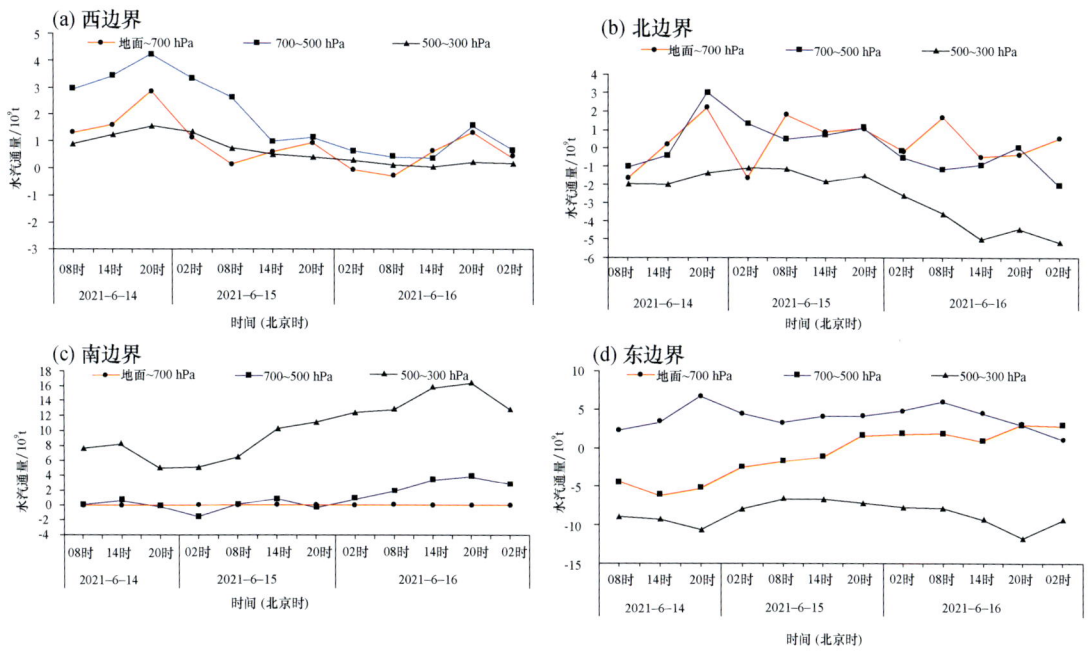

图 10 各边界水汽输送量

4 强降水可预报性及偏差成因分析

4.1 强降水可预报性分析

本次过程中 ECMWF 模式对主要影响系统和形势演变特征预报准确,尤其对中亚低涡位置和强度、系统移动的预报基本与实况一致,环流配置符合南疆大降水形势,对暴雨过程的预报有较大把握,且低层 700～850 hPa 预报有东西风切变辐合,各模式均预报南疆西部有暴雨,尽管强度和落区差异较大,对暴雨预报也有指示意义。同时数值模式预报南疆CAPE＞100 J·kg^{-1},表明大气不稳定,对流性降水的可能性极大。随着模式的调整,南疆地区EFI(极端天气指数)逐渐增大,尤其喀什地区、和田地区EFI≥0.9,对极端降水有一定的指示意义。

4.2 预报偏差分析

本次预报中强降水落区有偏差,尤其是≥48.0 mm的大暴雨落区预报偏西,主要是低层风场的辐合位置有偏差。数值模式预报15日20时850～700 hPa在皮山和叶城之间有一个中尺度的低涡及切变线,但实际风场中700 hPa无中尺度低涡,850 hPa在洛浦周边有中尺度低涡,动力条件分析有偏差,致降水中心预报偏西(图11)。ECMWF模式在喀什东部—和田西部预报CAPE≥200 J·kg^{-1},EFI指数预报值超过0.9,在上述地区预报有极端降水的可能性,并且EFI预报也略有西移。

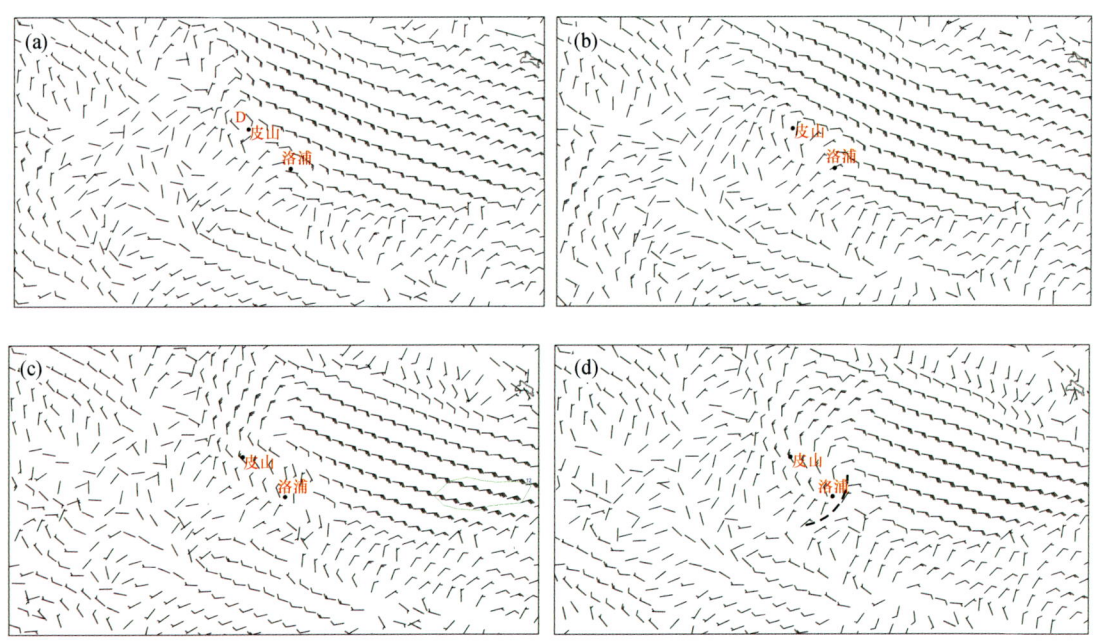

图11 数值模式风场预报与实况

(a)15日20时700 hPa预报;(b)15日20时700 hPa实况;(c)15日20时850 hPa预报;(d)15日20时850 hPa实况

5 极端暴雨的分析思路和预报着眼点

此次极端暴雨在环流配置上符合南疆暴雨的"三支气流"模型[1](图12),预报着眼点主要集中在以下5个方面。

(1)南亚高压双体型。副热带大槽位于中亚至南疆西部,200～100 hPa暴雨区位于槽前西南急流带上,南压高压强度较一般暴雨时强且位置更北。

(2)影响系统为中亚低涡,较一般暴雨时强,位置偏南。伊朗副高北抬、西太副高西伸北抬,中亚低涡东移至高原北部,前部东南气流指向暴雨区。

(3)低层东风急流强并与西风急流辐合。850～700 hPa存在明显的偏东风急流,同时出现翻山的偏西急流,在暴雨区形成东西风辐合,一般暴雨时偏西气流较少出现。

(4)水汽强辐合。中高层偏南路径输送的水汽与低层偏东、偏西路径输送的水汽在暴雨区附近强烈辐合,中高层经高原西北部输送的水汽较一般暴雨更多。

(5)地形强迫与动力热力抬升叠加。由于高原北侧的特殊地形,中层偏南翻山冷空气与低层被地形强迫抬升的暖空气交汇,产生明显强于一般暴雨的动力、热力条件。

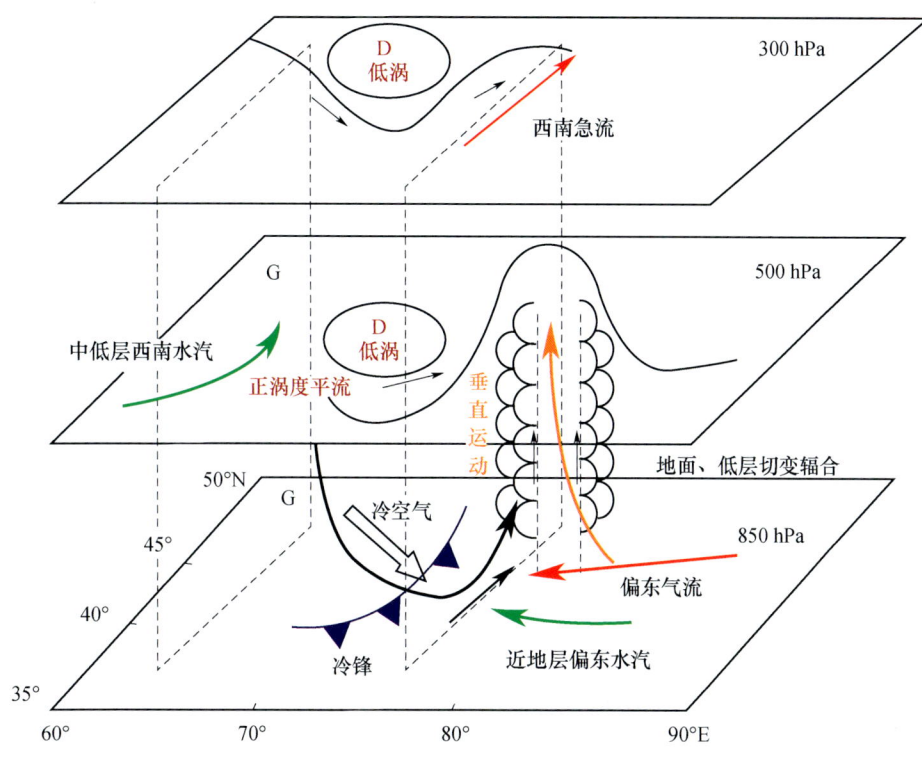

图12 2021年6月南疆极端降雨天气过程概念模型

6 总结与讨论

本文通过对2021年6月14—17日南疆极端暴雨过程的成因及其可预报性、预报偏差原因的分析,归纳了南疆极端暴雨的预报着眼点,总结了预报经验,主要结论如下。

(1)此次极端暴雨的环流配置符合南疆暴雨的"三支气流"配置。有利的动力、热力抬升条件和持续的水汽抬升凝结利于形成极端暴雨,从环流配置上具有可预报性,暴雨过程和降水量预报准确。

(2)此次暴雨在形成条件上较一般暴雨更强,利于出现极端性降水。在新疆气候暖湿化的背景下,南疆地区的降水量阈值不断被突破,预报员对南疆极端降水的预报应有一定的准备和信心。

(3)南疆暴雨大多是在中亚低涡东移的影响下形成的,一般情况下暴雨出现在低涡前部西南气流与低层偏东气流交汇处。此次暴雨东移低涡的位置异常偏南,在高原北侧形成东南气流,导致暴雨落区预报偏西,在综合分析后可订正。

南疆极端暴雨具有一定的可预报性,可在环流配置有利的基础上,对影响系统和水汽、动力、热力指标的强度综合分析得出结论。数值模式对南疆暴雨的预报有较好的参考性,但对于极端性的预报能力参差不齐,各模式对降水量和暴雨落区预报的差异也增大了此次极端暴雨过程的预报难度。

预报有偏差,精细服务来补充。此次极端暴雨天气的暴雨落区预报在空间上存在偏差,但降水量级预报准确,通过递进式预报订正,及时准确预警服务,政府领导关注,社会高效应对极端降水未致大灾。今后需要加强新型观测数据和数值释用方法研究,提升智能网格预报产品质量,提高极端天气预报预警的精准度和提前量。

参考文献

[1] 张家宝,邓子风. 新疆降水概论[M]. 北京:气象出版社,1987.
[2] 马淑红,席元伟. 新疆暴雨的若干规律性[J]. 气象学报,1997,55(2):239-248.
[3] 陶诗言. 中国之暴雨[M]. 北京:科学出版社,1980.
[4] 鲍名,黄荣辉. 近40年我国暴雨的年代际变化特征[J]. 大气科学,2006,30(6):1057-1067.
[5] 陈栋,黄荣辉,陈际龙. 我国夏季暴雨气候学的研究进展与科学问题[J]. 气候与环境研究,2015,20(4):477-490.
[6] 窦新英,毛炜峄,曹占洲. 新疆南疆极端暴雨事件下决策气象服务需求分析[C]//第32届中国气象学会年会会议论文集. 中国气象学会,2015:696-703.
[7] 张家宝,苏起元,孙沈清,等. 新疆短期天气预报指导手册[M]. 乌鲁木齐:新疆人民出版社,1986.
[8] 王敏仲,魏文寿,杨莲梅,等. 新疆2007年"7·17"大降水天气过程诊断分析[J]. 中国沙漠,2011,31(1):199-206.
[9] 张云惠,杨莲梅,肖开提·多莱特,等. 1971—2010年中亚低涡活动特征[J]. 应用气象学报,2012,23(3):313-321.
[10] 赵思雄,张立生,孙建华. 2007年淮河流域致洪暴雨及其中尺度系统特征的分析[J]. 气候与环境研究,2007,12(6):713-727.
[11] 孔期,郑永光,陈春艳. 乌鲁木齐"7·17"暴雨的天气尺度与中尺度特征[J]. 应用气象学报,2011,22(1):12-22.
[12] 史玉光,孙照渤. 新疆水汽输送的气候特征及其变化[J]. 高原气象,2008,27(2):310-319.
[13] 李霞,汤浩,杨莲梅. 1961—2000年塔里木盆地夏季空中水汽的变化[J]. 沙漠与绿洲气象,2011,5(2):6-11.
[14] 杨莲梅,史玉光,汤浩. 新疆春季降水异常的环流和水汽特征[J]. 高原气象,2010,29(6):1464-1473.
[15] 杨莲梅,张云惠,汤浩. 2007年7月新疆三次暴雨过程的水汽特征分析[J]. 高原气象,2012,31(4):963-973.
[16] 杨柳,杨莲梅,汤浩,等. 2000—2011年天山山区水汽输送特征[J]. 沙漠与绿洲气象,2013,7(3):21-25.
[17] 刘蕊,杨青. 新疆大气水汽通量及其净收支的计算和分析[J]. 中国沙漠,2010,30(5):1221-1228.
[18] 陶杰,陈久康. 江淮梅雨暴雨的水汽源地及其输送通道[J]. 南京气象学院学报,1994,17(4):443-447.
[19] 张俊,李如琦,等. 1970—2019年夏季南疆低空垂直速度与降水时空变化特征[J]. 沙漠与绿洲气象,2021,15(5):71-77.
[20] 李海花,闵月,李桉宇,等. 昆仑山北麓两次极端暴雨水汽特征对比分析[J/OL]. 干旱区地理,2022:1-11(网络首发).

二、台风

2106号强台风"烟花"的主要特点和预报难点分析

王海平[1]　杨舒楠[1]　许映龙[1,2]　聂高臻[1]

(1. 国家气象中心,北京,100081;2. 中国科学院大学,北京,100049)

摘要:本文对2021年第6号台风"烟花"的主要特点以及路径和降水预报过程中出现的难点问题进行了总结和分析。"烟花"移动缓慢,是首个两次登陆浙江的台风,在浙北和杭州湾附近长时间滞留。降雨影响范围广、累积雨量大但大部地区雨势较平缓、大风持续时间长。预报难点包括四个方面:(1)当多数模式预报出现一致偏差时,预报员难以做出订正,需要针对模式中影响台风的重要天气系统(如高空冷涡、TUTT等)开展预报检验工作;(2)台风移速缓慢,但定量程度难以把握,需要通过总结历史个例和敏感性试验等方法开展东侧台风对西侧台风移动缓慢影响的定量研究;(3)西风带槽(脊)对副热带高压退(进)快慢的定量影响把握困难,从而影响北上台风转向点的预报;(4)地形对极端持续降水的作用及降水非对称结构演变的影响复杂,难以把握。

关键词:台风"烟花",路径调整,预报难点,高空冷涡,极端持续降水

引言

2021年第6号台风"烟花"于7月18日02时在西北太平洋洋面上生成,生成后向西北转西偏南方向移动,21日上午在琉球群岛南部洋面加强为强台风级,22日再次转向西北方向移动,23日进入东海后强度略有减弱,25日12时30分前后在浙江普陀沿海登陆(13级,38 m·s^{-1},台风级);穿过杭州湾后,于26日09时50分前后在浙江平湖沿海再次登陆(10级,28 m·s^{-1},强热带风暴级),28日凌晨在安徽减弱为热带低压,30日早晨从河北黄骅进入渤海,30日晚上变性为温带气旋,中央气象台对其停止编号。

"烟花"造成沪、浙、皖、苏、鲁等部分地区出现洪涝灾害,多次列车停运、航班延误或停航;部分地区农作物倒伏,浙江宁波、舟山等地出现海水倒灌;淮河和海河流域29条河流出现超警戒水位;受灾人口达482万,紧急转移人口114.1万。但是,"烟花"也为华东、京津冀、东北地区增加了水资源,使内蒙古、吉林和辽宁等地的土壤墒情明显改善。

中国气象局启动了重大气象灾害(台风和暴雨)Ⅱ级应急响应;浙江、上海、江苏、安徽、山东、河北、天津、辽宁、吉林、黑龙江等地及时启动相应级别应急响应,其中,浙江启动重大气象灾害(台风)Ⅰ级应急响应,江苏启动重大气象灾害(台风)Ⅱ级应急响应。

台风"烟花"影响范围广、持续时间长,业务预报中又存在诸多难点问题,使得中央气象台对其路径和降水的预报出现了多次较大的调整,因此本文将对"烟花"的特点、预报难点和模式表现等进行复盘总结,希望能够提炼出一些预报经验和科学问题,为今后相似个例的预报提供线索。

1 台风"烟花"概况

台风"烟花"路径复杂,登陆浙江舟山后,在本岛滞留 5 h,在杭州湾缓慢西行 16 h 后在浙江平湖再次登陆,为 1949 年有气象记录以来首个在浙江两次登陆的台风。"烟花"长时间滞留在浙北和江苏南部后一路北上。强度减弱速度慢,陆地上维持时间达到 4 d(图 1a)。

"烟花"自南向北影响我国东部地区的时间长达 10 d(7 月 22—31 日),是有记录以来影响我国大陆时间最长的台风,风雨影响范围广,累积降雨量大。强风雨天气先后影响台湾、浙江、上海、江苏、安徽、山东、河南、北京、天津、河北、内蒙古、辽宁、吉林、黑龙江等 14 个省(区、市)。

华东、华北、东北等地累积降雨量 50 mm 以上的国土面积达 790000 km^2,100 mm 以上的面积 380000 km^2,250 mm 以上的面积近 60000 km^2。江苏平均降水量 220.9 mm,接近常年平均 7 月降雨量,为有记录以来影响江苏过程雨量最大的台风;浙江平均累积降雨量 191 mm,突破该省登陆台风降雨量纪录,单站最大余姚大岚镇丁家畈达 1034.3 mm,接近 1323 号台风"菲特"单站降雨极值(安吉天荒坪 1056 mm)。"烟花"影响期间大部地区降雨较平缓,小时雨强在 20～40 mm·h^{-1},≥40 mm·h^{-1} 的站点占比较少。其最大雨强出现在北上阶段:江苏中北部出现 40～60 mm·h^{-1} 的短时强降水,局地雨强超 80 mm·h^{-1}(图 1b)。

浙江、上海、江苏、安徽、山东、河北和天津部分地区出现 8～9 级阵风,上海沿海、江苏东南部沿海、浙江东部沿海阵风 10～12 级,浙江沿海岛屿 13～14 级,浙江岱山泥螺山(48.1 m·s^{-1},25 日 08—09 时)和嵊泗徐公岛(47.1 m·s^{-1},25 日 05—06 时)阵风达 15 级(图 1c)。

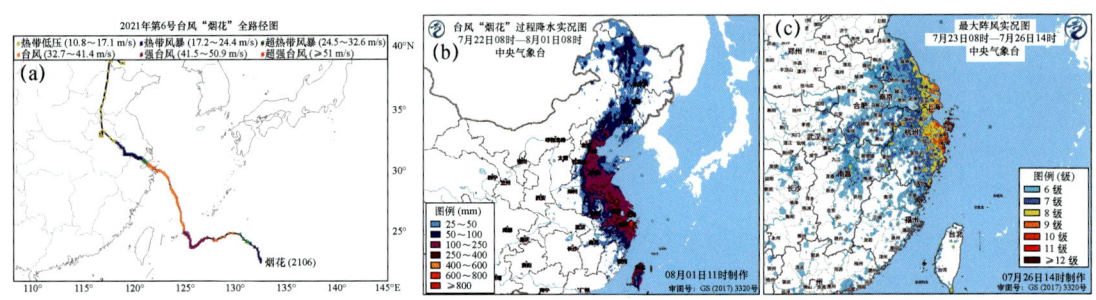

图 1　台风"烟花"全路径(a)、过程降水量实况(b)和过程最大阵风实况(c)

2 主客观预报检验

中央气象台 24 h、48 h、72 h、96 h 和 120 h 的主观路径预报误差分别是 56.2 km、106.5 km、188.7 km、259.2 km 和 319.2 km,其中 72 h 内的误差略大于日本气象厅和美国联合台风预警中心,但在 96～120 h 误差小于这两家主观预报(图 2a)。CMA-TYM 模式(中国气象局台风预报模式)的路径预报误差在 48 h 内与 ECMWF(欧洲中期预报中心)和 NCEP(美国国家环境预报中心)的确定性模式的预报基本相当,在 72～120 h 误差略大(图 2b)。

总体看来,国内外主客观路径预报误差在不同时效差距不大,但是各预报中心或模式出现较大预报误差的阶段略有不同。

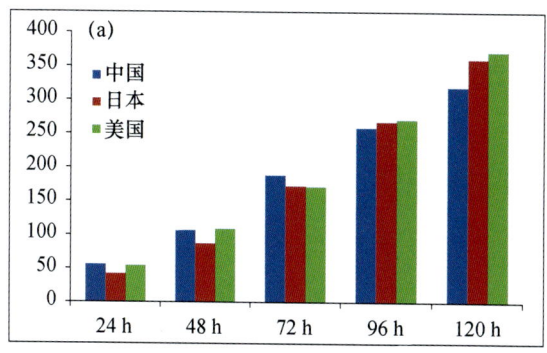 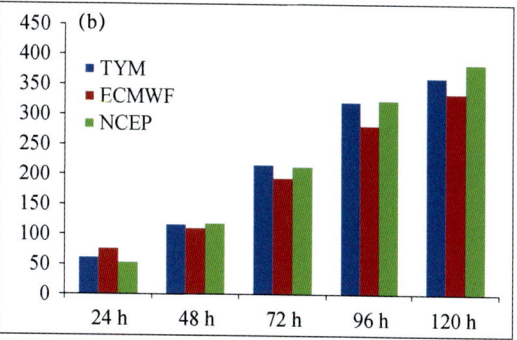

图 2 中、日、美官方预报台风"烟花"路径误差对比(a)与数值模式预报误差对比(b)(单位:km)

中央气象台对"烟花"的业务路径预报误差主要来自于三次较为明显的阶段性调整(图3),分别是第一次将登陆点从浙闽交界处调整到舟山附近;第二次是将预报登陆后缓慢西行调整为预报登陆后西北行尔后转向东北方向移动,从山东半岛南部沿海进入黄海中部海域;第三次是将预报的入海位置由山东半岛南部进入黄海中部调整为由山东半岛北部进入渤海。

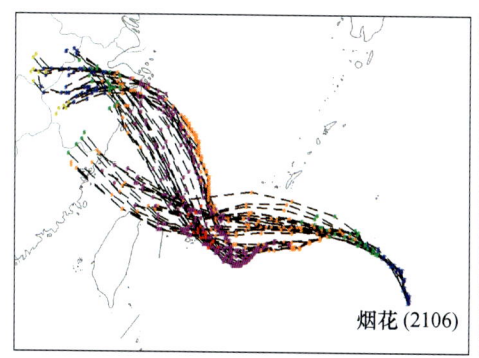 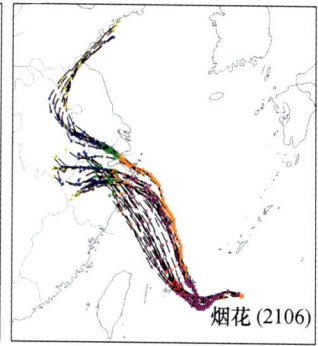 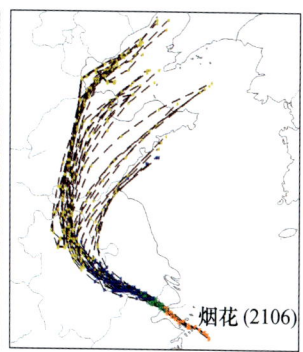

图 3 中央气象台对台风"烟花"路径预报的三次重要调整

另外,台风"烟花"的短期定量降水预报总体把握较好,但在登陆前的长时效预报阶段及登陆后的非对称发展阶段预报偏差明显。数值模式、客观方法及主观预报对台风登陆前的降水预报把握均相对较差,暴雨、大暴雨明显漏报。台风登陆后,TS 评分总体较高,尤其在 28—29 日,24 h 时效暴雨 TS 评分分别达 0.48 和 0.62,但对于 72 h 以上时效预报,暴雨评分则显著下降。随着时效临近,暴雨落区存在明显向北调整趋势,表明中期时效台风降水预报偏差较大。台风登陆后非对称发展过程(27 日)预报偏差相对较大,暴雨 TS 评分较登陆后其他时段偏低。

3 预报难点分析

3.1 路径预报难点分析

台风"烟花"路径复杂,与"查帕卡""尼伯特"相互作用,副热带高压偏北偏东,引导气流偏弱,预报难度较大。上文提到中央气象台在对"烟花"的业务路径预报中出现了三次重要调整,以下将主要针对这三次预报调整过程中出现的预报难点问题做出具体分析。

3.1.1 登陆点从浙闽交界调整到舟山的预报难点和着眼点

在台风"烟花"生成初期,中央气象台主观预报和确定性模式预报产品对其路径预报均为西行,在浙闽交界处附近沿海登陆,后期均调整为先西行,尔后转为西北行,在浙江北部沿海登陆。同时,集合预报产品绝大多数成员的表现也是如此(图4)。因此,各国官方预报在初期都是预报的西行路径。各家模式对预报进行大幅度调整的时间点均在7月19—20日。

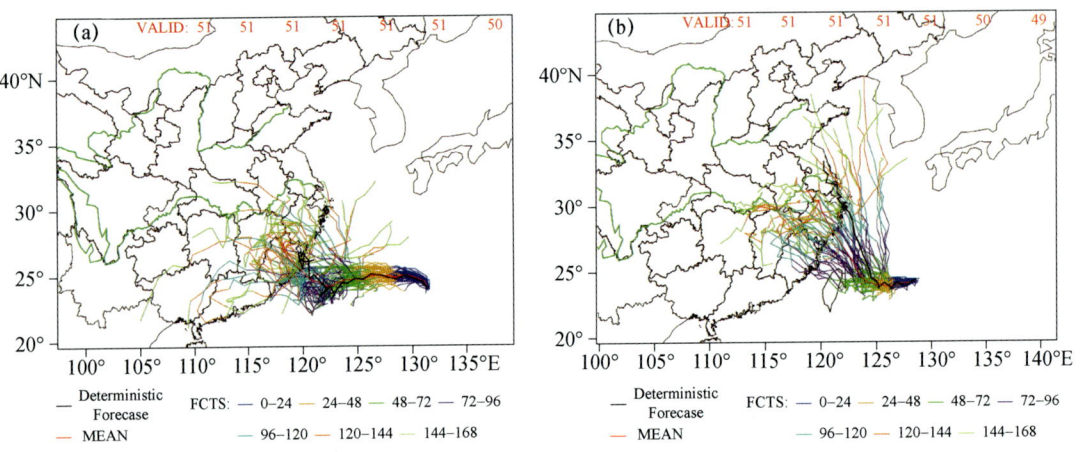

图4 ECMWF数值模式7月19日20时(a)与7月20日20时(b)对台风"烟花"路径的集合预报

进一步分析导致模式做出重大调整的原因可以发现,7月19日20时起报的72 h时效和7月20日20时起报的48 h时效500 hPa位势高度场预报(图5)的差别并不大,都是在"烟花"北侧有弱的块状副热带高压存在,引导气流弱,"烟花"停滞少动。但是从7月19日20时起报的96 h时效和7月20日20时起报的72 h时效500 hPa位势高度场预报图上则可以清楚地看到两者的明显区别,前者预报的"烟花"位于大致为东西向的存在多个涡旋的西南季风辐合带中,"烟花"东侧为另一热带气旋"尼伯特",这样的形势场有利于台风向偏西方向移动[1];而后者预报的"烟花"则位于副热带高压西南侧,在其引导下,有利于"烟花"向西北方向移动。

另外,通过分析高空200 hPa流场和风速图发现,19日20时和20日20时起报的对21日20时的流场和风速预报较为一致,即在"烟花"的北侧存在一个经向度较大的长波槽,槽内存在一个尺度较小的冷涡(图略)。然而对22日20时的预报则出现了明显的不同(图6)。19日20时预报北侧长波槽北缩,经向度明显减小,趋于平直,而20日20时起报的48 h预报则为该长波槽内的冷涡正位于"烟花"的北侧,明显更加接近实况。而从与图5对应时刻的500 hPa形势场中可以看到,19日20时与20日20时起报的预报并没有出现明显的差别,也就是说,在200 hPa的高层先于500 hPa出现了有利于"烟花"向北转向的信号。

从ECMWF各集合预报成员的200 hPa高空流场中也可以看到,路径预报西行的一组,"烟花"北侧的长波槽较为平直,槽内冷涡弱,而路径预报北上的一组,"烟花"北侧的长波槽经向度明显更深,槽内冷涡更强(图略)。

另外,在对2010年第10号台风"莫兰蒂"的路径预报中也发现,高空冷涡是影响"莫兰蒂"路径发生北翘的主要原因[2]。冷涡外围气流对台风有牵引作用[3],这也是导致"烟花"路径发生西北折的重要原因。然而,目前国内外的模式对于冷涡切断过程的预报仍很困难,因此,给台风的路径预报也造成了极大的困难。

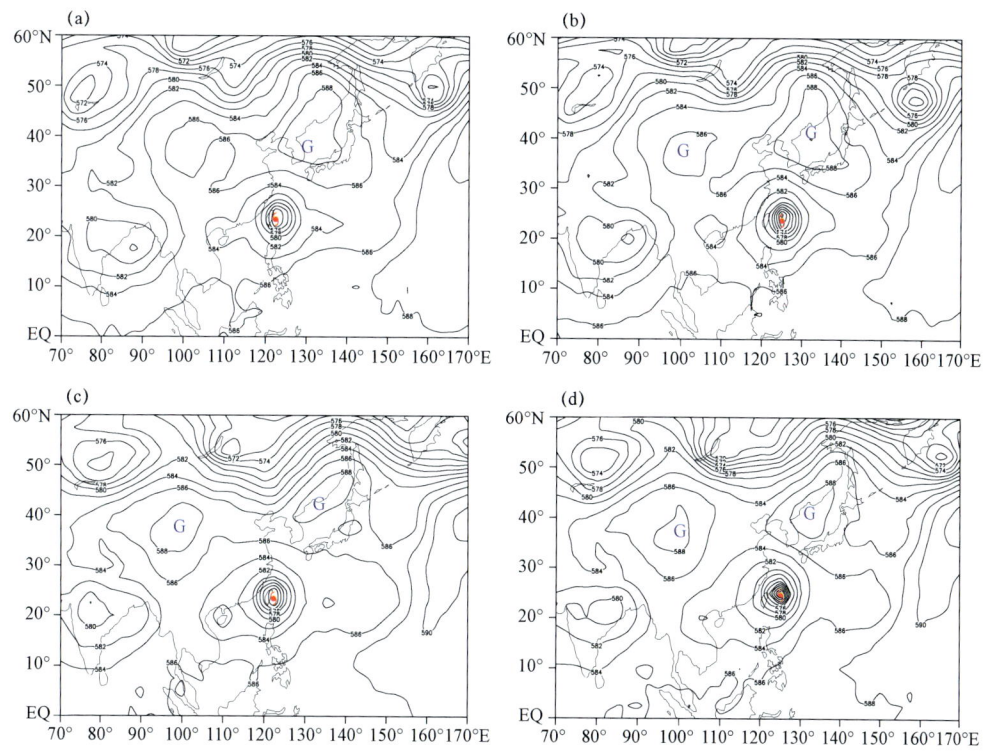

图 5　ECMWF 数值模式 7 月 19 日 20 时起报 72 h(a)、96 h(c)与 7 月 20 日 20 时起报 48 h(b)、72 h(d)500 hPa 高度场预报(红点表示台风中心位置,G 表示高压中心位置)

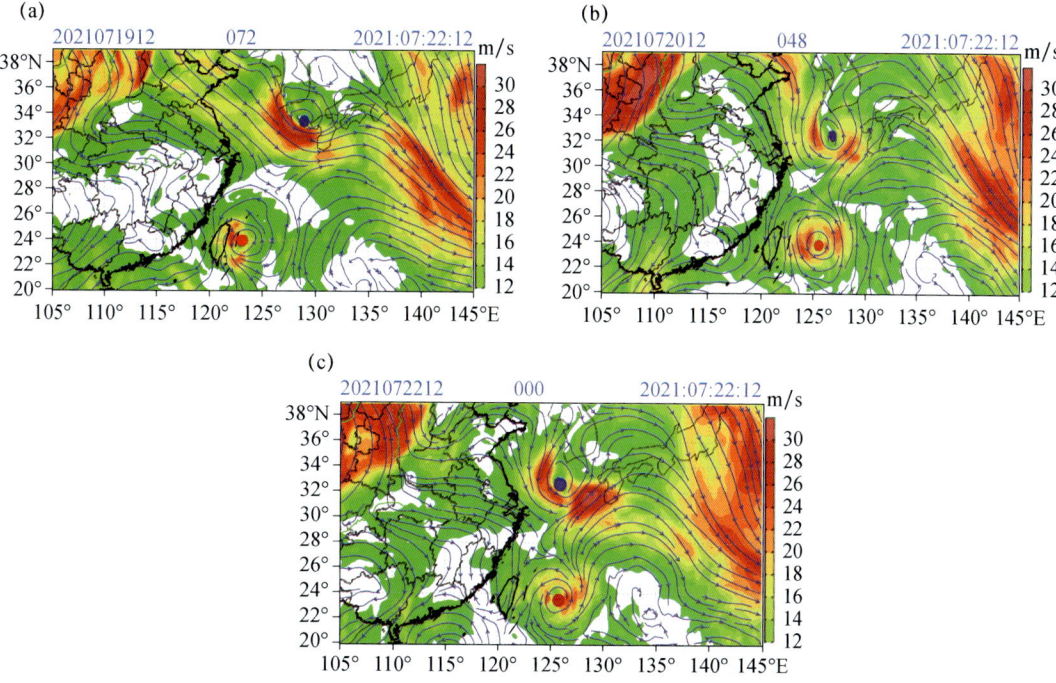

图 6　ECMWF 数值模式 7 月 19 日 20 时起报 72 h(a)、7 月 20 日 20 时起报 48 h(b)预报以及 7 月 22 日 20 时(c)200 hPa 流场和风速场(红点代表台风中心所在位置,蓝点代表高空冷涡中心所在位置)

综上所述，"烟花"第一次路径预报调整的主要预报难点是当多数模式预报出现一致的偏差时，主观订正极为困难。预报着眼点是通过开展对模式中影响台风的重要天气系统，包括副热带高压、高空冷涡、热带对流层上层槽等的预报检验工作，为模式订正技术积累经验。

3.1.2 登陆后缓慢移动和长久维持的原因分析

台风"烟花"移动缓慢，依据中央气象台业务定位计算的全生命史逐6 h平均移动速度仅为10.6 km·h^{-1}。本节将重点讨论登陆后的缓慢移动问题，这一阶段的缓慢移动给浙江沿海造成了长时间的风雨影响。

"烟花"于7月25日12时30分前后在浙江普陀沿海登陆，登陆后缓慢向西北方向移动进入杭州湾，继续缓慢移动，26日09时50分前后在浙江平湖二次登陆，约130 km的距离耗时长达约21 h，平均移动速度约为6 km·h^{-1}。二次登陆后继续缓慢向西偏北方向移动约200 km，耗时长达约34 h，平均移动速度也为大约6 km·h^{-1}。27日晚移动速度逐渐加快，并转向北偏西方向移动。

"烟花"处在副热带高压减弱东退的过程中，且与其西侧和东侧分别存在的台风"查帕卡"和"尼伯特"相互作用（图略），这种鞍型场是造成台风缓慢移动的典型形势场[4]。各家的主、客观预报也都有所反映。依据以往的业务预报误差检验发现，当大尺度环境引导气流偏弱时，数值模式对台风的移动速度预报往往难以把握。各家模式对于"烟花"登陆后缓慢移动的预报也存在较大差异。中央气象台的主观预报对于缓慢移动阶段的路径预报也出现了较大的误差。主要原因可能有两个：一是"烟花"处在鞍型场内，引导气流弱；二是"烟花"受高压坝和东侧另一涡旋的引导，两者相互牵制和抵消导致了"烟花"的移动极为缓慢[5]。

以7月24日20时起报的对"烟花"从第一次登陆舟山直至在江苏西南部开始折向北偏西方向这一阶段的预报为例，ECMWF确定性模式预报这一段距离的移动所耗费的时间约为100 h，CMA-TYM预报耗时也为大约90 h，而实况的耗时约为55 h，中央气象台主观预报耗时约45 h（图略），与实况最为接近，但预报的路径较实况偏南。台风登陆后缓慢移动且长时间得到水汽输送导致强度长时间维持的个例并不少见[6]，但"烟花"的维持时间之长和移动的缓慢程度还是极为罕见的。2018年第18号台风"温比亚"登陆后缓慢移动，且更加深入内陆至河南省境内，后也转向东北方向入海，但其在登陆后缓慢移动的速度和维持缓慢移动的时间仍远远比不上"烟花"。预报员认为"烟花"经历这样长时间的缓慢移动后，其环流是难以在陆地上继续维持的，因此预计其深入内陆进入安徽境内后将减弱消散。而实况则是"烟花"减弱的热带低压环流依旧长时间在陆地上维持，这可能跟其东侧强烈的水汽输入有关。

综上所述，"烟花"第二次路径预报调整的主要预报难点是台风移速缓慢的定量程度仍然难以把握。预报着眼点是通过总结历史个例和敏感性试验等方法进一步开展东侧台风对西侧台风移动缓慢影响的定量研究。

3.1.3 北上后出海位置的分析

"烟花"登陆后向西北方向移动，先后进入江苏和安徽境内，后减弱为热带低压向东北方向移动。对于转向后出海位置的预报由从山东南部移入黄海调整为由山东北部进入渤海，造成了7月26日早间对江苏和山东南部的降水估计偏强。

各家模式对于出海位置的预报也呈现出相似的差异，中央气象台的主观路径预报更接近

NCEP模式。这主要是基于对以往北上台风的路径预报检验发现,ECMWF模式对于北上台风的路径预报往往偏向于实况路径的左侧,因此主观预报给了 NCEP模式更多权重。另外,预报员对形势场进行诊断分析发现,26日起报的500 hPa形势场(图略)中,"烟花"位于西风槽前,其东北侧为弱的副热带高压坝和台风"尼伯特",当时预计随着西风槽的加深和东移,"烟花"也将随即向西北方向移动,在山东以南进入黄海。但是实况表明,由于西风槽东侧阻塞高压的存在,系统较为稳定,并未持续向东移动,而是维持了长时间的少动,使得"烟花"转向后路径较预报偏北。因此,7月27日将预报调整到了由山东北部进入渤海。

综上所述,"烟花"第三次路径预报调整的主要预报难点是西风带槽(脊)对副热带高压退(进)快慢的定量影响仍难以把握,以至于影响北上台风转向点位置的预报。预报着眼点是进一步开展对北上台风模式表现的研究和订正工作。

3.2 降水预报难点及成因分析

台风"烟花"的降水预报偏差主要体现在对极端累积降水量的估计不足和对台风登陆后降水非对称性演变把握较差。模式中期时效对路径及降水的预报稳定性较差,对下垫面与环流的相互作用估计不足等是造成降水偏差的主要原因。在台风登陆后缓慢北上阶段,其中尺度雨带非对称结构不断发生变化,强降水落区也随之演变,但模式对降水的非对称特征明显把握不足,对江苏降水预报偏弱,预报评分明显低于其他时段。此外,对台风与中纬度系统相互作用产生的降水,预报总体把握较好。但对于冷空气影响初期,模式对冷空气的作用以及不稳定条件的发展把握不足,造成对鲁西北地区降水预报存在一定偏差。

3.2.1 浙江极端累计降水

受烟花影响,浙江出现1034.3 mm的极端累积降水,主客观预报对其把握明显不足。浙江的大累积雨量主要由长时间较平缓降水累加造成,且强降水分布与地形有较好匹配关系(图7),尤其余姚南部的四明山脉。

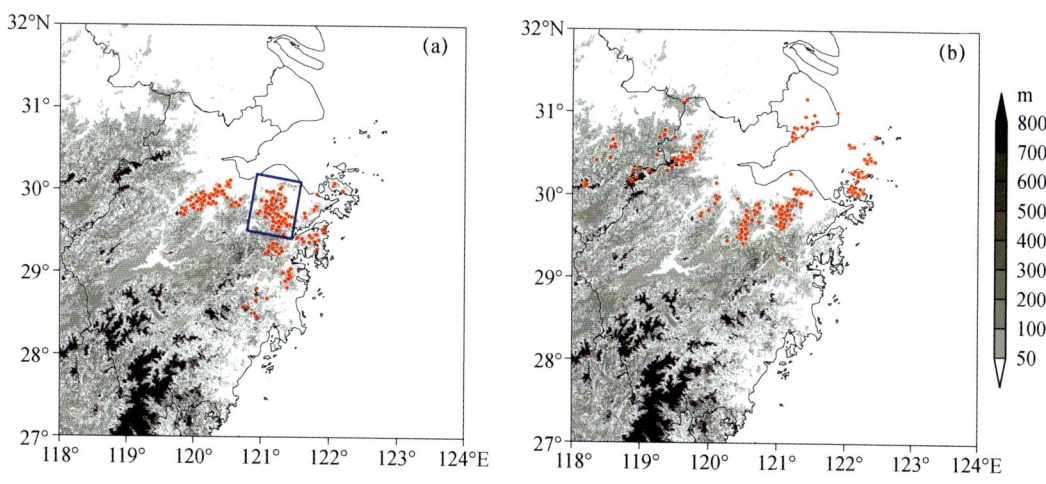

图7 降水量≥250 mm站点分布(红色圆点)及地形高度(阴影,单位:m)
(a)登陆前:2021年7月22日08时—25日08时,蓝色方框为浙江四明山区域;
(b)登陆期间:7月25日08时—27日08时

"烟花"登陆前,台风西北象限存在较强东北气流,气流跨越杭州湾后,受海陆差异及地形影响风速迅速减小,在杭州湾南岸至山前有低层辐合产生(图8a、图8b)。与此同时,气流遇四明山地形产生爬升,最强上升气流出现在北部迎风侧山顶。登陆过程中在杭州湾附近转为偏北风,且风速显著增强,迎风坡气流爬升更明显,低层辐合及上升运动也更强(图8c、图8d)。此外,受台风涡旋影响,山前有明显气流汇合,进一步促进强辐合和上升运动发展。由于台风登陆后移速缓慢,杭州湾南岸地形作用及风速和风向辐合的共同影响,导致局地动力抬升条件长时间维持,为持续性降水产生提供有利条件。

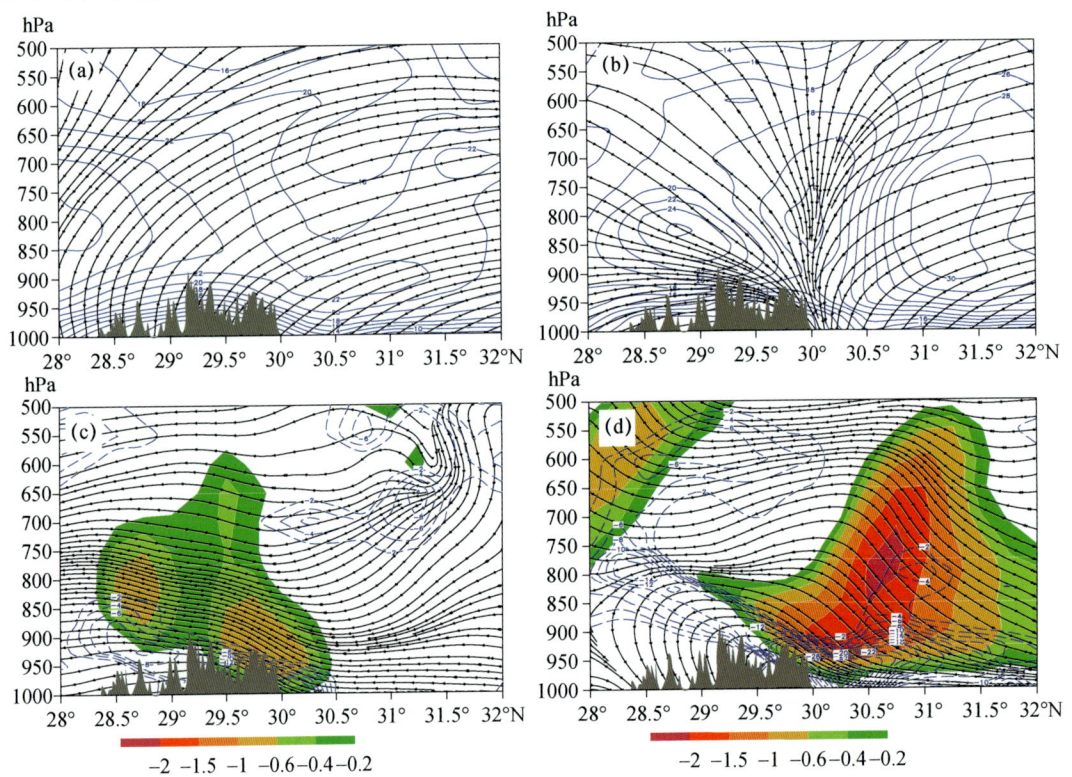

图8　2021年7月24日14时(a、c),25日20时(b、d)沿121.147°E经向-垂直剖面
(a)(b)水平风(流线)及风速(蓝色实线,单位:m·s^{-1}),(c)(d)经向垂直环流(流线)、上升速度(填色,单位:Pa·s^{-1})及水平散度(蓝色虚线,单位:10^{-6}·s^{-1})

3.2.2　台风降水非对称性发展

烟花缓慢北上过程降水非对称性明显且不断变化,给预报带来较大挑战。其降水非对称性经历了台风螺旋雨带、台风东侧对流及台风北侧雨带发展。

台风东北象限的中尺度螺旋雨带(R1、R2、R3)发展与两条中尺度急流带有较好吻合(图9a),中尺度急流出口区的风速辐合及上升运动对应R3和R1;西南和东南风辐合则是造成R2发展的主要原因。台风东侧对流发展与中尺度急流辐合带的合并、加强有关(图9b)。"烟花"东侧水汽充沛,且维持中等到偏强的CAPE(对流有效位能)和假相当位温暖湿舌,为对流发展提供有利水汽和能量条件。台风北侧雨带产生与低层偏东路径冷空气有关(图9c),在低层温度梯度大值区附近,北侧冷空气下沉、南侧暖空气上升,同时配合台风倒槽和高低空急流耦合作用,导致锋区有上升运动发展及北侧雨带产生和维持。

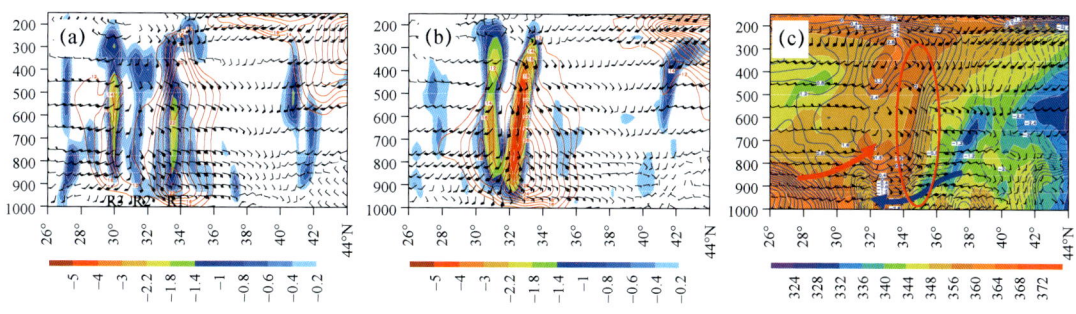

图 9　2021 年 7 月 27 日 14 时(a)、28 日 02 时(b)沿 120°E 上升速度(填色,单位:Pa·s^{-1})和水平风速(红色,≥12 m·s^{-1})及 28 日 14 时沿 117°E 假相当位温(填色,单位:K)及扰动温度(蓝色,单位:K)经向垂直剖面(c,椭圆圈为锋区,红蓝箭头代表气流运动方向)

3.2.3　冷空气影响鲁西北降水

鲁西北强降水主要发生在 29 日 04 时—30 日 05 时,在台风中心的西北象限有冷空气的影响,鲁西北地区普遍出现 70 mm 以上降水,最大达到 169.1 mm。

鲁西北地区在 850 hPa 假相当位温分布上存在 320 K 的假相当位温低值中心(图略),说明上游有冷空气侵入,并与台风系统的高湿区形成大梯度高能舌区,在中低层的假相当位温差分布中存在 −20 K 的负值中心,说明中低层存在明显的对流不稳定。此外,850 hPa 从鲁东南一直到鲁西北存在强水汽输送,水汽通量达 35 g·cm^{-1}·hPa^{-1}·s^{-1} 以上,偏东风急流源源不断往台风北部输送水汽。水汽通量散度负值中心也集中在鲁西北地区,达到 −25 g·cm^{-2}·hPa^{-1}·s^{-1} 以上。在有利的水汽和不稳定条件下,鲁西北的高对流不稳定区叠加 850 hPa 上升区,有利于强降水产生。

3.2.4　台风暴雨预报着眼点

在台风移速缓慢的背景下,要特别关注沿岸地形对台风降水的增幅作用,尤其在向岸风持续且风速较强的情况下,地形降水作用更加明显,且能够产生持续性的强降水,造成极端累计降水的产生。此外,台风登陆后,本体降水会迅速减弱,降水的非对称结构得以迅速发展,数值模式往往对精细的台风降水结构难以把握,需要关注台风中尺度急流的发展,强降水与中尺度急流的风向、风速辐合带有很好的吻合关系。对于冷空气与台风环流相互作用的降水,除了分析系统结构来判断冷空气的结合外,仍需开发客观方法,从客观上判断冷空气的影响程度,给预报员提供参考。

4　结论

本文应用中、日、美官方综合预报和多家模式预报资料对 2021 年第 6 号台风"烟花"的主要特点和预报难点问题进行了分析和研究,得出主要结论如下:

(1)"烟花"移动缓慢,是首个两次登陆浙江的台风,在浙北和杭州湾附近地区长时间滞留;二次登陆后陆上维持时间约为 79 h;降雨影响范围广,华东、华北、东北地区出现大范围降雨天气。累积降雨量大,大风持续时间长,大部地区雨势较平缓。

(2)当多数模式预报出现一致的偏差时,主观订正极为困难,因此极有必要开展对模式中影响台风的重要天气系统,包括高空冷涡、热带对流层上层槽等的预报检验工作,为模式订正技术支持积累经验。

(3)台风移速缓慢的定量程度仍然难以把握,因此,需要通过总结历史个例和敏感性试验等方法进一步开展东侧台风对西侧台风移动缓慢影响的定量研究。

(4)西风带槽(脊)对副热带高压退(进)快慢的定量影响仍难以把握,以至于会影响北上台风转向点位置的预报,尤其是当不同模式的形势场预报分歧较大时其预报难度更大,因此,对于北上台风的模式表现的研究和订正工作也需进一步开展。

(5)向岸风持续且风速较强时,应关注沿岸地形对降水的增幅作用,数值模式往往对地形作用把握不足,造成极端降水的漏报。此外,台风登陆后的降水非对称发展仍难以把握,需要通过对中尺度急流的发展演变、中尺度雨带实况特征及中尺度模式预报等方面的综合研判进行订正。对于冷空气与台风环流相互作用的降水,除定性分析冷空气的结合外,仍需开发客观方法,给预报员提供定量参考。

参考文献

[1] 王海平,董林.2019年西北太平洋和南海台风活动概述[J].海洋气象学报,2020,40(2):1-9.

[2] 霍利微,郭品文.夏季风期间南海对流活动对西北太平洋热带气旋的影响分析[J].热带气象学报,2014,30(1):101-110.

[3] 温典,李英,魏娜,等.高空冷涡影响台风Meranti(1010)北翘路径的集合预报分析[J].大气科学,2019,43(4):730-740.

[4] 陈联寿,丁一汇.西太平洋台风概论[M].北京:气象出版社,1979:312-318.

[5] 昌磊,余锦华.西北太平洋TC移动速度异常及预报误差特征的分析[J].大气科学学报,2017,40(1):71-80.

[6] 王海平,董林,许映龙,等.2019年西北太平洋台风活动特征和预报难点分析[J].气象,2021,47(8):1009-1020.

2114号超强台风"灿都"路径及强度预报偏差分析

郭巧红[1]　钱奇峰[2]　张　玲[2]　王　智[3]　黄新晴[1]　杜雪婷[1,4]　马晓星[3]

(1. 浙江省气象台,杭州,310051;2. 国家气象中心,北京,100081;
3. 上海中心气象台,上海,200030;4. 浙江人工影响天气中心,杭州,310051)

摘要:业务预报对2114号超强台风"灿都"生成初期的RI(快速增强)和近海北上阶段的路径预报均出现了较明显的偏差。本文利用实况观测、业务数值模式、卫星云图、ERA5(第5代欧洲再分析)等资料,针对"灿都"的特点、预报难点及预报偏差原因进行分析,结果发现:(1)"灿都"内核尺度小、结构紧凑,生成后24 h内增强为超强台风;(2)副热带高压随着南海台风"康森"的西行而南落西伸,可能是"灿都"在近海北上过程中出现偏东分量的重要原因;(3)"灿都"南北向狭长的云型特征及其不对称结构对移动路径有一定的指示意义;(4)72 h内CMA-TYM(中国气象局台风数值预报模式)对台风的强度和路径预报均优于其他模式,且报出了"灿都"生成初期的RI过程,在以后的台风业务预报中可加强应用。

关键词:台风"灿都",预报难点,数值模式,RI过程,弱引导气流环境场

引言

随着气象探测和计算机技术的进步,尤其是资料同化技术的发展应用,数值模式的准确性越来越高,我国台风业务预报也因此得到了快速发展[1],但仍有一些台风的路径预报误差较大,强度预报(尤其是强度快速变化预报)也是业务预报的难点之一[2]。面对防灾减灾的精细化服务需求,台风路径和强度预报仍然给预报员带来很大的挑战。

2021年第14号台风"灿都",9月7日08时在菲律宾以东洋面生成后,24 h内快速增强为超强台风,数值模式对"灿都"的路径预报出现多次较大调整,特别是11日20时和12日08时,在"灿都"最靠近陆地的预报服务关键节点,各家数值模式均预报"灿都"将于13日在浙江北部到上海登陆,而后在江浙沪交界处一带滞留回旋。但实际上"灿都"近海北上后并没有登陆,而是在舟山群岛以东的东海北部海域长时间回旋。由于台风路径预报出现较大偏差,导致浙江北部、上海及江苏东南部等地雨量预报明显偏大,内陆和沿海的风力预报也比实况偏大1～2个量级,一定程度上造成上海等地决策服务的被动(例如上海全市中小学生停课一天半),给城市运行带来一定的不利影响。

由于"灿都"快速增强过程具有极端性,在近海北上阶段处于弱环境引导气流条件下,台风强度和路径预报均存在较大难度。本文利用实况观测、业务数值模式、卫星云图、ERA5等资料,针对"灿都"台风的业务预报偏差、预报难点及其产生原因进行复盘总结,提炼预报着眼点,旨在为以后类似复杂台风的预报服务提供有益的参考。

1 台风概况

1.1 台风概况

2021年第14号台风"灿都"于9月7日08时在菲律宾以东洋面生成后,先向偏西方向移动(图1a),在巴士海峡附近逐渐转向北偏东方向,而后沿台湾岛东部、东海西部海面北上。13日夜间在上海以东大约120 km的海面转向东南方向缓慢移动。14—15日在舟山以东海域长时间回旋,16日起转向东北方向移动并趋向日本南部,中央气象台于17日21时停止编报。

"灿都"台风具有如下主要特点:(1)生成初期快速增强具有极端性,"灿都"生成后24 h内风速增强了40 m/s成为超强台风;(2)内核尺度小、结构紧凑,12级风圈半径仅为50~70 km,超强台风维持时间长达110 h;(3)"灿都"近海北上阶段结构不对称,其东侧对流发展明显强于西侧。

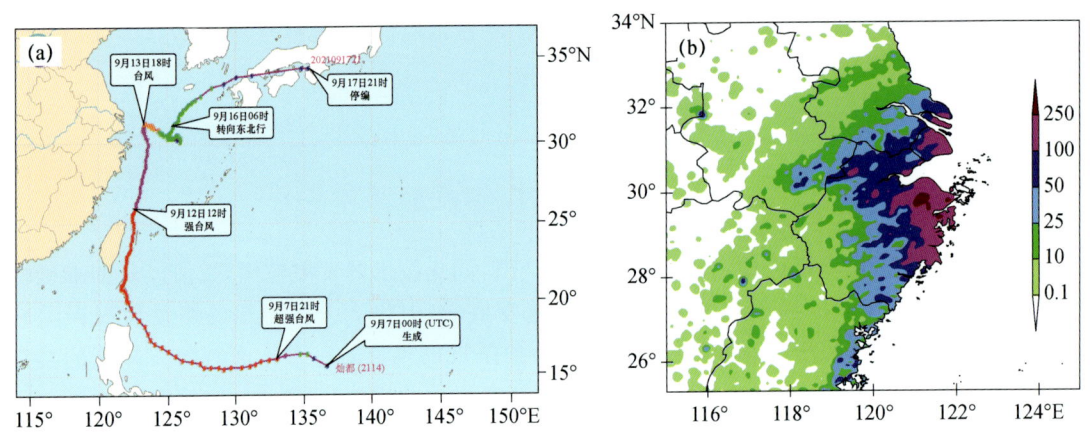

图1　2114号台风"灿都"路径(a)和9月11日08时—16日08时的过程累积雨量(b,单位:mm)

1.2 风雨影响

受"灿都"影响,浙江东部和上海等地出现暴雨、大暴雨,宁波局地特大暴雨(最大日雨量318 mm)。11日08时—16日08时累积雨量(图1b),浙江中北部沿海地区和浙北内陆、上海等地部分100~250 mm。其中,浙江中北部沿海部分地区250~400 mm,单站最大为余姚丁家畈505 mm。浙江北部和上海市沿海海面最大阵风10~12级、局部13~14级,单站最大为嵊泗徐公岛42.4 m/s。由于"灿都"在近海北上,并在舟山以东海域长时间回旋,浙北沿海海面10级以上大风持续时间长达80 h。

2 预报检验

2.1 路径和强度预报

对中央气象台"灿都"逐次路径和强度预报检验可见(图略),在"灿都"生成初期和近海北上两个阶段,路径主观预报误差相对较大。尤其是在近海北上阶段,预报"灿都"将在浙北到上海一带沿海登陆,而"灿都"实际路径距离舟山普陀有 110 km。在强度预报方面,主观预报没有报出"灿都"生成初期的 RI 过程,中央气象台预报"灿都"生成后 24 h 台风中心附近的最大风速为 23 m/s,而实际强度达 58 m/s,强度预报明显低估。

2.2 雨量预报

图 2 为中央气象台 12 日 18 时发布的 13—15 日逐日降雨量预报及对应的雨量实况图。由于"灿都"的路径预报调整为在浙江宁波登陆或穿过舟山群岛,之后在江浙沪交界处一带滞留回旋,导致除浙北沿海地区以外,上海、江苏东南部、浙江北部等地雨量预报明显偏大。其中,14 日和 15 日的暴雨和大暴雨落区基本上都空报。

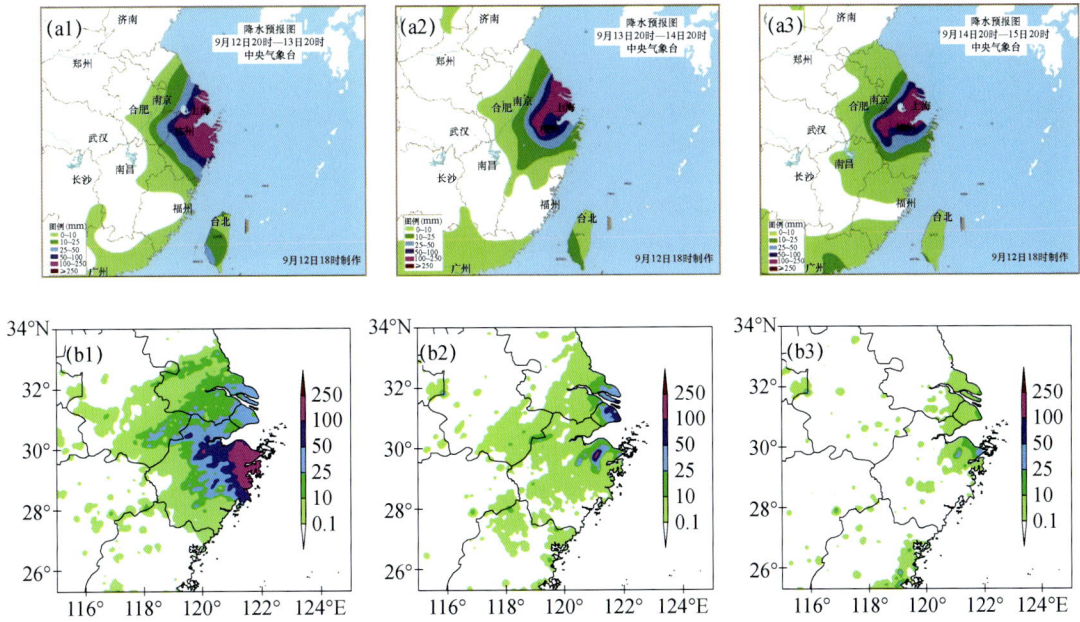

图 2 中央气象台 9 月 12 日 18 时发布的 13 日 20 时—15 日 20 时逐 24 h 雨量预报(a1~a3)和雨量实况(b1~b3)(单位:mm)

3 预报难点及偏差成因分析

3.1 预报难点

在台风"灿都"的业务预报中,预报难点主要有两点:一是"灿都"生成初期,24 h 内增强为超强台风,这种爆发性增强过程具有极端性;二是"灿都"是否登陆难以把握,尤其是 11 日 20 时,所有确定性模式均预报"灿都"将在浙北到上海一带沿海登陆并滞留回旋,而实际上"灿都"近海北上后,在舟山以东海域长时间回旋,并未登陆。

3.2 强度预报偏差成因

对于"灿都"初生阶段的强度预报偏差,主要有三方面的原因。一是"灿都"RI 过程具有极端性。通常定义 24 h 内强度增强 15 m/s 为台风快速增强过程,而"灿都"生成初期,24 h 内强度增强 40 m/s,这在过去 30 年的历史资料中还没有出现过。二是"灿都"的 RI 过程出现在台风生成阶段,这是一种极为少见的情况,从统计来看,RI 过程一般会发生在强热带风暴或者台风阶段。三是对台风内核结构的物理发展过程缺乏更深入的科学认识和客观描述,全球数值模式对这样的 RI 过程也没有预报能力。因此,预报员很难把握"灿都"这种具有极端性的 RI 过程。

3.3 路径预报偏差成因

3.3.1 弱引导气流环境场

"灿都"近海北上阶段的路径预报偏差主要发生在弱引导气流环境条件下。图 3 给出的是 11 日 20 时 ECMWF(欧洲中期预报中心)和 CMA-GFS(中国气象局全球同化预报系统)两家模式 36 h 和 48 h 时效 500 hPa 环流形势预报图。从 ECMWF 的位势高度场预报可见(图 3a,图 3b),13 日 08—20 时,随着西风带暖脊东移,在"灿都"北侧 35°N 附近形成一个东西向的高压坝。此外,在"灿都"南侧,副高也同时增强,588 dagpm 线从南海伸至云贵一带。13 日 20 时,"灿都"环流逐渐被副高 588 dagpm 线包围。CMA-GFS 模式也存在类似的情况(图 3c,图 3d),13 日 20 时"灿都"环流完全位于高压系统之中。"灿都"在浙江东部海面北上过程中,先后处于鞍型场和均压场的环境条件下,环境场的引导气流弱,移动方向难以确定。

3.3.2 数值预报模式可预报性低

在"灿都"近海北上阶段,由于处于弱引导气流环境场中,各业务数值模式的路径预报偏差均较大。ECMWF 模式从 10 日 08—11 日 20 时,连续 4 个时次稳定预报"灿都"在宁波、舟山一带登陆。CMA-GFS 和 NCEP-GFS(美国国家环境预报中心全球预报系统)模式在 10 日 08 时、10 日 20 时、11 日 08 时均没有报登陆,而且 CMA-GFS 在 10 日 20 时和 11 日 08 时,还预报了"灿都"在舟山东部海域的回旋过程。但到 11 日 20 时,CMA-GFS 和 NCEP-GFS 两家模

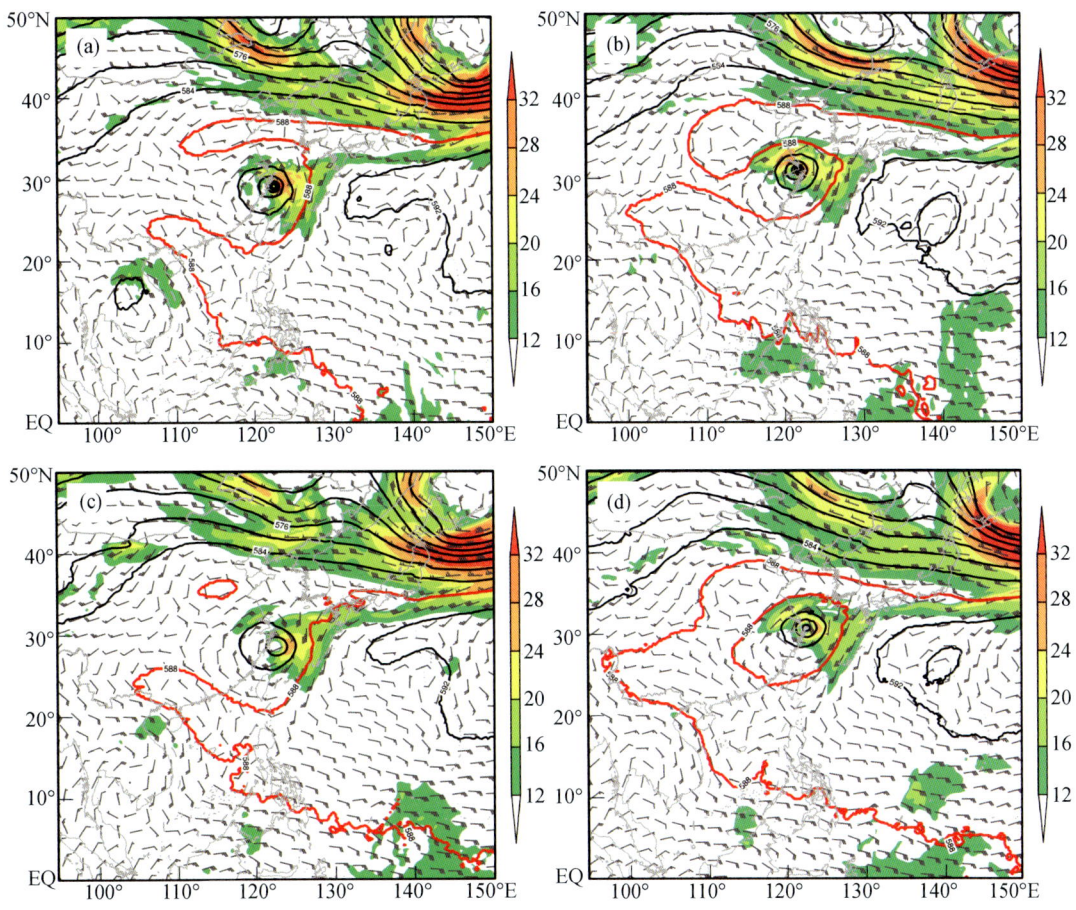

图 3 ECMWF(a、b)和 CMA-GFS(c、d)模式 11 日 20 时起报的 13 日 08 时(a、c)、13 日 20 时(b、d) 500 hPa 位势高度(等值线,红色线条为 588 线,单位:dagpm)和风场(填色为风速≥12 m/s)预报

式也都预报"灿都"在宁波到舟山一带登陆。同时,日本和 CMA-TYM(中国气象局台风数值预报模式)均预报"灿都"在上海一带登陆。此外,ECMWF 和 CMA-GFS 11 日 20 时的集合预报中,大部分成员也都报登陆。

由于"灿都"在近海北上过程中处于弱引导气流的环境场中,主要引导气流不明确,数值预报模式可预报性较低,在 11 日 20 时各家业务数值模式的确定性预报及 ECMWF、CMA-GFS 等模式的集合预报绝大部分成员均预报登陆的情况下,预报员的主观预报很难做出台风不登陆的调整。

4 预报分析思路和着眼点

4.1 RI 过程

"灿都"生成于 29.5 ℃以上的暖海温区,环境风垂直切变较小,并且有显著的低层东南风入流和高层辐散出流,环境因素有利于台风增强。除了有利的环境因素外,"灿都"的自身结构也可能是其快速增强的重要因素之一。

4.1.1 台风结构

近年来国内有学者提出 TC(热带气旋)丰满度的概念,TC 的丰满度被定义为 TC 外围风圈与最大风圈半径的比值,丰满度的快速增大有利于 TC 的增强[3]。从卫星云图上看,"灿都"深对流集中在中心附近爆发,内核尺度小、结构紧凑,具有较高的丰满度。"灿都"自身结构有利于其快速发展。热带气旋丰满度的研究和应用,可以为把握热带气旋的强度变化提供一条新的可能途径。

4.1.2 CMA-TYM 模式应用

从各家业务数值模式对"灿都"强度预报的误差对比分析可见(图略),CMA-TYM 模式 72 h 内的强度预报误差为 4.6~7.7 hPa,要明显优于其他模式(ECMWF 误差为 13.7~16.2 hPa)。ECMWF、NCEP-GFS、CMA-GFS 等全球模式对"灿都"生成初期的 RI 过程均没有预报能力。相对而言,CMA-TYM 模式对"灿都"生成初期的 RI 过程预报表现较好,报出了"灿都"的快速增强过程。CMA-TYM 模式对 2019 年"利奇马"台风的 RI 过程预报也明显优于其他主流模式[4],在今后台风强度预报中,须加强 CMA-TYM 模式的业务应用。

4.2 路径预报

4.2.1 副热带高压演变

从 ERA5 的 500 hPa 位势高度场分析可见,随着南海台风"康森"的西行,12 日夜间,副热带高压在"灿都"和"康森"之间有一个快速加强西伸过程。13 日 02 时,"灿都"南侧的副高已西伸至南海北部(图 4a);而"灿都"北侧的副高到 13 日 09 时才与大陆高压打通,高压坝建立(图 4b)。而此时"灿都"中心已越过副热带高压中心的纬度,在"灿都"东侧形成北偏东的引导气流。"灿都"南侧的副高西伸,比北侧高压坝建立时间偏早、强度偏强,可能是"灿都"北上过程中持续出现偏东分量的重要原因之一。许映龙等[5]分析 2011 年超强台风"梅花"预报误差

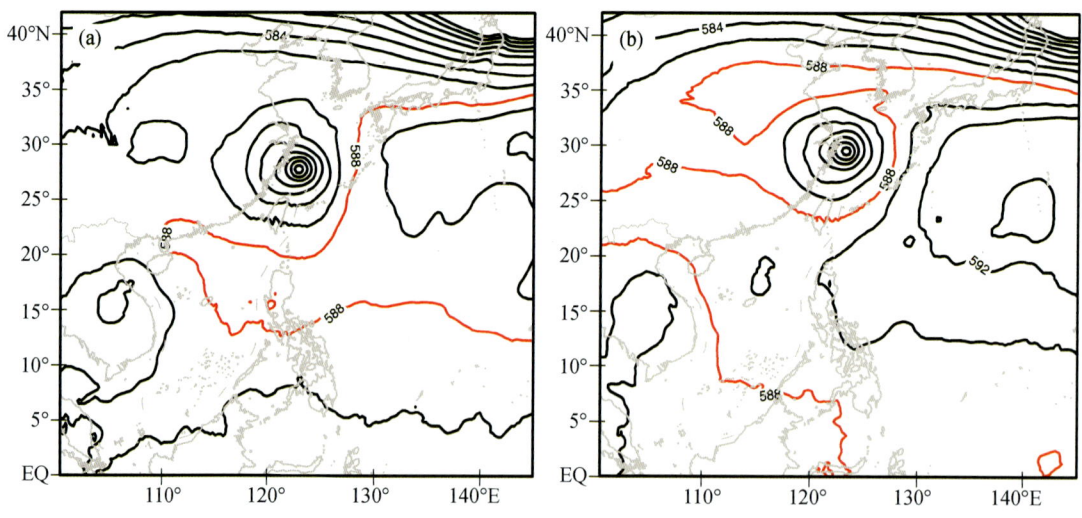

图 4 2021 年 9 月 13 日 02 时(a)、13 日 09 时(b)ERA5 500 hPa 位势高度场(单位:dagpm)

时发现,副高在"梅花"和10号台风"苗柏"之间发生南落,"梅花"在南落副高西侧的偏南气流引导下,远离我国东部沿海地区快速北上。因此,双台风之间的相互影响,除了考虑"藤原效应"外,副热带高压动态,需在以后的台风路径预报中予以关注。

图5给出了9月13日02时和14时300 hPa的风场和位势高度场分析。13日02时,在"灿都"台风东侧与西北太平洋高压之间有一支20 m/s以上的偏南风气流(图5a)。13日14时,随着"灿都"近海北上,西北太平洋高压脊南落西伸(图6b),脊线呈东北—西南向,"灿都"东侧引导气流从13日02时的偏南风逐渐转为西南风,偏西分量加大,因此不利于"灿都"西折登陆。对于垂直发展深厚的台风,当500 hPa处于弱的引导气流场时,高层环流的引导作用将成为影响台风路径的重要因素之一。

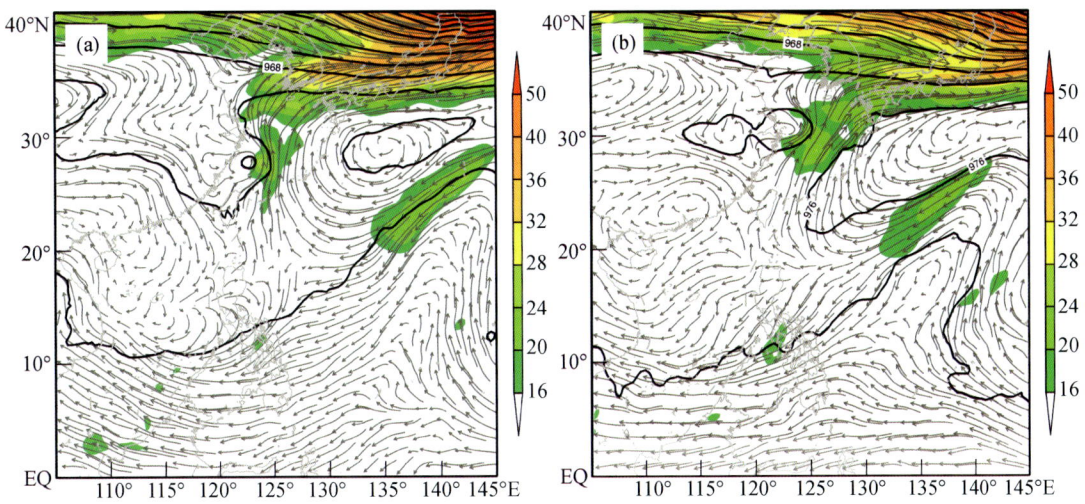

图5 2021年9月13日02时(a)、14时(b)ERA5 300 hPa位势高度场(等值线,单位:dagpm)和风场(填色为风速≥16 m/s)

4.2.2 云型特征

从11日夜间的FY-2G红外云图演变可见(图6),11日20时,"灿都"北侧的台风倒槽云系位于台风的东北象限;12日03时,随着台风北上,台风外围云系与台风北侧倒槽云系结合,逐渐形成狭长的东北—西南向的云型分布,北侧云系向东北方向出流。台风北侧云带中的对

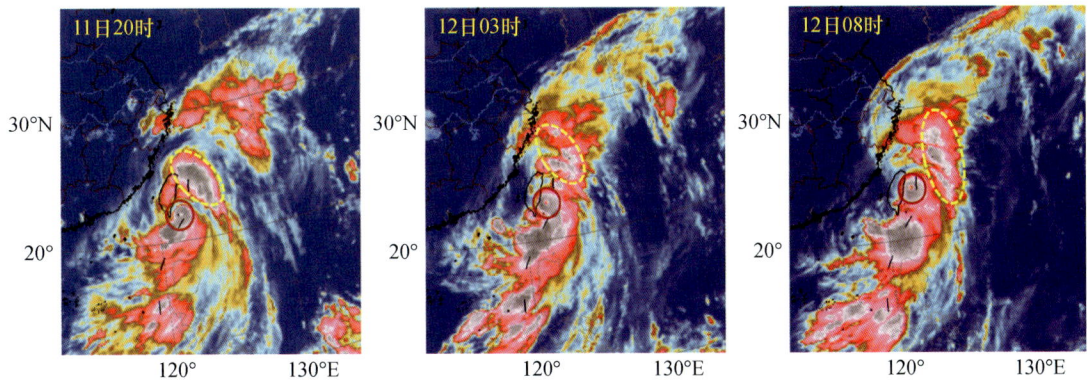

图6 2021年9月11日20时—12日08时FY-2G红外云图演变
(红色圆圈表示台风核心区,黄色圆圈所示为台风北侧外围对流云团)

流云团向北偏东方向移动。"灿都"移动路径偏向于台风云型的长轴方向移动。此类狭长的东北—西南向的云型特征不利于"灿都"西折登陆。

4.2.3 不对称结构

台风引导气流不仅受副高位置和形态的影响,同时也受台风自身非对称结构的影响。从云顶亮温(TBB)演变可见,12日14时台风核心区域对流发展旺盛、结构对称,台风眼区清晰可见(图略)。12日17时,台风核心区开始呈现出不对称结构,核心区对流偏向台风东侧(图7a)。12日23时,随着低层西南风入流减弱,台风南侧对流逐渐减弱,但台风东侧外围对流发展旺盛,不对称结构更加明显(图7b)。13日08时,东海东部的对流云团呈现出气旋性曲率,卷入台风螺旋云带中,加剧了台风不对称结构(图7c)。

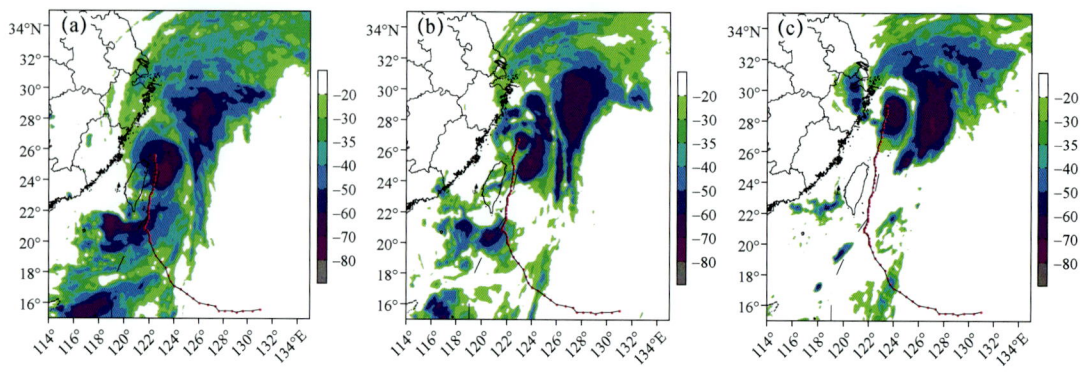

图7 2021年9月12日17时(a)、23时(b)、13日08时(c)FY-2F TBB演变(单位:℃)

图8给出了13日台风进入浙江北部海域时,经过台风中心附近的垂直速度和涡度的纬向垂直剖面图。由图8可见,台风西侧垂直上升运动较弱,垂直上升运动的高度较低,导致121°E以西地区降水较弱。强烈的垂直上升运动位于台风的东侧,13日14时上升运动可达150 hPa以上的高度,显示出"灿都"垂直发展深厚和动力结构的不对称性。"灿都"的中尺度对流系统一直偏向于台风东侧,有利于"灿都"移动路径出现偏东分量。沈新勇等[6]通过高分辨率数值模拟分析发现,在中尺度对流系统与台风相对位置变化不大情况下,对台风引导气流的贡献可达到20%。

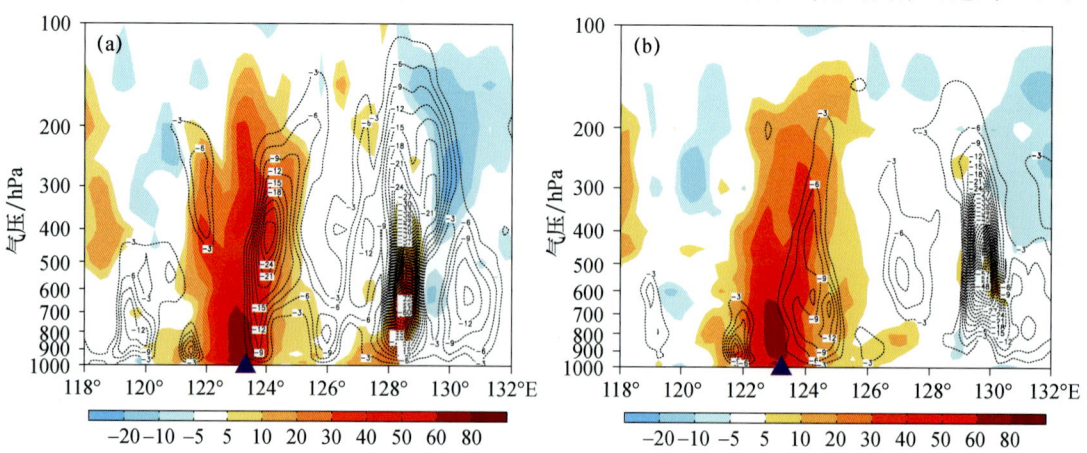

图8 ERA5给出的2021年9月13日14时(a)和20时(b)经过台风中心的涡度(阴影,单位:$10^{-5}s^{-1}$)、垂直速度(单位:Pa/s)纬向-垂直剖面图(▲表示台风中心位置)

4.2.4 数值模式系统性偏差

图 9 给出了 ECMWF 和 CMA-TYM 模式 11 日 20 时起报的 13 日 02 时 500 hPa 位势高度场预报和同时次的 ERA5 场对比。由图 9a 可见,ECMWF 对于"灿都"北侧的高压脊预报较为准确,而对于"灿都"和"康森"之间的副高西伸脊的预报则明显偏弱;CMA-TYM 模式也存在类似的情况(图 9b)。ECMWF 和 CMA-TYM 等模式对"康森"和"灿都"之间的副热带高压西伸过程的预报持续偏弱,可能是造成模式对台风路径预报出现较大偏差的重要原因。模式对双台风之间的副热带高压西伸脊预报偏弱,是否为数值模式的共性问题值得进一步探讨。

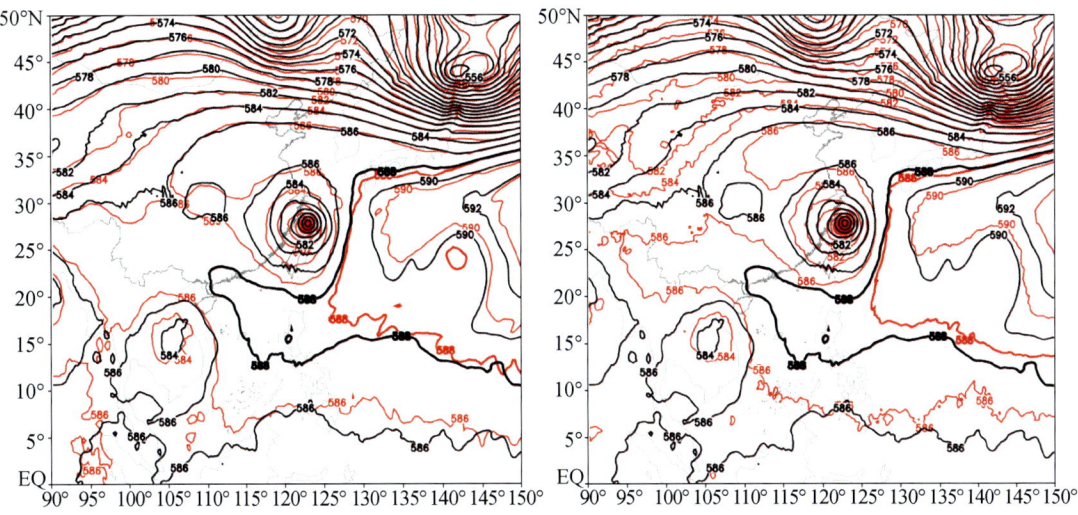

图 9　ECMWF(a)、CMA-TYM(b)模式 11 日 20 时起报的 13 日 02 时 500 hPa 位势高度场预报(红色)与 ERA5 场(黑色)对比(单位:dagpm)

对比 ECMWF 和 CMA-TYM 模式 2015 年以来 11 个相似台风的模式路径预报表现,ECMWF 模式对华东沿海(或登陆)北上的台风路径预报呈现出系统性的偏西偏南的情况(图 10)。CMA-TYM 在 72 h 以内路径预报偏差明显小于 ECMWF,台风位置预报则偏向西北,而 96 h 和 120 h 预报位置则显著偏东。检验结果可以给台风路径预报提供参考。

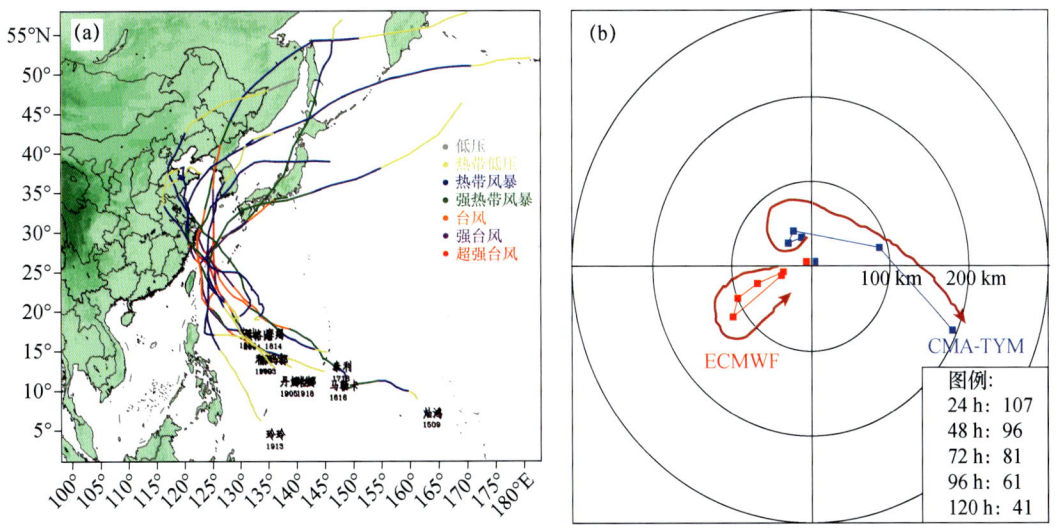

图 10　2015—2020 年 11 个相似台风个例路径(a)及 ECMWF 和 CMA-TYM 模式路径预报偏差方位图(b)

4.3 预报改进思路和技术方案

(1)在弱引导气流环流背景下,数值模式对台风路径预报往往偏差较大,有必要针对鞍型场和均压场等弱引导气流的环流背景场下的台风路径,开展多个例、系统性的模式预报性能检验和分析,了解模式系统性误差及产生原因。

(2)对"灿都"预报服务复盘发现,CMA-GFS模式在前期的"灿都"路径预报中表现优秀,甚至还报出了"灿都"在舟山东部海域的回旋过程。但随着时间的临近,11日20时的预报反而出现较大偏差,有必要进一步分析这种偏差产生的具体原因。

(3)目前,预报员对于台风强度的订正预报基本着眼于环境条件分析,须进一步加强对台风内核结构及发展机理的研究和认识;加强深度学习、台风丰满度等新技术新方法在台风强度定量预报中的应用研究。

5 小结与讨论

本文对2114号超强台风"灿都"的特点、预报难点及预报偏差产生的原因进行分析,得到如下主要结论和预报着眼点。

(1)"灿都"生成后24 h之内即增强为超强台风,强度快速增强具有极端性。在"灿都"近海北上阶段,主客观均预报"灿都"在浙北到上海一带沿海登陆并回旋,但实际路径并未登陆,导致上海、江苏南部、浙江等地的部分地区风雨预报出现较大偏差。

(2)"灿都"深对流在台风中心附近发展,其内核尺度小、结构紧凑,具有较高的丰满度,自身结构有利于强度增强。CMA-TYM模式72 h内的强度预报明显优于其他模式,报出了"灿都"生成初期RI过程,在台风强度预报中须重视CMA-TYM模式的应用。

(3)随着南海台风"康森"西行,"灿都"南侧的副高加强西伸,可能是"灿都"北上过程中出现偏东分量的重要原因之一。而模式对于"灿都"南侧的副高预报明显偏弱。

(4)对于垂直发展深厚的台风,当其处于弱的引导气流场时,对流层高层的引导气流可能是影响台风路径的重要因素;"灿都"南北向狭长的云型及其不对称结构对台风移动路径有一定的指示意义。

(5)误差统计分析表明,对于华东沿海(或登陆)北上类台风的路径预报,ECMWF模式呈现出系统性的偏西偏南;CMA-TYM在72 h以内偏西偏北,路径预报偏差明显小于ECMWF。

面对防灾减灾的精细化服务需求,台风路径和强度的精准预报仍存在差距,数值模式对关键海域的资料同化及模拟有待改进。加强对台风内核结构更精细的监测和研究,有助于为台风强度和路径定量预报提供理论和科学依据。

参考文献

[1] 钱传海,端义宏,麻素红,等.我国台风业务现状及其关键技术[J].气象科技进展,2012,2(5):36-42.

[2] 端义宏,方娟,程正泉,等.热带气旋研究和业务预报进展——第九届世界气象组织热带气旋国际研讨会(IWTC-9)综述[J].气象学报,2020,78(3):537-550.

[3] GUO X,TAN Z-M. Tropical cyclone fullness: A new concept for interpreting storm intensity[J]. Geophysical Research Letters,2017,44(9):4324-4331.

[4] 王海平,董林,许映龙,等.2019年西北太平洋台风活动特征和预报难点分析[J].气象,2021,47(8):1009-1020.

[5] 许映龙,韩桂荣,麻素红,等.1109号超强台风"梅花"预报误差分析及思考[J].气象,2011,37(10):1196-1205.

[6] 沈新勇,毕明玉,张玲,等.中尺度对流系统对台风"风神"移动路径影响的研究[J].气象学报,2012,70(6):1073-1187.

2122号超强台风"雷伊"预报难点和偏差原因分析

李 勋[1] 吴志彦[1] 李玉梅[1] 吴 翀[2] 冯 箫[1] 陈有龙[1]

(1 海南省气象台,海口,570203;2 中国气象科学研究院,北京,100081)

摘要: 2021年第22号台风"雷伊"是新中国成立以来直接影响南沙群岛的最强台风,也是影响南海最晚的超强台风。利用多源观测、多种主观及业务数值模式的台风预报资料,对"雷伊"的预报难点和偏差原因进行了分析,得出主要结论如下:"雷伊"在南海南部再次加强发生在冬季南支槽东移背景下,南海异常偏高的海温、副热带西风急流和适宜的中层环境风垂直切变均有利于"雷伊"再次加强;而南支槽东移使得副热带高压东退,是"雷伊"北上后近海东折的主要原因。业务数值模式在调整过程中高估了"雷伊"进入南海后的中层垂直风切变,从而低估了"雷伊"在南海的峰值强度。模式对副热带高压西脊点以及"雷伊"环流本身的预报偏差,是"雷伊"近海东折期间出现路径预报误差和海南岛暴雨空报的主要原因。

关键词: 台风"雷伊",预报难点,副热带高压,南支槽,环境风垂直切变

引言

2021年第22号台风"雷伊"于12月13日14时(北京时,下同)在菲律宾棉兰老岛以东的西北太平洋洋面上生成,生成后向偏西方向移动并逐渐加强,于16日08时加强为超强台风,16日13时30分前后在菲律宾锡亚高岛登陆,强度有所减弱;17日晚上进入南海,18日14时逼近南沙群岛附近海面,并再次加强为超强台风,随后穿过南沙群岛北部,19日上午转向偏北方向移动,由西沙群岛西侧海域向海南岛东部海面靠近,并逐渐减弱消散(图1a)。"雷伊"是新中国成立以来影响南沙群岛的最强台风,也是影响南海最晚的超强台风。受"雷伊"影响,三沙市共有5个岛礁出现50 mm以上降水,其中超过100 mm的有3个,最大为美济礁(177.8 mm);大部分岛礁出现8~10级阵风,最大阵风出现在渚碧礁(13级,41.4 m·s^{-1})。中央气象台和海南省气象局早在"雷伊"进入南海前4天准确预报出"雷伊"将具有"强度大、移速快、海上影响大"等特点,提供科学防御建议,多部门有效联动,实现了海南全省20566艘渔船分区域安全避风,64311名渔船渔排人员零伤亡的高质量海上防御效果。

尽管各家机构和数值模式产品早在"雷伊"进入南海以前,已预报其自12月19日白天起路径北折且强度逐渐减弱,但在"雷伊"进入南海以后,预报路径有所西调,并有登陆海南岛的可能,导致48 h以上时效海南岛风雨预报空报,服务效果受到一定程度的影响。最终,"雷伊"于20日下午在海南岛东南部附近海面路径东折,离海南岛东南部沿海陆地最短距离80 km。12月19日08时—21日08时,海南岛仅在东半部地区出现大到暴雨,局地出现大暴雨,其中文昌、琼海、万宁、海口、保亭、琼中、三亚、五指山和定安9个市(县)仅有45个乡(镇)雨量超过50 mm,文昌和琼海2个市共7个乡(镇)雨量超过100 mm,最大为文昌市冯坡镇(138.1 mm)(图1b);海南岛四周沿海陆地及近海出现7~9级大风,东部近海最大阵风为11级(31.8 m·s^{-1}),海

南岛陆地最大阵风出现在陵水光坡镇(10级,26.7 m·s^{-1})。21日白天,"雷伊"在南海北部减弱为热带低压并逐渐消散。

本文对台风"雷伊"进入南海前后的数值模式性能以及订正技术进行分析,探讨"雷伊"强度和路径预报调整和偏差的原因,为数值预报业务应用积累经验。分析使用的数据资料来源包括:中国气象局地面、雷达和卫星观测资料;中央气象台、日本气象厅(Japan Meteorological Agency,JMA)和美国联合台风警报中心(Joint Typhoon Warning Center,JTWC)的台风官方主观分析和实时业务预报资料;模式预报资料主要来自中国气象局全球同化预报系统(CMA-GFS,25 km空间分辨率)和南海台风数值预报系统(CMA-TRAMS,9 km空间分辨率)[1]以及欧洲中期天气预报中心(European Center for Medium Weather Forecasting,ECMWF)的确定性和集合数值预报产品。

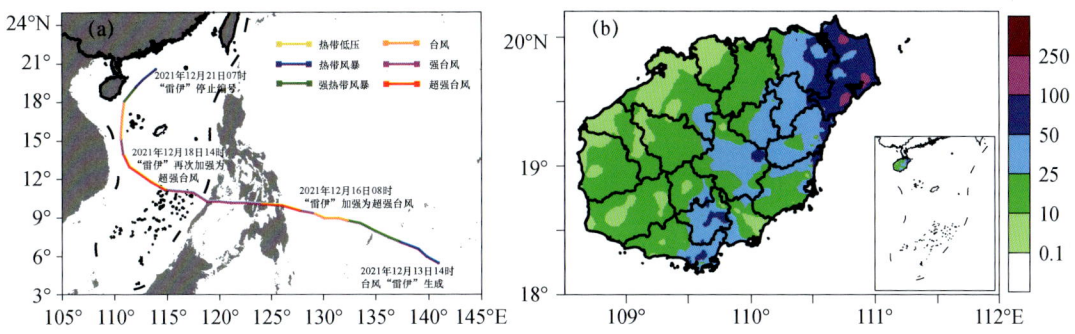

图1 台风"雷伊"全路径图(a)和2021年12月19日08时—21日08时海南岛过程降水量实况(b,单位:mm)

1 预报误差分析

1.1 强度预报误差

各家机构和数值模式产品在"雷伊"进入南海以前的强度预报误差相对较小,其中,中央气象台、JTWC、CMA-TRAMS、ECMWF表现最为接近实况(表1),准确把握了"雷伊"进入南海后重新加强的趋势。例如:在12月16日08时起报的72 h时效预报,对于"雷伊"19日08时的强度(55 m·s^{-1}),CMA-TRAMS(-5 m·s^{-1})和ECMWF(-8 m·s^{-1})预报误差明显小于CMA-GFS(-14 m·s^{-1})和JMA(-16 m·s^{-1}),仅次于JTWC(2 m·s^{-1})和中央气象台(-3 m·s^{-1})。

但在"雷伊"进入南海以后,数值模式的强度预报误差相对较大。12月17日20时起报的24 h时效预报,中央气象台和JTWC主观预报的"雷伊"强度预报误差分别为-3 m·s^{-1}和-1 m·s^{-1}(实况为55 m·s^{-1}),模式则明显低估了"雷伊"强度,误差为21~25 m·s^{-1};48 h和72 h时效预报,中央气象台、JTWC、JMA和CMA-TRAMS预报误差相对较小。

表 1 台风"雷伊"的各主要机构、数值模式强度预报误差(单位:m·s^{-1})

时效	12月16日08时起报						12月17日20时起报					
	中国	美国	日本	ECMWF	CMA-GFS	CMA-TRAMS	中国	美国	日本	ECMWF	CMA-GFS	CMA-TRAMS
24 h	7	6	−4	−9	−18	−10	−3	−1	−9	−22	−25	−21
48 h	7	6	−2	−5	−13	−4	−4	−4	−4	−11	−12	−5
72 h	−3	2	−16	−8	−14	−5	2	−2	0	−2	−3	0
96 h	−5	4		−11	−4	0						
120 h	5	3		0	2	8						

1.2 路径预报误差

与强度预报误差情况相似,各家机构和数值模式在"雷伊"进入南海以前的路径预报误差总体相对较小(表2)。除CMA-GFS以外,12月16日08时起报的各主客观72 h时效路径预报误差均在70 km以下,其中ECMWF、JMA和中央气象台的预报误差分别为25 km、22 km和49 km;96 h时效,中央气象台、ECMWF和CMA-TRAMS的预报误差分别为33 km、25 km和44 km,明显优于当前西北太平洋台风路径业务预报平均水平[2,3]。但中央气象台和JTWC的120 h时效路径预报低估了"雷伊"移速(图略),路径误差明显大于ECMWF和CMA-TRAMS模式预报。

在"雷伊"西移离开菲律宾群岛进入南海时,12月17日20时起报的主观和模式路径随着预报时效延长趋为向西调整(图略),误差随之明显增加(表2)。48 h时效,"雷伊"中心位置预报偏南,移速偏慢,误差逐渐增大到70~133 km;72 h时效,"雷伊"中心位置预报偏西,趋向海南岛东南部陆地,路径误差进一步增大到110~405 km。

表 2 台风"雷伊"的各主要机构、数值模式路径预报误差(单位:km)

时效	12月16日08时起报						12月17日20时起报					
	中国	美国	日本	ECMWF	CMA-GFS	CMA-TRAMS	中国	美国	日本	ECMWF	CMA-GFS	CMA-TRAMS
24 h	89	89	74	70	45	45	80	56	77	59	74	56
48 h	16	78	16	16	55	25	133	94	109	70	112	84
72 h	49	59	22	25	164	66	187	251	198	110	405	110
96 h	33	98		25	212	44						
120 h	275	227		104	560	25						

2 预报难点和偏差分析

总体而言,台风"雷伊"的主观强度和路径预报误差小于模式预报,显示了预报员主观订正在台风业务预报中的作用。ECMWF和CMA-TRAMS模式的路径和强度预报总体表现较好,准确把握了"雷伊"在南海南部重新加强且转向北上的趋势。然而在"雷伊"进入南海后的 12 月 17 日 20 时等起报时次,对"雷伊"进入南海后的峰值强度有所低估,"雷伊"趋近海南岛近海时的路径东折偏差加大,且 ECMWF 模式集合预报显示有近三分之一的成员登陆海南岛,因此在不能排除台风登陆海南岛可能的情况下,导致主观预报 72 h 时效海南岛强降水出现明显空报(图略)。本节主要基于 ECMWF 模式预报,针对"雷伊"在南海再次增强以及海南岛东部近海路径东折阶段出现的预报难点和偏差原因进行分析。

2.1 南海强度再度发展

"雷伊"影响南海海域期间正值拉尼娜持续发展阶段,西太平洋和南海对流活跃,加之相对有利的环境背景,"雷伊"在进入南海南部后,强度再度发展,加强为超强台风。从海表温度分布来看,12 月 18 日南海南部海表温度为 27～29 ℃,伴有 0.5～1.5 ℃ 的正距平,较常年偏高,且南海南部的海表温度高于菲律宾东部海面以及菲律宾中部群岛海面的海表温度,"雷伊"由较低海表温度的海面移入较高海表温度的海面,有利于其强度维持或再度发展(图 2)。其次,"雷伊"进入南海前后,处于 500 hPa 西北太平洋副热带高压环流西南侧(图 3),该环流配置有利于"雷伊"外围偏南风低空水汽向台风中心汇集。与此同时,南支槽缓慢东移:17 日 20 时,南支槽位于 75°E 附近;18 日 20 时,位于 80°E 附近;19 日白天,位于 90°E 附近。此外,"雷伊"北侧出流与副热带西风急流逐渐相连,导致"雷伊"高空辐散和流出气流迅速增强,台风高空出流和急流相互作用有利于"雷伊"强度再度发展[4]。

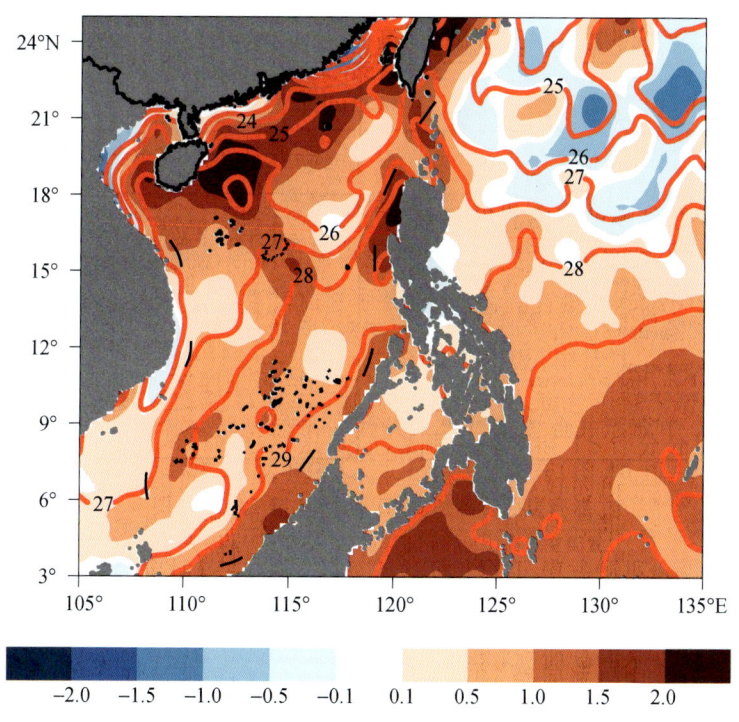

图 2 2021 年 12 月 18 日平均海表温度(红色等值线)和
海表温度异常(填色,单位:℃)

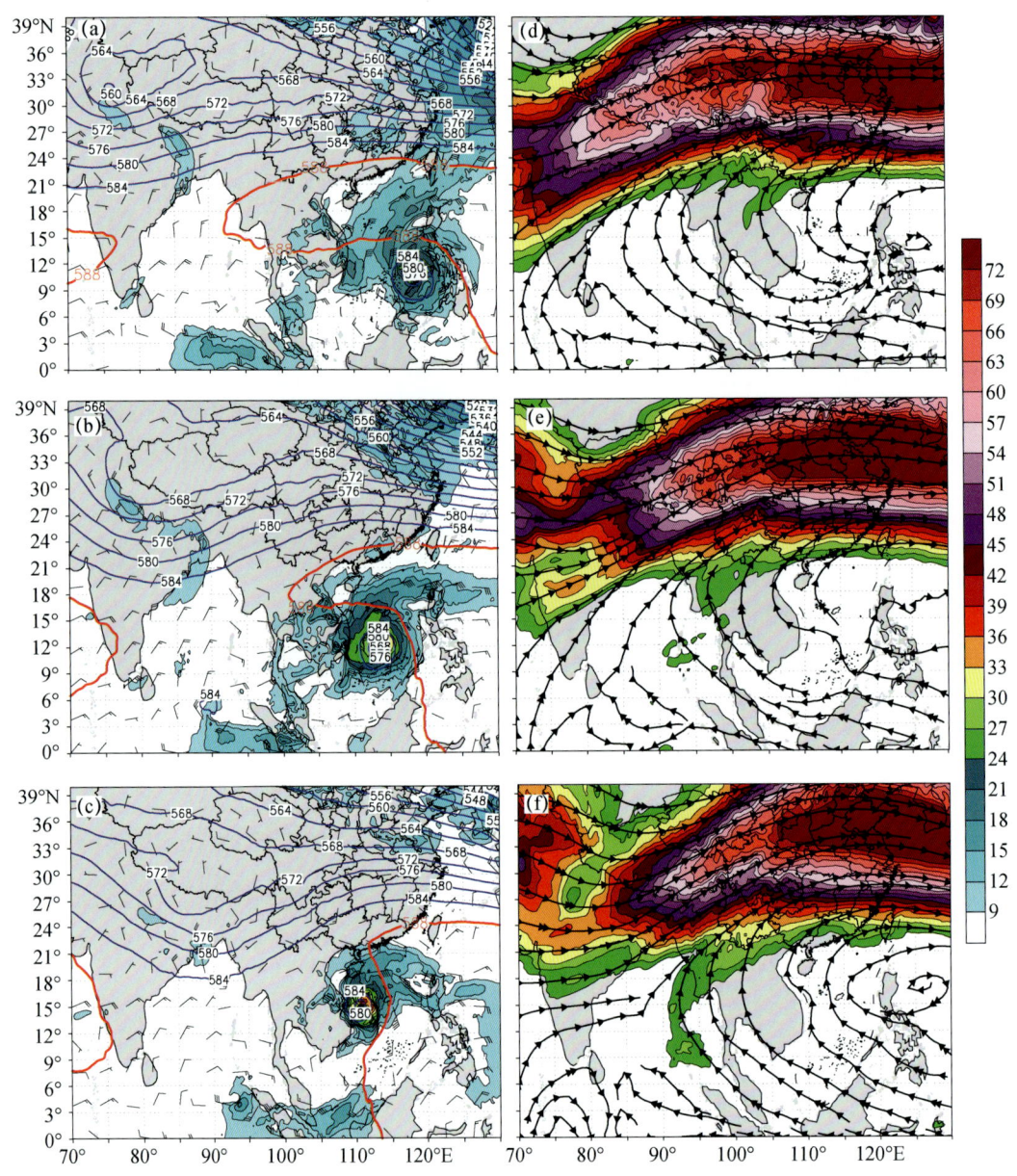

图 3　ECMWF 模式的 500 hPa 高度场(等值线,红色线条为 588 dagpm)
和 850 hPa 风场(填色)分析场(a～c)以及 150 hPa 流线和等风速线(填色)分析场(d～f)
(a,d)为 12 月 17 日 20 时;(b,e)为 12 月 18 日 20 时;(c,f)为 12 月 19 日 20 时

研究指出,适宜的深层和中层环境风垂直切变有利于台风涡旋高低层中心垂直叠加,并维持暖心结构,有利于台风加强[5,6]。与超强台风"威马逊"(2014 年)在南海加强时相似[5],"雷伊"在较大的深层和适宜的中层偏东气流环境风垂直切变影响下加强,ECMWF 模式 12 月 16 日 08 时和 17 日 20 时起报的 17 日 20 时—19 日 20 时期间 200～850 hPa 深层风垂直切变大小为 13～18 m·s^{-1}(图 4)。相对而言,500～850 hPa 中层风垂直切变更适于诊断"雷伊"进入南海能否重新加强。ECMWF 模式 16 日 08 时起报的 17 日 20 时—18 日 20 时期间中层风垂直切变大小为 6～9 m·s^{-1},随后中层风垂直切变大小逐渐增大,18 日 20 时—19 日 20 时期

间切变大小为9～12 m·s^{-1}。ECMWF模式17日20时起报的17日20时—18日20时期间中层风垂直切变略偏大,为9～12 m·s^{-1},这也是ECMWF模式在该起报时次低估"雷伊"峰值强度的原因。19日午后,随着"雷伊"北上,高空槽前西南气流和风垂直切变逐渐增大,所经海区海温降低至26～27 ℃,伴随低层干冷空气南侵(图略),"雷伊"强度逐渐减弱。

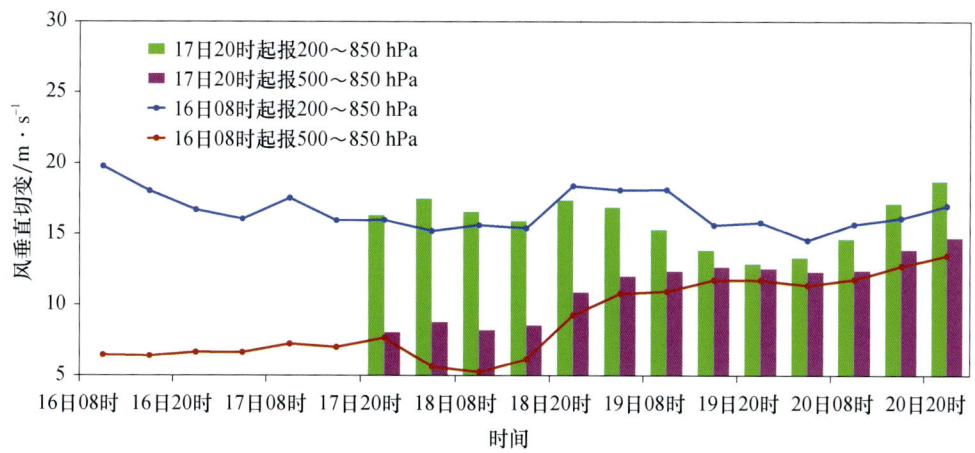

图4 ECMWF模式不同起报时次的距台风中心200～500 km半径圆环域内200～850 hPa和500～850 hPa平均风垂直切变预报时间序列

2.2 近海路径东折

各家机构和数值模式在"雷伊"进入南海前的各起报时次,能较好把握路径在海南岛东南部近海东折的趋势,但在"雷伊"进入南海后的路径预报均有所向西调整,ECMWF集合预报12月17日20时起报的72 h时效成员发散度较大,CMA-GFS预报"雷伊"南海北上转向后路径直接指向海南岛(图略),导致海南岛降水预报空报。

研究指出,南支槽迫近的环流形势有利于南海台风出现北翘路径[7]。对比分析表明,ECMWF模式对南支槽的预报偏差较小,但对副热带高压减弱东退的精细细节预报有偏差。从2021年12月17日20时和12月20日08时的FY-4卫星红外云图以及500 hPa位势高度场(图5)可见,前期南支槽自南亚大陆逐渐加深东移(图5a),至20日南支槽已位于孟加拉湾,此时"雷伊"环流已大幅减弱并位于南支槽前(图5b),该形势有利于"雷伊"路径向东偏折。ECMWF模式16日08时和17日20时起报的500 hPa位势高度场总体均较为接近12月20日08时的分析场。随着预报时效延长,预报差异主要体现在"雷伊"环流位置和副热带高压主体范围,16日08时起报的20日08时位势高度场副热带高压主体略偏南,"雷伊"闭合环流位置略偏东南(图5b),而在17日20时起报的"雷伊"环流范围相对更小,位置更接近于海南岛东南部沿海。

为进一步说明ECMWF模式500 hPa位势高度预报场对"雷伊"路径和海南岛降水预报的影响,根据文献中[8]的集合敏感度计算公式$\frac{\partial J}{\partial X_t} = \frac{\text{cov}(J, X_t)}{\sqrt{\text{var}(X_t)}}$,分别计算了ECMWF集合预报模式12月16日08时和17日20时起报的19日20时—20日20时累积降水量预报(图略)对20日08时500 hPa高度场的集合敏感度,如图6所示。两个时次起报的500 hPa位势高度集合平均差异较小,均显示南支槽区位于孟加拉湾北部,副热带高压控制南海东南大部海域,海南岛位于副热带高压西北侧。但16日08时起报的20日08时"雷伊"中心位置较17日20时起报的位置偏南,台风闭合环流覆盖范围更大,导致16日08时起报的19日20时—20日20时累积降水量对500 hPa位势高度场敏感范围和敏感程度较17日20时起报更为显著。且16日08时起报的降水量对南支槽槽前以及"雷伊"环流东南侧、副热带高压西脊点附近的位势高度为显著的正敏感,表明集合预报成员中的南支槽强度越弱、副热带高压主体西伸幅度越大,集合预报成员中的"雷伊"越有可能向偏西方向调整,更加靠近或登陆海南岛,使得海南岛降水量偏强;17日20时起报的降水量则对副热带高压西北部的位势高度更敏感,表明副热带高压主体强度越强,"雷伊"集合成员越有可能趋向海南岛陆地并导致海南岛出现强降水。因此,"雷伊"路径和降水预报偏差主要来源于南支槽和副热带高压环流的细微差异,以及台风环流预报本身。

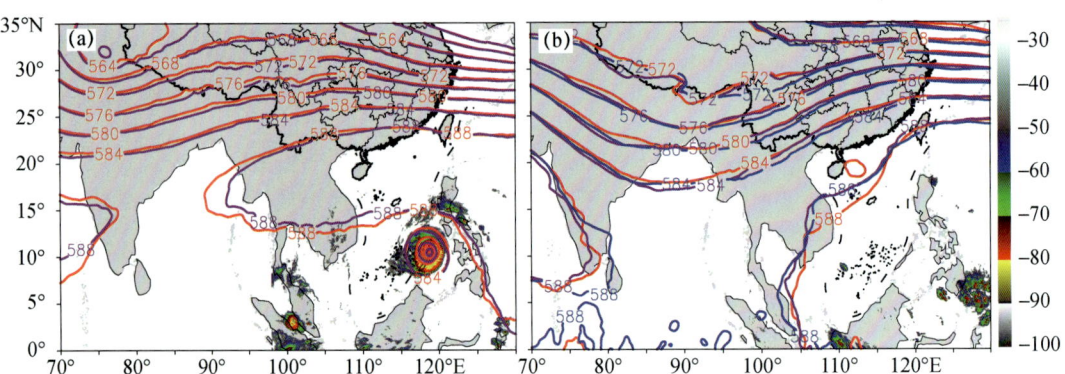

图5　FY-4卫星红外云图(填色)和ECMWF模式不同起报时次的500 hPa高度场(间隔4 dagpm)

(a)2021年12月17日20时;(b)2021年12月20日08时

(红色线条为12月16日08时起报,紫色线条为12月17日20时起报,蓝色线条为12月20日08时起报)

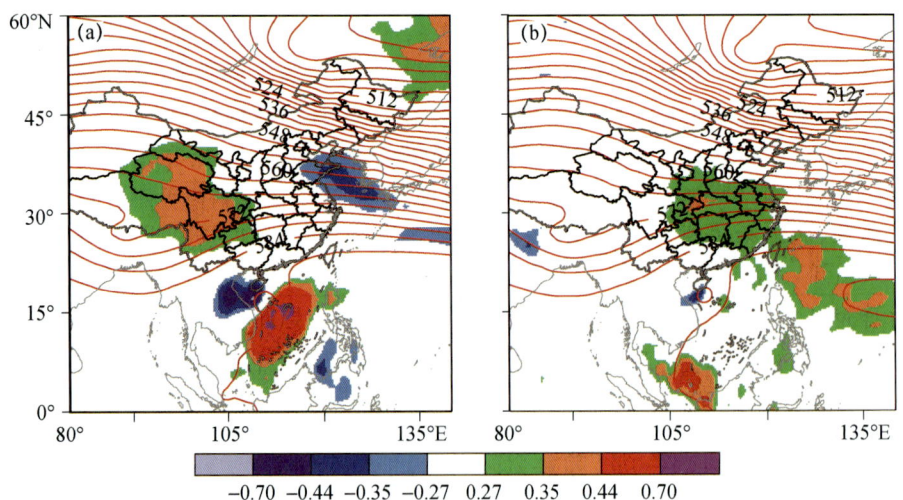

图6　ECMWF集合预报12月19日20时—20日20时降水量对
20日08时500 hPa位势高度场的集合敏感性分析

(a)16日08时起报;(b)17日20时起报

3 预报着眼点

台风路径和强度变化受环境背景、环境风垂直切变和自身动热力-结构等因素制约。南海海表异常偏暖和南支槽东移发展的环境背景有利于"雷伊"在南海再次加强发展。"雷伊"进入南海前后，其所经海域的海表温度均较常年异常偏高，且南海的海温较菲律宾群岛附近更高，使"雷伊"进入南海后获得比在菲律宾群岛附近更有利的下垫面热力条件。副热带西风急流与"雷伊"北侧高空出流相互作用，有利于"雷伊"次级环流发展和强度增强。850～500 hPa 中层环境风垂直切变对该阶段"雷伊"再次加强有较好的指示意义。业务数值模式较好地把握了该阶段的大尺度环流形势，但在预报调整中高估了"雷伊"进入南海后的中层风垂直切变大小，从而导致"雷伊"在南海的峰值强度被低估。

"雷伊"近海东折阶段，环流形势处于调整期，南支槽东移使副热带高压逐渐东退，导致"雷伊"转向偏东方向移动。数值模式较好把握了南支槽的发展和移动，但对副热带高压减弱东退的细节有预报偏差，从而导致"雷伊"在海南岛东南部近海出现路径和陆地降水预报误差。

因此，在秋冬季节，对于西行进入南海的台风，应当关注是否有南支槽发展东移，并可能对台风强度和路径预报带来的影响。

4 结论

2021年第22号台风"雷伊"是新中国成立以来直接影响南沙群岛的最强台风，也是影响南海最晚的超强台风。本文综合利用多源观测，以及中国、日本、美国主观预报和多种业务数值模式预报资料，对"雷伊"影响南海及海南岛期间的预报偏差和预报难点进行了分析，主要结论如下。

（1）南海海温异常偏高、南支槽发展东移和适宜的中层环境风垂直切变，均有利于"雷伊"在南海南部再次加强。业务数值模式在调整过程中高估了"雷伊"进入南海后的中层环境风垂直切变，从而低估了雷伊在南海的强度峰值。

（2）"雷伊"趋近海南岛时正处于环流调整期，南支槽东移、副热带高压东退是南海台风近海东折的主要原因。数值模式对副热带高压西脊点以及"雷伊"环流本身的预报偏差，影响了"雷伊"东折路径预报的精度，进而导致海南岛暴雨空报。

（3）"雷伊"在高空南支槽逐渐加深东移、深层环境风垂直切变较大、中层环境风垂直切变适宜的背景下再次加强。南海海域不同层次的环境风垂直切变大小对台风强度变化的不同影响和相对重要性，仍有待多台风个例统计分析和数值模拟研究。

（4）环流调整期间，重要天气尺度系统预报的细节差异可能直接影响台风路径预报精度，进而影响台风降水预报准确率。亟待加强不同海域、季节背景下的台风路径历史数据分析以及路径集合预报订正产品研发。

参考文献

[1] 徐道生,陈子通,张艳霞,等.南海台风模式TRAMS 3.0的技术更新和评估结果[J].气象,2020,46(11):1474-1484.

[2] 王海平,董林,许映龙,等.2019年西北太平洋台风活动特征和预报难点分析[J].气象,2021,47(8):1009-1020.

[3] 吕心艳,许映龙,董林,等.2018年西北太平洋台风活动特征和预报难点分析[J].气象,2021,47(3):359-372.

[4] DAI Y,MAJUMDAR S J,NOLAN D S. Secondary eyewall formation in tropical cyclones by outflow-jet interaction[J]. Journal of the Atmospheric Sciences,2017,74(6):1941-1958.

[5] LI X,DAVIDSON N E,DUAN Y,et al. Analysis of an ensemble of high-resolution WRF simulations for the rapid intensification of super typhoon rammasun (2014)[J]. Advances in Atmospheric Sciences,2020,37(2):187-210.

[6] FINOCCHIO P M,MAJUMDAR S J. A statistical perspective on wind profiles and vertical wind shear in tropical cyclone environments of the northern hemisphere[J]. Monthly Weather Review,2017,145(1):361-378.

[7] 李勋,丁治英,王勇.南海西行北翘路径热带气旋合成分析[J].热带气象学报,2015,31(3):444-456.

[8] GARCIES L,HOMAR V. Ensemble sensitivities of the real atmosphere:Application to Mediterranean intense cyclones[J]. Tellus,2009,61A(3):394-406.

三、强对流

2021年4月30日江苏强对流大风过程分析

吴海英 慕瑞琪 王啸华 李 超 张 柳 王 磊

(江苏省气象台,南京,210019)

摘要:利用多源观测资料和ERA5资料对2021年4月30日发生在江苏地区的一次冷涡背景下的强对流天气过程成因及预报服务进行了分析和回顾。此次强对流过程中,江苏大部分地区出现雷暴大风天气,多站风速破历史纪录,具有显著极端性,部分地区出现冰雹。分析表明,中高层冷涡后部偏北风的发展,引导地面低压自北向南影响江苏,为强对流天气构建了有利的热动力环境,表征对流环境的热动力指标表现出一定的极端性,在这种环境中形成发展的对流系统导致了此次极端大风天气。对流过程分为两个阶段:第一个阶段受沿淮淮北西部地区对流单体影响,期间对流性强,能量积聚大,具有典型的超级单体特征;第二个阶段为沿江地区东部阵风锋、冷池出流影响阶段,此阶段温度梯度大、变压明显,南通沿海一带极端大风的产生与变压风、高空风动量下传和冷池出流密度流等多种因素叠加有关。预报预警工作中需加强多尺度天气系统相互作用导致的极端大风天气机理认识和发展强度预判,进一步加强基于多源资料快速融合分析的外推预报技术和强对流分类分级客观预报技术的研究。

关键词:大风,冰雹,飑线,超级单体,阵风锋

引言

雷暴大风是指伴随强雷暴天气而出现的强烈短时大风,主要发生在春末和夏季,其持续时间短、风速大、破坏力强,往往造成重大人员伤亡和财产损失。雷暴大风主要表现为由下沉气流引起的向四周辐散的近地面爆发性气流,有时还有冷池密度流和高空水平动量下传的作用。Fujita[1]认为,雷暴大风是由于上升气流凝结的冰晶、水滴,在下落过程中产生拖曳作用和融化、蒸发吸收释放的潜热使大气冷却所引起的,水负荷在下沉气流的启动和维持中可能起关键作用,同时认为上冲云顶气流也能转化为下沉气流。Joseph等[2]根据风暴类型分类研究1998—2007年191个非龙卷致灾对流大风时间发现,45%非龙卷大风时间的风暴类型是无组织、准组织的单体风暴,而有组织的多单体风暴占19%,弓形回波占24%。

国内很多学者对雷暴大风的统计特征和形成机理进行了详细研究。费海燕等[3]和方翀等[4]分别对2004—2013年中国强雷暴大风和2011—2015年华北地区雷暴大风的气候特征、时空分布和环境参数进行了统计分析研究。王秀明等[5]对比分析了相邻两个区域先后出现雷暴大风天气的风暴类型、环境特征及其对风暴结构的影响,指出两类雷暴大风环境风垂直切变特点为深层环境风垂直切变较弱,强水平风垂直切变集中在中低层。区域性雷暴大风常由沿

着飑线的弓形回波造成[6,7]。沈杭锋等[8]、廖晓农等[9]、盛杰等[10]对飑线大风过程个例的形成、维持和中尺度特征进行了详细分析。郑媛媛等[11]对东北冷涡天气背景下飑线过程的物理机制和中尺度特征进行了分析,指出在东北冷涡发展阶段,冷涡的西、西南、南至东南部容易发生雷雨大风、冰雹等强对流天气,飑线生成具有明显的中尺度气旋性环流、静力不稳定、风垂直切变强等特征。罗爱文等[12]对2009—2012年江淮地区弓形回波引起的雷暴大风进行分析,指出弓形回波发生的天气背景主要是东北冷涡和高空槽,中等的对流不稳定度对流有效位能(CAPE)均值为1780 J/kg和垂直风切变(1000~700 hPa风切变均值为11.6 m/s),中层存在明显的干层。王秀明等[5]、梁建宇等[13]、孙虎林等[14]深入分析了2009年6月3—4日黄淮地区强飑线大风过程,认为大风是由高空水平风动量下传、强下沉气流辐散和冷池密度流共同造成的。

1 极端大风实况特征及灾情分析

受东北冷涡影响,4月30日傍晚至夜间,江苏沿江及以北大部分地区受飑线袭击,出现大范围雷暴大风、冰雹等强对流天气。30日江苏全省13个市的630个乡镇(街道)(占全省50.4%)日极大风超过8级(图1),153个乡镇(街道)日极大风超过10级(24.5 m/s),前三位分别是南通通州湾15级(47.9 m/s)、南通通州三余镇14级(45.4 m/s)、南通海门包场镇东灶港12级(39.0 m/s)(表1)。淮安、洪泽、吕泗等出现有气象记录以来最大风速。此外,徐州、宿迁、连云港、淮安、盐城、扬州、泰州、南通和常州9个市的23个乡镇(街道)出现冰雹,最大冰雹直径3~5 cm(宿迁市泗阳城区、淮安区)。

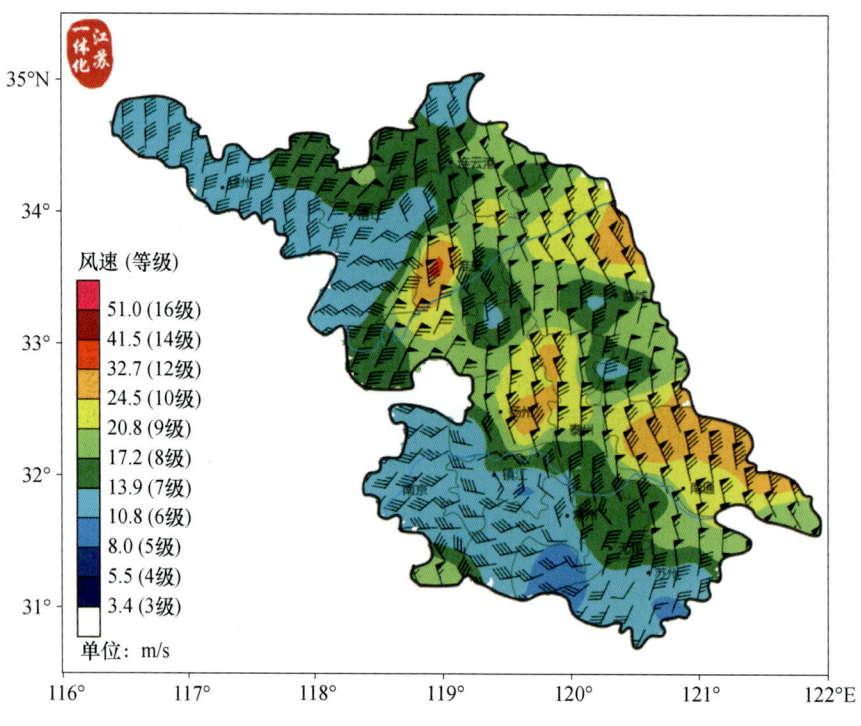

图1　4月30日08时—5月1日08时江苏全省日极大风速分布

表1 4月30日江苏全省部分地区大风实况(前十名)

站名	极大风速/(m/s)	发生时间
南通通州湾	47.9(15级)	20时48分
南通通州三余镇	45.4(14级)	20时46分
南通海门包场镇东灶港	39.0(13级)	20时47分
南通通州环本农场	37.9(13级)	20时42分
盐城射阳射阳港	37.7(13级)	18时00分
南通启东海复镇东元滩涂	37.7(13级)	21时08分
淮安市淮安区	36.2(12级)	17时40分
南通如东太阳沙	36.1(12级)	20时33分
南通吕泗	34.3(12级)	20时52分
南通启东近海镇塘芦港	34.2(12级)	21时08分

据江苏省应急管理厅统计,截至5月1日18时,强对流天气共造成徐州、南通、连云港、淮安、盐城、扬州、泰州、宿迁等地15440人受灾。因灾死亡17人,其中,南通15人(通州湾4人、启东4人、崇川1人、如东4人、如皋1人、海门1人),淮安1人(涟水),泰州1人(兴化);失联11人(南通海门9人、泰州靖江2人);因灾受伤143人(南通102人、泰州姜堰41人),紧急转移安置3059人(南通海门3050人、盐城阜宁9人)。农作物受灾面积2566公顷,成灾面积320公顷,绝收面积48公顷;房屋倒塌143间,严重损坏257间,一般损坏6664间;直接经济损失2990万元。

2 极端大风天气成因及机理分析

本文将应用雷达、自动气象站、探空等多源观测资料和欧洲中期天气预报中心(ECMWF)最高时空分辨率(0.25°×0.25°,逐小时)的第5代欧洲再分析(ERA5)资料,对此次极端大风天气的形势演变、对流条件、系统演变特征和极端大风机理以及极端大风的可预报性及偏差分析等方面进行详细分析。

2.1 环流形势分析

4月30日08时500 hPa高度场中(图2a),我国东北地区为一深厚的冷涡,冷涡中心位于内蒙古东北部,冷中心值为-32 ℃。冷涡低槽后部形成一支较强的西北风急流,江淮地区正处于槽后西北风急流的影响下。高空槽呈现前倾结构,在对流层低层(850 hPa及以下),江淮地区处于槽前偏西到西南气流中,温度场中与自西南向东北伸展的暖舌相配合,由此形成上冷下暖的不稳定层结。30日20时(图略),冷涡后部偏北风增强,促进了层结不稳定和中低层垂直风切变的发展,为强对流天气的发生构建了有利的环境。地面上,中尺度低压逐渐向东南方向移动(图2b),为此次对流的发生发展提供触发条件。

从高度负异常看,冷涡南侧低槽超出了两倍标准差(图略),与此对应,低层850 hPa北风异常也超过16 m/s(图略),这种显著的对流层低层北风发展的异常有利于高空动量下传机制的建立和附近地面大风的发展。

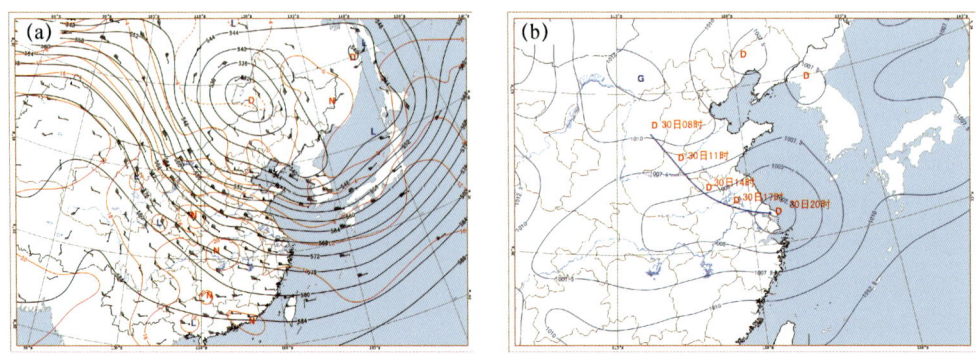

图 2 2021 年 4 月 30 日环流形势

(a)08 时 500 hPa 高度场(黑色等值线,单位:dagpm)、风场与 850 hPa 温度场(红色等值线,单位:℃);
(b)20 时地面气压场(单位:hPa)

2.2 对流环境条件分析

图 3a 是用 4 月 30 日 08 时温度、露点订正后的徐州站探空图。图中显示,该站附近近地面为东南风,700 hPa 及以上逐渐转为西北风,且风速随高度迅速增强,0~6 km 垂直风切变达 33 m/s。订正探空的对流有效位能高达 3080.5 J/kg,远高于江淮地区春季雷雨大风和冰雹天气的平均值 1000 J/kg,为强对流的发展提供充沛的能量条件。整层较干,850 hPa 温度露点差为 22 ℃,这种干环境有利于云内降水粒子的蒸发冷却及下沉运动发展(计算得 CAPE 约 800 J/kg),有利于大风天气出现。

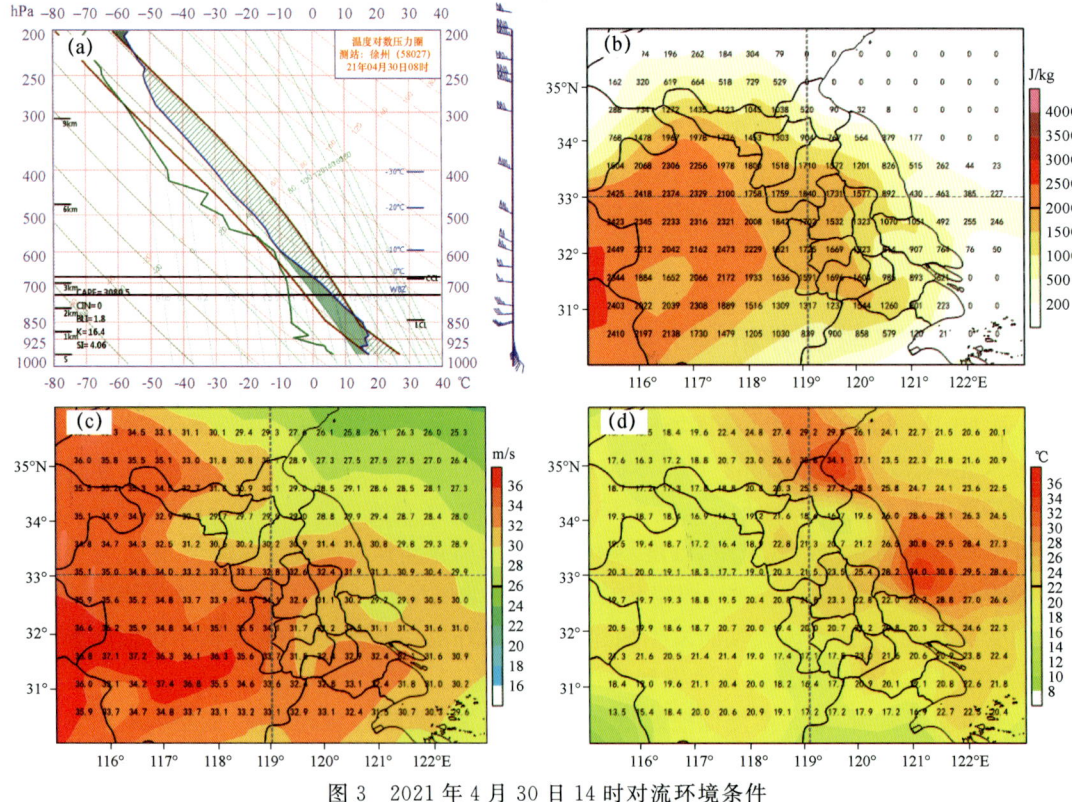

图 3 2021 年 4 月 30 日 14 时对流环境条件

(a)订正探空(由 08 时探空修正抬升点);(b)CAPE 分布;(c)0~3 km 垂直风切变;(d)850~500 hPa 温差

图3b~3d 分别为用 ERA5 资料绘制的 14 时 CAPE 分布、0~3 km 垂直风切变和 850~500 hPa 温差。14 时,江苏南部地区 CAPE 值超过 1000 J/kg,这在春季是比较大的对流能量。江淮之间 0~3 km 风切变超过 30 m/s,呈现较强极端性(图3c),为辐合线上单体的维持、系统性大风的发展都提供了有利的环境场。850~500 hPa 温差在暖区内为 30~33 ℃,呈现较强层结不稳定(图3d)。

综上,此次冷涡背景过程风切变强,高低层温差大,湿度条件在各层均较干,在午后地面迅速升温的背景下,为雷暴大风等强对流天气的形成提供了有利的对流环境。

2.3 中尺度对流系统演变特征分析

结合雷达探测资料可以清楚地了解到强对流天气过程中中尺度对流系统的发生发展。4月30日15时前后,位于地面中尺度低压附近的山东南部开始有零散的对流单体生成(图4a),并迅速发展、合并形成飑线,期间,15时50分前后,低压前侧的地面辐合线上开始触发新生对流,新生对流位于江苏宿迁北部邳县附近(图4b),该新生对流迅速发展为超级单体风暴。17时,飑线移入江苏地区,逐渐与前部的超级单体风暴相合并,其发展演变并继续向东南方向移动,导致江苏境内出现大范围的极端雷暴大风和冰雹天气。

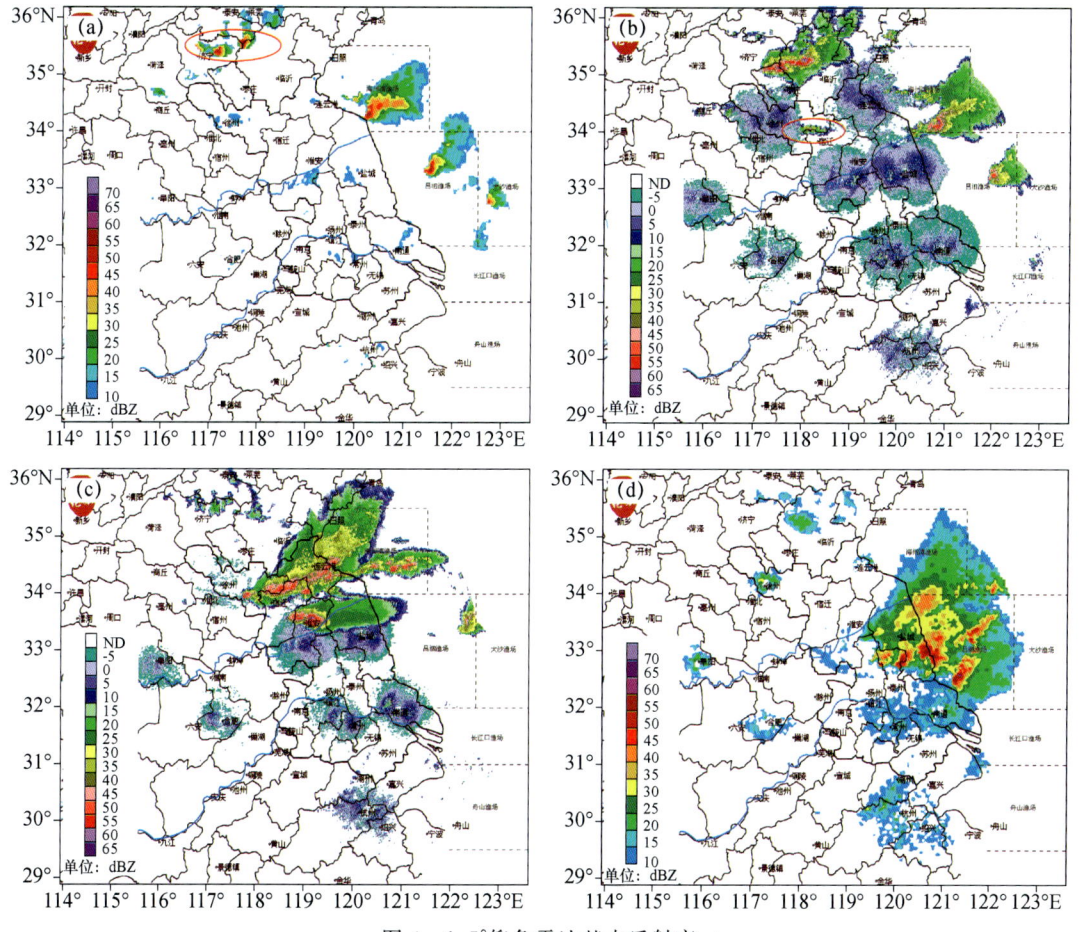

图4 1.5°仰角雷达基本反射率

(a)30日15时06分(圆圈内为飑线初始对流);(b)30日15时54分(圆圈内为超级单体风暴初始对流);
(c)30日17时54分;(d)30日19时42分

徐州和宿迁交界附近的地面辐合线上触发新生对流约 30 min 后,在辐合线上相同位置附近再次触发对流,两个对流单体发展迅速,向东南方向移动,并先后发展为超级单体风暴。从 17 时 38 分雷达反射率因子图(图 5a)可见,两个对流风暴发展强盛,最大反射率因子达 65 dBZ,具有钩状回波特征,与之对应的速度场中,在弱回波区均伴有持久深厚的中气旋,呈现成熟超级对流单体的典型形态(图 5b)。中气旋附近风力较大,尤其是淮安市区上空的中气旋,其中心两侧均出现速度模糊。17 时 40 分,淮安本站出现 36.2 m/s 大风,破该站历史极值。中气旋西侧钩状回波附近,可以看到明显的出流风,近地面出现速度模糊(图略)。同时,从对应时刻反射率回波剖面来看,强回波在 18 时前后已接地(图略),淮安观测到直径为 3~5 cm 的冰雹。

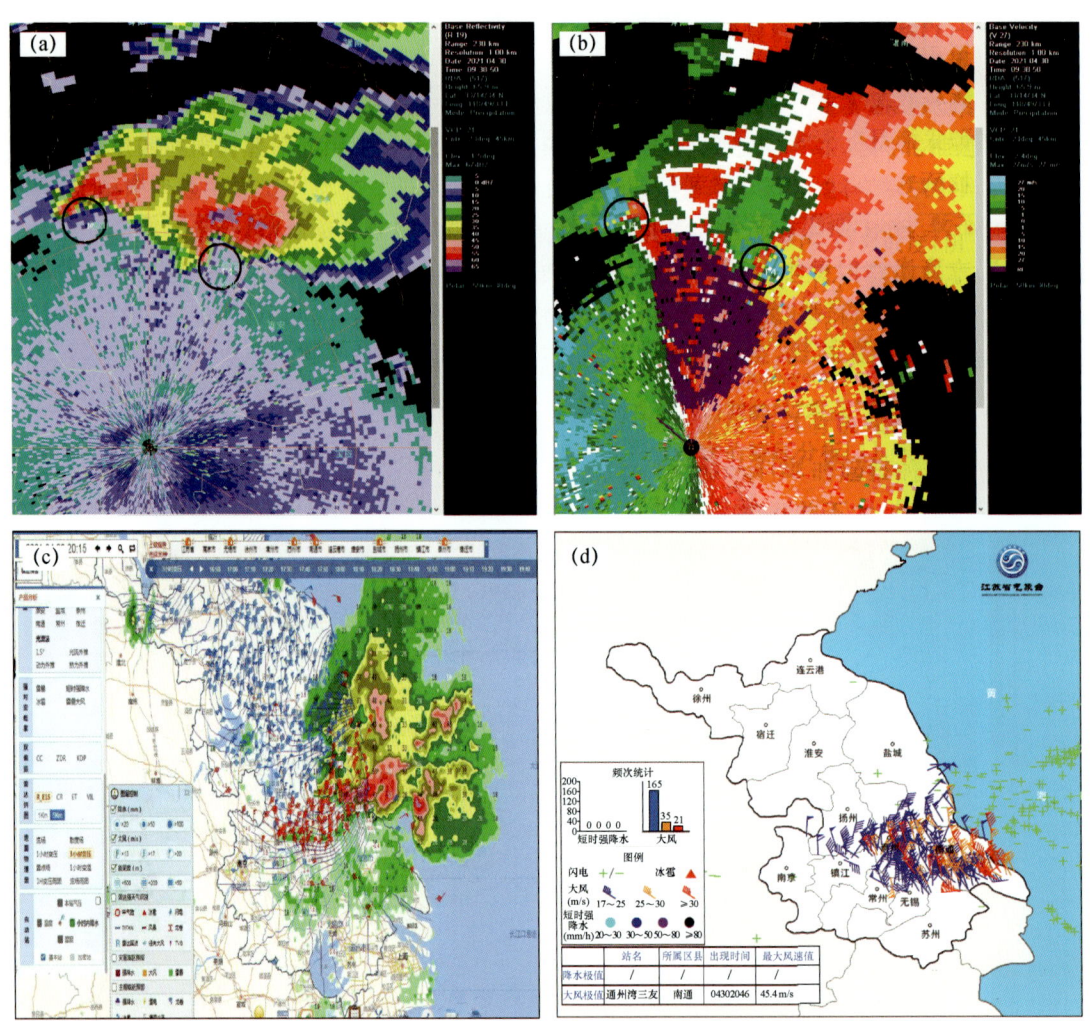

图 5　4 月 30 日雷达回波特征及对流监测
(a)30 日 17 时 38 分淮安雷达 1.5°基本反射率(单位:dBZ,黑色圆圈为中气旋);
(b)17 时 38 分淮安单站雷达 2.4°基本速度图(单位:m/s,黑色圆圈为中气旋);
(c)20 时 15 分地面 3 h 变压(等值线,单位:hPa)、8 级以上大风及 1.5°基本反射率(单位:dBZ);
(d)30 日 20—21 时小时极大风

飑线及其前部强烈发展的超级单体风暴在向东南方向移动过程中逐渐靠近(图 4c),19 时前后,线状对流与其前部的超级单体风暴相合并,不久,对流系统前部形成清晰阵风锋回波(图 4d)。阵风锋在回波主体的西侧,位于淮安南部至扬州北部一线,雷达径向速度图上表现为速度的不连续线,地面风场上与辐合线相对应。阵风锋随对流主体南下,在对流回波区及阵风锋后出现了区域性极端雷暴大风和冰雹天气。至20时15分,对流主体入海,云图上可以看到,在其尾端伸向江苏境内有一线状云区,强度较弱,对应阵风锋(图略)。此时从雷达反射率因子图和地面3 h变压以及8级以上大风叠加图(图5c)可见,在泰州境内形成3 h变压达到7.6 hPa的中尺度雷暴高压,强烈的下沉气流增强了近地面的冷池出流,促进阵风锋辐合,在阵风锋上又开始新的对流触发并形成飑线,阵风锋进入南通及泰州的长江段,在沿江和沿海产生了12级以上强风(图5d),并于20时47分在南通通州湾测得本次过程最大风力15级(47.9 m/s)。这种极大风的加大可能与海陆地形相关,具体产生机制将进一步研究。从阵风锋经过南通雷达站之前的径向速度图上可以看到(图略),阵风锋在速度图上表现为一速度不连续线,其后部的西北风极大,在大片30 m/s的风速大值区中镶嵌着一些更小尺度的大风,速度模糊出现了35 m/s以上的近地面大风。对应在地面,尤其是靠海的区域出现12级及以上的大风,并在南通通州湾录得本次过程最大风力15级。可以看到不同于淮安冰雹和大风对应有超级单体,南通大风主要受阵风锋及其后部的冷池影响,虽然阵风锋上在20时20分后也偶有对流触发,但总体上偏干,没有明显的强对流单体相伴随。

从淮安到吕泗的气象要素变化(图6)也能够看到,在冷池过境时,淮安17时20分气压明显升高,吕泗的气压也呈现持续升高的现象。两站的风速都出现增大,尤其在吕泗站较为明显,阵风锋过境引起风速突增。但从两站的气温变化来看,整体较为平稳。

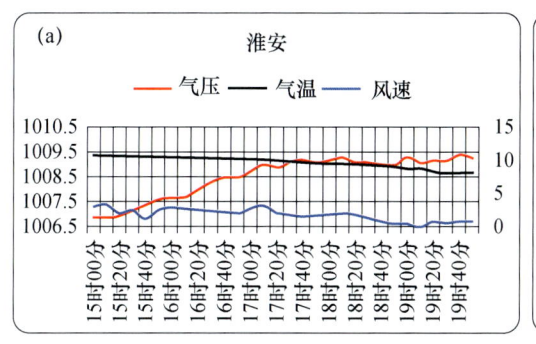 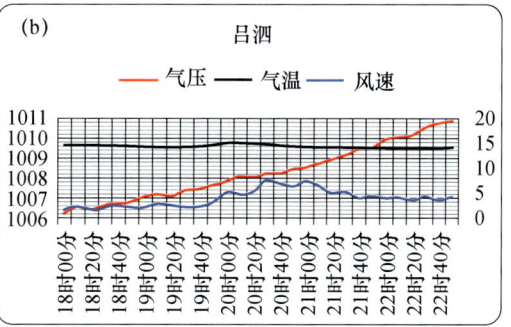

图6　2021年4月30日淮安(a)、吕泗(b)三线图(气压单位:hPa,气温单位:℃,风速单位:m/s)

3 极端大风的可预报性及偏差分析

3.1 中尺度模式和客观产品预报偏差分析

3.1.1 大尺度环流形势预报分析

强对流天气的发生常与大尺度环流背景所制约的中小尺度天气系统发展演变相联系。对于此次强对流天气发生的大尺度环流形势,各家全球模式、中尺度模式均有较好的预报表现。图7是500 hPa风场、高度场及海平面气压场的实况与预报场,应针对大尺度环流形势预报,选择全球模式进行预报检验。图7中可见,中国气象局全球同化预报系统(CMA-GFS)及ECMWF模式较准确地预报出冷涡位置与强度,在强对流天气发展过程中,两家模式均对位于江苏上空的冷涡后部偏北风急流的明显发展具有较好的预报表现。此次过程的初始对流由地面低压及其前部的辐合线所触发。实况表明,在对流层中低层西北风的引导下,地面中尺度低压逐渐向东南方向移动,4 月 30 日 20 时,低压移至南通沿海附近。两家模式预报虽能预报出 30 日午后起地面低压自山东南部东移南压逐渐影响江苏的过程,但移动期间低压中心的位置与实况存在一定的偏差。

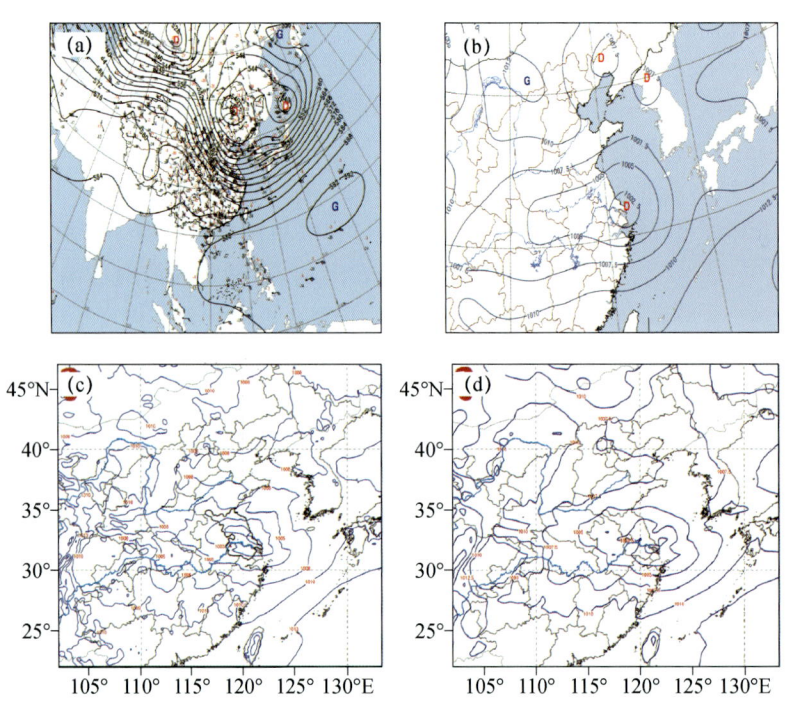

图 7　4 月 30 日 20 时 500 hPa 风场与高度场实况(a)、海平面气压场实况(b)、CMA-GFS 预报场(c)、ECMWF 预报场(d)

3.1.2　对流过程的可预报性分析

此次区域性对流大风天气主要集中在 4 月 30 日 17—22 时,本文重点分析 30 日午后起对流系统在有利的对流环境中发展演变过程以及中尺度模式的预报表现。

导致江苏区域性大风天气的对流系统在发展演变过程中,经历了对流触发、飑线及其前部超级单体风暴的形成与发展、两者的合并重组、阵风锋加强等关键阶段。以下将针对对流系统发展关键时段开展中尺度模式预报性能的检验。

图 8a~8c 和图 8d~8f 分别是飑线系统及其前部超级单体风暴初始对流的回波实况与同时刻中尺度模式的回波预报。图 8a 显示,与飑线系统相联系的初始对流于 15 时前后在山东南部地面低压中心附近触发,该回波未来组织发展为飑线。此时江苏北部沿海地区有零散对流单体,未来将逐渐东移减弱。从 CMA-3 km 模式预报来看(图 8b),对于低压中心附近触发出的对流单体位置预报较准确,但对流的强度与范围明显比实况偏强偏大。该模式对江苏北部已经入海的对流风暴预报明显偏西偏强。与之相比较,江苏区域高分辨率数值预报系统(PWAFS)对低压中心附近的初始对流位置预报较为准确,对流强度预报略弱,对流范围比实况大。总体而言,中尺度模式基本能够预报出低压中心附近的对流触发过程,对对流出现时间、位置预报均有较好的预报参考性,但对流强度与范围的预报与实况有较大偏差。

17—18 时,位于飑线系统前部的超级单体风暴强烈发展,移至淮安地区,导致淮安站出现

36.2 m/s雷暴大风,创该站建站以来风速最强纪录。进一步分析中尺度模式对该超级单体风暴对流初生的预报。结合地面风场分布特征,可以看到,导致淮安极端大风的超级单体风暴的形成可追溯至16时前后(图8d),在位于地面低压前部辐合线上的邳县附近开始形成。但CMA-3 km及PWAFS两家中尺度模式均未预报出该超级单体风暴的初生对流。另外,对未来将发展为飑线的对流系统移速预报明显偏快。

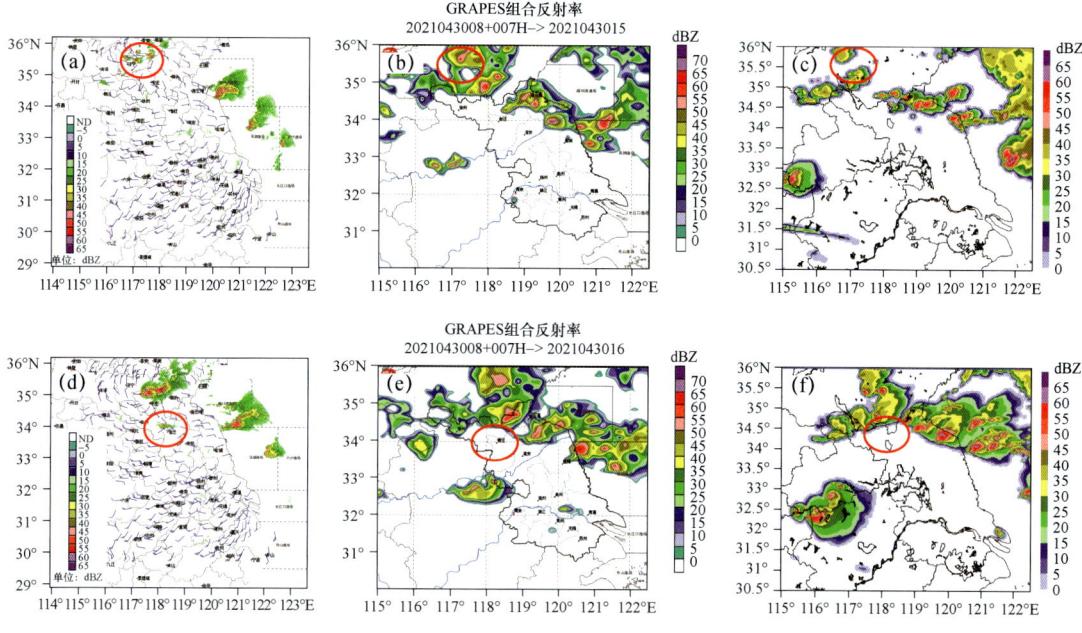

图8 4月30日15时(a)~(c)及16时(d)~(f)雷达回波实况与预报
(a)和(d)实况;(b)和(e)CMA-3 km;(c)和(f)PWAFS(红色圆圈内为初始对流位置)

4月30日20—22时,随着对流系统的南压,南通地区自北向南出现极端对流性大风天气。21时,对流系统正在影响南通地区。图9a中可以看出,此时,对流系统主体已入海,其前部的阵风锋位于沿江一带,阵风锋与地面辐合线相配合,并在南通沿海地区及安徽合肥附近已激发出对流。图9b是CMA-3 km模式预报的同时刻的雷达回波,模式预报出两段回波,分别位于南通沿海附近及扬州至铜陵一带,显然,与实况相比,西段回波预报位置偏南,范围偏大。反观PWAFS模式的预报(图9c)可以看到,模式对对流系统的移速预报明显偏快,西段回波尤甚。20时模式在南通至安徽宣城一带预报一条完整的线状对流,回波形态与实况有较大偏差。两家模式均未预报出对南通地区大风天气有直接影响的阵风锋系统。

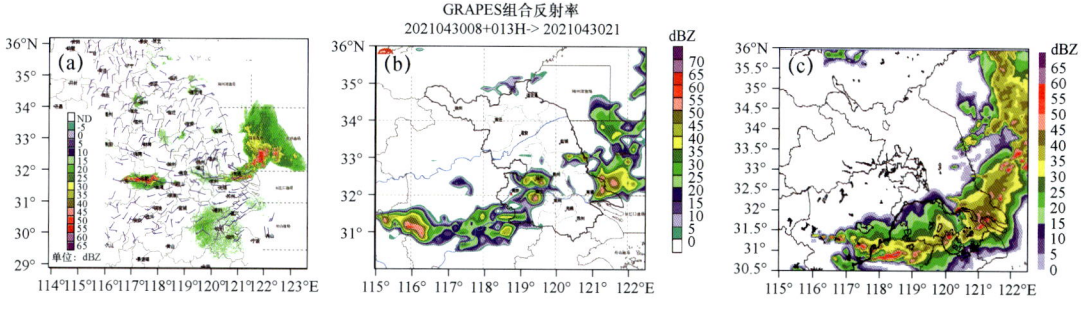

图9 4月30日回波实况与模式预报
(a)21时雷达回波实况;(b)21时CMA-3 km模式回波预报;(c)20时PWAFS模式回波预报

3.2 极端大风的预报能力和难点分析

通过对江苏不同季节强对流历史个例的总结归纳,预报员对本地强对流天气的气候特点及环流背景已有深刻的认识。东北冷涡背景是江苏春季强对流的常见天气背景之一,所以短期预报已较早关注到这次强对流天气过程。

进一步回顾此次极端大风的发生发展过程及基于目前的预报技术开展的预报预警服务,梳理其中涉及的预报难点,主要如下:

(1)强对流天气在特定的环流背景下由中小尺度天气系统所导致。因此,中尺度模式对对流过程的预报能力是及早有效开展强对流天气精细化预报服务的关键。对中尺度模式可预报性分析表明,目前业务中常用的中尺度模式对于对流形成、发展、移动及对流系统组织模态的预报,在时间和空间上存在明显偏差,不能准确描述中尺度对流过程。所以,从短期预报角度难以准确预报出强对流落区及起止时间。

(2)短临预警阶段,主要通过雷达、自动站为主的多源观测资料,结合天气实况开展外推预报。但目前的主流外推预报技术尚不能较好地解决对流触发及对流风暴后续发展演变趋势。因此,需要进一步加强基于多源资料的快速融合分析的外推预报技术研究。

(3)此次极端大风天气形成过程中涉及多尺度系统的相互作用,对这类多尺度叠加效应所致极端大风强度估计不足,预报技术储备和经验积累上缺乏对极端大风的及时、准确研判,相关机理研究须进一步深入。在今后的预报预警工作中,须加强多尺度天气系统相互作用导致的极端大风天气机理认识和发展强度预判,进一步加强基于多源资料快速融合分析的外推预报技术和强对流分类分级客观预报技术的研究。

5 总结与讨论

此次过程江苏出现了多站破历史极值的大风和大范围冰雹,造成了较大人员伤亡。江苏全省范围均出现大风天气,多地发生冰雹。多站风速打破江苏内陆测站极值;南通风灾最为严重,12级以上的风力大多出现在南通沿海地区,近海风力更甚。

(1)从极端大风成因来看,对流系统在先前发展的冷池和其南部高度对流不稳定的暖区之间温度梯度大值区一带发生发展,并伴随有局地低压、冷高压出流和边界层辐合线。由中尺度对流发生发展分析可得,本次过程主要分为沿淮淮北西部地区(宿迁、淮安、徐州、扬泰北部)对流单体影响和沿江地区东部(南通、泰州、盐城南部)阵风锋、冷池出流影响两个阶段,两地区出现的灾害性天气在成灾系统上有显著不同。沿淮地区影响系统对流性强,能量积聚大,具有典型的超级单体特征;沿江地区东部的温度梯度更大、变压更明显、受海陆地形的影响,具有变压风、高空风动量下传、冷池出流密度流叠加的特征,其极端性形成的机制需要后续进一步深入研究。

(2)从预报服务来看,在短期时效内,预报员对于本地强对流天气的气候特点及环流背景已有深刻的认识,所以在短期预报时效内已关注到此次强对流天气过程,但在短临监测预警时效内,由于目前的外推预报方法无法解决对流从无到有的新生问题,且缺乏强对流客观预报产品,因此在今后的工作中要加强基于多源资料快速融合分析的外推预报技术和强对流分类分级客观预报技术的研究。

参考文献

[1] FUJITA T T. Precipitation and cold air production in mesoscale thunderstorm systems[J]. Journal of Meteorology,1959,16:454-466.
[2] JOSEPH M S,WALKER S A. A climatology of fatal convective wind events by storm type[J]. Weather and Forecasting,2011,26(1):109-121.
[3] 费海燕,王秀明,周小刚,等. 中国强雷暴大风的气候特征和环境参数分析[J]. 气象,2016,42(12):1513-1521.
[4] 方翀,王西贵,盛杰,等. 华北地区雷暴大风的时空分布及物理量统计特征分析[J]. 高原气象,2017,36(5):1368-1385.
[5] 王秀明,俞小鼎,周小刚,等."6·3"区域致灾雷暴大风形成及维持原因分析[J]. 高原气象,2012,31(2):504-514.
[6] JOHNS R H,HIRT W D. Derechos:Widespread convectively induced wind storms [J]. Weather and Forecasting,1987,2(1):32-49.
[7] JOHNS R H,DOSWELL C A III. Severe local storms forecasting [J]. Weather and Forecasting,1992,7:588-612.
[8] 沈杭锋,方桃妮,蓝俊倩,等. 一次强飑线过程极端大风的中尺度分析[J]. 气象学报,2019,77(5):806-822.
[9] 廖晓农,俞小鼎,王迎春. 北京地区一次罕见的雷暴大风过程特征分析[J]. 高原气象,2008,27(6):1350-1362.
[10] 盛杰,郑永光,沈新勇,等.2018年一次罕见早春飑线大风过程演变和机理分析[J]. 气象,2019,45(2):141-154.
[11] 郑媛媛,张雪晨,朱红芳,等.东北冷涡对江淮飑线生成的影响研究[J]. 高原气象,2014,33(1):261-269.
[12] 罗爱文,朱科锋,方茸,等. 江淮地区弓形回波的分布和环境特征分析[J]. 气象,2015,41(5):588-597.
[13] 梁建宇,孙建华.2009年6月一次飑线过程灾害性大风的形成机制[J]. 大气科学,2012,36(2):316-336.
[14] 孙虎林,罗亚丽,张人禾,等.2009年6月3—4日黄淮地区强飑线成熟阶段特征分析[J].大气科学,2011,35(1):105-120.

2021年6月1日黑龙江尚志强龙卷特征及成因分析*

赵广娜 邵美荣 徐 玥 吴迎旭 公衍铎 张礼宝 于震宇

(黑龙江省气象台,哈尔滨,150030)

摘要:利用常规观测资料、地面自动气象站和多普勒天气雷达对2021年6月1日发生在哈尔滨市尚志(EF3级,持续55 min,全长51 km)、阿城(EF2级,持续15 min,全长5 km)的龙卷天气进行分析。结果表明:此次龙卷发生在高空冷涡和地面冷锋的共同作用下,中层干冷平流强迫入侵形成大气不稳定层结;中尺度干线与地面辐合线交汇触发龙卷母云;高低空急流耦合有利于能量和水汽输送;较大垂直风切变加强上升气流,有利于超级单体及龙卷涡管生成;光滑的下垫面延长了龙卷持续时间;三次钩状回波的建立和中气旋强度及高度的演变与龙卷路径及强度变化一致,是龙卷维持时间较长的原因。对流有效位能较小、中层相对湿度较大、前期有降水是本次龙卷潜势预报的难点,龙卷触地位置距离雷达中心较远造成超级单体特征监测困难。

关键词:龙卷,不稳定,中气旋,钩状回波

引言

2021年,黑龙江省极端天气多发,龙卷日数11天,龙卷数量达17个,多分布在松嫩平原。最早的龙卷出现在4月30日,较为罕见。大多数龙卷为EF0~EF1级,EF3级1个,EF2级3个。绝大多数龙卷都未造成较大灾害。其中2021年6月1日17—18时,尚志遭受EF3级强龙卷袭击,致1人死亡,18人受伤(1人重伤),同时阿城出现EF2级龙卷。

地形平坦、下垫面均匀、水汽充沛的东北大平原是龙卷多发地[1,2],多受冷涡影响[3],尚志龙卷和2019年辽宁开原龙卷就是在东北冷涡背景下出现的强龙卷天气[4-7]。形势较平坦的地带配合冷涡背景,如果辐合线及能量极值线上出现较大的浮力旋度,则会产生涡旋。这种涡旋又进一步引起速度的变化及垂直运动的形成,促进旋转区垂直运动的加强,从而形成龙卷[8]。

雷达回波特征上,南方龙卷和北方龙卷差别不大,大多是超级单体形成之前的对流风暴内部中低层已经有中气旋形成[9],并向更低层发展最终导致龙卷,这对龙卷预警有指导意义[10-13]。

在我国南方由于暖湿条件好,发生龙卷大多没有明显干冷空气侵入[14-16]。但在黑龙江,暖湿气流的输送和冷暖空气的相互作用,才是龙卷产生的有利条件[17,18]。南方龙卷多发生在中等偏强的对流有效位能(CAPE)、较好的低层湿度条件以及强的低层垂直风切变条件下[19,20]。而尚志

---

* 黑龙江省气象台栾晨、周奕含、唐凯、谢玉静、刘松涛、庞博等也参与了本文数据分析及插图绘制等工作。

龙卷发生在较小的对流有效位能(CAPE)、低的对流抑制(CIN)与抬升凝结高度(LCL)、强的垂直风切变条件下,与黄先香等[13,21-24]对珠江三角洲台风龙卷分析发现结果略有相同。

尚志龙卷在对流有效位能较小的情况下,触发机制是什么?为何持续 55 min 之久,路径长达 51 km,维持机制是什么?在距离雷达较远的情况下,如何有效分析雷达信息?快速发布龙卷预报预警的预报着眼点有哪些?本文将利用常规观测资料、地面自动气象站和多普勒天气雷达对尚志强龙卷过程进行环流背景和雷达特征分析,加深对该类事件的发生条件、对流特征和物理机理认知。

1 龙卷基本信息和预报服务情况

1.1 龙卷强度及路径信息

2021年6月1日,黑龙江省南部地区出现冰雹、雷雨大风等强对流天气,其中17—18时前后在尚志市(EF3级,持续55 min,全长51 km)、阿城区(EF2级,持续15 min,全长5 km)各发生一个龙卷。

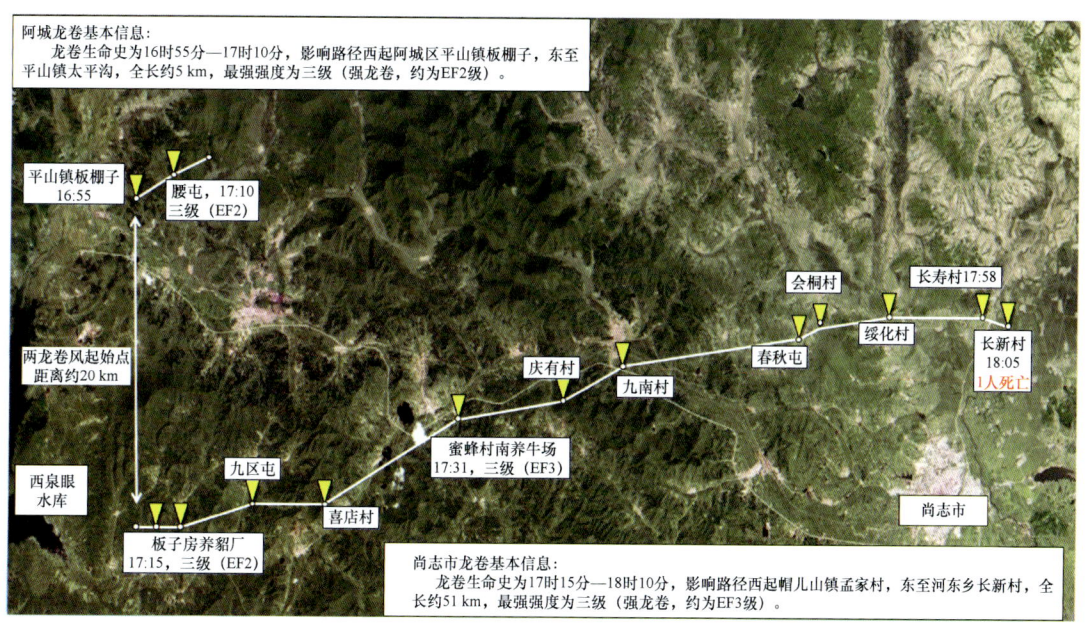

图 1 2021 年 6 月 1 日尚志、阿城龙卷路径、强度信息

1.2 龙卷灾情及社会影响

尚志市遭受龙卷天气袭击,造成帽儿山镇、乌吉密乡、河东乡、长寿乡房屋、鸡舍、企业不同程度受灾,并致1人死亡、18人受伤(1人重伤),直接经济损失1680.55万元。

阿城区受龙卷天气袭击,沿途造成农田受损、砖体结构民房损坏、农村砖混结构房屋屋顶掀毁、部分墙体倒塌,树木连根拔起,农用车辆翻滚。

1.3 龙卷预报服务情况

黑龙江省气象台2021年5月31日提前发布全省大部地区大风蓝色预警信号;5月31日及6月1日,服务产品中提示局地雷暴大风、冰雹等强对流天气。6月1日9时30分在全省会商中预报尚志附近有冰雹、雷雨大风潜势;分别在14时03分、14时48分、15时35分、15时47分指导哈尔滨市气象台,关注冰雹及龙卷天气;14时55分发布雷雨大风橙色预警信号,提示哈尔滨北部、呼兰南部、宾县西部、巴彦南部有弱龙卷。

2 天气背景分析

2.1 环流背景及天气形势配置

2021年5月31日08时500 hPa中高纬度地区,西西伯利亚为庞大的高脊控制,脊前有发展强盛的低涡;6月1日08时低涡中心移至蒙古国东部,低涡系统深厚,850 hPa低涡中心位于中蒙交界,沿低涡后部有强干冷平流输送,冷涡前部有低空急流输送暖湿空气北上,鄂霍茨克海有高脊阻挡,冷暖空气在黑龙江南部交汇(图2a~c)。尚志在冷暖交汇处暖区一侧。龙卷发生在高空急流出口区左侧、地面低压冷锋前部(图2d)。

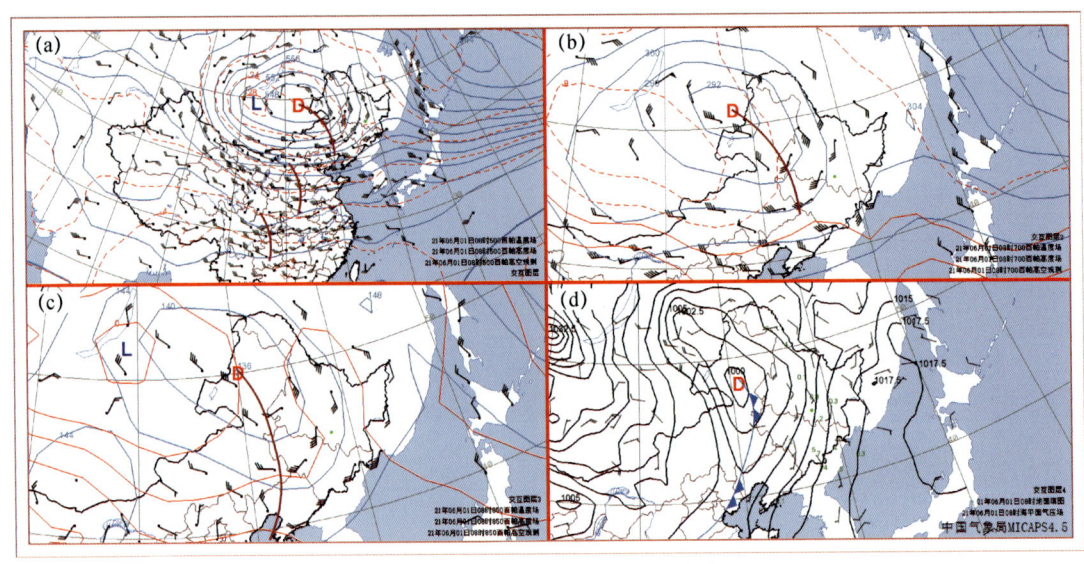

图 2 2021年6月1日08时形势场
(a)500 hPa;(b)700 hPa;(c)850 hPa;(d)地面风场
(绿色圆点为尚志,蓝色等值线为位势高度,红色等值线为等温度线,黑色等值线为等压线)

2.2 龙卷发生的环境特征

(1)足够的水汽。偏南急流将渤海湾水汽向北输送,龙卷发生在湿舌内,11时850 hPa比湿为 6.5 g·kg^{-1}，1000 hPa 比湿为 9 g·kg^{-1}，14 时分别增加至 8 g·kg^{-1} 和 10 g·kg^{-1}，东北龙卷[19]发生前低层比湿普遍增加 1~2 g·kg^{-1}；17 时比湿再次降低，说明 14—17 时是近地层水汽输送关键时段也是超级单体生成的有利时段[2]。

(2) 静力不稳定。受东北冷涡影响，横槽向东延伸至黑龙江中部，不断有冷空气入侵，低层处于 850 hPa 暖脊中，850 hPa 和 500 hPa 温差为 31 ℃，高层冷平流促使不稳定层结增强。16 时（龙卷出现前 1 h），尚志地面出现当日最高气温和最高露点温度，午后地面辐射升温加剧不稳定的大气层结。16 时，冷槽后部干空气东移，$T-T_d$ 增加 8 ℃，与东部暖湿气流形成显著干线触发对流发展。

(3) 动力抬升。龙卷出现在低压槽尾部，风向为西南风到偏东风气旋式旋转。另外，龙卷处在高空急流出口区左侧；低空急流前部暖式切变线南侧，925 hPa 和 850 hPa 分别为偏南风 15 m·s^{-1} 和 14 m·s^{-1}，急流低层辐合与高层辐散区耦合增强了抬升条件和对流维持时间。

(4) 干线触发。15 时，尚志北部超级单体产生冷池，其南侧外围又有冷出流。16 时，干线加速北推，干空气夹卷导致强烈蒸发，超级单体产生强降水和雷暴大风，冷池增强，与北伸暖锋在地面形成一条中尺度露点锋。17 时，地面偏南风与偏西风增至 10 m·s^{-1}，辐合线和干线均加强。地面辐合线和干线触发龙卷母云，龙卷发生在北部干冷气流，西南干暖气流及东部暖湿气流交汇区。龙卷持续过程中冷池与外部热力差异加大，有利于龙卷的维持。18 时，龙卷结束后地面为干冷空气控制。龙卷过程出现在冷出流与干线交界处，龙卷出现前 1 h，冷池中心到龙卷发生地的温度梯度均有所增加。

(5) 变化的物理量。6 月 1 日 08 时哈尔滨探空站附近有明显降水，所以地面至 400 hPa 出现深厚湿层（图 3a），对流有效位能很小，而对流抑制相对明显，CAPE 为 100 J·kg^{-1}，LCL 为 310 m，露点 0.6 ℃，为典型的降水探空形势，但是上冷下暖，低空急流前部强暖湿输送，0~1 km 和 0~6 km 强垂直风切变以及地面干线触发形成了龙卷潜在条件。

16 时，暖干气团开始移入哈尔滨，利用尚志和哈尔滨地面资料订正 08 时探空（图 3b），得到尚志的 CAPE 和 LCL 分别为 429 J·kg^{-1} 和 770 m；哈尔滨站为 490 J·kg^{-1} 和 1500 m；CIN 均为 0 J·kg^{-1}，龙卷发生前后低层相对湿度的降低使得 CAPE 和 LCL 较 08 时均有所提升（表 1）。LCL 大于 1200 m 会大大降低龙卷发生的概率[25]，抬升后的 LCL 高度低于 1200 m，近地面为湿区时较低的 LCL 更有利于龙卷出现。

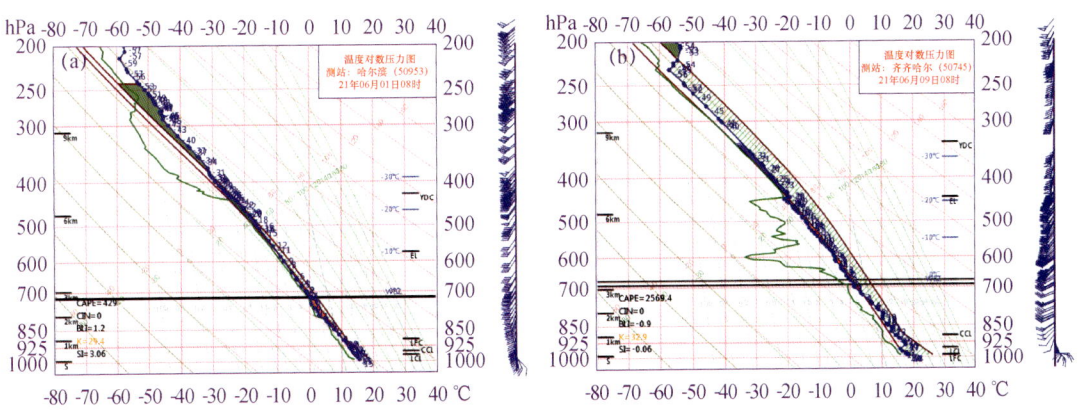

图 3 2021 年 6 月 1 日哈尔滨 08 时探空图(a)和 16 时订正探空图(b)

表1 2021年6月1日哈尔滨站订正前后探空参数

时间	站点	CAPE/J·kg^{-1}	CIN/J·kg^{-1}	LCL/m
08时	哈尔滨	97	13	310
16时	哈尔滨	490	0	1500
16时	尚志	429	0	770

(6)较强的垂直风切变。6月1日08时哈尔滨探空站0～1 km、0～3 km、0～6 km风速矢量差分别为12 m·s^{-1}、14.5 m·s^{-1}、18.8 m·s^{-1}(表2),达到东北冷涡龙卷0～1 km和0～6 km垂直风切变的平均值[19],但低于美国的平均标准[26]。

表2 2021年6月1日哈尔滨站风随高度变化的矢量差

高度	0～1 km	0～3 km	0～6 km
风矢量差/m·s^{-1}	12.5	14.5	18.8

(7)下垫面的影响。此次龙卷路径长,经过多次爬坡、下坡,龙卷强度也有强弱的反复变化,这与下垫面大面积的水田可能存在一定关系,因为龙卷在行进过程由于地面摩擦可能出现减弱,但经过水田后地面增湿,不稳定增强,使得超级单体龙卷又继续维持。

3 中尺度对流风暴特征及龙卷成因分析

3.1 卫星云图特征分析

2021年6月1日16时45分FY-4A静止气象卫星红外云图显示,黑龙江中西部出现多条云带,沿冷涡系统呈涡旋状排列。黑龙江中南部的云带近似呈南北走向,宽度130～150 km,云带南端位于尚志市西北部。可见光云图上,云带的南端触发新的对流云团,并随着引导气流向东北方向移动的同时迅速发展;17时49分该对流云团较周围发展旺盛出现明显的褶皱纹理;18时该对流云团强度和色调亮白的面积都快速减弱减小,18时15分强对流区移出尚志。龙卷云团尺度较小,发展旺盛,生消演变较快,龙卷正是发生在对流云团快速发展的阶段(图略)。

3.2 雷达回波分析

哈尔滨多普勒雷达显示,2021年6月1日午后对流单体沿地面辐合线排列,尚志龙卷母云位于对流带最南端。15时,哈尔滨附近超级单体发展,地面出现小冰雹和雷暴大风天气,并产生地面冷池出流。

中气旋发展阶段,首次出现钩状回波:16时13分,尚志龙卷母云在地形抬升作用下发展东移;16时46分—17时03分进入西泉眼水库后迅猛发展为典型超级单体风暴,中气旋持久深厚,是龙卷预报的关键条件。径向速度图上,中气旋始于中层,强入流向下伸展。16时35分,偏南风暖湿流(径向速度为−21 m·s^{-1})在1.4°仰角(探测高度约3 km)出现,16时41分向下至0.5°仰角(约1.2 km)。此时风暴处于新生阶段,中低层为深厚的风速辐合区,高层风向辐散,风暴在辐合区前侧发展。16时58分,中层中气旋显现。17时03分,中气旋向下至

0.5°仰角,旋转速度为 20 m·s^{-1},属于中等强度中气旋,中气旋深厚。17 时 09 分风暴移出水库后强度下降,低层南风入流增强,钩状回波雏形显现。风暴强中心接地,径向速度上风暴出流继续增强,出入流速度差减小,中气旋结构趋于对称。17 时 15 分中气旋结构对称,低层入流明显,0.5°仰角旋转速度 22.5 m·s^{-1},直径 2 km,为强中气旋,并首次出现钩状回波,龙卷触地。随后,中气旋强度减弱为中等中气旋(图 4)。

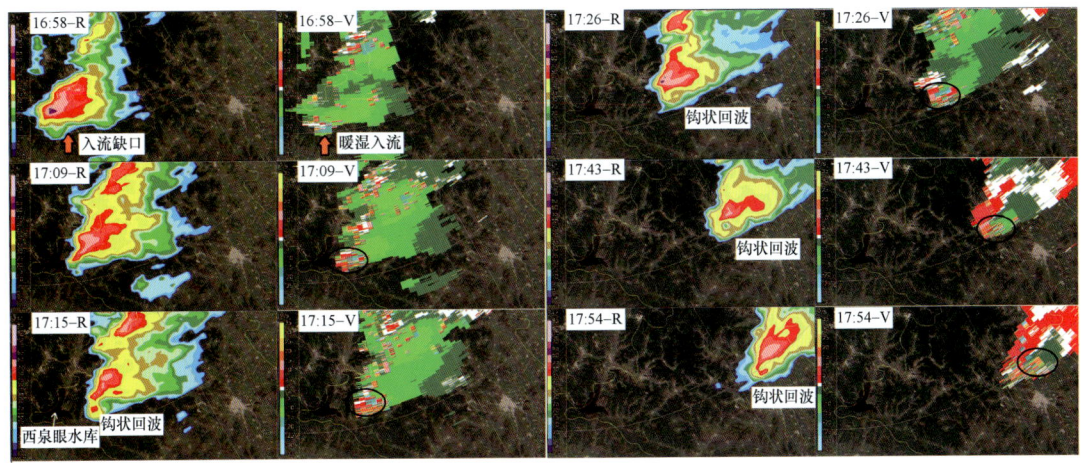

图 4 2021 年 6 月 1 日 16 时 58 分—17 时 54 分哈尔滨雷达 0.5°仰角反射率因子(R)和径向速度(V)
(多样的钩状回波,黑色圆圈为中气旋)

中气旋成熟阶段:中气旋以 3 km 左右向下延展为主,低层中气旋为中等到强中气旋,而高层为弱到中等中气旋。17 时 26 分,风暴顶高 12 km,61 dBZ 质心由 3 km 降至地面,钩状回波呈空心状,速度图对应深厚的中气旋,此时中气旋强度最强、垂直伸展最高,各层旋转速度均为强中气旋。其垂直气流表现为 0.5°仰角气旋性辐合,1.4°仰角纯气旋旋转,2.4~3.3°仰角气旋性辐散,6.0°仰角(9 km)为纯辐散,表明强中气旋进入成熟阶段(图 5)。

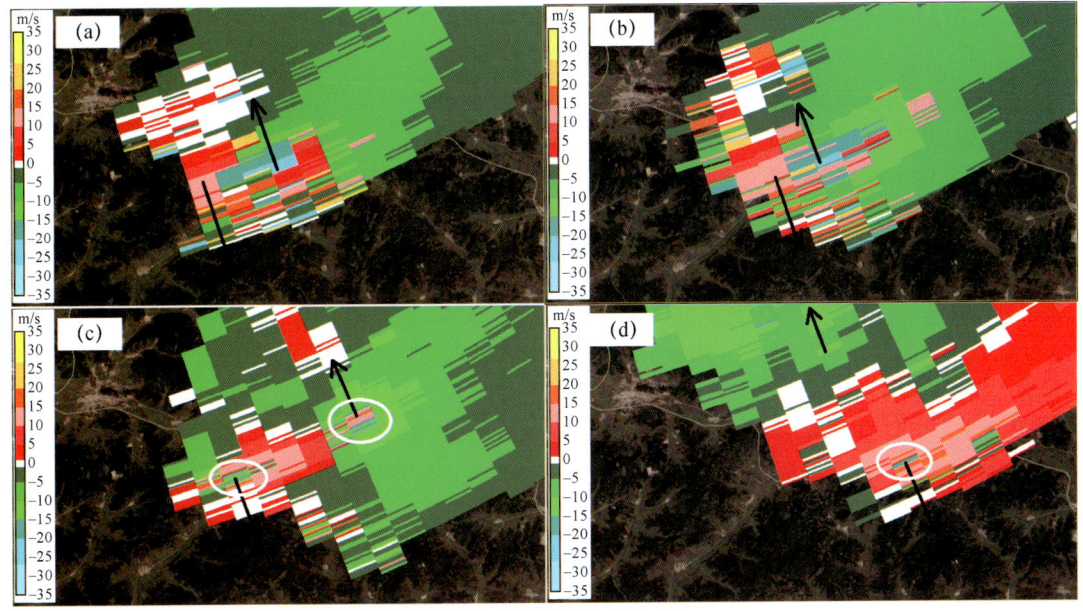

图 5 2021 年 6 月 1 日 17 时 26 分哈尔滨雷达 0.5°仰角(a)、1.4°仰角(b)、2.4°仰角(c)、4.3°仰角(d)径向速度
(黑色箭头表示风向,白色圆圈表示速度模糊)

中气旋维持阶段,钩状回波第二、三次建立:17 时 31 分,回波强度、钩状特征、旋转速度都减弱。17 时 37—43 分钩状回波第二次建立并再加强,呈空心状,表征暖湿入流再次加强,对应回波逐渐前倾并悬垂,速度图入流速度也表现为先减小再增大。17 时 26 分和 17 时 48 分深厚的强中气旋再次出现,转动速度稳定在 21~23 m·s^{-1},出入流速度中心相距 2~4 km。17 时 54—59 分为典型钩状回波第三次建立,18 时 05 分钩状减弱,中气旋强度稳定,但直径增大至 7 km,导致 0.5°仰角垂直涡度由 $(14~17)\times10^{-3}$ s^{-1} 快速减弱至 $(6~8)\times10^{-3}$ s^{-1}。18 时 16 分后,中层以出流为主,中气旋发展受到抑制,龙卷结束。

由于 C 波段雷达径向速度的测量精度是 1 m/s,在回波满足一定的信噪比和处理点数的情况下是能保证数据质量的,但在测大风的时候的确有问题,由于波长限制,在单 PRF(脉中重复频率)下,PRF 相同的时候它的不模糊速度比 S 波段雷达小一半。如果用了双 PRF,不模糊速度会增加,速度可靠性就会差一些,异常点会多(双 PRF3∶2 是最好,如果是 4∶3、5∶4,质量会越来越差)。哈尔滨雷达经过大修后,体扫模式下采用等重复频率工作,消除了双 PRF 带来的测速误差,且平均处理点数均在 40 点以上,在信噪比大于 5~10 dB 的情况下,能够保证探测精度。

低层中气旋与钩状回波几乎同时出现。在钩状回波出现前,中层中气旋与低层入流缺口加强预示着低层中气旋可能发展,时间提前量在 5~10 min。龙卷往往是伴随低层中气旋(1 km 以下)的出现产生的,中层中气旋越强,出现龙卷的概率越大[1]。中气旋的长时间存在与持续的暖湿入流输送紧密相关,即使风暴出流切断入流,中层仍有暖湿入流加强使得中气旋能继续维持(图 5)。

4 龙卷的可预报性及偏差分析

4.1 环境条件

本次龙卷天气出现在高空东北冷涡配合地面冷锋天气背景下,这种天气背景有利于出现极端强对流天气;地面干线触发、较大的 0~1 km 和 0~6 km 垂直风切变、较低的抬升凝结高度、较明显的静力不稳定、高低空急流耦合这些条件也是强对流易出现的环境条件。

4.2 中尺度对流

黑龙江省气象台 08 时和 14 时起报的分类强对流确定性客观预报产品中,预报出哈尔滨中南部 17 时(图 6a)雷暴大风天气,并在阿城、尚志出现雷暴大风高密度区;18 时落区向东北偏东位置移动(图 6b),且雷暴大风出现密度增大。因此,参考客观产品可以较容易判断雷暴大风潜势,但也有一定范围的空报,这与对流性大风本身空间尺度小的特征有关系。

从雷达实时监测来看,龙卷出现前阿城县南部、五常市(位于尚志南部)出现了强降水超级单体,钩状回波出现反复,这些特征都对预判龙卷出现提供了指示信息。

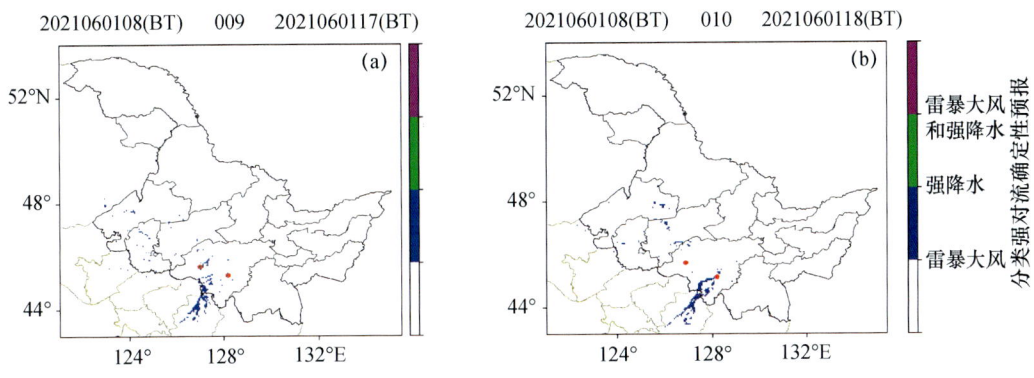

图 6　2021 年 6 月 1 日 14 时的预报 17 时(a)和 18 时(b)雷暴大风确定性预报
(红色圆点(a)中为阿城,(b)中为尚志)

4.3　龙卷

距离龙卷发生地最近的哈尔滨探空站由于 08 时前后出现明显降水,出现深厚湿层,龙卷预报指示性不强;尽管对 16 时的对流有效位能进行一定订正,但对流有效位能仍然较小,只有 429 J·kg^{-1},为提前预报龙卷造成了干扰;龙卷触地位置距离雷达站较远,导致超级单体结构分析比较困难,中气旋结构和演变过程特别是低仰角数据分析受到较大影响;本次过程存在 2 个龙卷,对于相对较弱的 EF2 级龙卷由于超级单体特征不明显,所以被忽略,为龙卷发生具体位置预报带来困难;大面积的水田及复杂的下垫面考虑不够充分,也为预报龙卷路径和持续时间带来困难;龙卷路径长、持续时间长较为罕见,对龙卷的精准预报提出挑战。

5　预报服务改进思路及对策

5.1　龙卷预报分析思路和预报着眼点

龙卷预报,首先要考虑大尺度天气背景,其次是分析龙卷发生的必要条件即大气垂直层结不稳定、水汽和触发条件,分析龙卷潜势,最后是龙卷的临近预报预警,主要参考地面高时空分辨率的实况资料及天气雷达的主要指标。

龙卷预报着眼点:(1)天气尺度系统,例如低槽、冷涡等有利形势;(2)低层暖湿、中高层干冷的大气层结状态,尤其急流对暖湿、干冷空气输送;(3)强垂直风切变天气,尤其是 0~1 km 强切变;(4)低层西南、高层偏西的急流配置,关注低层急流左侧、高层急流右侧的不稳定区,低层急流与中层急流的耦合情况,尤其是正交情况;(5)冷锋、干线和地面辐合线相对不稳定区位置;(6)雷达特征:"钩状"回波、中气旋等特征辨识超级单体;中低层中气旋的旋转速度;中气旋和"钩状"回波、"弓状"回波变化速度、持续时间;垂直累计液态含水量、回波顶高变化;中气旋、TVS 等雷达产品。

5.2 龙卷预报偏差的改进思路和技术方案

建立龙卷灾害库,开展龙卷风险区划,对近年龙卷个例逐一复盘,以天气形势、水汽、抬升、触发、不稳定条件为框架,加强龙卷机理性研究,提出黑龙江龙卷的天气模型和部分因子物理量指标;提高基于雷达、卫星等探测手段对龙卷的分析判别识别能力,特别是不同仰角中气旋的演变过程、涡旋特征;加强中尺度模式的释用,包括不同模式的对比;加强本地强对流客观产品的研发,主要为分类强对流的落区和概率预报;强化主客预报融合,通过机理研究与客观产品的有效融合,确定龙卷预报。提高对流性大风监测预报预警服务全流程综合业务能力,提高市县预报员对超级单体等特征的快速识别能力,加快快速发布平台建设;建立联合灾情调查机制,一方面快速收集灾情,另一方面保障龙卷资料的完整性,促进龙卷机理性研究。

5.3 服务改进思路和建议

优化大风灾害综合观测布局;提高机理和应用技术研究的支撑能力;完善龙卷监测预警技术体系;完善龙卷提高预警信息快速发布能力;健全快速响应和应急处置机制;提高市县监测预警服务能力。

6 结论与讨论

(1)此次龙卷发生在高空冷涡和配合地面冷锋的共同作用下;中层干冷平流强迫入侵形成大气不稳定层结;对流有效位能较低的情况下,地面冷池出流与干线激发出的地面辐合线交汇触发龙卷母云。

(2)高低空急流耦合增强抬升条件和暖湿空气输送,地面干线触发强对流;较强的中层垂直风切变利于超级单体形成,较强的低层垂直风切变促进龙卷生成。

(3)三次钩状回波的建立有利于龙卷长时间维持,龙卷出现在典型的超级单体右后侧钩状回波与入流缺口交界或钩状回波顶端。弱回波区上空有回波悬垂和有界弱回波区。入流缺口是钩状回波发展的前兆;钩状回波与中气旋同时出现时龙卷发生。中气旋垂直伸展至最高,且各层均为强中气旋时,地面灾害最严重。中气旋的发展与暖湿入流的不断输送和雷暴下沉出流紧密相关。当龙卷强度最强时,入出流速度值相当,中气旋结构对称。

(4)由于黑龙江省南部的降水和较大的温度日差异导致了较小的对流有效位能、深厚湿层成为龙卷潜势预报的难点;龙卷触地位置距离雷达站较远,采用多时次多仰角对中气旋伸展方向和旋转速度的精密分析的方式弥补雷达探测的不足;光滑的下垫面延长龙卷持续时间,使得龙卷路径难以预测。

参考文献

[1] 范雯杰,俞小鼎. 中国龙卷的时空分布特征[J]. 气象,2015,41(7):793-805.
[2] 魏文秀,赵亚民. 中国龙卷风的若干特征[J]. 气象,1995,21(5):37-40.

[3] 郑永光.中国龙卷气候特征和环境条件研究进展综述[J].气象科技进展,2020,10(6):69-75.
[4] 张涛,关良,郑永光,等.2019年7月3日辽宁开原龙卷灾害现场调查及其所揭示的龙卷演变过程[J].气象,2020,46(5):603-617.
[5] 郑永光,蓝渝,曹艳察,等.2019年7月3日辽宁开原EF4级强龙卷形成条件、演变特征和机理[J].气象,2020,46(5):589-602.
[6] 袁潮,王式功,马湘宜,等.2019年7月3日开原龙卷形成环境背景及机理探究[J].高原气象,2021,40(2):384-393.
[7] 阎琦,张爱忠,沈历都,等.2019年辽宁开原龙卷风观测事实分析[J].灾害学,2021,36(1):112-116.
[8] 高守亭,左群杰,杨帅.龙卷生成动力学初探[J].气象科技进展,2018,8(2):24-35.
[9] 周海光."6·23"江苏阜宁EF4级龙卷超级单体风暴中尺度结构研究[J].地球物理学报,2018,61(9):3617-3639.
[10] 黄先香,俞小鼎,炎利军,等.珠江三角洲台风龙卷的活动特征及环境条件分析[J].气象,2019,45(6):777-790.
[11] 黄先香,俞小鼎,炎利军,等.1804号台风"艾云尼"龙卷分析[J].气象学报,2019,77(4):645-661.
[12] 黄先香,俞小鼎,炎利军,等.广东两次台风龙卷的环境背景和雷达回波对比[J].应用气象学报,2018,29(1):70-83.
[13] 陈元昭,俞小鼎,陈训来,等.2015年5月华南一次龙卷过程观测分析[J].应用气象学报,2016,27(3):334-341.
[14] 黄先香,俞小鼎,炎利军,等.2019年4月13日广东徐闻强龙卷天气分析[J].气象,2021,47(2):216-229.
[15] 林应,王啸华,顾沛澍,等.2016年夏季如东一次EF2级龙卷多普勒天气雷达特征分析[J].气象科学,2018,38(3):392-398.
[16] 冯佳玮,闵锦忠,庄潇然.中国龙卷时空分布及其环境物理量特征[J].热带气象学报,2017,33(4):530-539.
[17] 朱红蕊,张洪玲,孙爽,等.1956—2011年黑龙江省龙卷风气候特征[J].气象与环境学报,2015,31(3):98-103.
[18] 姚俊英,朱红蕊,孙爽,等.黑龙江省龙卷风气候特征及其环流背景分析[J].黑龙江气象,2013,30(2):1-5.
[19] 周晓敏,郑永光.2020年梅雨期江苏两次龙卷过程环境背景和龙卷母风暴形态特征分析[J].气象科技进展,2020,10(6):34-42.
[20] 张玉洁,苑文华,徐百言.江苏阜宁龙卷超级单体风暴的雷达资料分析[J].干旱气象,2019,37(3):409-418.
[21] 王沛霖.珠江三角洲春季龙卷发生的环境条件[J].热带气象学报,1996,12(1):60-65.
[22] 王秀明,俞小鼎,周小刚.中国东北龙卷研究:环境特征分析[J].气象学报,2015,73(3):425-441.
[23] 王宁,王婷婷,张硕,等.东北冷涡背景下一次龙卷过程的观测分析[J].应用气象学报,2014,25(4):463-469.
[24] 王婷婷,王宁,姚瑶,等.东北冷涡背景下两类龙卷形成机制的对比分析[J].气象与环境学报,2017,33(6):9-15.
[25] 俞小鼎,姚秀萍,熊廷南,等.多普勒天气雷达原理与业务应用[M].北京:气象出版社,2006.
[26] GRAMS J S,THOMPSON R L,SNIVELY V,et al. A climatology and comparison of parameters for significant tornado events in the United States[J]. Wea Forecasting,2012,27:106-123.

2021年5月14日江苏盛泽和湖北蔡甸强龙卷特征及成因分析

周晓敏[1] 王啸华[2] 王珊珊[3] 曹艳察[1] 李 杨[2] 张家国[3]

(1 国家气象中心,北京,100081;2 江苏省气象台,南京,210019;
3 武汉中心气象台,武汉,430074)

摘要:2021年5月14日,苏州市盛泽镇和武汉市蔡甸区分别发生了强龙卷事件(相当于EF3级)。本文利用多源观测和数值模式预报等资料对这两次龙卷的雷达资料特征、天气背景和对流环境条件特征以及预报着眼点进行了分析。雷达回波显示两次龙卷均是由超级单体产生,盛泽龙卷母风暴嵌在多单体风暴簇中,而蔡甸龙卷则产生于一个相对孤立的超级单体。两个龙卷过程发生在西风槽和低涡背景之下,产生龙卷的中尺度对流系统发生在地面辐合区。从对流环境条件来看,均具备有利于龙卷发生的较强的对流有效位能、较好的低层湿度条件以及一定的低层垂直风切变条件,龙卷指数(STP)达1以上。短期预报阶段具备一定的可预报性,但是业务中缺乏直接支撑龙卷预报的定量化流程,能够有效应用于业务中的要素阈值有待进一步细化完善。短临预警阶段还需要发展高时空精度的监测手段建设并增强多源高分辨率资料(比如双偏振雷达资料等)的研究应用,以提高预警精度以及增加时间提前量。

关键词:龙卷,超级单体,预报技术

引言

2021年5月14日18时50分—19时05分苏州市盛泽镇和20时33—53分武汉市蔡甸区发生了两个三级强龙卷(EF3级)。盛泽龙卷全长约19 km,明显毁损宽度约100 m;蔡甸龙卷最大宽度达400 m,最大破坏直径1000 m左右,均造成了严重的人员财产损失。针对此次强对流过程,从中央气象台到湖北、江苏各相关省、市、区(县)均从潜势到短临阶段及时发布了强对流预报预警服务,并重点提醒了雷暴大风的预警防范,但对于龙卷还没有做到有效的服务。

龙卷的短期预报主要基于数值天气预报资料,从其发生发展机理和所依赖的环境条件出发,根据不同的诊断物理量对该类天气的指示意义来进行,目前已有一些研究工作[1-4],但我国龙卷由于发生频率远低于美国,其短期预报难度则更大,我国现有业务中尚没有龙卷的主客观短期预报产品。新一代天气雷达观测是龙卷的监测和临近预警主要手段,多普勒天气雷达探测到的中气旋是目前龙卷临近预警主要依据,当中气旋底距离地面高度小于1 km时,龙卷的发生概率则约为40%;雷达有时能够探测到的龙卷涡旋特征(TVS)是龙卷临近预警的另一重要依据[2],基于雷达资料的中气旋、TVS等的自动识别算法已有了一定建设和发展,仍有需要

完善之处。

本文利用自动站观测资料、多普勒天气雷达、数值预报以及ERA5(第5代欧洲再分析)资料对两次龙卷过程进行了分析,重点分析了其天气学环流背景、对流环境条件以及雷达龙卷母风暴形态特征,希望能为龙卷过程的预报思路提供参考,为龙卷预报预警业务流程的建设完善提供思路。

1 龙卷基本信息和预报服务情况

1.1 龙卷强度及路径信息

江苏省气象局专家团队与国家气象中心(中央气象台)、中国气象科学研究院灾害天气实验室共同组成的联合调查专家组结合灾情调查情况综合分析研判认定:此次龙卷发生时间在18时50分—19时05分,级别为国标强龙卷(相当于美国EF3级)。龙卷中心最大风力17级,长2000 m左右,宽80~100 m。龙卷在江苏境内主要影响路径自苏州市吴江区盛泽镇荷花村附近开始形成,从吴江盛泽汪牙浜穿过西下沙荡向东偏南5°左右快速移动。龙卷整体移动路径长约19 km,其中江苏境内约8 km,浙江境内约11 km明显毁损宽度约100 m,严重毁损宽度约50 m,最大宽度达400 m(图1)。

图1 苏州盛泽龙卷风移动路径[5]

根据雷达等多种观测资料和现场灾情调查结果(图2,由国家气象中心、中国气象科学研究院、湖北省气象局及佛山市气象局组成专家调查组给出),发生在武汉市蔡甸区的龙卷于5月14日20时33—53分前后自西南向东北方向移动,龙卷路径长度约17.95 km(其中有11 km是连续的),移动速度约为54 km/h,最大破坏直径1000 m左右,其中11 km左右平均破坏直径800 m。此次龙卷强度为国标强龙卷(相当于美国EF3级)。龙卷生成于金堆湖以东0.5 km附近,先后途经友爱村、新集村等地,结束于小军山社区。

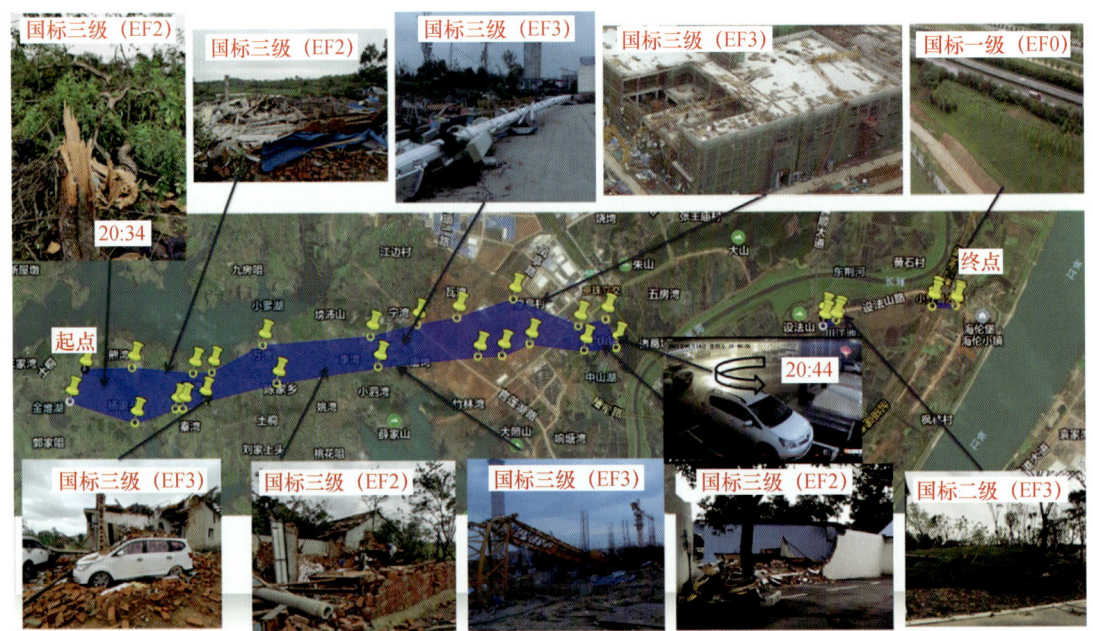

图 2 2021 年 5 月 14 日武汉蔡甸龙卷移动路径及具体强度[6]

1.2 龙卷灾情及社会影响

盛泽龙卷造成了人员伤亡,局部电力设施、多处房屋受损。经统计,灾害共造成 4 人死亡(其中 1 人当场死亡,2 人危重经救治无效死亡,1 人失踪被发现后送医救治无效死亡)、19 人轻伤、130 人轻微伤;受损农户 84 户,受损面积 1500 平方米;受损企业 17 户,受损面积 13000 平方米。

武汉蔡甸龙卷共导致 10 人死亡 230 人受伤(其中蔡甸区和经济开发区各当场死亡 4 人,另有 2 人被砸伤后送医院抢救无效死亡),多处房屋、工棚、建筑塔吊倒塌,大量树木折断或连根拔起,同样造成了严重灾情。据湖北省武汉市蔡甸区应急管理局报告,初步估算造成直接经济损失达 2000 万元左右。

1.3 龙卷预报服务情况

针对此次强对流过程,在潜势预报阶段国家级和省级单位均提前发布了强对流天气预警及专报,并且预计到了将会出现雷暴大风。中央气象台于 5 月 14 日 10 时首次发布强对流天气蓝色预警,在 10 时、18 时两期预警的落区和文字中提示湖北、安徽、江苏等地关注雷暴大风及冰雹等灾害性天气。湖北省气象局提前 2 天发布了重大气象信息专报,预报了 5 月 13—16 日的强对流过程,并重点提及武汉等地局部短时大风可达 8~11 级。江苏省气象台更是于 5 月 13 日在重要天气报告的首条建议中明确提醒防范龙卷,并在 14 日 09 时早间全国和全省天气会商中,再次提及当日可能出现 8~10 级短时雷雨大风。

在短临预警时段,中央台预报员持续监视过程发展演变,并对相关省台开展了指导。省、市、县三级都对雷暴大风做出了提前预警,湖北省气象台 14 日 20 时 49 分发布了大风橙色预警信号,提出武汉地区有 10~12 级雷暴大风,可能有龙卷。针对雷暴大风的预警有约 15 min 的提前量,但是龙卷是在发生后才发布的预警,且强度预警偏弱。江苏省气象台于 14 日 17 时 15 分和 18 时 20 分分别发布强对流预警指导产品,并提及 8~10 级雷雨大风、EF0 级龙卷出现的可能,有约 30 min 的提前量,但对于强度的预警同样偏弱。

灾害发生后,国家气象中心于第一时间组织专家赴武汉和苏州与当地省级和地方气象部门组织展开现场灾调(5 月 15—16 日),并于 5 月 16 日和 17 日召开了两次专家认定会,最快给出了权威的龙卷路径及强度认定结果。

2 天气背景分析

2.1 环流背景及天气形势配置

5 月 14 日午后至夜间,长江中下游地区位于副热带高压西北侧,低层西南气流向该地区持续输送水汽和热量;与此同时,有西风槽不断自西向东影响;受高空槽和西南暖湿气流共同影响(图 3),正是有利于强对流系统组织和发展的环流形势。午后至夜间,重庆、湖北中东部、江苏南部、浙江中北部、上海多地出现小时雨强达 20~50 mm 短时强降水、8~10 级雷暴大风和冰雹。对流活动发展剧烈,发生了多个超级单体,也符合西风带龙卷发生的环流条件。本文利用逐小时的 0.1°×0.1° 的 ERA5 资料和 CMA-MESO(中国气象局中尺度天气数值预报系统)的高分辨率零场格点数据对环流背景以及参数特征进行了分析。

850 hPa 上有弱切变位于湖北西北部到河南一带,西南急流明显,湖北东部和江苏南部处于低空急流出口处,且白天到夜间低空急流有明显加强,武汉附近 850 hPa 高空 20 时风速最大达到 20 m/s 以上(图 3b),925 hPa 上风速达 16~20 m/s;苏南地区风速相对较弱,但 850 hPa 也有 10~12 m/s。海平面气压场显示(图 4),暖低压主体位于重庆,沿江一带到苏南地区都处于地面辐合线上,且到夜间武汉已经出现了 1000 hPa 的闭合中心(图 4b),表明该地区辐合加强,有利于龙卷母体风暴的形成。

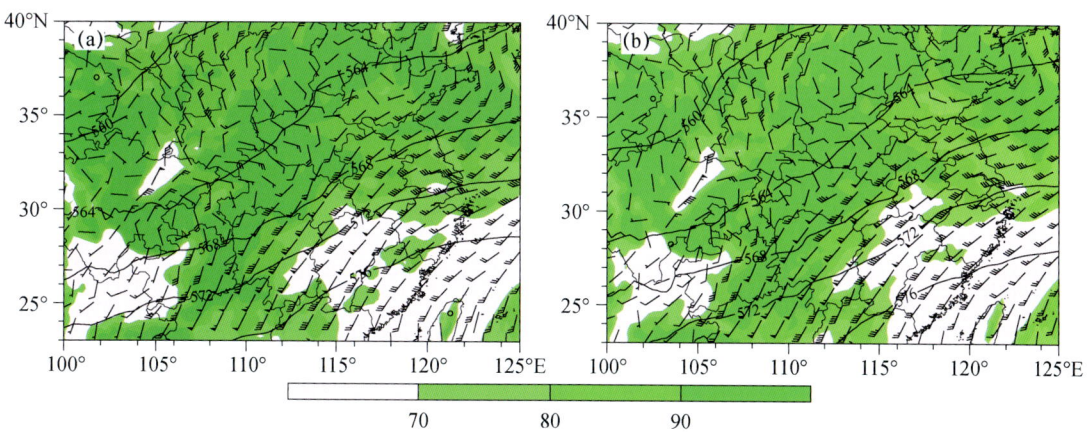

图 3 5 月 14 日 500 hPa 高度(黑色实线,单位:dagpm)、850 hPa 相对湿度(绿色填色,单位:%)、850 hPa 风场(黑色风杆,单位:m/s)
(a)17 时;(b)20 时

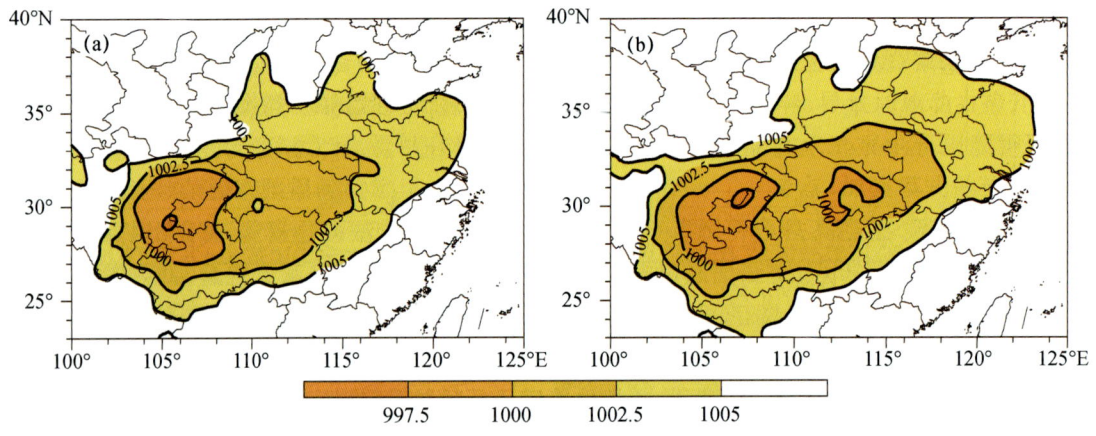

图 4 5 月 14 日海平面气压场(单位:hPa)
(a)17 时;(b)20 时

2.2 环境参数特征及其变化分析

俞小鼎等[7]认为,中等程度的对流有效位能和大的深层垂直风切变有利于超级单体风暴产生,加上强低层垂直风切变和低的抬升凝结高度有利于 F2 级以上强龙卷产生。5 月 14 日 20 时整个江淮、江南地区都处于较强的不稳定状态,最有利抬升指数(BLI)值小于 $-4\ ℃$。该区域内对流有效位能(CAPE)在 1200 J/kg 以上(图略),在武汉以西沿江地区以及浙江中东部最强能达到 2000 J/kg。整层可降水量都在 50 mm 以上,17 时武汉附近超过 60 mm,到 20 时苏南地区水汽条件也进一步转好,达 60 mm 以上;低层水汽条件显著,925 hPa 上武汉附近存在大值中心,比湿达到 16 g/kg,好的低层水汽条件以及较大的湿层厚度,十分有利于龙卷的发生[8]。同时,0～6 km 风垂直切变从湖北中东部到苏南一带超过 20 m/s(图略),环境场综合条件有利于超级单体的发展;0～1 km 风切变超过了 10 m/s,有利于龙卷的发生。

利用 CMA-MESO 的高分辨率格点数据得到的蔡甸区和盛泽区龙卷发生区域的探空图(图 5)显示,蔡甸区抬升凝结高度(LCL)仅为 464 m,盛泽从 17 时到 20 时也降到了 477 m,均低于 925 hPa,抬升凝结高度低有利于龙卷的产生。另外,0～3 km 风暴相对螺旋度(SRH)分别为 209 m^2/s^2 和 262 m^2/s^2,超过了美国中气旋龙卷风暴的 SRH 中值 180 $m^2/s^{2[9]}$。综合考虑了不稳定能量、抬升凝结高度、相对螺旋度和风垂直切变的龙卷指数(STP)都超过了 1,其中蔡甸区超过了 EF2 级龙卷发生概率的中位数,具有较好的指示意义。

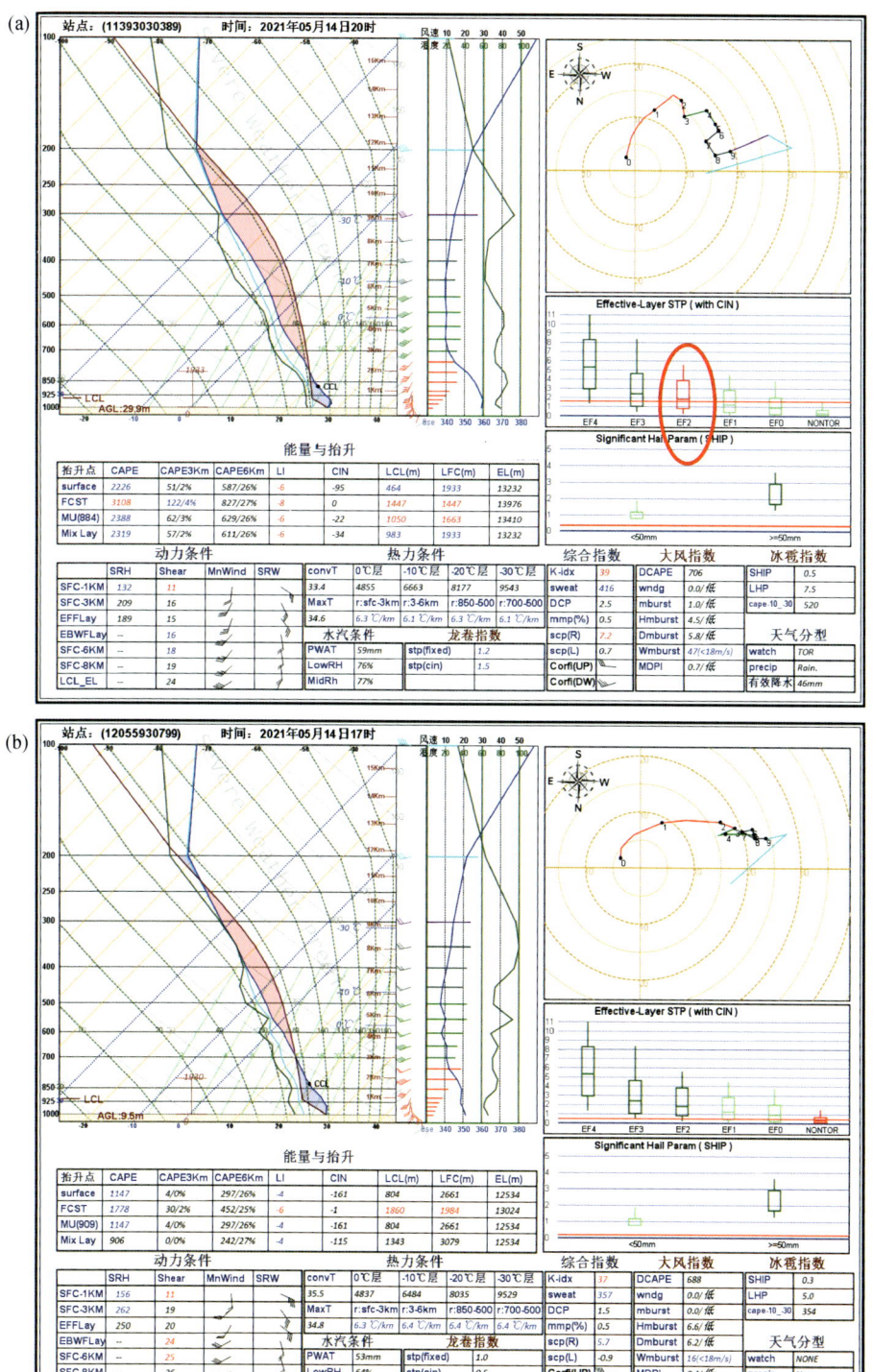

图 5 5月14日蔡甸区20时(a)、盛泽区17时(b)格点探空图

3 中尺度对流风暴特征及龙卷成因分析

3.1 龙卷对流风暴演变特征分析

Grams 等[10]在对美国强龙卷进行统计研究时,将产生 EF2 级以上龙卷的对流模态分为三类:第一类为相对独立的单体聚集成圆形或椭圆形的离散单体(Discrete cell);第二类为主轴长度超过 100 km 并且至少是短轴 3 倍且有共同前导边界以串联方式移动的准线状对流(QLCSs);第三类为多个单体聚集成团并且难以区分是非连续的还是线状的簇类对流(Cluster)。

5 月 14 日 16 时 30 分左右(距龙卷发生两个半小时前),在太湖西侧自北向南有多个单体发展,形成了多单体簇,各个单体回波强度均大于 45 dBZ,其中最南端的单体已被识别出有中气旋特征,整个多单体簇持续向东移动。之后北侧两个单体强度明显减弱,而最南侧单体最大回波强度显著增强,达到 60 dBZ,出现钩状回波特征,满足超级单体特征,该超级单体在经过太湖湖面时减弱,中气旋特征消失(图 7)。18 时 12 分,该单体开始进入苏州市吴江区境内,再次被识别到中气旋特征,且回波强度开始增强,18 时 24 分(图 6a)最大回波顶高伸展约至

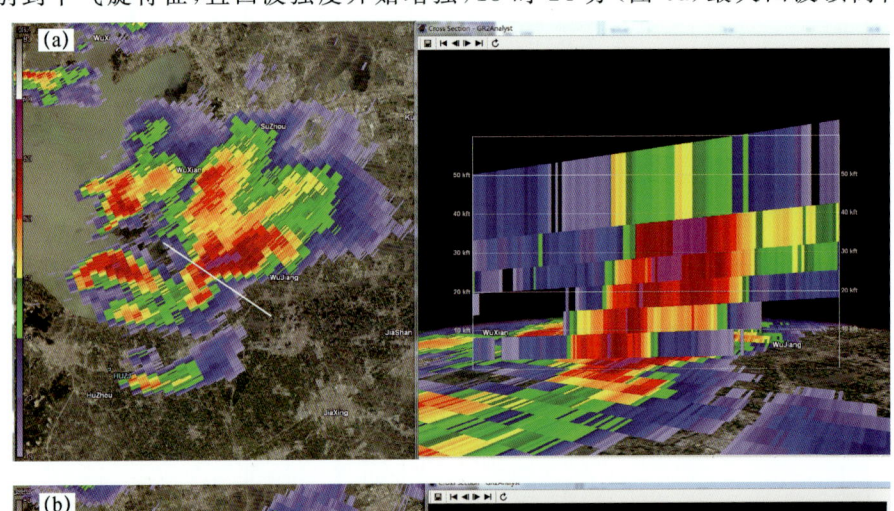

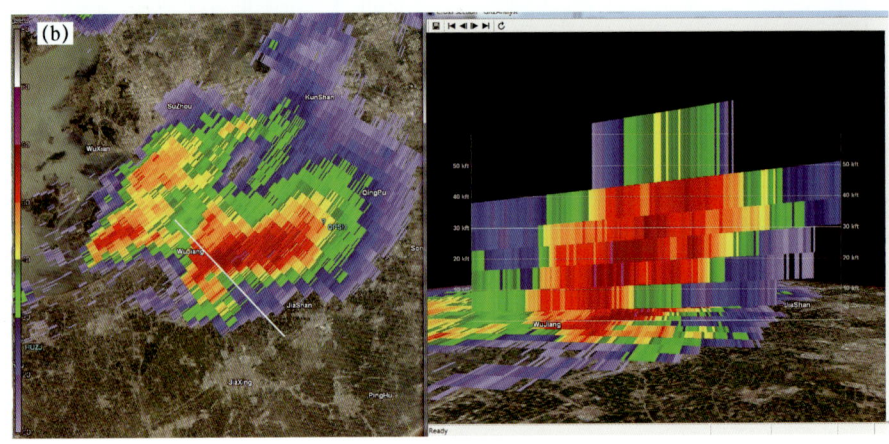

图 6 5 月 14 日常州雷达 0.5°仰角反射率因子以及垂直剖面
(a)18 时 24 分;(b)18 时 54 分

12 km,再次出现钩状回波特征,且剖面图显示出了明显的回波悬垂,超级单体特征显著,并维持到了18时54分(图6b),龙卷开始发生,一直到19时12分常州雷达最后一次识别出中气旋特征,位置在浙江省嘉善市境内(图7),正是龙卷发生的时段。从对流风暴的演变来看,盛泽龙卷是由嵌在不连续的多单体簇中的超级单体形成。

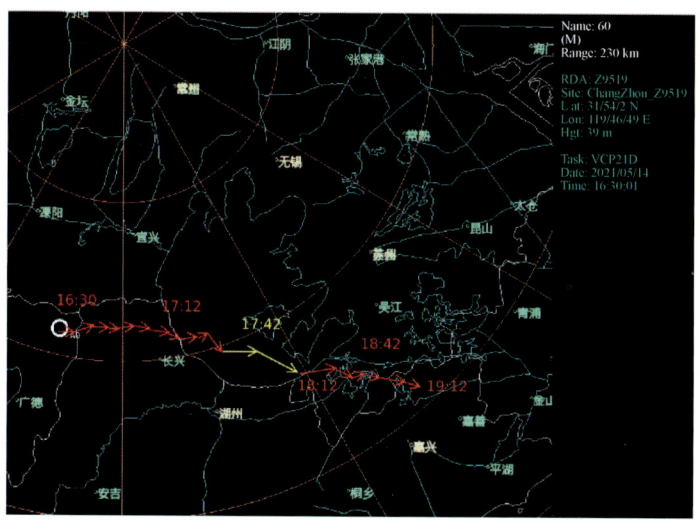

图7 盛泽龙卷中气旋移动路径
(黄色线条表示未识别出中气旋特征的对流风暴移动路径)

5月14日从傍晚开始,有分散的回波开始在重庆南部、湖南北部以及湖北西南部生成,主体形成了两个多单体风暴簇,而造成武汉蔡甸龙卷的对流单体则是一个相对孤立的单体风暴,19时左右位于武汉西部的汉川,大约在20时(距龙卷发生半个小时前)开始移入蔡甸区,回波中心强度达60 dBZ。单体完全进入武汉境内后开始快速发展增强,20时18分时单体便出现了明显的钩状结构(图8a),沿弱回波区(即弯钩处)做剖面显示回波悬垂和有界弱回波区的特征明显,并且强回波顶高伸展至12 km;同时出现明显的中气旋速度对(图9a),超级单体已经形成。到20时24分,该超级单体进入成熟阶段,钩状结构清晰完整,穹窿特征明显,65 dBZ以上的强回波中心略有降低;20时30分剖面图显示悬垂回波明显向下伸展(图8b),1.5°仰角径向速度退模糊后显示最强旋转速度达26 m/s(图9b),同时低层(0.5°仰角)中气旋形成(图9d),维持了约20 min,龙卷即发生在此时段内。随后,该单体减弱东移。

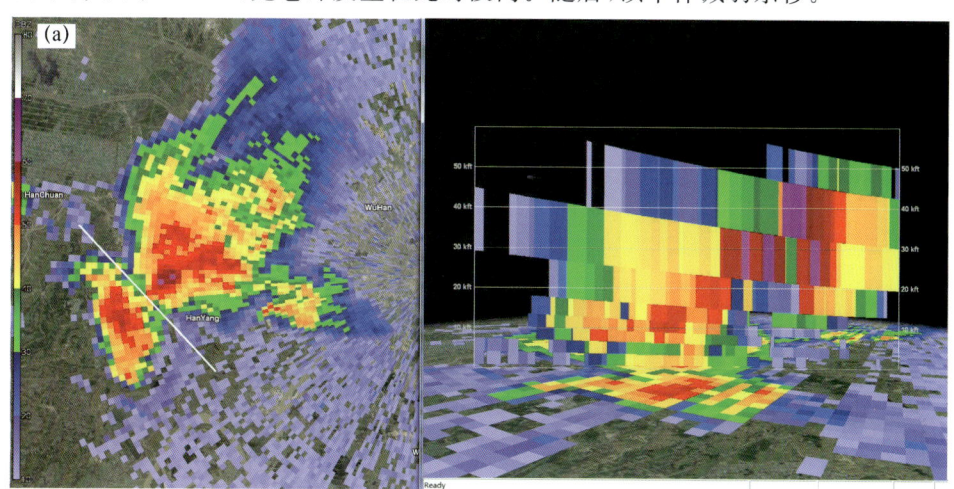

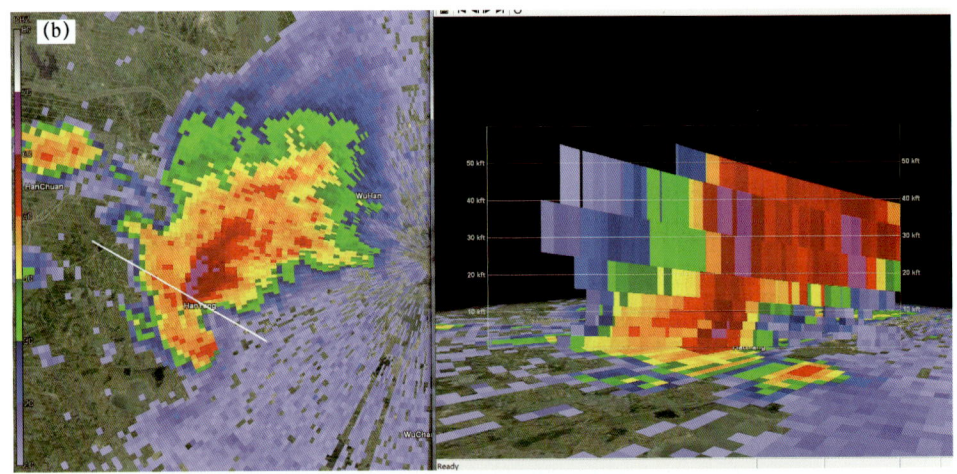

图 8　5 月 14 日武汉雷达 1.5°仰角反射率因子以及垂直剖面
(a)20 时 18 分；(b)20 时 30 分

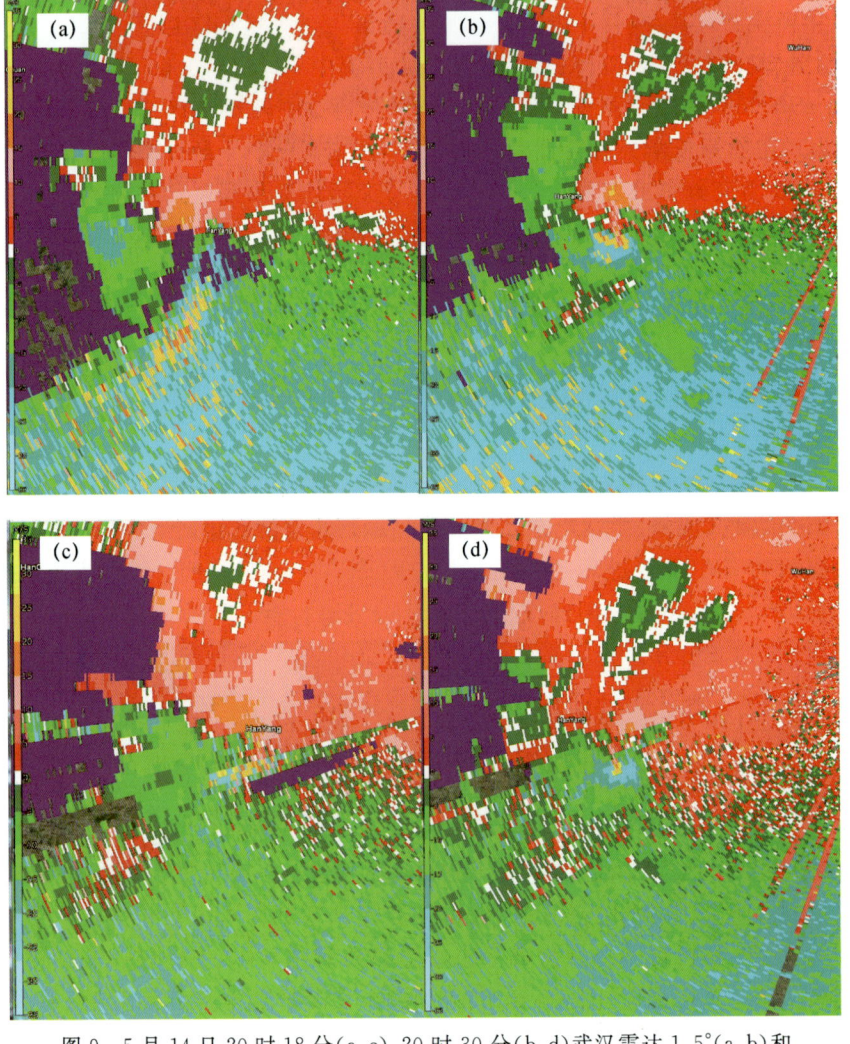

图 9　5 月 14 日 20 时 18 分(a、c)、20 时 30 分(b、d)武汉雷达 1.5°(a、b)和
0.5°(c、d)仰角径向速度图

3.2 龙卷形成机理分析

绝大部分的龙卷,特别是 EF2 以上的强龙卷主要发生在超级单体风暴中。龙卷的形成过程与中气旋、后侧下沉气流区(RFD)、前侧下沉气流区(FFD)和低层风暴入流的相互作用密切相关。在近 10 年使用新型龙卷雷达观测到的个例中发现,会首先在边界层观测到低层涡旋特征,所以低层涡旋如何形成便是重要问题[7]。下沉气流区的冷池在近地面扩散时,与入流区的暖湿空气形成一个由密度梯度带产生的水平涡度大值区。在中气旋入流一侧的水平涡度由于上升气流的拉伸作用和扰动气压的抬升作用而加强,从而形成了龙卷。

20 时 24 分蔡甸龙卷产生前(图 10a),钩状回波的右前侧出现了阵风锋,紧贴着风暴主体,该阵风锋是与后侧下沉气流相联系,低层的上升气流位于钩状回波的槽口,低层的中气旋通常会在阵风锋附近形成。由于低层环境的相对湿度较大,下沉气流的负浮力较小,不利于出现较强的下沉气流,20 时 30 分(图 10b)时,阵风锋一直紧贴着风暴主体,说明后侧下沉气流不是太强,当这种稳定的下沉气流维持时,有利于近地面的垂直涡度的加强,龙卷即出现在阵风锋出现后的 10 min 后。

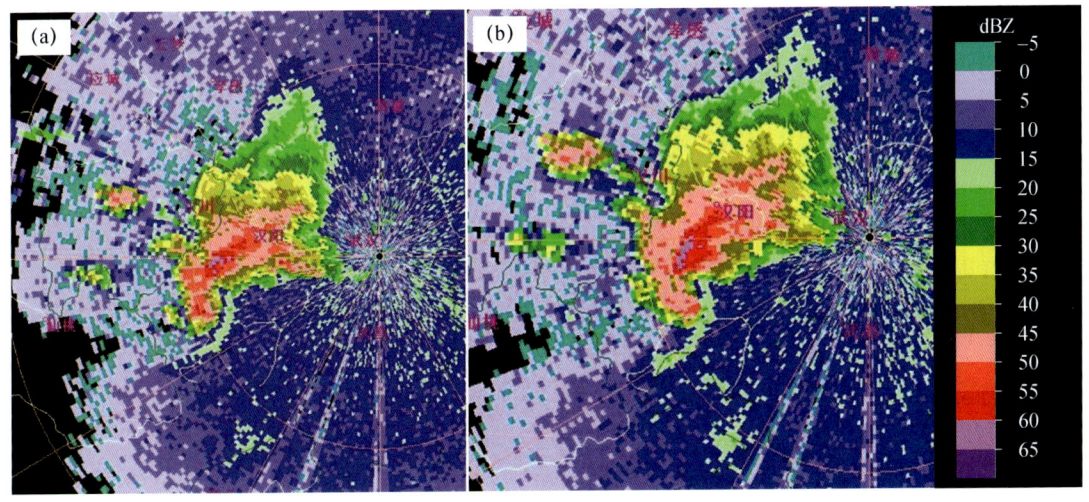

图 10 5 月 14 日武汉雷达 20 时 24 分(a)、20 时 30 分(b)1.5°仰角反射率

ZDR 柱被定义为超出云体 0 ℃层狭窄的 ZDR 高值(≥3 dB)柱状区域,可以从侧面说明上升气流的强盛程度。ZDR 弧被定义为低层水平反射率因子梯度大值区存在一条呈弧状分布的差分反射率高值区域(≥2 dB)。16 时 48 分(图 11a)三个单体都有 ZDR 弧的特征,而最南侧的单体 C 更加明显且 ZDR 值较大(>4 dB)。17 时 12 分,单体 C 钩状回波附近的 ZDR 在 0 ℃层以上出现大值区(图 11b)。ZDR 弧的出现表明低层风暴开始加强,在本次过程中,ZDR 弧出现在了钩状回波之前,对于超级单体的发展有着较好的指示意义。

龙卷涡旋的产生对冷池和入流的动力和热力学特性非常敏感,冷出流与环境之间形成的温度差异在一个平衡点附近是龙卷生成和维持的关键,这个温度差异通常小于 4 ℃[11]。利用高时空密度的地面自动站观测资料,分别在 18 时 50—55 分和 20 时 30—35 分两个时段,盛泽和蔡甸的对流风暴所在区域的地面自动站观测温度分布显示(图 12),对流风暴的下沉气流均导致地面出现了降温。在龙卷接近形成的前 10 min 内,盛泽地面冷池温度为 24~25 ℃,周边环境温度为 27~29 ℃,二者温差为 2~5 ℃(图 12a、b);蔡甸地面冷池和周边环境温差为 1~4 ℃(图 12c、d),冷池都不强。如前所述,这较小的温差有利于龙卷涡旋的生成[12],配合低层强的垂直风切变(图 5,11 m/s)使得龙卷在钩状回波的顶端生成。

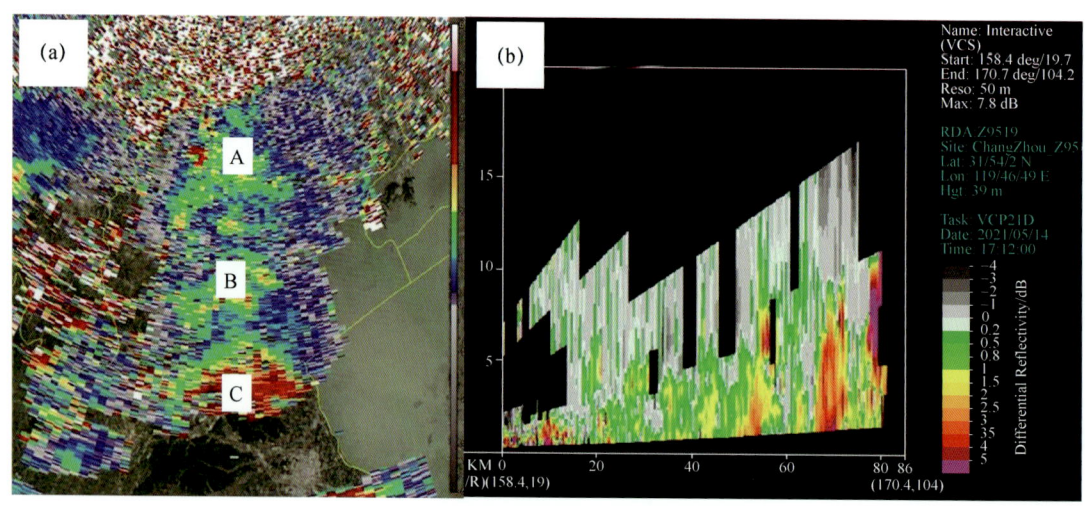

图 11　5 月 14 日常州雷达差分反射率 ZDR 图
(a)16 时 48 分;(b)17 时 12 分

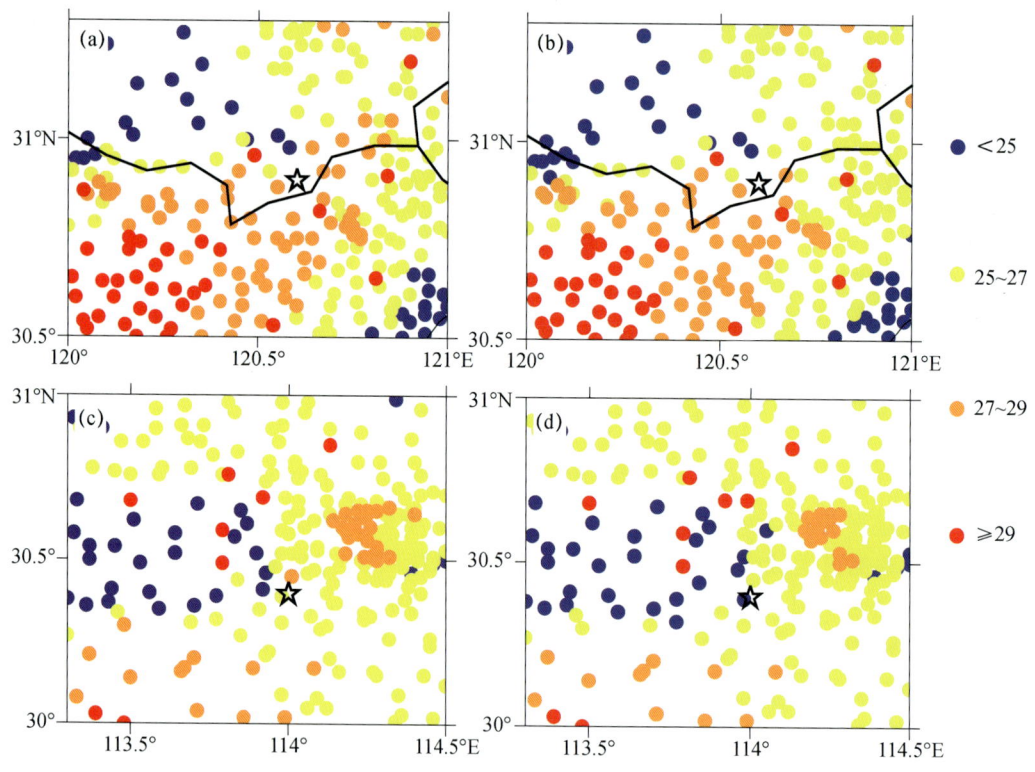

图 12　5 月 14 日地面自动站观测温度(单位:℃,五角星为两次龙卷发生时钩状回波所在位置)
(a)18 时 50 分;(b)18 时 55 分;(c)20 时 30 分;(d)20 时 35 分

4 龙卷可预报性和预报难点分析

EF2级以上的灾害龙卷绝大多数是超级单体产生,即为中气旋龙卷,对于中气旋龙卷,要求具有有利于超级单体风暴的环境条件,较大的对流有效位能和强的0~6 km垂直风切变;此外,有利于EF2级及以上中气旋龙卷的环境条件还需要较大的低层相对湿度、较小的对流抑制能量、较低的抬升凝结高度和较大的低层(0~1 km)垂直风切变。抬升凝结高度越低、低层风的垂直切变越大,越有利于龙卷的产生[4,13]。

5月14日两次龙卷是在非常有利于强对流天气产生的背景下出现的,从短期角度看,对武汉和苏南地区的强对流天气具有一定的预报能力,全球模式预报提前2~3天已经有很好的指示。具体来说,高空槽配合对流层中低层一致的西南暖湿气流,有利于水汽和能量的集聚,地面低压辐合带的维持强对流天气发生提供了有利的动力条件。同时基于全球模式的探空预报显示风垂直切变大,整层湿度较大,抬升凝结高度低,有雷暴大风的发生潜势,蔡甸的龙卷指数较高。综上,在24 h的潜势预报阶段,通过天气环流形势和关键环境参数的配置情况,能够得到较为准确的大风落区,龙卷发生的环境条件基本具备,但是业务中缺乏直接支撑龙卷预报的定量化流程,且对于极端强度的指示不足。

此外,24 h时效内的中尺度模式虽然在时间和空间上均存在偏差,但对14日的对流过程也有所体现。中尺度模式CMA-MESO和CMA-SH3(图13)均预报出了沿江地区分散的对流

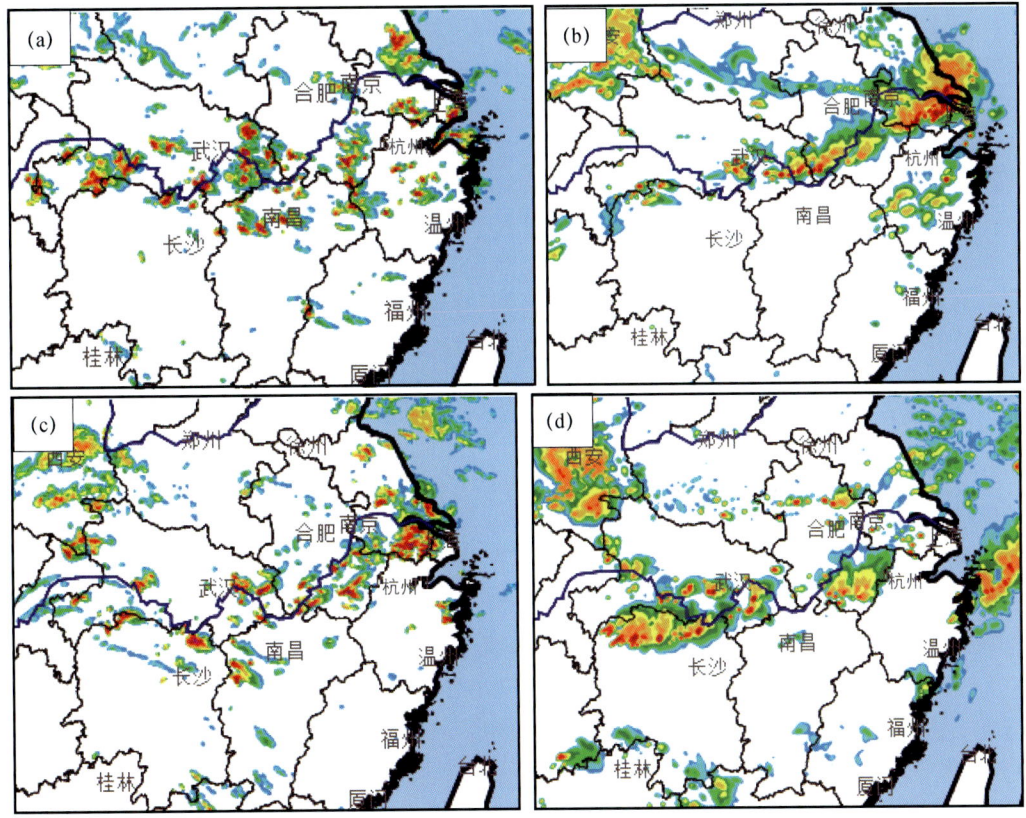

图13 5月14日08时(a、b)和14时(c、d)起报的14日20时回波
(a)(c)为CMA-MESO,(b)(d)为CMA-SH3

回波以及苏南地区的团状回波,尤其是武汉附近的对流单体都有所体现,强度上 CMA-MESO 要强于 CMA-SH3,与实况更为接近。对比不同时次起报的结果来看,CMA-MESO 随着时效的临近,强度偏向加强;而 CMA-SH3 则相反,临近时次偏向弱调整。整体从回波的形态和强度来看,中尺度模式整体有较好的指示意义,即能够预报出龙卷发生地附近的对流天气,但是对于超级单体风暴和分类强对流天气,尤其是龙卷这样的极端天气,中尺度模式几乎没有预报能力。

从短临角度这两次龙卷具有一定的可预报性。(1)苏州在提前 2 h(17 时前后)就已经关注到了对流单体的剧烈发展,雷达连续多个体扫探测到中气旋和 TVS 特征,并出现钩状回波形态,可以预测龙卷发生的可能性较大。但受限于雷达探测资料的空间分辨率,精准预测龙卷发生的具体地点和路径难度还是较大。(2)武汉龙卷母风暴单体发展非常迅速,仅仅 20 min 便发展为一个成熟的超级单体,20 时 18 分雷达提前 15 min 识别出中气旋,但此时还不足以判断是否可能发生龙卷,20 时 30 分低层中气旋被识别出来,龙卷也随之产生,加之雷达本身的延时,因此当能判断出龙卷的时候,龙卷已经出现,基本没有时间提前量。综上,此次强龙卷的短临预警,雷达特征结构有一定的指示意义,但龙卷预警时效短,在强对流频发的时段预报员通常无暇顾及雷达图上风暴细致结构的分析,加之预报员从潜势的角度并未意识到龙卷出现的可能性,因而不可能在临近时段密切关注龙卷预警相关的中气旋强度及高度演变,而与龙卷直接相关的 TVS 出现的时间与龙卷发生时间极为接近,且由于尺度小,监测难度大,因而难以及时发出龙卷预警。

5 预报服务改进思路及对策

5.1 龙卷预报思路和技术方案

我国南北气候、地理条件差别较大,根据龙卷发生特点以及国家级业务需求,龙卷的潜势预报必须要考虑地域差别导致的预报要素的差别,建立基于分区的龙卷环境场诊断技术。针对最频发区域的环境场特征已有较多的研究结果支撑,比如江淮平原的龙卷多发生在雨季,伴随强降水,其发生的环境特征为副热带高压(副高)外围西风槽前,低层水汽充沛,常存在低空急流,对流有效位能大[13,14]。武汉蔡甸龙卷发生在两湖平原地区,与江淮地区的龙卷在环境配置上有相似性。

在创建基于分区的龙卷环境场诊断技术之外,还要重点结合客观综合指数以及超级单体诊断技术进行分析,用回波叠加环境条件预先判断超级单体发展的潜势,从而得到龙卷的重点关注区域。龙卷指数(STP)和超级单体组合参数(SCP)是非常可用的两个指数,其中 STP 常被美国业务上用来预报龙卷发生的可能性,该参数可以很好地帮助区分不同区域之间龙卷风发生条件的好坏,它综合考虑了热力、动力和湿度条件,当 STP 大于 1 时,容易发生 EF2 及以上的强龙卷。5 月 14 日 STP 指数的分布显示(图略),在武汉沿江地区以及苏南地区都有大于 1 的大值区,能够给予很好的指示效果。在暖季可考虑设置以上两个参数的龙卷关注阈值,提醒预报员关注到龙卷的可能性,当超过一定阈值时设置龙卷加密监测岗。

龙卷预警主要依赖于短临监测。两个龙卷均属于超级单体强龙卷,超级单体特征结构清晰,在短临预警时,由于超级单体往往发展比较迅速,可以通过环境参数叠加回波来判断单体加强的可能性,加强对地面中尺度系统的细致分析,从而提前判断龙卷出现的可能性。重点关注风暴中涡旋的演变,此类中气旋龙卷的短临预警的着眼点主要是中气旋强度、高度演变以及龙卷涡旋特征的尽早识别。部分地区双偏振雷达已经业务运行,ZDR等偏振雷达产品能展示更多超级单体内部结构特征,有助于超级单体内强上升气流的监测,CC产品有助于更早确认龙卷,为下游地区龙卷预警提供了可能性。此外,龙卷频发的美国有龙卷涡旋追踪产品,能够提醒预报员关注龙卷,未来或可开发类似的业务应用产品。

5.2 服务改进思路和建议

(1)全面梳理龙卷风业务技术、业务流程、灾情调查等现有规范,根据业务发展,持续完善龙卷风监测预警规范建设,使每项业务、每个环节均有标准规范可依,为龙卷风监测预报预警提供有力支撑。

(2)进一步完善国家、省、市、县实时协同的预报预警业务流程,国家级单位负责梳理龙卷业务预报技术建设,开发龙卷潜势指数和龙卷潜势概率预报产品,使得预报员从潜势阶段意识到有龙卷发生的可能性,在潜势阶段发挥好指导作用,同时在对流发展期间加强整体监测,及时提醒指导相关省市。在省、市、县级单位要确保上下级气象台发布预报预警的及时性、准确性和协同高效,保证预警服务效果。

(3)基于短临预报系统的研发,开发龙卷涡旋追踪产品,全方位支撑协同预报预警业务流程,加强大数据、人工智能技术的平台化应用,提升短临平台预报预警的自动化、智能化水平。

6 结论与讨论

针对2021年5月14日发生在江苏苏州和湖北武汉的两个强龙卷过程发生的天气背景、对流环境特征以及雷达特征进行了分析,所得结论如下。

(1)龙卷过程发生在西风槽和低涡天气背景下,高低空急流耦合、地面暖低压高湿高能的不稳定气层是龙卷的有利环境条件。

(2)两个龙卷发生的环境条件都有较强的对流不稳定能量以及强的低层垂直风切变条件和低的抬升凝结高度,定量上对流有效位能达2000 J/kg以上,0~1 km垂直风切变达10 m/s以上,抬升凝结高度400 m左右,STP指数超过了1。

(3)雷达资料分析显示,盛泽龙卷母风暴嵌在多单体风暴簇中,而蔡甸龙卷则产生于一个相对孤立的风暴单体;两个龙卷的风暴单体在反射率图像和速度图像上都表现出超级单体特征,并监测到了中气旋底高下降的特征,且有连续多个体扫识别到TVS。

本次"5·14"苏州盛泽龙卷发生在龙卷最频发的江淮平原地区,武汉蔡甸龙卷也发生在毗邻江淮的两湖平原地区,在龙卷发生的天气形势和环境背景特征上有相似,潜势阶段有一定的可预报性。但是业务中缺乏直接支撑龙卷预报的定量化流程,能够有效应用于业务中的要素阈值有待进一步细化完善。短临预警阶段迫切需要发展高时空精度的监测手段建设并增强多源高分辨率资料(比如双偏振雷达资料等)的研究应用,为更加精细地分辨风暴结构和发展特征以及最大程度提前发布预警提供有力支撑;还需高度重视龙卷等小尺度强对流天气的模拟研究、观测试验等,揭示其发生发展机理及微物理演变特征。预报员也需要加强龙卷天气背景和环境特征的分析总结,建立龙卷潜势和预警指标,提升对龙卷的预报预警能力。

参考文献

[1] DOSWELL C A,BURGESS D W. Tornadoes and tornadic storms:A review of conceptual models[M]. Washington DC:American Geophysical Union,1993:161-172.

[2] 俞小鼎,周小刚,王秀明.雷暴与强对流临近天气预报技术进展[J].气象学报,2012,70(3):311-337.

[3] 郑永光,陶祖钰,俞小鼎.强对流天气预报的一些基本问题[J].气象,2017,43(6):641-652.

[4] YU X D,ZHENG Y G. Advances in severe convection research and operation in China[J]. Journal of Meteorological Research,2020,34(2),189-217.

[5] 国家气象中心,江苏省气象台.2021年5月14日江苏苏州与浙江嘉兴交界附近区域龙卷现场灾害调查报告[R].2021.

[6] 国家气象中心,湖北省气象局.2021年5月14日武汉龙卷现场灾害调查报告[R].2021.

[7] 俞小鼎,王秀明,李万莉,等.雷暴与强对流临近预报[M].北京:气象出版社,2020.

[8] DOSWELL C A,EVANS J S. Proximity sounding analysis for derechos and supercells:An assessment of similarities and differences[J]. Atmospheric Research,2003,67-68:117-133.

[9] RASMUSSEN E N,BLANCHARD D O. A baseline climatology of sounding-derived supercell and tornado forecast parameters[J]. Weather and Forecasting,1998,13:1148-1164.

[10] GRAMS J S,THOMPSON R L,SNIVELY V,et al. A climatology and comparison of parameters for significant tornado events in the United States[J]. Weather and Forecasting,2012,27:106-123.

[11] MARKOWSKI P,RICHARDSON Y P. Tornadogenesis:Our current understanding,forecasting considerations,and questions to guide future research[J]. Atmospheric Research,2009,93(1-3):3-10.

[12] 郑永光,蓝渝,曹艳察,等.2019年7月3日辽宁开原EF4级强龙卷形成条件、演变特征和机理[J].气象,2020,46(5):589-602.

[13] 郑永光.中国龙卷气候特征和环境条件研究进展综述[J].气象科技进展,2020,10(6):69-75.

[14] 周晓敏,郑永光.2020年梅雨期江苏两次龙卷过程环境背景和龙卷母风暴形态特征分析[J].气象科技进展,2020,10(6):34-42.

2021年5月15日贵州强风雹天气雷达特征与中尺度模式检验

周明飞　杜小玲　罗　敬　齐大鹏　周文钰

(贵州省气象台,贵阳,550002)

摘要:利用实况观测资料、天气雷达和多家中尺度模式资料,分析了2021年5月15日贵州东北部的一次极端风雹天气。结果表明:(1)此次极端风雹天气发生在强暖湿不稳定背景下,高空槽东移带来中层干冷平流加强了不稳定发展,冷锋前的地面辐合线触发对流,并使得风雹天气发生发展。(2)此次过程为一次强的多单体风暴引发的强对流天气过程,雷暴单体强度大,有较强的低层回波梯度和中高层悬垂回波,下击暴流的雷暴单体表现为弓形回波,有明显的前侧入流和后侧入流,并出现强的中层径向辐合;大冰雹的雷暴单体表现为钩状回波,中心回波强度大于65 dBZ,强回波伸展高度远超−20 ℃等温线,有极大的VIL值、极高的回波顶高和强回波顶辐散。(3)此次强对流天气过程具有一定的可预报性,难点在落区和强度的预报,各家中尺度模式预报差异较大,须进行一定的订正和大量的数值模式检验工作。

关键词:风雹,弓形回波,钩状回波,检验

1　引言

风雹天气是指以雷暴大风和冰雹为主的剧烈强对流天气,具有突发性和局地性、空间尺度小、生命史短等特点,是我国主要的气象灾害之一。国内外气象学者对风雹天气分别从形成机制、环境特征、雷达特征、预报预警能力等多方面进行了大量研究,并取得较多有业务指导意义的科研成果[1-8]。

2021年5月15日贵州东北部出现一次强对流天气,多站出现冰雹、雷暴大风及短时强降水天气,贵州省气象台准确预报15日午后贵州将出现一次强对流和小范围的暴雨天气过程,但对降雨量预报偏大,落区偏东南;强对流预报偏弱,雷暴大风无落区预报,冰雹落区不准确,雷电落区偏大。为此,本文利用常规观测资料、多普勒天气雷达资料和多种数值模式资料等,分析了此次天气过程的环境场及其雷达回波特征,期望为今后及时发布此类强天气预报预警信息提供参考。

1.1　实况特征及灾情分析

2021年5月15日下午至夜间,贵州东北部出现一次强对流天气过程(图1),27个乡镇降雹,最大冰雹直径为40 mm,47个观测站出现8级以上瞬时大风,开阳县宅吉镇瞬时最大风速高达44.5 m/s(14级,出现时间19时11分21秒),突破贵州有气象记录以来风速历史极值;104个观

测站出现暴雨,24 h 降水量最大 103.4 mm。此次过程造成了严重人员伤亡和重大经济损失,其中死亡1人、伤12人,倒塌房屋25间,直接经济损失近1亿元,引起公众和媒体关注。

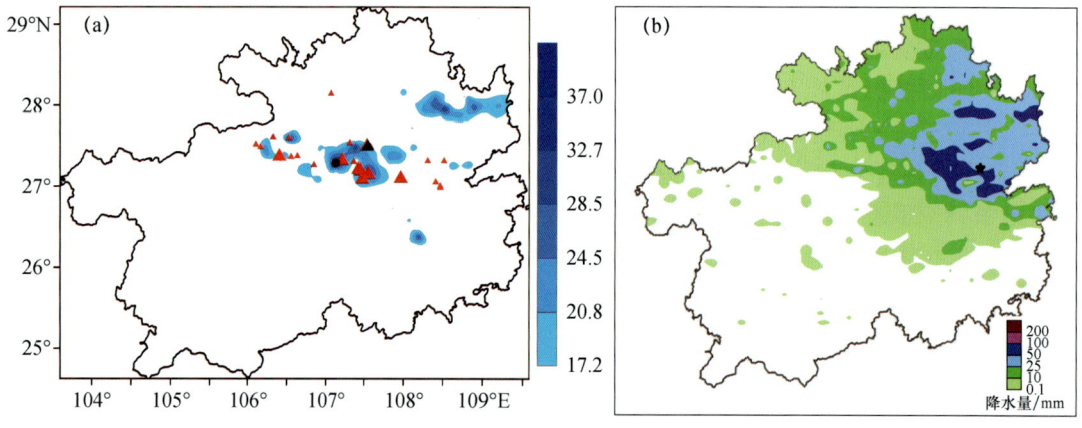

图 1　2021 年 5 月 15 日 08 时—16 日 08 时贵州省雷暴大风风速与冰雹分布

(a,蓝色阴影大风,单位:m·s^{-1};红色大三角:冰雹直径≥2 cm;红色小三角:冰雹直径≤2 cm;黑色圆点:最大风速站;黑色三角:最大冰雹站)及降水量图(b,黑色五角星:最大降水量站)

1.2　预报服务情况

贵州省气象台于 5 月 15 日中午发布雷雨冰雹大风及暴雨预报,预计 15 日午后到夜间,贵州中东部地区多云转阵雨或雷雨,雷雨中伴有强对流天气,东部地区雨量中到大雨,东南部局地有暴雨。15 日 14 时—16 日 08 时,全省大部有雷电,雷雨中伴有冰雹、大风、短时强降水等强对流天气。

预警情况:15 日 08 时—16 日 08 时,贵州省各市县共发布雷电黄色预警信号 42 个,雷电橙色预警信号 1 个;冰雹橙色预警信号 24 个;暴雨蓝色预警信号 7 个,暴雨黄色预警信号 13 个;大风蓝色预警信号 24 个,大风黄色预警信号 2 个;总计发布预警信号 101 个。

2　风雹天气成因分析

2.1　环流形势及主要影响系统分析

2021 年 5 月 15 日 08 时(北京时,下同),500 hPa 上,副热带高压 588 位势什米线位于华南沿海,四川东南部有一高空槽,贵州处于高空槽前的西南气流中,西南风速为 20~24 m·s^{-1},高空槽前有暖平流,槽后有温度槽伴随。700 hPa 上,切变线位于四川中部,切变线北侧为一支 12~16 m·s^{-1} 的强偏北气流,并配合有 −0.4 ℃ 的强冷中心,切变线南侧为强的西南暖湿气流,贵州境内风速为 20~24 m·s^{-1},温度为 10~12 ℃。850 hPa 上,切变线位于川渝之间,其南侧有强的西南低空急流,贵州东北部位于切变线南侧、低空急流前端,温度脊由云南南部延伸至贵州东北部。15 日白天,中低层系统向东南方向移动逐渐影响贵州东北部。位于贵州西北部的威宁和靠近贵州东北部的怀化探空站资料显示,两站 500 hPa 气温由 15 日 08时的 －3 ℃、－3 ℃分别降为 20 时的－8 ℃、－4 ℃,表明 500 hPa 有冷平流影响;低层 850 hPa贵阳站和怀化站温度由 08 时的 20 ℃、20 ℃分别升至 20 时的 26 ℃、23 ℃,露点温度分别由08 时的 14 ℃、16 ℃升至 20 时的 16 ℃、17 ℃,表明大气低层有明显的暖湿平流输送。可见,从15 日 08—20 时,贵州东北部对流不稳定不断加强(图 2)。

5 月 15 日 08 时地面,冷锋位于四川中部,锋后有较强的冷高压,四川南部至贵州受热低压控制,贵州境内大部为偏南风,地面辐合线位于贵州与四川、重庆之间。午后,冷空气继续南下,17 时贵州北部的道真、正安站转为北风,地面辐合线南压,同时地面热低压发展辐合线附近地面气温接近 30 ℃,小尺度雷暴单体开始沿辐合线生成发展。

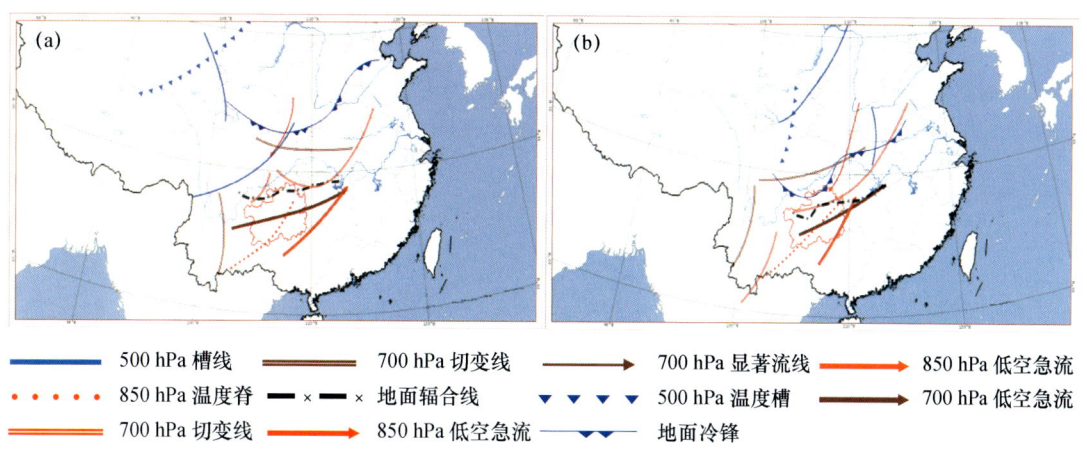

图 2　2021 年 5 月 15 日 08 时(a)和 20 时(b)天气分析图

2.2　对流环境条件及其极端性分析

贵州东北部无探空站,以贵阳站为代表。08 时探空图(图 3a)显示,大气湿层较浅薄,集中在 700 hPa 以下,地面露点 17 ℃,低层湿度条件较好;500 hPa 和 850 hPa 温差为 24.5 ℃,5 月15 日 20 时增至 28.9 ℃,具有较大的温度递减率;0～3 km 垂直风切变为 16～18 m/s,0～6 km 垂直风切变为 18～20 m/s,垂直风切变较大。对流有效位能(CAPE)为 426.2 J·kg^{-1},经 14 时地面温度订正后可达 1443 J·kg^{-1}(贵州东北部 14 时温度、露点均较高,订正后可超过 2000 J·kg^{-1}),且大多集中在－30～－10 ℃,具有较大的不稳定能量,有利于冰雹的增长;700～400 hPa 平均温度露点差 11.8 ℃,最大温度露点差达 22.1 ℃,存在明显干层;0 ℃层高度为 5006.0 m,－20 ℃层高度为 8096.6 m,0 ℃层和－20 ℃层之间的厚度为 3090 m,同时融化层(湿球温度 0 ℃层)高度为 2890 m,湿球温度 0 ℃层高度明显低于干球温度 0 ℃层高度;抬升凝结高度(LCL)为 814.3 hPa,自由对流高度(LFC)为 766.3 hPa。上述特征物理量值显示,大气低层湿度条件较好,中层存在明显的干层,较大的温度递减率构成上干冷下暖湿的不稳定层结;大的对流有效位能有利于上升运动的发展;垂直风切变较强使得风暴系统能够增强和长时间的维持;较低的自由对流高度容易触发对流[9]。至 20 时(图 3b),探空图呈"X"形分布,其形态类似于康岚等[10]和王秀明等[11]分析得到的湿下击暴流个例的探空形态。

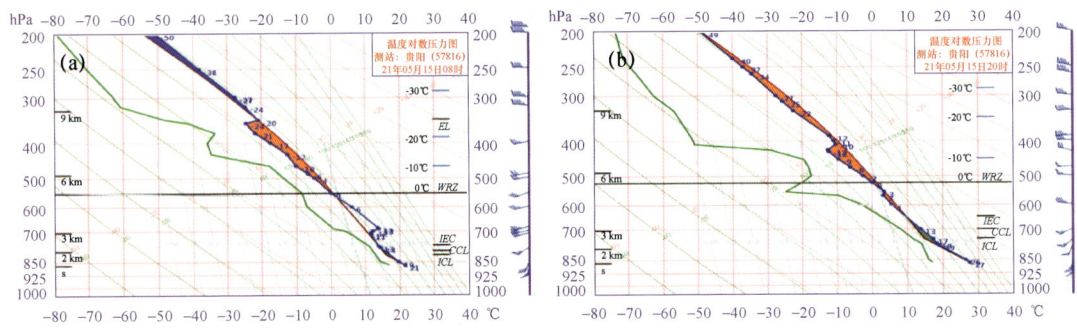

图 3　2021 年 5 月 15 日 08 时(a)与 20 时(b)贵阳站探空图

2.3　中尺度对流系统演变特征分析

2.3.1　多单体风暴系统演变分析

结合地面风场和雷达组合反射率因子对风暴系统进行分析：5 月 15 日 15 时之前，贵州大部地区为晴到多云天气，地面受偏南风影响。15 时(图略)，贵州北部边缘转为偏北风，地面出现一条准东西向辐合线，并有多个小尺度辐合中心生成发展，回波单体开始生成，强度较弱，组成沿地面辐合线的线状排列的多单体风暴。16 时(图 4a)，地面辐合线略向南压，雷暴单体强度加强，强回波中心位于 5～6 km 高度，在中空发展，强度超过 50 dBZ，回波移动缓慢，1 h 后 2 个乡镇出现雷暴大风，3 个乡镇出现冰雹。17 时(图 4b)，午后位于贵州西部的热低压发展，贵州省内南风加强，使位于贵州东北部的地面辐合线两侧风力加大，辐合加强，其位置维持少动，雷暴系统发展加强，遵义附近雷暴单体范围扩大，1 h 后 3 个乡镇出现雷暴大风，3 个乡镇出现冰雹。18 时

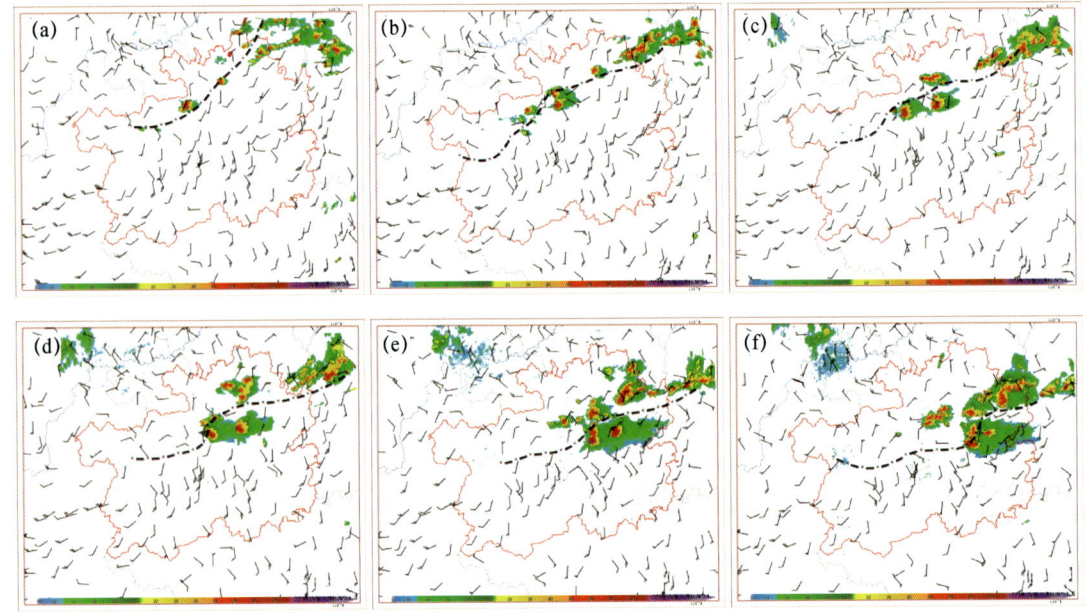

图 4　2021 年 5 月 15 日 16 时(a)、17 时(b)、18 时(c)、19 时(d)、20 时(e)、21 时(f)贵州省 8 部雷达组合反射率因子拼图与地面风场(黑色断点线:地面辐合线)

(图 4c),地面辐合线继续加强并维持少动,回波中心加强,超过 60 dBZ,强回波范围扩大。1 h 后 7 个乡镇出现大风,8 个乡镇出现冰雹。19 时(图 4d),地面辐合线向南压,西段水汽条件较差,系统减弱,东段加强,此前沿地面辐合线呈线状发展的多单体风暴变为不规则分布,其中位于辐合线附近及其南侧的雷暴单体强度更大,造成 9 个乡镇雷暴大风,最大风速达 44.5 m/s(开阳县宅吉站),6 个乡镇冰雹;位于辐合线北侧的雷暴单体强度较弱,1 个乡镇出现雷暴大风。20—21 时(图 4e、图 4f),多单体风暴系统逐渐向东南方向移动,发展达到最强,雷暴单体增多,中心强度均在 60 dBZ 以上,辐合线附近及其南侧的雷暴单体造成 9 个乡镇雷暴大风,8 个乡镇冰雹。辐合线北侧铜仁市区域内雷暴单体造成 16 个乡镇雷暴大风。22 时后,雷暴系统向东南方向移动进入湖南。

2.3.2 弓形回波与下击暴流

选取影响宅吉镇的雷暴单体(雷达站位于其西南方向)分析。5 月 15 日 17 时左右(图略),雷暴单体在贵州西北部附近生成,范围小、团状,回波中心强度 45～50 dBZ,中心位于 5 km 左右。随后该雷暴单体向东南方向移动并增强。18 时 56 分,贵阳雷达 0.5°仰角反射率因子图上(图 5a),回波呈长团状,中心强度达 50 dBZ,抬高仰角至 4.3°(图 5e),回波也为长团状,中心强度超过 60 dBZ,强反射率因子中心位置与 0.5°仰角相比更偏东。此时,风暴移动前侧(东南方向)已出现强的反射率因子梯度,低层弱回波区、前侧入流缺口和回波悬垂、回波最强中心位于低层反射率因子梯度上,高度在 7～9 km。19 时 01 分(图 5b、图 5f),雷暴单体回波形态发生变化,在长团状回波的南端出现弓形,风暴分别出现明显的前侧入流缺口和后侧 V 形缺口,说明风暴前侧有低层偏南风带来的暖湿入流,后侧有高空槽后西北气流的干冷空气侵入,回波前侧的低层弱回波区更为明显,强回波中心高度开始下降至 6～7 km,位于低层弱回波区上。19 时 07 分(图 5c、图 5g),回波弓形形态更加明显,为典型的弓形回波,宅吉乡正处于弓形折角的顶端,强回波中心高度下降至 3 km 附近,存在强烈的下沉气流。19 时 12 分(图 5d、图 5h),雷暴大风已影响宅吉乡,该乡位于低层强回波前沿弱回波区、高层回波的悬垂区。反射率因子剖面图(图 6a、图 6b)显示大于 60 dBZ 的强回波中心有两个,一个位于空中 5～9 km,一个位于雷达探测最底层,下沉气流已接地,宅吉乡位于下沉强回波的前沿,导致地面直线型大风(下击暴流)。从径向速度剖面图(图 6c、图 6d)可见在雷暴单体附近大气中层 4～8 km 出现明显的径向气流辐合(MARC)(正速度 15 m/s,负速度 -20 m/s)。

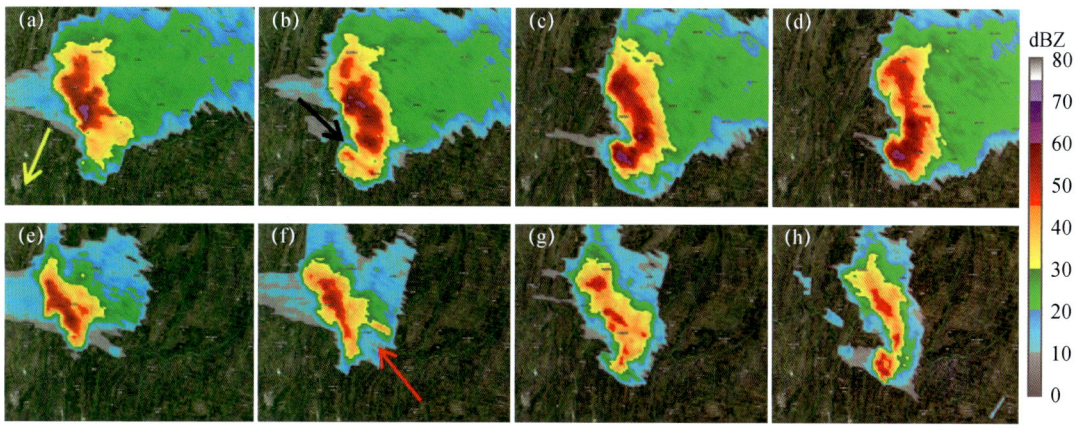

图 5 2021 年 5 月 15 日贵阳雷达 18 时 56 分(a)、19 时 01 分(b)、19 时 07 分(c)、19 时 12 分(d)0.5°仰角反射率因子和 18 时 56 分(e)、19 时 01 分(f)、19 时 07 分(g)、19 时 12 分(h)4.3°仰角反射率因子
(红色箭头指示前侧入流缺口;黑色箭头指向后侧 V 形缺口;黄色箭头指向贵阳雷达方向)

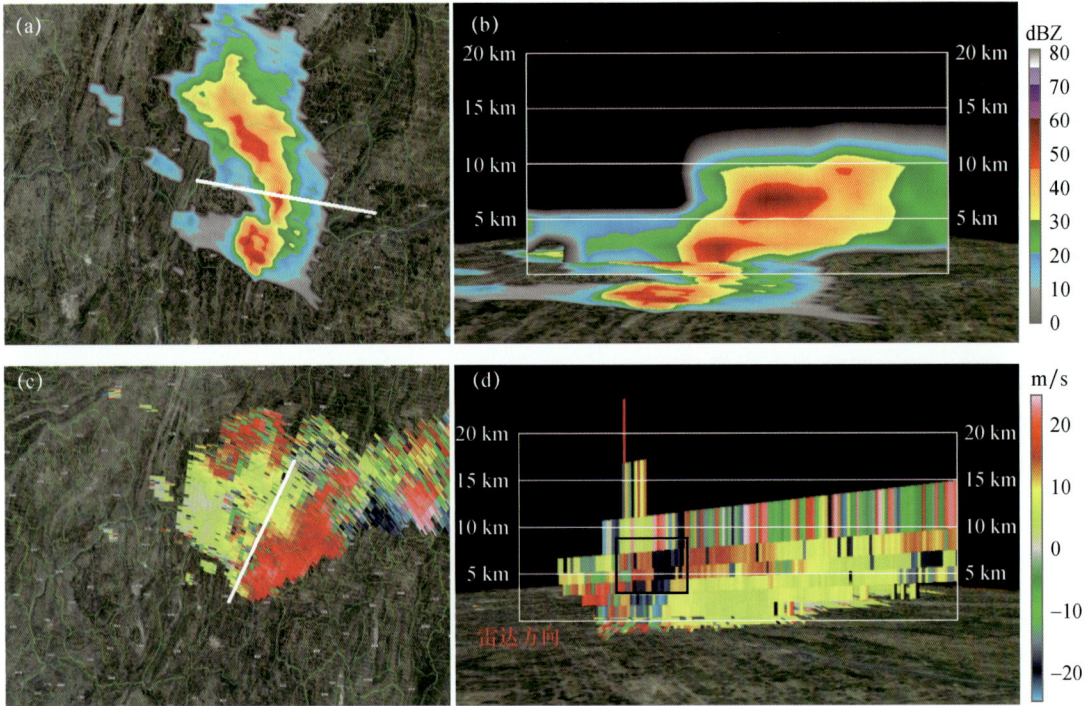

图 6　2021 年 5 月 15 日 19 时 12 分贵阳雷达 4.3°仰角反射率因子(a)、反射率因子垂直剖面(白线为所剖截面)(b)、径向速度(c)、径向速度垂直剖面(白线为所剖截面)(d)(黑色矩形为中层径向辐合区域)

2.3.3　钩状回波与冰雹

5 月 15 日 18 时 58 分至 19 时 07 分,余庆县敖溪镇出现直径 40 mm 的大冰雹,分析引发冰雹的雷暴单体发现,17 时左右(图略),雷暴单体在贵州西北部的遵义县附近生成,初生时尺度较小、呈圆形,中心强度超过 60 dBZ,高度位于 3~6 km。随后,雷暴单体向东南方向移动发展。18 时 51 分,雷暴单体靠近敖溪镇,贵阳雷达站反射率因子图(图 7)显示,敖溪镇附近出现来自南方的低层暖湿气流的入流缺口以及其北侧的钩状回波,强烈的暖湿入流向上运动,有助于冰雹的生成和发展;入流一侧出现大的反射率因子梯度,中低层出现明显的有界弱回波区,抬高仰角后发现钩状回波以上为强反射率因子核心区,风暴顶位于低层反射率因子梯度区和有界弱回波区之上。从反射率因子剖面图(图 8a、图 8b)上看出,回波中心强度已超过 65 dBZ,且 50 dBZ 以上强回波高度已突破 10 km,完全超过−20 ℃等温线高度,并出现明显的回波穹隆。径向速度剖面图(图 8c、图 8d)显示,雷暴单体顶部出现强烈的风暴顶辐散(正速度 10 m/s,负速度−13 m/s)。雷暴单体中心垂直累积液态水含量(VIL)达 127 kg/m²,垂直累积液态含水量密度(VILD)达 10.9 kg/m³,回波顶高显示已达 20 km,雷达回波算法强冰雹探测概率(POSH)达 100%,均预示着出现大冰雹的可能性很大。同时在强回波北侧,径向方向上出现三体散射现象(贵阳雷达站位于图的西南偏南方向)。

综上分析可知,贵州"5·15"极端风雹天气过程是由强烈的多单体风暴系统造成,其中多个雷暴单体独立发展,强度较强,反射率因子图上出现低层大的反射率因子梯度、中高层回波悬垂、弱回波区和有界弱回波区,中心强度大,发展高度高等特征。出现下击暴流的雷暴单体呈现出弓形回波形态,具有前侧入流缺口、后侧 V 形缺口和中层径向辐合等特征。出现大冰雹的雷暴单体呈现钩状回波形态、极大的 VIL 值、极高的回波顶高和风暴顶辐散等特征。

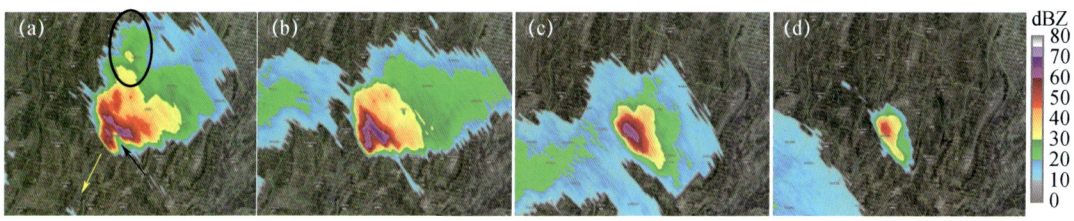

图7 2021年5月15日18时51分贵阳雷达站1.5°仰角(a)、2.4°仰角(b)、
4.3°仰角(c)、6°仰角(d)反射率因子

(黑色箭头指向前侧入流缺口；黑色圆圈表示三体散射；黄色箭头指向贵阳雷达方向)

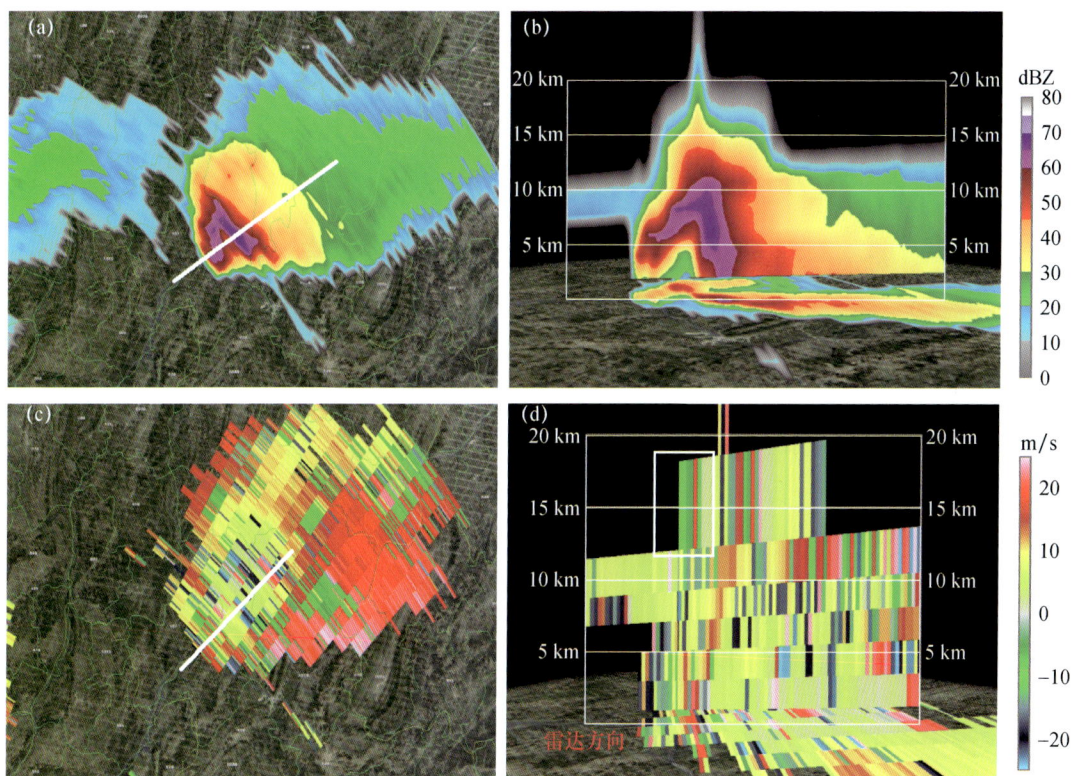

图8 2021年5月15日18时51分贵阳雷达站1.5°仰角反射率因子(a)、反射率因子垂直剖面(白线为所剖截面)(b)、径向速度(c)、径向速度垂直剖面(白线为所剖截面)(d)(白色矩形表示风暴顶辐散)

3 可预报性及偏差分析

3.1 中尺度模式和客观产品预报偏差分析

本次过程于5月15日下午开始发展，数值预报资料采用14日20时起报，对各家中尺度模式的对流系统演变过程进行检验。

CMA-MESO(中国气象局中尺度天气数值预报系统)模式显示(图9),对流系统于5月15日14时在贵州北部开始发展,呈东西走向的线状对流系统,随后逐步加强并缓慢向南压;20时左右,线状对流系统西段开始减弱,东段加强,并呈现出多个强的雷暴单体;23时,雷暴在贵州东部发展加强,有多个强雷暴单体,最强中心超过60 dBZ。此后,雷暴系统再次向东南方向快速移动,16日05时,对流再次呈线状排列位于贵州东南部,并维持到16日08时,中间出现多个强中心。检验发现,CMA-MESO模式对本次强对流系统的生成时间和发展形态与实况较一致,强度也与实况基本吻合。主要的误差在16日,当雷暴系统进入贵州东南部后,实况雷暴系统明显减弱(仅出现少量站的雷电和短时强降水),而该模式预报仍然较强,导致对贵州东南部强对流预报偏强。

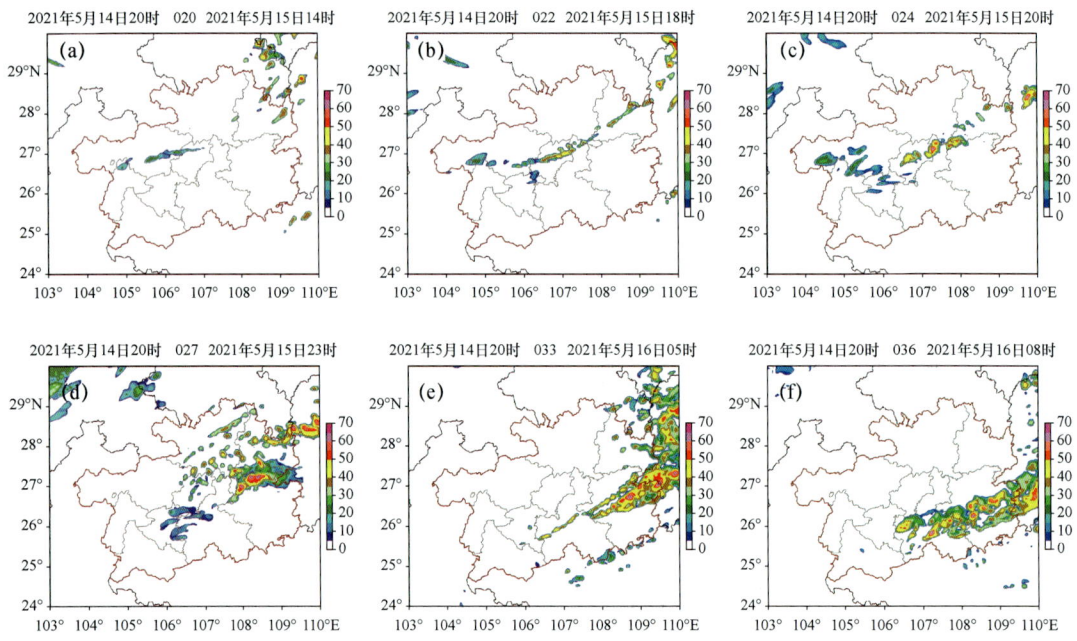

图9　CMA-MESO组合反射率(dBZ)5月14日20时起报
15日14时(a)、18时(b)、20时(c)、23时(d)、16日05时(e)、08时(f)

CMA-GD(中国气象局广东快速更新同化数值预报系统)中尺度模式显示(图10),5月15日14时,对流系统在贵州北部开始发展,强度较弱,组合反射率因子最强为30 dBZ,随后对流系统发展并缓慢向贵州中部发展,15日20时发展达最强,对流系统仍呈线状排列,有多个强中心,但总体强度偏弱,组合反射率因子最强达40 dBZ,随后雷暴逐步向东移,并不断减弱,16日05时仅在贵州东部边缘有弱的雷暴影响,08时后雷暴移出贵州进入湖南。检验发现,CMA-GD模式对本次强对流系统开始发展的时间和形态与实况较一致,但强度明显偏弱,同时20时以后预报对流系统快速减弱与实况不符,20时后贵州东部仍有较强的雷暴系统影响,并出现了大冰雹和雷暴大风。

CMA-SH模式显示(图11),5月15日17时左右在贵州东部有弱的雷暴发展,范围较小,强度很弱,随后雷暴系统发展,于15日23时左右达最强,范围偏小,雷暴中心组合反射率因子最强达45 dBZ。随后雷暴系统快速减弱并东移出贵州。检验发现,CMA-SH模式对本次强对流天气预报明显偏弱,雷暴发生发展的时间、雷暴形态以及过程均没有提供有效信息。

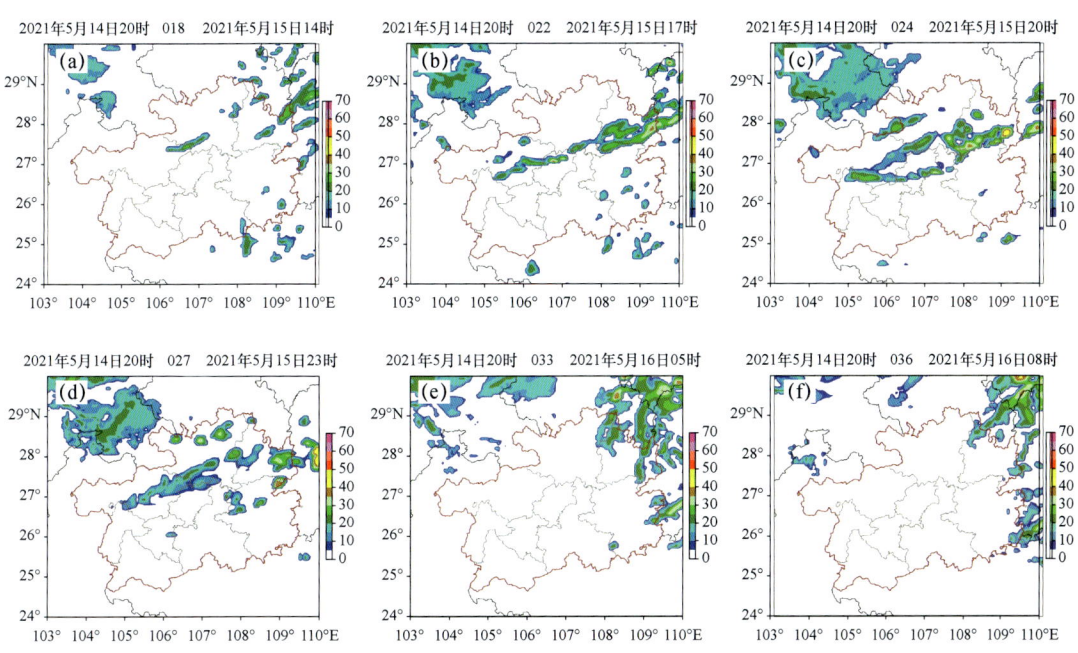

图 10 CMA-GD 组合反射率(dBZ)5 月 14 日 20 时起报
15 日 14 时(a)、17 时(b)、20 时(c)、23 时(d)、16 日 05 时(e)、08 时(f)

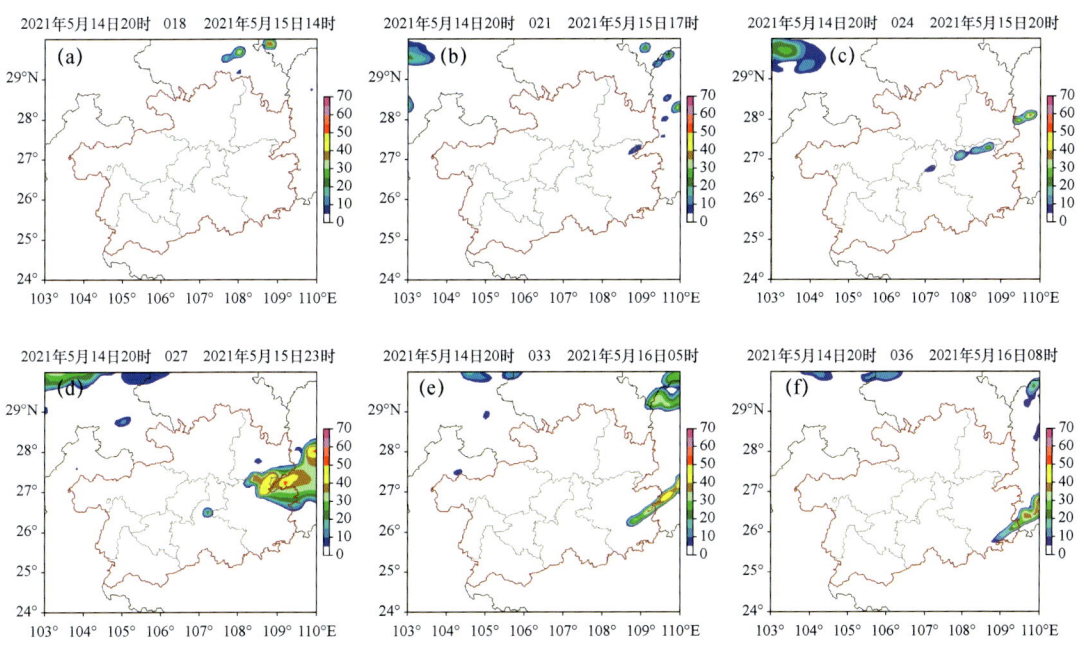

图 11 CMA-SH 组合反射率(dBZ)5 月 14 日 20 时起报
15 日 14 时(a)、17 时(b)、20 时(c)、23 时(d)、16 日 05 时(e)、08 时(f)

通过对上述 3 家中尺度模式对流系统演变过程的检验发现,CMA-MESO 模式预报效果最佳,对雷暴系统的形成时间和中前期时段发展过程和强度均与实况较一致,但对雷暴系统后期发展预报欠佳。CMA-GD 模式对本次强对流天气过程具有一定的提示作用，但强度太弱，明显弱于实况。CMA-SH 度模式对本次强对流模式预报效果较差，存在一定程度的漏报。

3.2 模式系统检验

对中高层天气系统以及 CAPE 等要素的检验，各家模式与实况基本一致。

近地面风场检验（图略），14 时地面风场实况显示贵州大部为偏南风，遵义北部 5 站为偏北风，地面辐合线位于贵州北部边缘。CMA-MESO 模式预报贵州大部为偏南风，地面辐合线位置与实况较一致。CMA-GD 与 CMA-SH 模式预报地面辐合线位置均更偏南，尤其是 CMA-SH 模式对贵州东北部辐合线的位置预报偏差更大。17 时，实况地面辐合线略向南压，位于贵州北部，位置变化较小。各家模式预报辐合线较 14 时均向南压，且南压的速度快于实况，位置与实况相比均偏南，其中 CMA-MESO 模式与实况最接近，CMA-SH 模式偏差最大，尤其是在贵州东北部（发生对流的区域）误差最大，同时各家模式辐合强度也有差异，较实况偏小。结合上一节组合反射率因子的预报检验，以及考虑地面辐合线对对流的触发作用，可估计地面辐合线的位置和强度差异造成了反射率因子预报的差异。

3.3 预报能力和难点分析

此次强对流过程天气背景与影响天气系统明确，从短期预报能够较好预报此次强对流天气过程。本次预报的难点有以下几点。

（1）强对流落区和强度的预报。贵州省气象台根据天气系统南下的区域做出落区预报，与实况相比，对贵州东北部的风雹预报偏弱，对贵州东南部预报偏强。其原因在于考虑贵州东南部的水汽和能量条件更有利，故总体落区偏东南。而当系统南下进入贵州东南部时已为深夜，对流强度明显减弱，预期偏强。同时中尺度模式预报地面辐合线位置较实况偏南，辐合强度偏弱，导致对贵州东北部强对流预报偏弱。

（2）强对流天气类型。此次强对流天气出现雷暴大风、冰雹和短时强降水等 3 种类型强对流天气，各类型强对流环境物理量特征混合出现，对强对流类型的预报存在一定的难度。

（3）极端性预报。对开阳宅吉乡出现的瞬时极端大风，从天气形势和环境场无法分析出极端性。

4 预报服务改进思路及对策

4.1 预报偏差的改进思路和技术方案

（1）加强实况资料分析，尤其是当实况与数值模式差异较大时，需要分析产生偏差的原因，以及其所带来的对客观要素预报产品的影响，并加强对数值模式的主观订正能力。

（2）加强模式检验，各家中尺度模式对此次强对流天气过程预报差异较大，需要针对不同类型强对流天气加强数值模式的检验工作。尤其是对近地层天气系统及其地面风场、水汽、能量条件等要素场检验。

4.2 服务改进思路和建议

预警发布过程中,预警的时效和内容存在一定的问题。此次强对流天气过程中大风预警发布时间均偏早且无明显针对性,许多台站发布的大风预警是针对5月15日白天热低压发展导致的午后偏南大风,而不是雷暴大风,使强雷暴大风预警效果欠佳,因此须合理考虑预警时效和类型,同时当上游地区已经出现不同类型的强对流时,下游地区也应做出相应的考虑,发布各类型强对流预警信号。

5 结论与讨论

通过对分析主要结论如下。

(1)强对流天气发生前,贵州地面为热低压控制,大气低层为暖湿的环境条件。随着高空槽、低层切变线和地面冷锋南下,贵州东北部中高空有干冷平流的侵入,加剧了中高层干冷和低层暖湿的不稳定层结,同时具有较强的垂直风切变、较低的自由对流高度等环境条件,午后地面辐合线触发对流,形成此次强对流天气过程。

(2)此过程为多单体风暴系统引发。雷暴单体强度大,回波中心均超过 60 dBZ,回波南侧出现高的反射率因子梯度,中高层有回波悬垂。下击暴流的雷暴单体表现为弓形回波,有前侧入流缺口和后侧 V 形缺口,中层 4~8 km 出现强的径向气流辐合(MARC)。冰雹的雷暴单体表现为钩状回波,具有较高的 VIL 值、回波顶高和强的风暴顶辐散,并在反射率因子图上出现三体散射。

(3)此次强对流天气具有一定的可预报性,难点是落区和强度的预报。各家中尺度模式对雷暴的强度、落区以及影响时间均有较大差异,因此须进行一定的订正和大量的数值模式检验工作。订正须重点结合对流发生前的实况资料,分析偏差原因,调整预报结果。模式检验须累积历史个例,分类进行不同要素和预报产品结果的检验。

参考文献

[1] 廖晓农,俞小鼎,王迎春. 北京地区一次罕见的雷暴大风过程特征分析[J]. 高原气象,2008,27(6):1350-1362.

[2] 朱乾根,林锦瑞,寿绍文,等. 天气学原理和方法(第3版)[M]. 北京:气象出版社,2003:235-244,340-349.

[3] 朱君鉴,刁秀广,曲军,等. 4·28临沂强对流灾害性大风多普勒天气雷达产品分析[J]. 气象,2008,34(12):21-26,129.

[4] 姚叶青,俞小鼎,张义军,等. 一次典型飑线过程多普勒天气雷达资料分析[J]. 高原气象,2008,27(2):373-381.

[5] 孙继松,陶祖钰. 强对流天气分析与预报中的若干基本问题[J]. 气象,2012,38(2):164-173.

[6] 孙继松,戴建华,何立富,等. 强对流天气预报的基本原理与技术方法——中国强对流天气预报手册[M]. 北京:气象出版社,2014:168-171.

[7] 王福侠,俞小鼎,裴宇杰,等. 河北省雷暴大风的雷达回波特征及预报关键点[J]. 应用气象学报,2016,27(3):342-351.

[8] 曾明剑,王桂臣,吴海英,等. 基于中尺度数值模式的分类强对流天气预报方法研究[J]. 气象学报,2015,73(5):868-882.

[9] 俞小鼎,王秀明,李万莉,等. 雷暴与强对流临近预报[M]. 北京:气象出版社,2020.

[10] 康岚,刘炜桦,肖递祥,等. 四川盆地一次极端大风天气过程成因及预报着眼点分析[J]. 气象,2018,44(11):1414-1423.

[11] 王秀明,俞小鼎,周小刚. 雷暴潜势预报中几个基本问题的讨论[J]. 气象,2014,40(4):389-399.

2021年7月31日河北南部和东部两地致灾雷暴大风成因对比分析

王海川¹　金晓青¹　杨晓亮¹　陈子健¹　黄浩杰²　杨吕玉慈¹

(1 河北省气象台,石家庄,050021;2 廊坊市气象局,廊坊,065000)

摘要:利用常规观测、加密自动站资料、多普勒天气雷达、风廓线雷达和ERA5逐小时资料(0.25°×0.25°),对2021年7月31日下午至次日凌晨河北南部和东部两地出现的大范围致灾雷暴大风天气的成因进行了对比研究。结果表明:此次两地强对流天气过程由低层切变线快速东移产生,具备上干冷下暖湿的不稳定层结和较强的大气对流不稳定,中低层切变线辐合造成系统性上升运动,并促进近地层的辐合,低层切变线或地面辐合线直接触发对流。南部地区的大风是由超级单体风暴的强下沉气流造成的,更强的不稳定能量和大气对流不稳定有利于超级单体风暴的形成,深层垂直风切变有利于风暴组织性加强,使一般风暴向超级单体风暴发展。东部地区的大风由下击暴流和飑线造成,较强的低层垂直风切变有利于区域雷暴大风的产生。

关键词:雷暴大风,飑线,超级单体风暴,垂直风切变

引言

华北地区是强对流天气频繁发生的地区之一,强对流天气带来的雷暴大风、冰雹和短时强降水对人民群众的生命安全和社会经济造成了严重威胁,其中致灾极端大风愈发引人关注。雷暴大风一般由风暴的强下沉气流造成,有时还与冷池密度流或高空水平动量下传有关[1]。俞小鼎等[2]对雷暴大风的有利环境条件和雷达回波特征进行分析总结,并在雷暴大风的短时临近预报中提出预报指标。孙继松和陶祖钰[3]对强对流的不稳定分类、天气分型等问题进行了详细分析。王秀明等[1]在对"6·3"区域致灾雷暴大风形成及维持原因分析中提到,飑线发展维持的原因是飑线的自组织结构,飑线与环境入流的相互作用既有利于强上升气流发展,亦有利于强下沉气流发展。陈涛等[4]在一次华北飑线过程中分析表明,冷涡背景下,气旋后部的中高层干冷平流和低层湿区造成的较强位势不稳定发展和低层偏东或东南风造成的边界层湿度锋区可导致较强的中尺度对流系统(MCS)。雷蕾等[5]对飑线组织化过程进行了详细分析,垂直风切变是驱动飑线快速向前移动和发展的重要因素。盛杰等[6]提出,天气尺度系统强迫明显时(西风槽附近尤其是槽后气流影响),中层干和大的垂直减温率造成的最优对流有效位能(CAPE)、下沉对流有效位能大值区是华北地区产生极端大风的重要环境条件。飑线或弓形回波等有组织的风暴系统造成的雷暴大风一般范围较广、持续时间长,当上游发生强对流天气时,对下游地区可进行有效的预警工作,所以对其风暴特征和形成原因进行研究十分重要。

为满足日益增长的精细化预报要求,强对流分类天气预报愈发重要。通过对此次强对流天气过程进行详细分析,有助于进一步了解不同对流风暴系统形成发展的机制,增强对华北地区分类强对流天气特征以及环境条件的分析能力。

本文使用的资料情况:(1)常规地面和探空观测;(2)京津冀地区逐小时地面加密自动站资料;(3)2部SA多普勒天气雷达(邯郸、沧州)逐6 min体扫观测资料;(4)2部风廓线雷达(黄骅、成安)逐小时观测资料;(5)2021年7月31日08时至8月1日08时(北京时)ERA-Interim资料,时空分辨率为1 h、0.25°×0.25°。

1 极端大风实况特征和预报服务情况

2021年7月31日下午到夜间,河北南部及东部地区先后出现了较大范围的强对流天气过程,造成大范围的雷暴大风和局地冰雹灾害。从京津冀地区累积雨量分布(图1)来看,此次过程雨量分布不均,南部地区出现小到中雨,局地大雨;东部地区出现中到大雨,局地暴雨。过程小时最大雨强为衡水站81.1 mm/h,累积雨量最大为秦皇岛昌黎黄金海岸站98.4 mm。伴随的主要灾害性天气是雷暴大风,邯郸、衡水、沧州、唐山、秦皇岛等地共有20个县(市、区)出现7级以上大风,此次过程极大风最大值出现在邯郸峰峰,18时风速达37.4 m/s(13级),峰峰、海兴、故城、阜城、东光、南皮6站的极大风速突破历史极值。

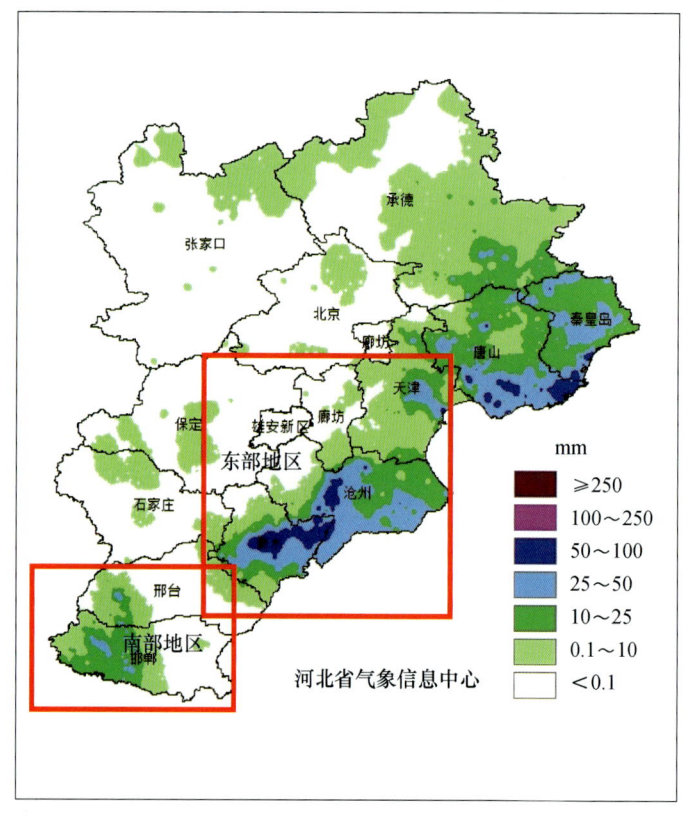

图1 京津冀地区2021年7月31日08时至8月1日08时累积雨量
(图中红框位置分别为南部和东部大风区域)

1.1 极端大风实况特征及灾情分析

由极大风速分布图(图2a和b)可见,邢台西部和邯郸西部(以下简称为南部地区,对应图1中左侧红框位置)从7月31日15—18时自北向南先后出现偏北大风(图2a),最大风速出现在邯郸峰峰(37.4 m/s)。沧州中东部、衡水、邢台东部、天津等地(以下简称为东部地区,对应图1中右侧红框位置)从31日20时至次日凌晨出现以沧州为中心向北、东、南三个方向辐散状发展的大风(图2b),最大风速出现在沧州南皮(32.8 m/s)。由逐小时闪电分布图(图2c和2d)和极大风速分布图对比可知,极大风与闪电出现的时间和位置有较好对应关系,此次过程的大风是由对流风暴造成的雷暴大风。下面主要针对南部和东部地区的大风成因进行对比分析。

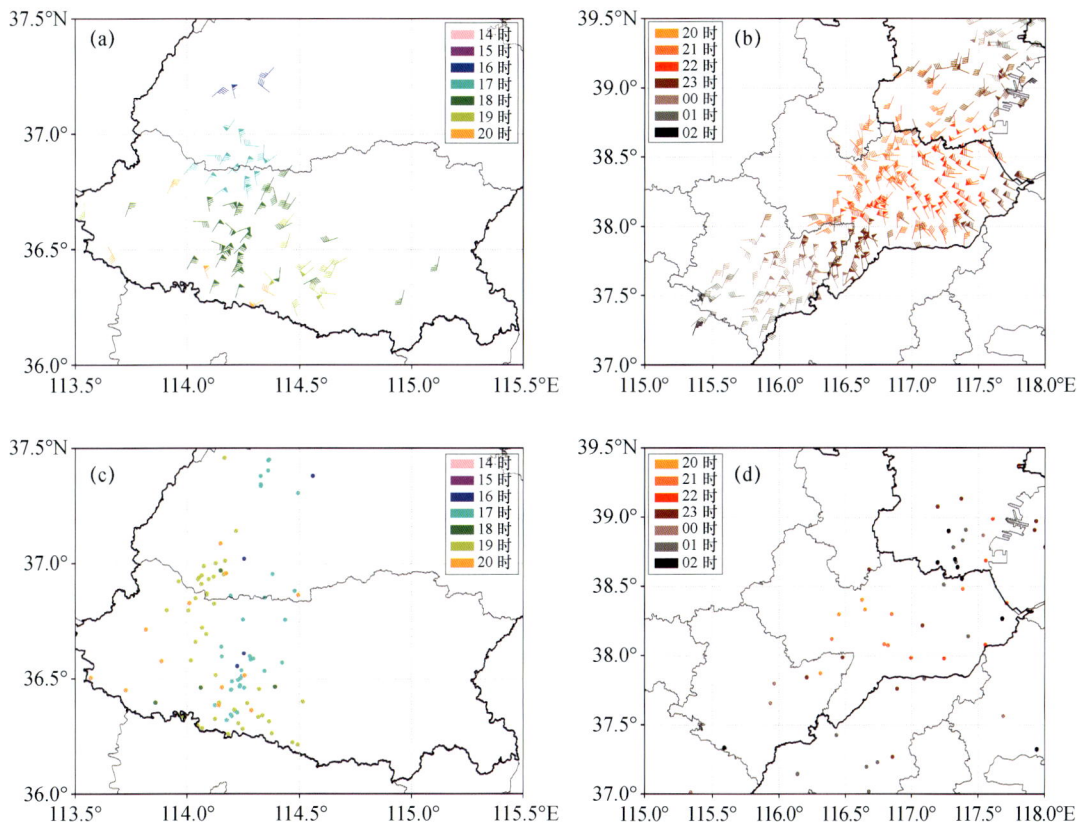

图2 河北南部地区(a)和东部地区(b)2021年7月31日14时至8月1月02时极大风(风向杆,单位:m/s,不同颜色代表大风出现时间,大风出现在标注时间过去的1 h)分布和与极大风对应时间的南部地区(c)和东部地区(d)的逐小时闪电分布(不同颜色代表闪电出现时间,闪电出现在标注时间过去的1 h)

受大风影响,邯郸一座电塔被吹倒,部分建筑受损,广告牌被吹落,大树被连根拔起;沧州市区树木被折断,阻碍交通,一些树木砸在汽车上,造成人民群众财产损失。

1.2 极端大风预报服务情况

由于本次过程模式预报的影响系统清楚,强对流潜势充足,不难预报出 7 月 31 日有一次强对流过程。30 日,河北省气象台的文字预报指出:31 日,河北中南部有雷阵雨天气,伴有短时强降水、雷暴大风、冰雹等强对流天气。31 日 12 时 38 分,短临预报员通过河北气象预警联防 QQ 群进行预警指导,提醒相关地市关注雷暴大风和冰雹、短时强降水等强对流天气,及时发布预警信号。邯郸市气象台分别于 16 时 12 分、17 时 38 分发布和更新大风蓝色、黄色预警信号,提及阵风可达 9～10 级;沧州市气象台分别于 20 时 39 分、20 时 51 分、22 时 21 分发布和更新大风蓝色、黄色、橙色预警信号,大风橙色预警信号中指出将出现 11～12 级阵风。河北省气象台于 2021 年 7 月 31 日 22 时 51 分发布大风黄色预警信号。

2 雷暴大风环境条件分析

2.1 环流形势及主要影响系统分析

7 月 31 日 08 时,500 hPa 河北东部地区到山东半岛有明显的高空槽和温度槽,并伴有 $-8\ ℃$ 的低温中心。河北中南部地区位于高空槽后,槽后有一支风速达 16 m/s 的强西北气流,西北气流引导干冷空气南下。850 hPa 在河北中南部有明显的温度脊,保定、廊坊以南地区温度达到 24 ℃,局地 28 ℃。中层的干冷空气叠加在低层暖空气上,中南部地区存在上冷下暖的不稳定层结。08 时,南部和东部地区 850 hPa 和 500 hPa 的温差分别是 29～30.5 ℃ 和 24～27 ℃;15 时,南部和东部地区 850 hPa 和 500 hPa 的温差均有所增大,分别是 30～31.5 ℃ 和 28.5～30 ℃,两个地区的不稳定层结进一步加大(图略)。08 时位于河套地区的切变线在 15 时已东移至河北中部,系统呈明显前倾结构(图 3),切变线前侧偏南气流风速逐渐增大到 12 m/s,达到低空急流的标准。随着时间变化,低空急流尺度不断增大,其左侧气旋性辐合也不断增强,22 时达到最强(图略)。

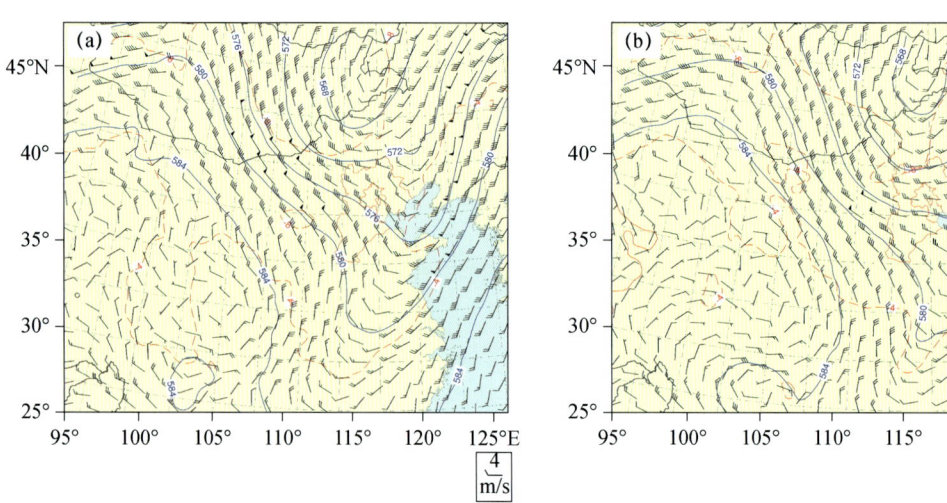

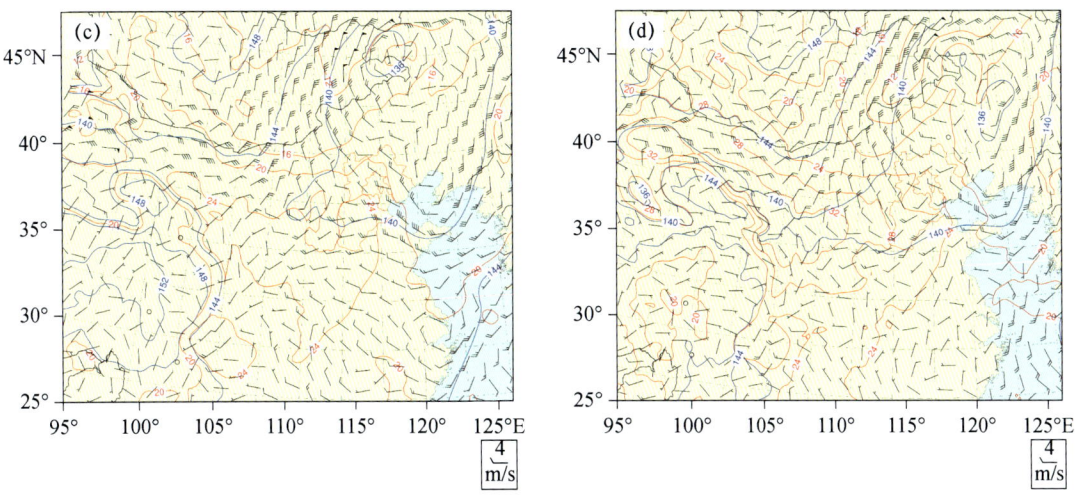

图 3 2021年7月31日08时500 hPa(a)、850 hPa(c)和15时500 hPa(b)、850 hPa(d)高空图
（蓝色实线代表位势高度等值线，间隔4 dagpm，单位:dagpm;红色实线或虚线代表温度等值线，间隔4 ℃，
单位:℃;风向杆代表风场，单位:m/s;棕色实线代表850 hPa切变线）

2.2 湿度条件分析

分析7月31日15时和19时850 hPa比湿分布（图略）可知，南部和东部地区在对流开始前比湿达到16 g/kg，水汽条件非常有利。选取沧州和邯郸作为东部和南部地区的代表站进一步分析湿度条件，从沧州和邯郸的剖面图可知，对流开始前两个地区低层水汽都非常充沛，邯郸（17时前）低层比湿更强达20 g/kg，沧州（20时前）超过18 g/kg（图4a和4b）。沧州地区21时左右相对湿度最大，整层都在70%以上，这与沧州最强对流活动和极端大风出现时间相对应。邯郸地区在17时左右（对流最强时间），500 hPa及以下的相对湿度明显增强到60%～80%（图4c和4d）。

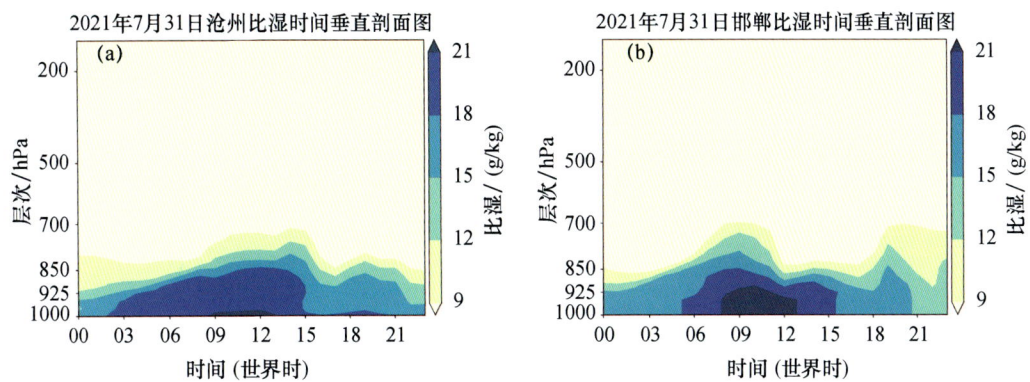

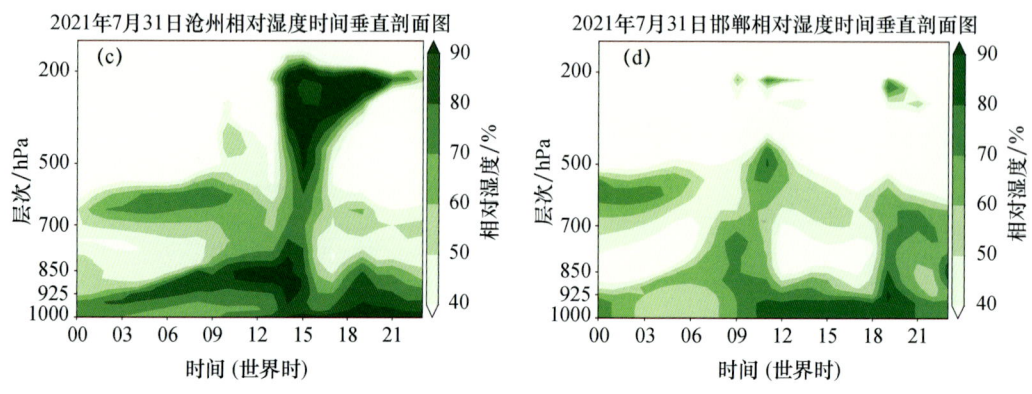

图 4　2021 年 7 月 31 日沧州比湿(a)、相对湿度(c)和邯郸比湿(b)、相对湿度(d)时间垂直剖面

2.3　不稳定条件分析

通过对比 ERA5(第 5 代欧洲再分析)资料绘制的邢台站 08 时探空图与实况探空图,发现两者较为一致,再分析资料可信(图略)。利用 ERA5 资料绘制武安和沧州的探空曲线,分别代表南部和东部地区对流发生前的环境条件(图5)。武安 14 时探空图显示,探空曲线下湿上干不稳定层结结构明显,有强的不稳定能量(CAPE 值 5074 J·kg^{-1})(图 5a)。16 时不稳定能量继续加强,CAPE 值达到 6541 J·kg^{-1},层结曲线中低层 850～600 hPa 近乎干绝热递减,有利于雷暴大风的产生(图 5b)。14—16 时,武安中高层风速不断增强,到 16 时,500 hPa 风速达到 16 m/s,0～6 km 垂直风切变进一步增强。14 时,沧州探空曲线存在下湿上干的不稳定层结,CAPE 值为 3586 J·kg^{-1},层结曲线 975～600 hPa 近乎干绝热递减。14—18 时,沧州 700 hPa 附近风速逐渐增强到 14 m/s,但 500 hPa 附近风速较小(10 m/s),0～6 km 垂直风切变较小。可见,武安不稳定能量和 0～6 km 垂直风切变更强,有利于强风暴的发展和组织性加强。两个地区的低层均存在一定对流抑制能量,需要一定的触发条件才能使对流天气发生。

7 月 31 日 15 时中南部大部分地区 850 hPa 和 500 hPa 的温差为 30 ℃左右,并且邢台西部、邯郸西部温差更大,在 30～32 ℃(图 6a),南部地区大气更不稳定。以假相当位温 850～500 hPa 的负值中心表征大气对流不稳定度(图 6b 和 6c),16 时负值中心在邢台西部、邯郸西部,对应南部地区的雷暴大风天气;22 时负值中心位于东部地区,负值中心达－36 ℃。31 日早晨河北中南部地区有轻雾天气,有利于不稳定能量的积蓄。中午前后由于晴空辐射增温,南部地区最高气温升至 35～38 ℃,露点温度 22～26 ℃;东部地区最高气温升至 33～34 ℃,露点温度 24～28 ℃,水汽条件更好,有利于短时强降水的出现(图 6d)。南部和东部地区都具备了高温高湿的环境条件和不稳定能量,一旦对流触发,就会产生强对流天气。

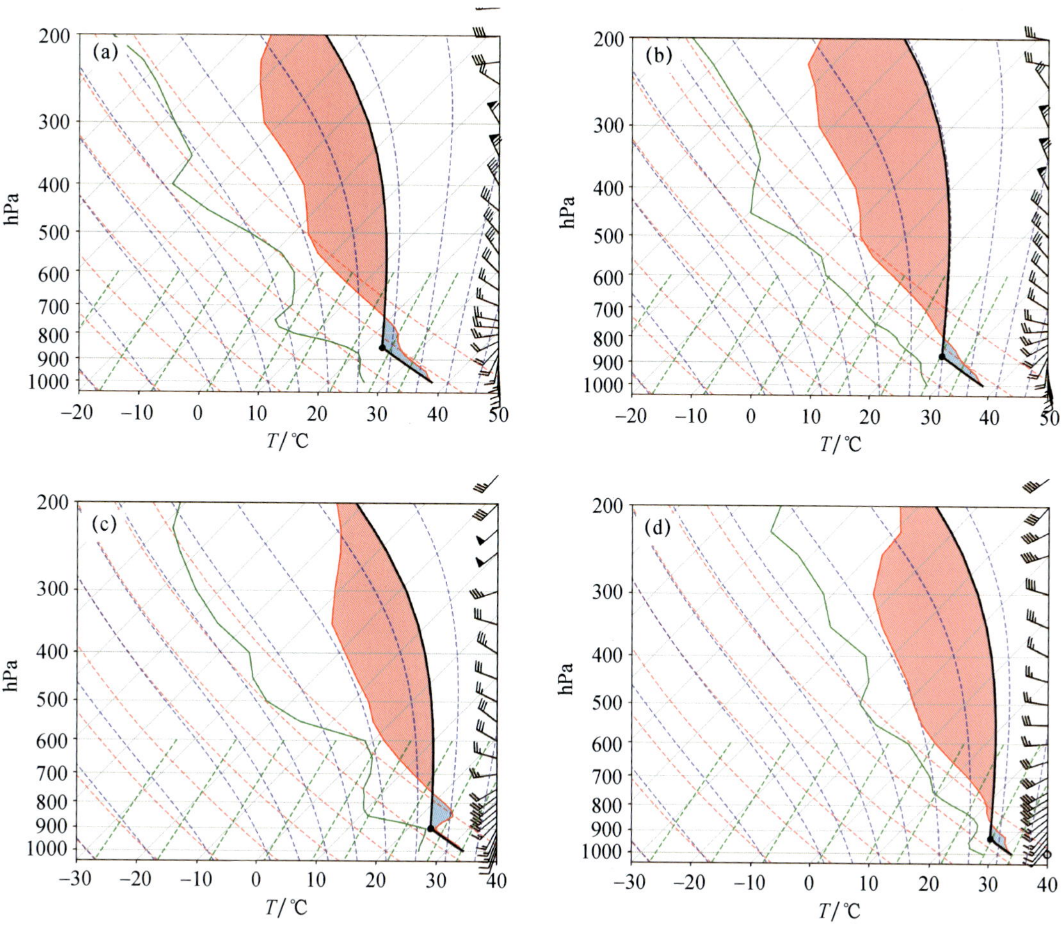

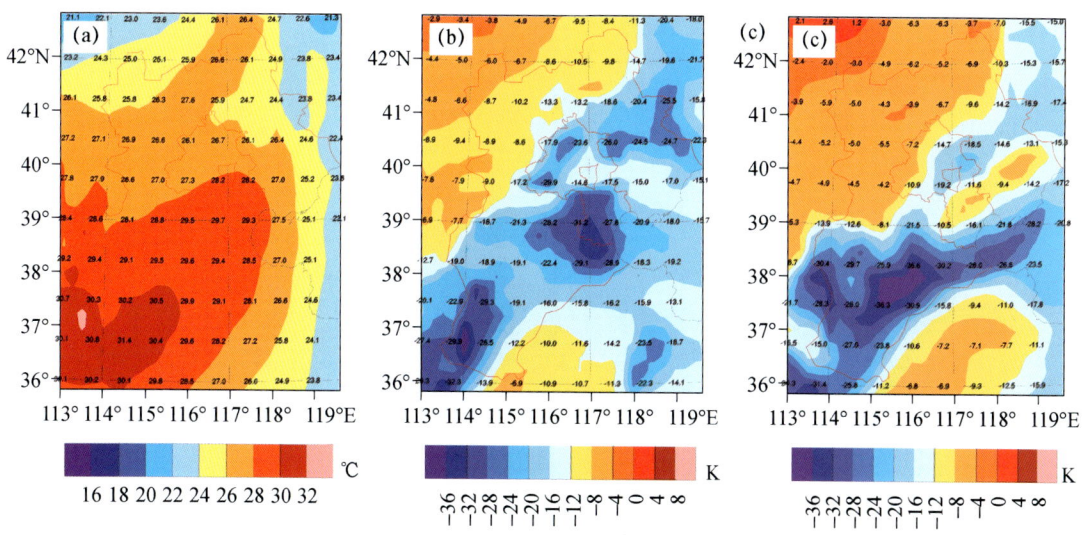

图 5 2021 年 7 月 31 日武安 14 时(a)、16 时(b)和沧州 14 时(c)、18 时(d) T-$\ln P$ 图
(绿色实线代表露点廓线;红色实线代表层结曲线;黑色实线代表状态廓线;红色区域代表 CAPE;
蓝色区域代表对流抑制能量)

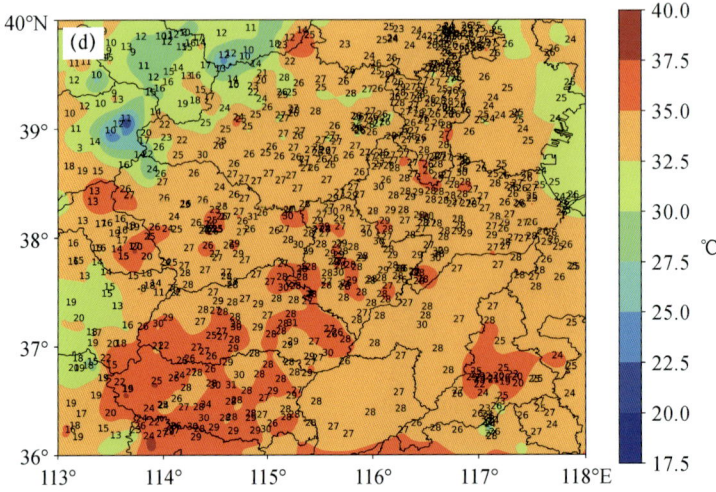

图 6　2021 年 7 月 31 日 15 时 500 hPa 与 850 hPa 的温差(a)及 16 时(b)、22 时(c)500 hPa 与 850 hPa 假相当位温差和 14 时地面加密自动站温度(填色)、露点温度(填值)(d)

2.4　垂直风切变分析

由成安(南部)风廓线雷达资料可见：7 月 31 日 15 时后，3 km 以下西南风显著加强，低层更加暖湿，不稳定层结进一步加强，0～6 km 深层垂直风切变逐渐加强到 20～24 m/s，0～3 km 垂直风切变为 8～12 m/s(图 7a)。由黄骅(东部)风廓线雷达资料可见：对流开始前(21—22 时)中高层 5～6 km 风速较小，为 8～14 m/s，0～6 km 垂直风切变为中等强度(12～16 m/s)，而中低层 0～3 km 垂直风切变明显增强到 12～20 m/s(图 7b)。强的深层垂直风切变更有利于风暴组织性加强，使风暴向着超级单体风暴发展，强的中低层垂直风切变有利于区域雷暴大风的产生。与王秀明等[1]关于飑线处在强低层切变环境中，飑线与环境的相互作用有利于强下沉气流的发展的论述一致。

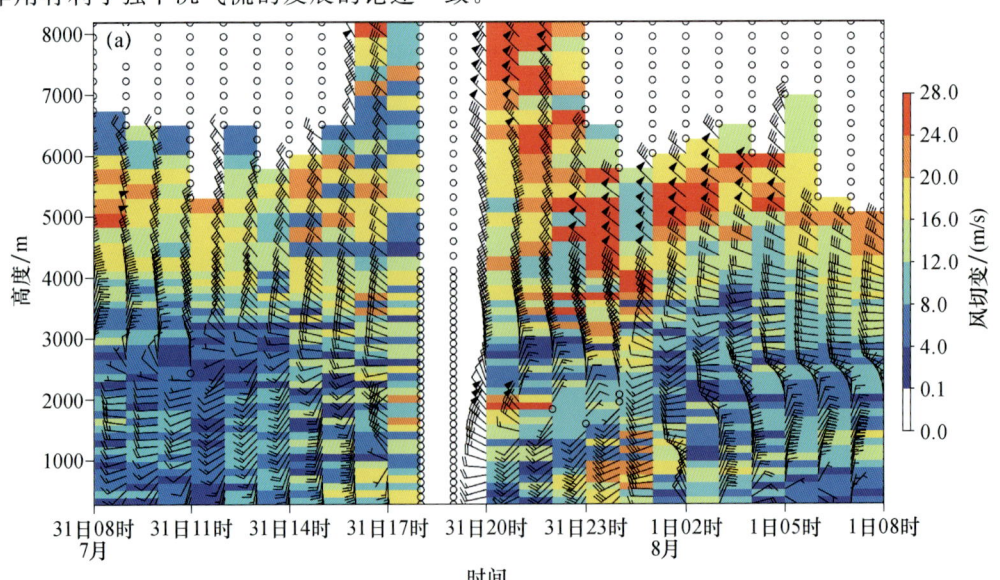

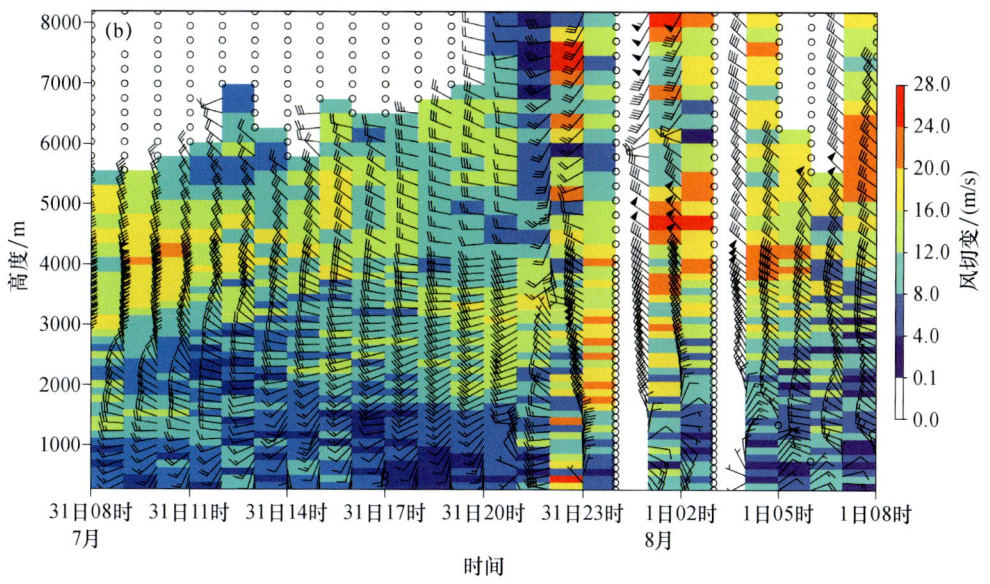

图 7　2021 年 7 月 31 日成安(a)、黄骅(b)风场和各层到地面的风速垂直切变(填色)

3　触发机制

850 hPa 上,河北中南部地区在 7 月 31 日下午到夜间先后受到切变线影响,配合有辐合中心(图 8a 和 8b),切变线是直接触发系统。由图 9 可见,15 时,邢台西部、邯郸由于海拔高度较高,受切变线影响,产生辐合上升运动,触发对流之后,受高空偏北风引导,向南发展传播。由沧州站的纬向垂直剖面图(图 8c)可知,7 月 31 日 19 时沧州上空从高到低层先后有切变线影响,中低层切变线辐合作用明显,增强低层上升运动,此时,近地层为高能区,随着扰动上升运动影响,地面辐合加强,触发东部地区对流。自动站风场(图 9)显示,19 时在石家庄南部到沧州西部附近生成一条新的地面辐合线,到 20 时沧州地区为明显的辐合中心,产生上升运动触

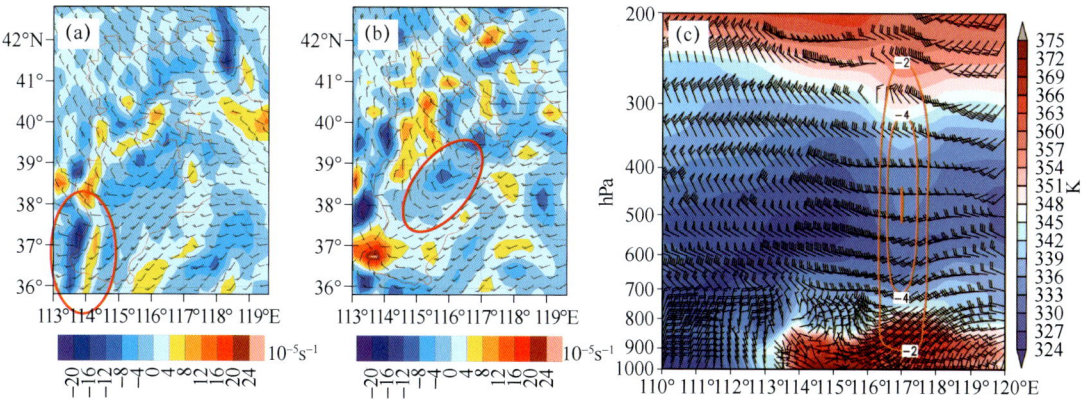

图 8　2021 年 7 月 31 日 15 时(a)、19 时(b)850 hPa 风场和散度场(填色)以及沧州地区 21 时风场和假相当位温垂直剖面图(c)

发对流。随着强对流天气的开始,对流风暴逐渐成熟产生强下沉气流,下沉气流伴随降水粒子的下降,使地面温度快速下降至 20 ℃左右,下沉气流向四周辐散,与周围的环境风进一步辐合,在高能区配合地面辐合上升运动进而又触发新的对流,形成雷暴单体。随着旧雷暴单体消亡,新单体生成发展,对流风暴快速向高能区呈辐散状传播发展。

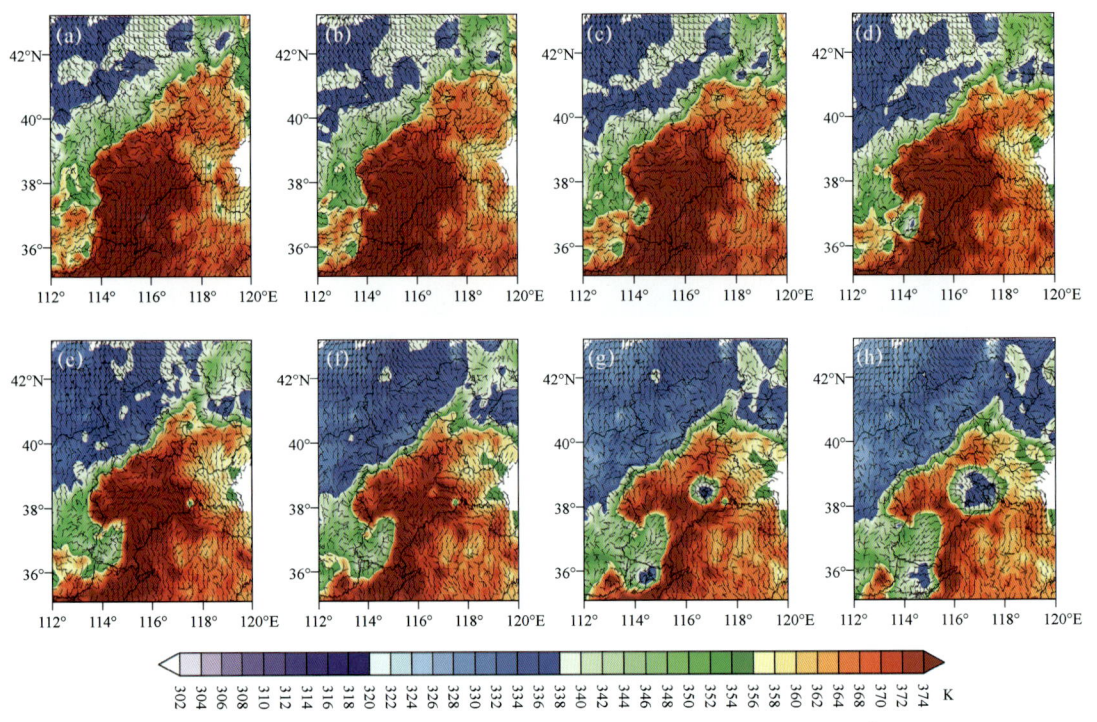

图 9　2021 年 7 月 31 日 15 时(a)、16 时(b)、17 时(c)、18 时(d)、19 时(e)、20 时(f)、21 时(g)、22 时(h)地面 10 m 风场和假相当位温填色图

4　中尺度对流系统演变特征与大风形成机理分析

4.1　南部地区超级单体风暴

由邯郸雷达 1.5°仰角反射率因子图(图 10)可见,14 时 36 分在邢台西部山区有雷暴单体 a 生成并逐渐向东南方向移动,15 时 36 分单体 b 在邢台西部生成逐渐与单体 a 合并,并向东南方向移动,16 时 18 分两个单体合并并逐渐向超级单体风暴发展。16 时 30 分强单体中心强度达 69 dBZ,风暴继续向南略偏东移动到邯郸,18 时 12 分超级单体风暴开始减弱,强回波中心和中气旋消失。超级单体风暴从发展到减弱消亡生命史为 2 h 左右。

由图 11 可见,16 时 30 分在低层 0.5°和 1.5°仰角反射率因子图的白色长方形标注位置均有钩状回波特征,在 6.0°仰角反射率因子上中高层出现有界弱回波区。距离雷达 62 km 左右,2.4°仰角反射率因子图上中气旋旋转速度达到 22 m/s(强中气旋),6.0°仰角反射率因子图上风向西北风入流速度−36 m/s,出流速度 13 m/s,所以旋转速度为 24.5 m/s(强中气旋)。

此风暴具有深厚持久的中气旋,可判定为超级单体风暴。

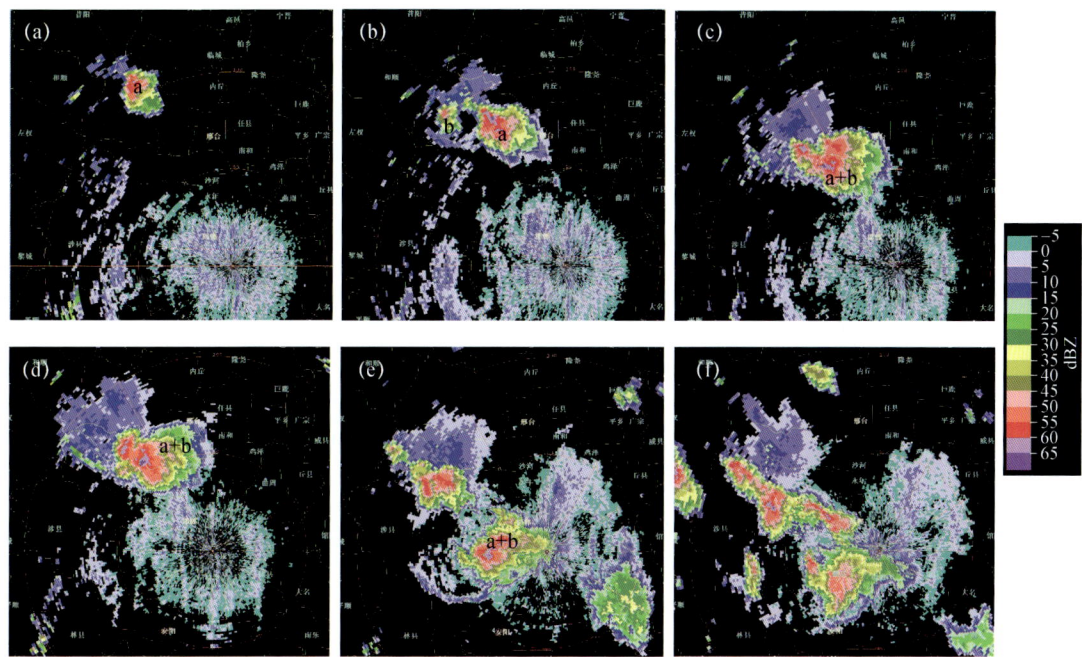

图10　2021年7月31日14时36分(a)、15时36分(b)、16时18分(c)、
16时30分(d)、17时48分(e)、18时12分(f)邯郸雷达1.5°仰角反射率因子图
(图中a和b为雷暴单体)

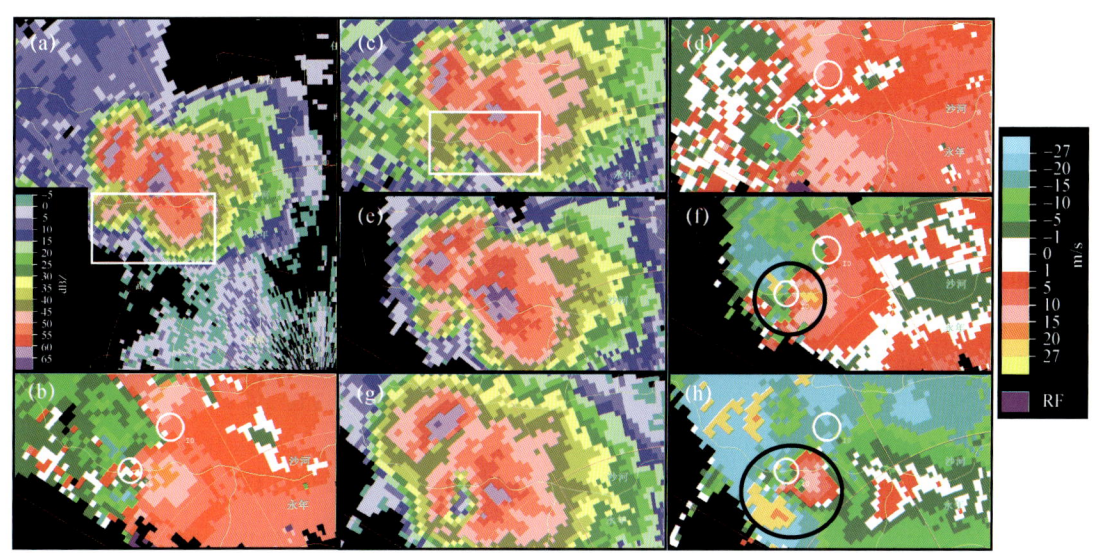

图11　2021年7月31日16时30分邯郸雷达0.5°(c)、1.5°(a)、2.4°(e)、6.0°(g)
仰角反射率因子和0.5°(d)、1.5°(b)、2.4°(f)、6.0°(h)仰角径向速度
(图中白色圆圈为雷达算法客观识别的中气旋,黑色圆圈为主观识别的中气旋,白色长方形为钩状回波特征位置)

由16时30分反射率因子垂直剖面图(图12)可见,超级单体风暴的伸展高度接近18 km,发展高度很高,质心高度偏高9 km左右,在6 km左右的有界弱回波表明中低层有强上升气

流,在中高层有强回波中心,回波悬垂特征明显。入流气流自其东南侧低空涌入单体内部,随后在内部转为垂直上升气流,急速旋转上升至风暴顶后向外辐散(图略)。南部地区雷暴大风的直接影响系统为超级单体,伴随着超级单体自北向南移动发展,出现了直线型大风。

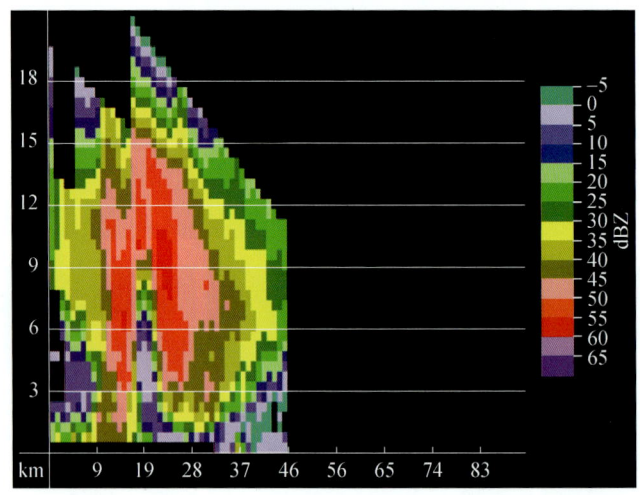

图 12　2021 年 7 月 31 日 16 时 30 分邯郸雷达反射率因子垂直剖面图

4.2　东部地区飑线

沧州雷达 1.5°仰角反射率因子变化图(图 13)显示,19 时 24 分在沧州的西北部有多个雷暴单体生成发展,20 时迅速发展成多单体线状风暴,其 40 dBZ 以上部分回波的长宽比约 4∶1,最大回波强度为 65 dBZ,东移南压的过程中强回波范围不断扩大。22 时风暴整体形态发展成弓形回波,强度在 40 dBZ 以上部分长约 250 km,宽约 40 km,长宽比约 6∶1,整体形态准连续,回波向东、向南继续发展。23 时风暴继续向东、向南发展,长宽比 10∶1,之后风暴组织性逐渐松散,到 00 时 30 分东侧的风暴强度减弱,大部分回波强度为 30～40 dBZ,强回波在 50 dBZ 左右范围很小。南侧衡水南部地区风暴组织性较好,继续南压发展。

由反射率因子剖面图可见(图 14a～14c),东部地区飑线的反射率因子强度以 45～60 dBZ 为主,局地 60 dBZ 以上,回波伸展高度为 13 km 左右。质心高度在 5 km 左右,低质心强降水回波,降水效率高,局地出现暴雨。0.5°仰角径向速度图(图略)上,20 时 30 分在沧州的西北侧 50 km 以内有一明显的辐散速度对,入流速度达到 −30 m/s,出流速度 24 m/s,为明显的下击暴流造成的辐散性大风。速度剖面图可见,4 km 左右存在明显的中层径向辐合(速度差 50 m/s),低层存在强的辐散出流(径向速度大值区 27 m/s)(图 14d～14f)。此飑线类型为前导型飑线,21 时到 21 时 30 分回波主体的前方不断有新雷暴单体生成。结合前文触发机制的分析可知,对流触发后,发展成强雷暴,产生强烈下沉气流和冷池,下沉气流到地面后迅速向四周辐散产生出流,辐散气流与环境风形成辐合区和能量锋区,新的对流风暴迅速在辐合区、能量锋区发展;风暴成熟后,随着冷池和下沉气流的增强,风暴逐渐消亡,随着后侧风暴不断成熟,质心下沉消亡,前侧不断有新的风暴单体发展,整个飑线迅速向高能区移动,产生大范围的雷暴大风。

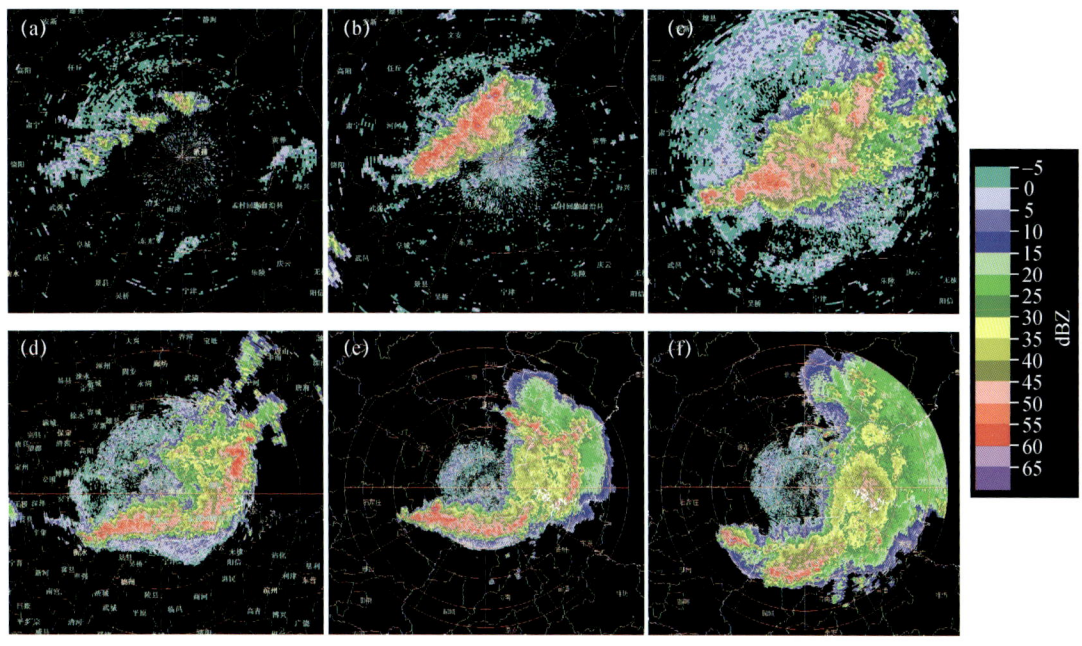

图 13 2021 年 7 月 31 日 19 时 24 分(a)、20 时(b)、21 时(c)、22 时(d)、23 时(e)、
8 月 1 日 00 时 30 分(f)沧州雷达 1.5°仰角反射率因子

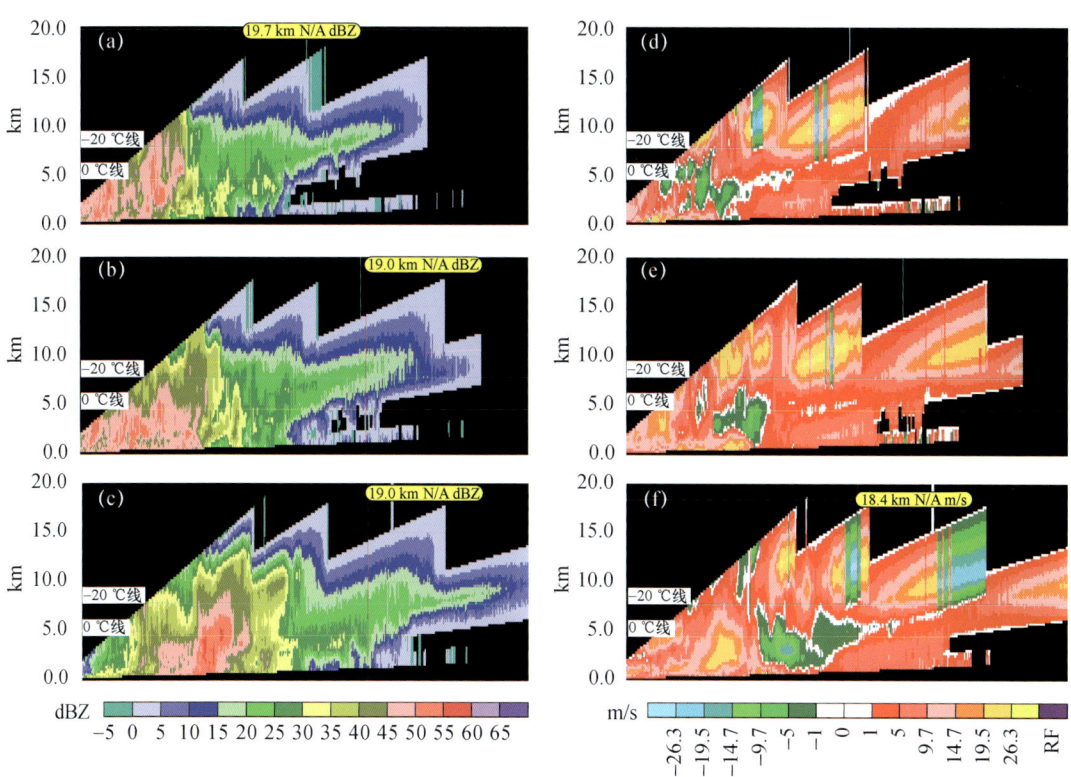

图 14 2021 年 7 月 31 日沧州雷达 21 时(a)、21 时 12 分(b)、21 时 30 分(c)反射率因子剖面图和 21 时(d)、
21 时 12 分(e)、21 时 30 分(f)径向速度剖面图
(RF 代表距离折叠的目标位置标记为紫色)

5 极端大风的可预报性及偏差分析

5.1 CMA-BJ 模式预报偏差分析

从中国气象局北京快速更新循环数值预报系统(CMA-BJ)不同起报时刻的组合反射率预报场(图15)可见,模式08时、10时、14时三个起报时次均预报对流风暴从保定的西部山区生

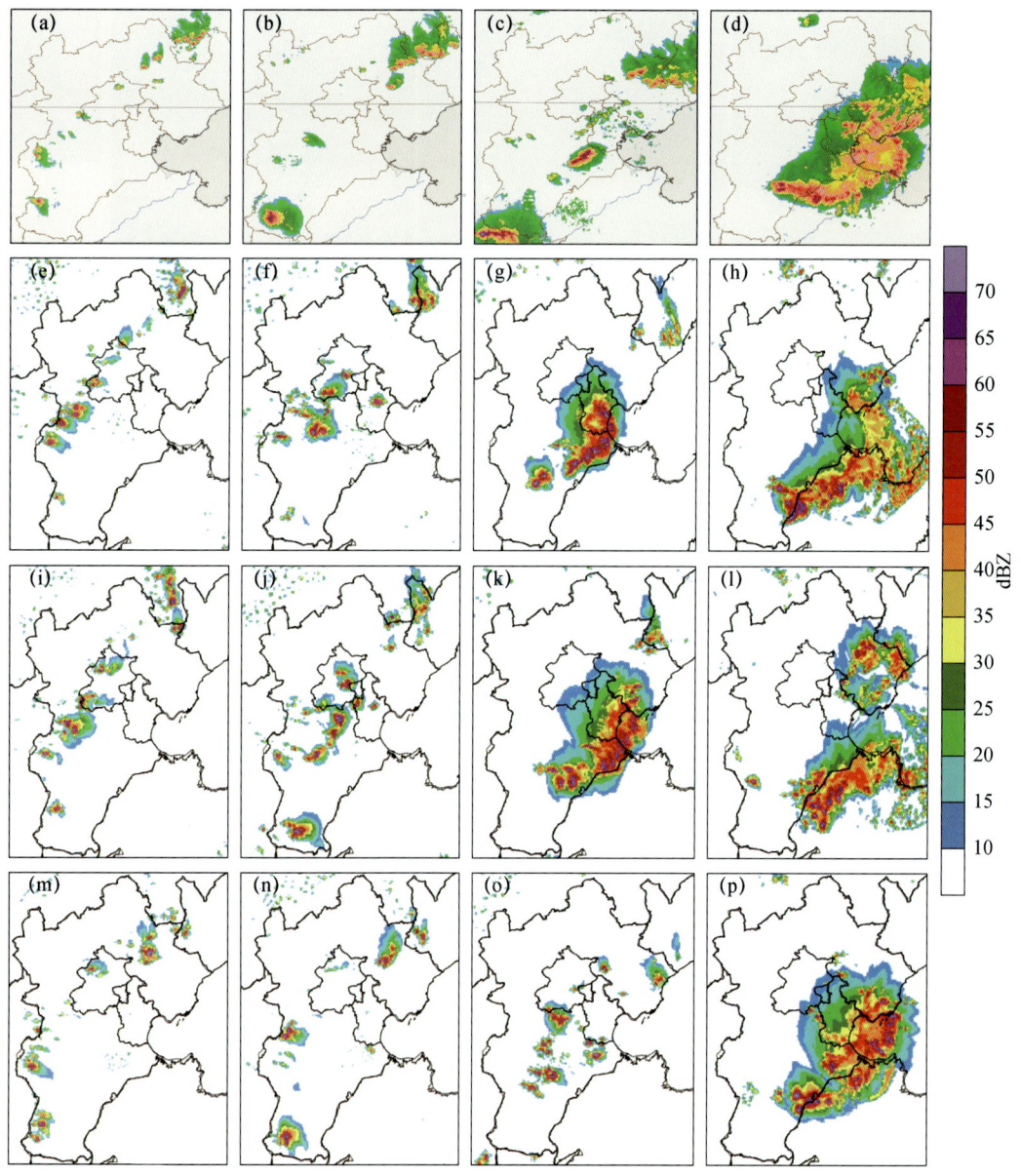

图15 2021年7月31日15时(a)、17时(b)、20时(c)及8月1日00时(d)组合反射率实况和 CMA-BJ 模式08时起报的2021年7月31日15时(e)、17时(f)、20时(g)及8月1日00时(h),10时起报的2021年7月31日15时(i)、17时(j)、20时(k)及8月1日00时(l),14起报的2021年7月31日15时(m)、17时(n)、20时(o)及8月1日00时(p)的组合反射率

成,并不断东移发展,在河北东部地区加强为飑线。实况则是保定西部山区的对流风暴生成后,下山快速减弱消亡,20时前后在沧州地区局地新起对流风暴,发展加强成飑线。CMA-BJ模式对强对流的触发地点和对流风暴生消预报存在一定偏差,但模式对东部地区风暴回波加强发展成飑线过程预报较好。对南部地区的预报,模式存在预报调整,08时预报河北南部地区15时左右有对流风暴生成,随后减弱消亡,但从10时开始,模式预报南部地区回波下山后继续加强向东南方向发展,随着时间的临近,预报效果变好。

CMA-BJ模式10时起报的17时和20时的地面10 m阵风预报产品对河北南部和东部地区区域性大风预报较为准确,区域大风范围和阵风强度预报均较为准确,以后预报中可以对阵风产品多加关注(图16)。

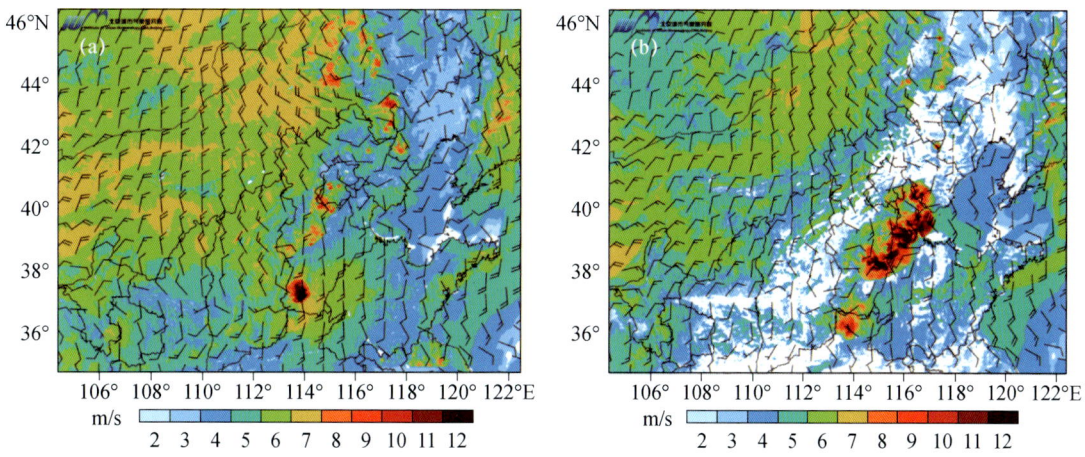

图16 2021年7月31日CMA-BJ模式10时起报的17时(a)和20时(b)的地面10 m阵风预报产品

5.2 极端大风的预报能力和难点分析

随着中尺度模式的不断发展,对于此类天气系统明显的强对流过程,大部分中尺度模式都有一定反映,阵风产品预报出10级以上大风,能够为预报员的短临预报预警提供一定参考,但中尺度模式对强对流的触发位置以及对流风暴生消预报仍存在一定偏差,且不同起报时次的预报稳定性较差,给预报员做出正确的判断增加了难度。对极端雷暴大风的预报难点在于对流触发前在熟悉雷暴大风概念模型的基础上对中尺度模式不同起报时次的预报产品进行挑选,同时做好监测,随时根据实况修正模式预报结果并及时发布或更新预报预警产品。

6 总结与讨论

通过分析,得到结论如下。

(1)此次过程是一次低层切变线快速东移带来的强对流天气过程,前倾槽的垂直结构有利于上干冷下暖湿的不稳定层结和对流不稳定的建立。同一系统影响下,河北南部和东部地区的雷暴大风分布特征不同,南部地区出现在7月31日下午,自北向南先后出现偏北大风;东部地区出现在31日前半夜,以沧州为中心向北、东、南三个方向辐散状发展。

(2)对比南部和东部地区的环境条件可知,南部地区具有更强的不稳定能量、对流不稳定层结以及较强的深层垂直风切变,有利于超级单体风暴的形成发展;东部地区也具有良好的不稳定层结条件,但其深层垂直风切变较南部地区弱,而低层垂直风切变较强,且湿层较南部地区略深厚,更倾向于形成飑线。

(3)两地对流的触发机制有所不同,虽然都跟低层的切变线有关,南部地区由于海拔较高,初始对流由切变线直接触发,后在中层急流引导下,向南快速移动发展;东部地区当切变线经过时有所加强,带来上升运动,此时近地层处于高能区,上升运动促进了近地层的辐合,地面辐合中心直接触发了不稳定能量,而后对流向高能区快速传播,形成辐散型大风。

(4)南部地区的雷暴大风是由超级单体风暴的强下沉气流造成,东部地区大范围辐散状雷暴大风是由下击暴流和前导型飑线影响下造成。

(5)中尺度模式对强天气系统强迫下的对流过程有一定预报能力,东部的飑线过程被预报出来,临近时次预报出了南部强风暴,但模式对于对流的触发位置和风暴生消仍有一定偏差,且不同起报时次预报稳定性较差,预报员如何参考模式以及实况做出准确的预报预警是难点所在。

参考文献

[1] 王秀明,俞小鼎,周小刚,等."6·3"区域致灾雷暴大风形成及维持原因分析[J].高原气象,2012,31(2):504-514.

[2] 俞小鼎,周小刚,王秀明.雷暴与强对流临近天气预报技术进展[J].气象学报,2012,70(3):311-337.

[3] 孙继松,陶祖钰.强对流天气分析与预报中的若干基本问题[J].气象,2012,38(2):164-173.

[4] 陈涛,代刊,张芳华.一次华北飑线天气过程中环境条件与对流发展机制研究[J].气象,2013,39(8):945-954.

[5] 雷蕾,孙继松,陈明轩,等.北京地区一次飑线的组织化过程及热动力结构特征[J].大气科学,2021,45(2):287-299.

[6] 盛杰,郑永光,沈新勇.华北两类产生极端强天气的线状对流系统分布特征与环境条件[J].气象学报,2020,78(6):877-898.

四、寒潮

2021年11月4—9日中东部寒潮雨雪特征及成因分析*

孟庆涛[1]　张　峰[1]　黄玉霞[2]　张桂莲[3]　张桂华[4]　云　天[5]

(1 国家气象中心,北京,100081;2 兰州中心气象台,兰州,730020;
3 内蒙古自治区气象台(局),呼和浩特,010051;4 黑龙江省气象台,哈尔滨,150030;
5 吉林省气象台,长春,130062)

摘要:利用常规观测及ERA5资料,对2021年11月4—9日我国中东部大范围寒潮雨雪天气过程进行分析,发现:此次寒潮过程中有112个国家级气象观测站日降水量以及172个国家级气象观测站日最低气温达到或突破11月(上旬)历史极值;东北地区出现极端强降雪并伴有深厚积雪及冻雨灾害。异常强盛的水汽辐合和持续深厚的上升运动是东北地区极端强降雪主要原因,对流层低层逆温导致东北地区降水相态复杂,并出现冻雨。地面冷高压强度异常偏强且对西北地区影响时间长,造成多地低温破极值;地面冷高压前部气压梯度大、冷平流强、叠加变压风、动量下传和地形等作用共同造成北方大风。中短期预报对该过程主要雨雪和降温大风预报效果较好,但对过程降温及降雪极端性预报偏弱,对北方雨转雪预报偏慢。集合模式极端性预报对强降雪及降温大风提示性均较好。

关键词:寒潮,大风,暴雪,强降水,极端性,冻雨,相态转换

引言

2021年11月4—9日,我国大部地区遭遇特强寒潮过程,此次寒潮影响范围覆盖全国80%以上国土,东北地区降雪量及积雪深度远超历史同期,出现极端暴雪、大风、强降温、冻雨以及道路结冰、电线覆冰等多种灾害。中央气象台及北方多个省(区、市)气象台普遍发布2021年首次暴雪红色预警信号并持续数期,中国气象局及相关省(区、市)全部启动寒潮应急响应,各级气象部门通过新媒体及时对降温暴雪可能带来的灾害进行防御科普,并对部委、地方部门在农业和交通等方面的决策服务提供支持。此次寒潮先后造成北方多地温室及养殖棚舍和农作物牲畜遭受冻害,高速公路封闭,郑州和鞍山城区交通中断甚至瘫痪,大连船只停航及港口关闭,黑龙江及河南供电设备故障,影响面积超过770万平方千米,仅黑龙江各项直接

---

* 其他贡献作者:罗琪[1]　任宏昌[1]　胡艺[1]　张芳华[1]　杨舒楠[1]　郭云谦[1]　宫宇[1]　周宁芳[1]　杨珺[1]　黄威[1]　徐成鹏[1]　赵威[1]　尹姗[1]　刘璐[1]　沙宏娥[2]　马莉[2]　周子涵[2]　石霞[2]　刘海波[2]　黄晓璐[2]　韩理[3]　霍志丽[3]　杭月荷[3]　孟莹莹[4]　任丽[4]　邵美荣[4]　孙琪[4]　齐铎[4]　韩冰[4]　赵广娜[4]　王晓雪[5]　王宁[5]　刘海峰[5]　纪玲玲[5]　王琪[5]　秦玉琳[5]。

经济损失就超过900万元。

相比历年寒潮[1,2],此次过程相态复杂,部分站点雨、雪、冻雨反复转换;降雪量和积雪深度极端性突出,个别站点降雪量超过80 mm,积雪深度接近1 m。中央气象台及相关省(区、市)气象台对相态转化精确时间预报仍有偏差,同时对降雪和积雪深度的量级极端性预估不足。本文利用全国格点降水(雪)分析资料、地面和高空常规观测、欧洲第五代再分析(ERA5)资料和智能网格预报数据对过程进行总结,期望分析预报难点和偏差原因,为以后寒潮雨雪预报提供经验借鉴。

1 实况特征

1.1 降温大风剧烈、多站最低气温突破历史同期极值

11月4—9日,我国中东部大部地区最低气温降幅达到10～14 ℃,强降温中心降幅超过16 ℃(甘肃省定西市安定区过程降温达20.6 ℃)(图1a和图1d),北方地区日最高气温降幅显著,南方地区日最低气温降幅更加明显,共有172个国家气象观测站日最低气温达到或突破11月上旬历史极值(图1b,甘肃省武威站较历史同期最低气温偏低7.6 ℃)。

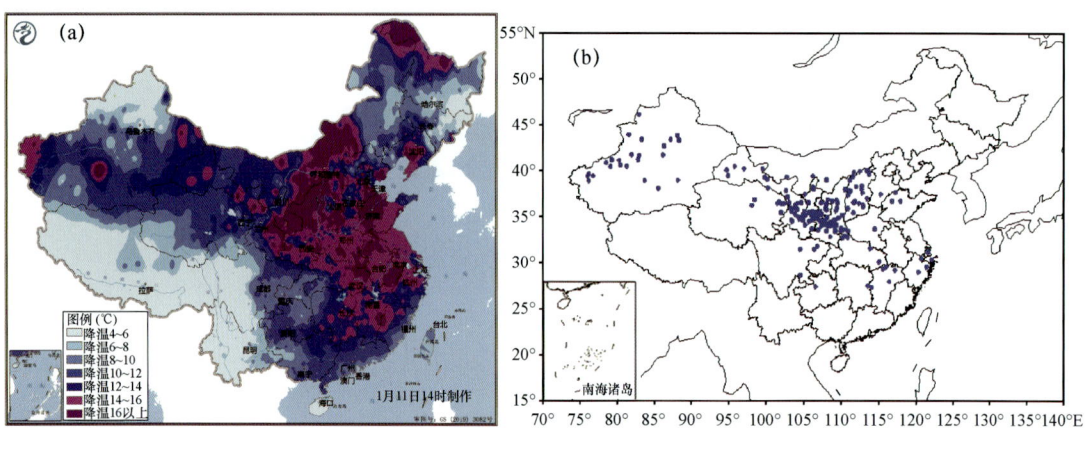

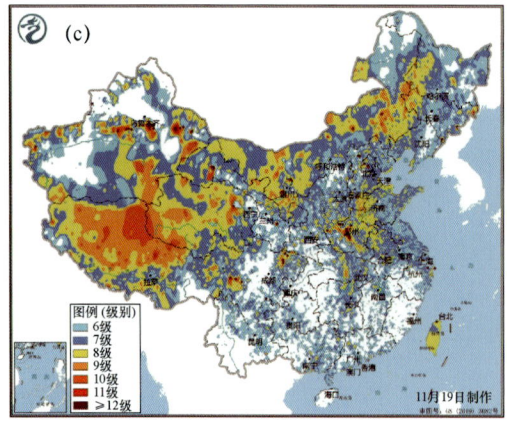

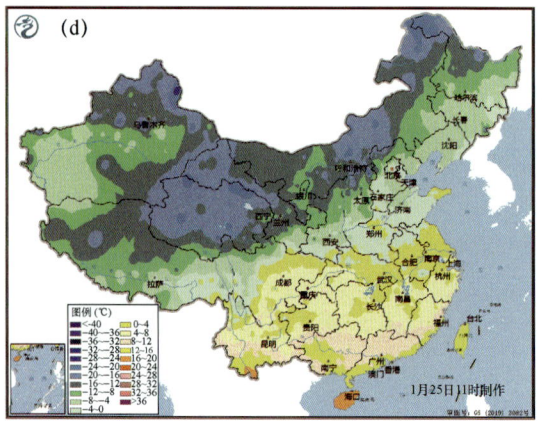

图1 (a)11月4—9日过程最低气温最大降温幅度实况(填色,单位:℃);(b)达到或突破11月上旬历史极值的站点;(c)过程极大风实况(填色,单位:级);(d)过程最低气温实况(填色,单位:℃)

此外,中东部大部出现6~8级阵风,部分地区9~10级,河南中部局地阵风达11~12级,平顶山卫东山顶公园风速39.2 m/s(13级)(图1c)。11月6日冷空气大风范围及强度达到鼎盛。8日内蒙古东部和东北地区西部出现较强的气旋性大风。

1.2 雨雪(积雪)范围广、时间长、相态复杂、强度大且多站突破历史同期极值

11月5—8日,北方大部分地区出现雨雪,范围达到入冬以来最大值(图2a)。西北地区东部至华北地区6—7日自西向东先后由雨转雪,东北地区7—8日经历雪转(冻)雨或雨夹雪,之后再转雪,沈阳、长春和哈尔滨均出现冻雨,哈尔滨和尚志等地冻雨灾害历史罕见(尚志站电线积冰直径达23.2 mm,哈尔滨市区为15 mm)。6—7日,南方普遍出现中雨以上量级降水,黄淮、江汉、江淮、江南大部大雨,局地暴雨或大暴雨(图2a)。

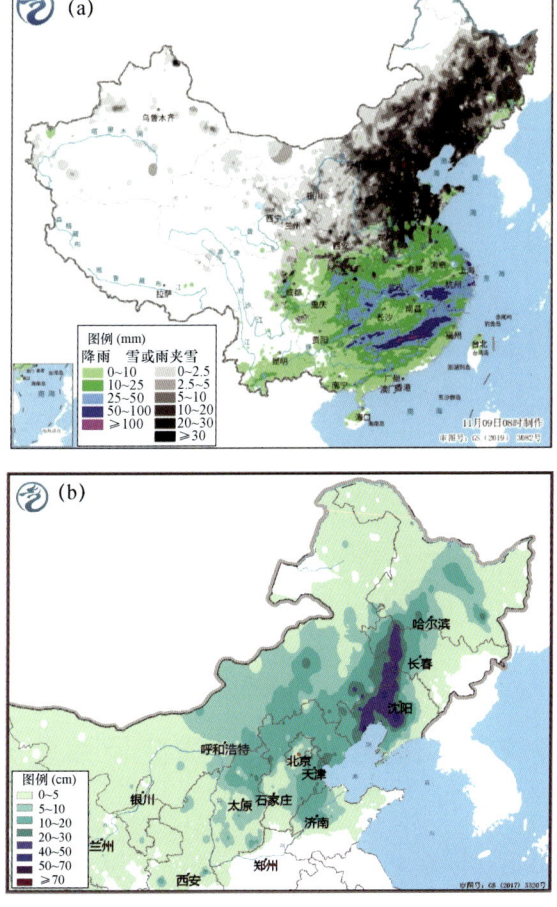

图2 (a)11月5—8日全国累积降水降雪区分等级填色图(单位:mm);
(b)11月5—8日过程最大积雪深度图(单位:cm)

华北及东北地区普遍出现大到暴雪,大部地区降水量为10~25 mm/24 h,新增积雪深度为10~30 cm,华北中南部、黄淮北部、东北地区南部等地大部出现大暴雪或特大暴雪,积雪深度为40~50 cm(图2b),北方地区112个国家气象站日降水量突破11月历史极值。东北地区

南部和西部部分地区强降雪持续 2 天左右,局地降水量超过 50 mm/24 h,内蒙古东南部和辽宁中西部数站突破 80 mm/24 h,通辽市科尔沁区 86.8 mm/24 h,积雪深度 60 cm;通辽站、鞍山站强降雪持续分别超过 66 h 和 36 h(图 3),过程降水量超过历史同期降水量 1 倍,通辽站 7—8 日连续两天降水量均超过历史同期 1 倍。

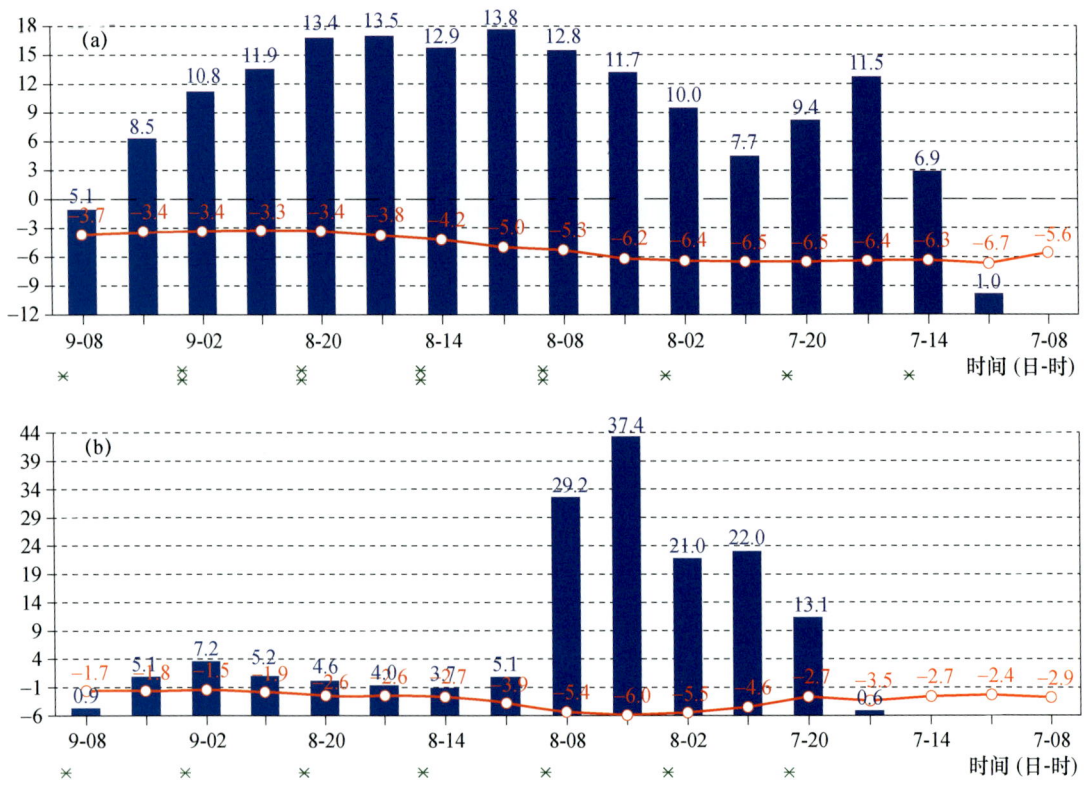

图 3　11 月 7 日 08 时—9 日 08 时内蒙古通辽(a)和辽宁鞍山(b)逐 3 h 地面要素序列图
(蓝色柱为 3 h 降水量,单位:mm;红色线为地面观测气温,单位:℃;横坐标下绿色符号为观测时刻地面天气现象)

2　暴雪、强降温大风成因及预报偏差分析

2.1　环流形势特征和主要天气系统演变及偏差分析

此次中东部大范围雨雪过程环流形势呈现典型的寒潮天气形势[1,2]。11 月 5 日前,欧亚中高纬地区为"两脊一槽"环流形势(图 4a),乌拉尔山高压脊前偏北气流引导异常偏强的西伯利亚地面冷高压东移南下。11 月 5 日,冷空气爆发,中东部地区出现大风降温及雨雪天气。11 月 7 日后中东部西风槽前部地面气旋生成,向东北方向移动(图 4b),经渤海、黄海后强度增强,给东北地区带来极端强降雪和冻雨。

欧洲中期天气预报中心(ECMWF)、中国气象局全球同化预报系统(CMA-GFS)和美国国家环境预报中心(NCEP)等主流模式提前 2～3 天对西北地区东部至华北的冷高压主体强度预报偏弱,对华北西部和北部冷高压前缘位置预报偏西偏北,主要降雪时段开始的11月6日08时最新时刻强度和位置预报虽有改进,但冷空气主体强度预报仍偏弱,在华北北部移速预报偏慢(图5)。

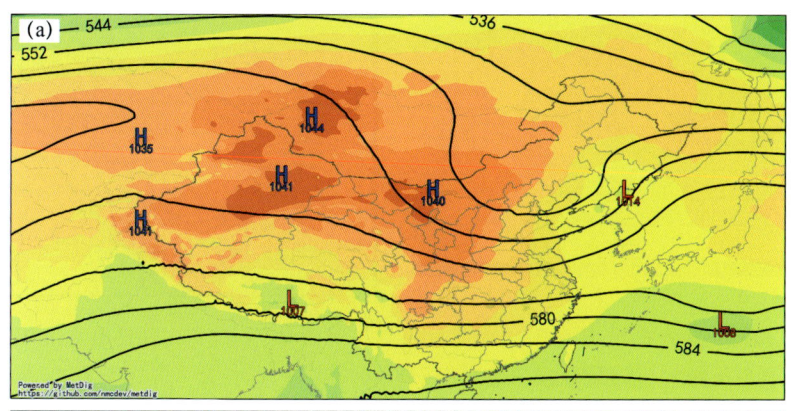

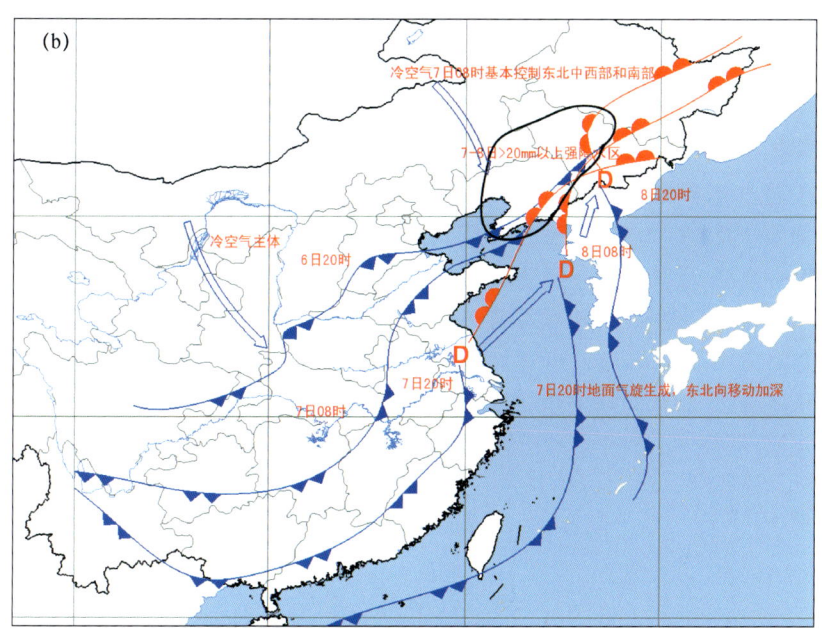

图4 ERA5资料11月6日20时—8日20时东亚500 hPa平均高度场(等值线,单位:dagpm)和海平面平均气压场(填色阴影,单位:hPa)(a)及地面天气系统演变图(b)

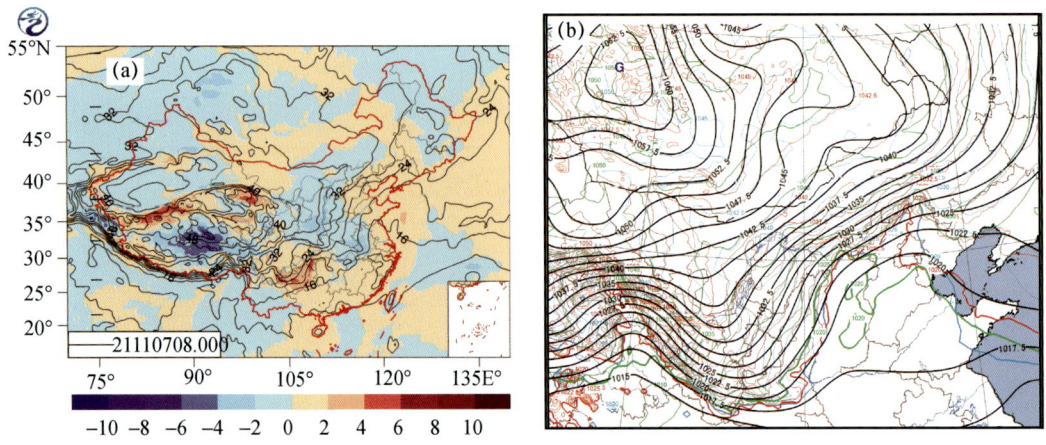

图 5 CMA-GFS 模式 11 月 6 日 08 时起报的 24 h 时效海平面气压场预报偏差(a)及各模式 6 日 08 时的海平面气压场 24 h 时效预报场与实况(黑色)对比(b,红色为 ECMWF 模式;绿色为 CMA-GFS 模式;蓝色为 NCEP 模式)(单位:hPa)

2.2 雨雪相态转化、冻雨及强降雪成因及偏差分析

2.2.1 雨雪相态转化及冻雨成因及偏差分析

受冷空气侵入影响,华北地区在 11 月 6 日 20 时近地面气温为 0 ℃以下,但 925 hPa 以上仍在 0 ℃以上,华北大部以雨夹雪为主。7 日 08 时,近地面整层气温转为 0 ℃以下,华北大部转为纯雪[3-5]。雨雪前沿与地面 0 ℃线对应较好(图 6)。6 日前主流模式一致持续性预报华北北部冷高压移速偏慢,受其影响,国、省两级主观预报 6—7 日在华北中南部、黄淮北部雨转雨夹雪或雪的时间较实况偏晚,造成纯雪量及积雪深度预报均偏小,临近预报虽有改进,但仍偏慢。以北京为例,6 日 17 时以后,近地层气温转 0 ℃以下,18 时雨转雨夹雪,21 时转雪,主流模式最新时刻预报 23 时才转雨夹雪,7 日 02 时转雪,较实况延迟 5～7 h(图 7)。

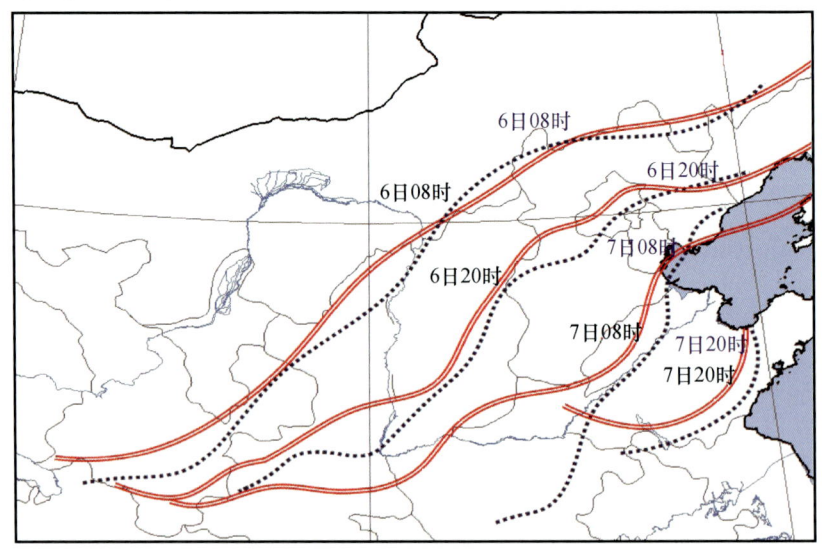

图 6 2021 年 11 月 6—7 日地面雨雪分界线(红色双线)和地面气温 0 ℃线(蓝色虚线)演变

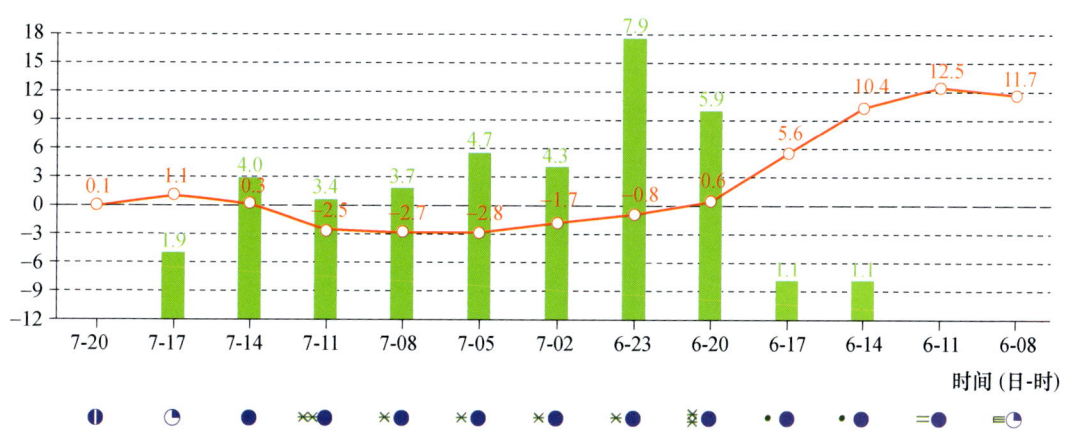

图 7　北京 6—7 日逐 3 h 地面要素序列图

(绿色柱为 3 h 降水量,单位:mm;红色线为地面观测气温,单位:℃;横坐标下绿色符号
为观测时刻地面天气现象,圆圈为观测时刻总云量)

东北地区 11 月 6 日开始低空逐步受冷空气控制,以雪为主;7 日夜间后,受低涡及地面气旋北上引导,对流层低层 850 hPa 附近出现明显增强的暖湿气流,东北地区中东部出现明显对流层低层逆温(图 8),吉林和黑龙江东部 850 hPa 与地面逆温可超过 4 ℃。以哈尔滨为例,6 日 00 时—7 日 20 时,哈尔滨对流层低层整层气温均在 0 ℃ 以下;8 日 08 时以后,哈尔滨 925 hPa 以下气温在 0 ℃ 以下,925~750 hPa 出现 2 ℃ 以上较深厚融化层,融化层以上雪水比高,逐步转为冻雨;8 日 14 时以后,对流层低层整层气温再次转 0 ℃ 以下,冻雨逐渐转为雪(图 9)。

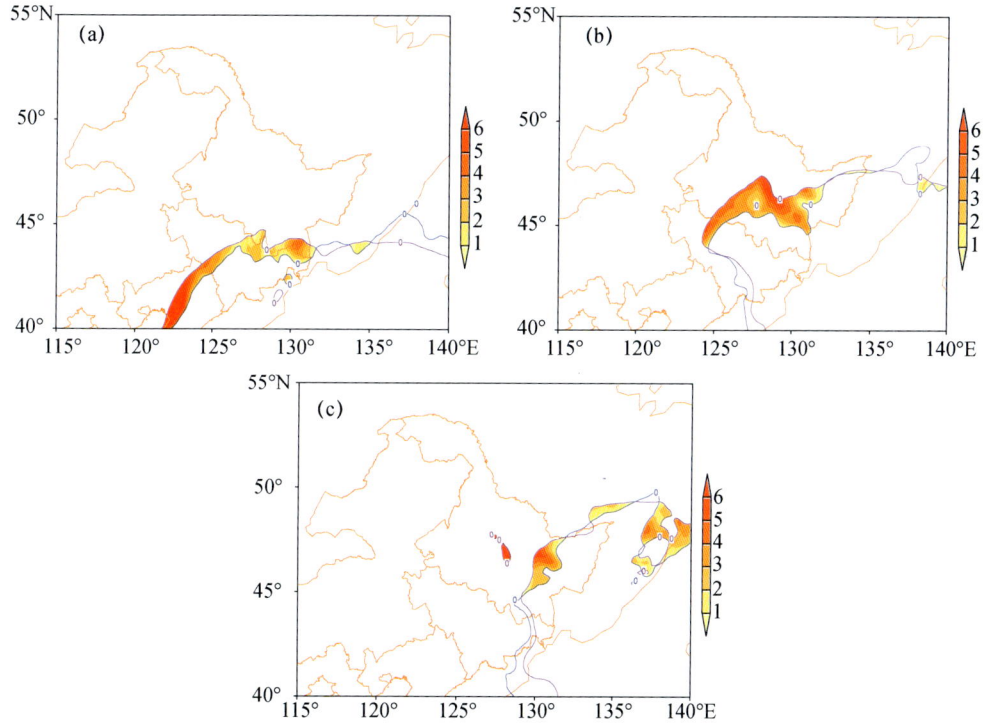

图 8　2021 年 11 月 7—8 日多层温度特征值(填色,单位:℃)

(a)7 日 20 时;(b)8 日 14 时;(c)8 日 20 时

(蓝实线为 925 hPa 高空 0 ℃ 线,紫实线为 850 hPa 高空 0 ℃ 线)

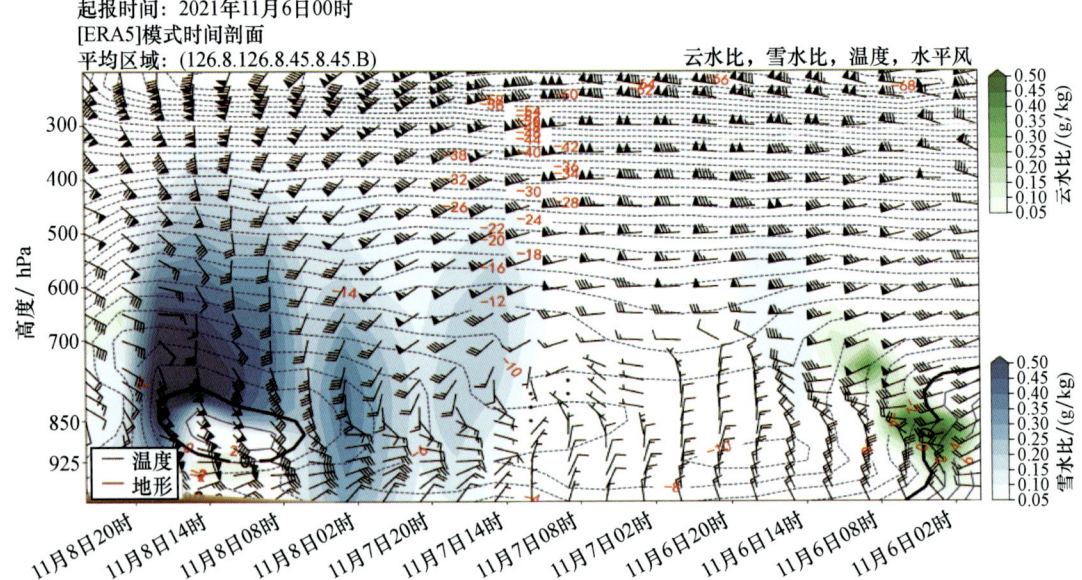

图 9 ERA5 资料哈尔滨 11 月 6—8 日垂直剖面(等值线为温度,单位:℃;蓝色阴影为雪水比,单位: g/kg;绿色阴影为云水比,单位:g/kg;风羽为水平风)

大范围雨雪相态转化中是否出现冻雨天气仍是目前的预报难点,冻雨预报准确率较低。在相对湿度接近饱和的近地层大气中是否出现自上而下的冷—暖—冷的温度层结是冻雨出现的关键点[4,6],暖层和近地冰冻层的厚度分布直接影响冻雨的强度和持续时间,依据主流模式预报对冻雨形成条件及直接预报结果,国、省两级预报员在天气会商和决策服务材料中均预见到东北地区将出现冻雨天气。但受制于大气垂直层结预报和探空实况观测精细度和准确度制约,冻雨精细化预报能力仍比较薄弱,尤其是定量化冻雨预报,在对公众预报服务(定量降水预报和天气公报)中未能明确预报冻雨,仅在实况出现冻雨后进行订正预报和相关冻雨灾害决策服务。

2.2.2 极端性强降雪成因及预报偏差分析

2.2.2.1 水汽异常强盛

11 月 7—8 日,东北地区受低涡前部强盛的偏南和东南气流影响,同时,20°N 以北的西北太平洋低空热带扰动加强了偏南和东南气流,偏南和东南气流先后引导来自渤海、黄海以及日本海的水汽影响东北地区。7 日 20 时,850 hPa 水汽通量从东海直达东北地区南部,强度为 10~20 g/(cm·hPa·s),整层水汽通量异常偏强,距平达 2 倍标准差(2σ)以上;内蒙古东南部、辽宁中西部、吉林西部、黑龙江等地湿层深厚,7 日 20 时 850 hPa 比湿最大达到 5~6 g/kg,远超当地暴雪的比湿阈值,为极端强降雪提供了极为有利的水汽条件[7,8](图 10)。

2.2.2.2 深厚动力抬升强烈

11 月 7—8 日,东北地区 200 hPa 高空上维持强的急流辐散,高空抽吸作用明显,500 hPa 对流层中层低涡前有明显的涡度平流引导,850 hPa 低涡加深发展,低空辐合旺盛,925 hPa 至地面形成强烈的位温线密集的锋生区(图 13a),偏北冷空气与偏南暖湿气流汇合。高低空动力耦合形成对流层低层辐合和高空辐散的深厚垂直上升运动区[7,8],7 日 20 时垂直上升速度强度在 500 hPa 为 1~3 Pa/s,对流层中低层整体上为强降雪的出现提供了较强的大尺度垂直动力抬升强迫(图 11a)。内蒙古东南部赤峰站低层有东北风,中高层有西南急流维持,径向速度特征很好地反映出西南暖湿急流在冷垫上爬升的天气尺度动力特征(图11b),对暴雪实时预报预警有较好的指示意义。

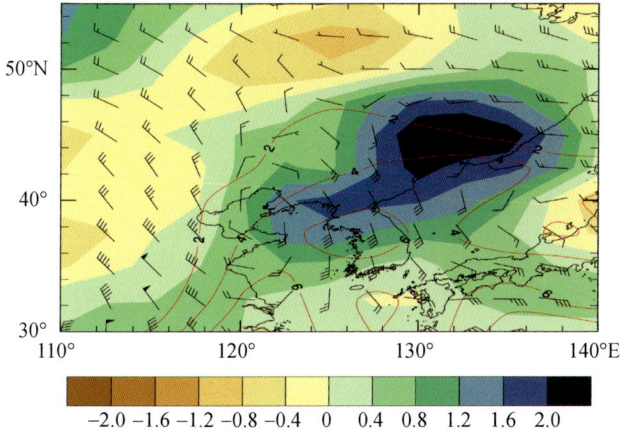

图10 11月7—8日平均整层水汽通量(阴影,单位:g/(cm·hPa·s)),
7日20时850 hPa风场和比湿(等值线,单位:g/kg)

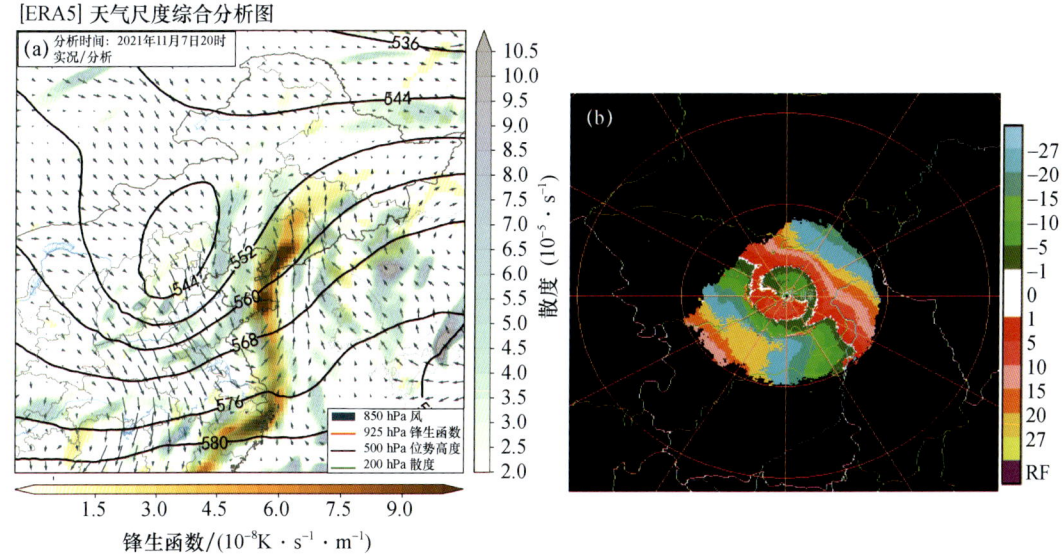

图11 (a)ERA5资料11月7日20时200 hPa散度场(褐色阴影,单位:10^{-5}/s)、500 hPa位势高度(等值线,单位:dagpm)、850 hPa风场(箭头,单位:m/s)和925 hPa锋生函数(黄色阴影,单位:10^{-8}K·s^{-1}·m^{-1});
(b)6日07时52分赤峰市多普勒天气雷达基本径向速度图(单位:m/s)

2.2.2.3 影响系统移动缓慢

11月7—8日,500 hPa高度平均场上西北太平洋副热带高压北侧588位势什米线稳定在南海北部,日本海至东北地区维持高压脊(图4a)。华北至东北地区高度场上呈现负距平,西风槽前地面气旋向东北地区移动时受稳定的日本海高压坝阻挡,低涡和气旋在东北地区移动缓慢,从6日20时至8日20时影响时间超过48 h(图4b),造成东北地区西部和南部降雪持续时间较长,部分地区降雪时长达到60 h。

2.2.2.4 强降水以降雪为主

东北地区在 11 月 7 日 08 时后地面大部分地区已经受冷高压控制,强降水分布在内蒙古东南部至辽宁中西部和吉林西部地区,从内蒙古东南部和辽宁中西部的温度垂直环流剖面分析,强降水发生中心区域对流层整层气温基本均在 0 ℃以下,相态以雪为主。

此外,此过程还伴有弱的对流不稳定和对称不稳定,局地出现了弱雷电,对降雪强度增强有一定的作用。

2.2.2.5 强降雪预报偏差分析

对北方地区 10 mm 以上的雨雪落区,主流数值模式提前 24～72 h 预报效果好,中央气象台主观预报降水 TS 评分相对模式有所提高,11 月 6 日 10 mm 以上降水量 TS 评分 0.62。

对北方极端性强降雪,ECMWF 等主流集合预报 EFI(极端天气预报指数)值稳定性好,临近时效在华北北部至东北地区西部接近 1,对降雪超历史同期的极端性趋势预报效果良好,但对最强降雪中心降雪量的极端性仍然预估不足,导致国、省两级主观预报降雪最大值均相对实况偏弱。

2.3 强降温和极端大风成因及预报偏差分析

2.3.1 冷高压异常偏强、降温影响时间长、南北方降温幅度存在差异原因分析

11 月 2—4 日,乌拉尔山高压脊发展增强,脊前偏北气流引导极地冷空气在西伯利亚地区的横槽内积累加强。5 日,西伯利亚高压强度指数存在显著异常,较历史平均值明显偏高 2σ 以上,6—8 日地面冷高压平均强度较历史同期偏高 2.4 hPa 以上。

冷空气前期移动缓慢,在西北地区盘踞时间较长使得西北地区气温长时间持续下降是造成中西部多地最低气温破同期历史极值的重要原因。

受寒潮影响之前,北方大部地区日最高气温偏高,11 月 5—6 日受冷空气影响后气温大幅下降,且随后出现多日的连续雨雪天气,使得日最高气温一直维持在较低的状态,故而过程中日最高气温降幅显著。相比之下,前期南方地区多阴雨天气,气温昼夜温差较小,日最低气温较历史同期处于偏高的状态,因此在受到寒潮影响后日最低气温的降幅要更加明显。

2.3.2 极端大风成因分析

11 月 6 日夜间至 7 日凌晨出现极端大风,河北南部至湖北北部一带地面等压线密集,气压梯度强,每 100 km 的气压梯度超过 5 hPa,强大的气压梯度力是形成冷空气大风的主要原因(图 12a);3 h 变压梯度大,变压风的叠加作用有利于风速的进一步加大(图 12b)。

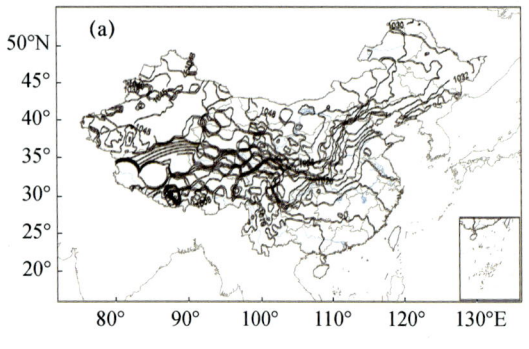
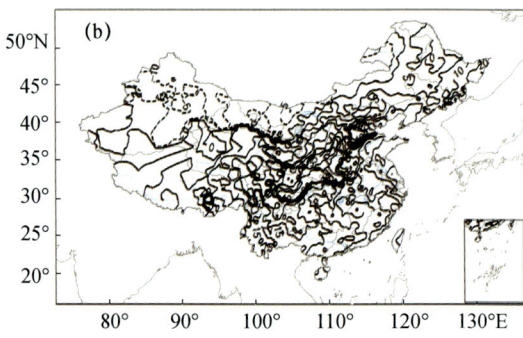

图 12 海平面气压场及变压场(单位:hPa)

(a)7 日 02 时海平面气压场;(b)6 日 23 时海平面气压 3 h 变压场

河南中部等地存在强烈的锋生以及较强的冷平流,且持续时间较长(图13),锋生作用会在锋区附近导致明显的次级环流,地面锋线后侧在 850 hPa 以下高度存在明显的下沉气流,下沉气流带来的动量下传同样有利于地面风速加大。

10 级以上大风的站点位于黄土高原以南,冷空气翻山下坡带来的位能与动能的转换使得风速加大;同时大风站点主要位于伏牛山与嵩山之间,两山之间存在一定的狭管效应,均有利于极端大风的形成。

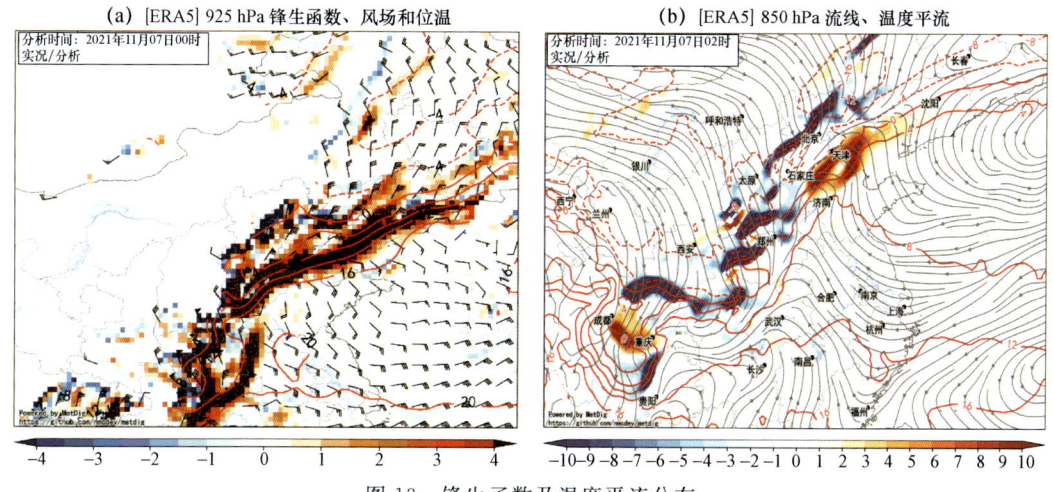

图 13　锋生函数及温度平流分布

(a)7 日 00 时 925 hPa 锋生函数(填色,单位:10^{-8} K·s^{-1}·m^{-1})、风场和位温;
(b)7 日 02 时 850 hPa 温度平流(填色,单位:10^{-4} K·s^{-1})和流线

2.3.3　预报偏差分析

ECMWF 和 CMA-GFS 等集合模式在中东部地区的 2 m 最低气温、10 m 阵风的 EFI 超过 0.9,对寒潮过程降温和阵风的极端性预报效果好,但范围偏大,国、省两级预报对寒潮过程降温和大风预报接近实况。但受主流数值模式对冷高压强度预报偏弱影响,对最大降温幅度存在较明显低估,尤其是对黄淮地区降温幅度 12～14 ℃ 的区域预报范围偏小。

主流数值模式对东北地区地面气旋预报偏强,预报员对模式气温和气压预报偏差缺乏订正能力,导致对东北地区大风风速预报偏大。此外,由于对极端大风形成机制的认识有限,即使模式提示有极端大风的可能性,但预报员对极端大风特别是内陆寒潮过程中达到 11～12 级大风的预报经验少,对河南 11 级以上极端大风预报明显偏弱,甚至出现漏报。

3　预报服务改进思路及对策

3.1　寒潮暴雪预报分析思路和预报着眼点

(1)暴雪预报分析应主要着眼于水汽异常、大尺度强动力抬升及中小尺度不稳定机制,对相态转换则应重点分析雨雪过程中大气温湿层结垂直分布特征,自上而下的冷—暖—冷的温度层结是冻雨发生的关键预报点。

（2）寒潮大风的影响与冷高压强度、持续时间、地面气旋发展等因素密切相关，应加强对上述要素的实况监测和预报检验分析，寻找中长期时段能对阻塞高压发展、地面气旋发展等形势具有指示意义的特征。

3.2 寒潮暴雪预报偏差改进思路和技术方案

（1）对近年来东北极端强降雪过程回顾中可发现，模式在大尺度强迫及水汽条件良好的过程中对强降雪量级预报效果较好，但是目前预报中考虑服务效果，存在对大暴雪或特大暴雪预报偏保守的情况，后期应在加强模式检验的基础上，对模式预报纯雪量接近或超过 30 mm 的极端强降雪过程加以分析和判断。

（2）冬季降水相态对边界层过程非常敏感，建议进一步提高对自主模式边界层的分辨率及其物理过程的预报能力，同时加强大气垂直层结精细化观测，加强研发降水相态、冻雨和新增积雪深度客观预报产品[9]，并对其进行检验评估和技术改进。

（3）目前主流模式对最大阵风和最大平均风的预报偏大，建议降低 1～2 级进行订正。预报员在模式对气压和气温预报出现较大偏差时缺乏大的订正能力，应加强数值预报模式性能提升，分析模式对系统强度的预报偏差，利于预报员对模式降温幅度和大风预报进行主观订正和应用。

3.3 服务改进思路和建议

（1）目前降雪量、积雪深度观测资料仅 08 时的站点最全，但也存在缺测、资料质量不高等问题，严重制约了降雪过程的预报和复盘分析。

（2）冻雨预报能力不足，在对冻雨把握较大的情况下，应在主要公众产品中明确预报或提示。

（3）对类似通辽鞍山等地的 6 h 降雪超过 15 mm 且持续的极端降雪天气，省、市级预报目前暴雪红色预警不足以体现过程的极端性和持续性，预警信号发布如何兼顾服务需求和预报质量需要进一步讨论和分析。

4 总结与讨论

（1）此次寒潮过程覆盖中东部大部地区，雨雪时空范围大且强度强，西北、华北先后出现雨转雪，东北雨雪相态反复转换并出现冻雨灾害，北方积雪明显；中东部大部降温剧烈，部分地区伴随极端大风；北方部分站点出现超历史极端强降雪（雨）和低温。

（2）异常强盛的水汽辐合、持续深厚的上升运动及气旋移动缓慢等原因共同造成东北地区极端性强降雪，对流层低层逆温导致东北地区降水相态复杂，雨雪反复转换并出现冻雨。

（3）寒潮过程前极涡偏向欧亚大陆，乌拉尔山高压长期维持，冷空气积聚引导冷高压异常偏强，造成寒潮过程降温幅度特别大；对西北地区影响时间长，造成极端低温。冷高压强、气压梯度大、冷平流强、叠加变压风、动量下传和地形等影响共同造成北方地区的极端大风。

（4）国、省两级中短期预报对主要雨雪范围及强度、过程降温和过程最低气温整体预报效果好。受主流模式预报冷空气偏弱偏慢影响,强降雪和强降温强度预报均偏小,雨转雪预报偏慢。集合预报的强降雪、10 m 阵风和 2 m 最低气温的 EFI 均具有较好的极端性指示意义,但阵风 EFI 高值区的预报范围偏大,极端大风应降级订正。

(5)北方部分地区对流层低层存在不稳定机制,通辽、鞍山等地小时降雪量超过 10 mm 且持续时间超过 24 h,此类强降雪是否存在类似暖季对流性降水产生机制及"列车效应"等问题值得深入分析。

参考文献

[1] 乔雪梅,刘普幸. 中国北方地区寒潮时空特征及其成因分析[J]. 冰川冻土,2020,42(2):357-367.
[2] 王遵娅,丁一汇. 近53年中国寒潮的变化特征及其可能原因[J]. 大气科学,2006,30(6):1068-1076.
[3] 李江波,李根娥,裴雨杰,等. 一次春季强寒潮的降水相态变化分析[J]. 气象,2009,35(7):87-94.
[4] 张备,尹东屏,孙燕,等. 一次寒潮过程的多种相态降水机理分析[J]. 高原气象,2014,33(1):190-198.
[5] 杨舒楠,徐珺,何立富,等. 低层温度平流对华北雨雪天气过程的降水相态影响分析[J]. 气象,2017,43(6):665-674.
[6] 方纯纯. 2010年2月24日沈阳地区冻雨成因分析[J]. 气象与环境学报,2015,26(6):43-46.
[7] 付亮,赵宇,杨成芳,等. 影响东北的北上温带气旋暴雪的统计特征[J]. 高原气象,2018,37(6):1705-1715.
[8] 祁雁文. 内蒙古通辽市一次强暴风雪灾害天气成因分析[J]. 畜牧与饲料科学,2014,35(1):26-29.
[9] 谌芸,曹勇,孙健,等. 中央气象台精细化网格降水预报技术的发展和思考[J]. 气象,2021,47(6):655-670.

2021年12月西藏西北部持续性低温过程成因及预报偏差分析

杨丽敏 高勇 李慧 普次仁

(西藏自治区气象台,拉萨,850000)

摘要:2021年12月,受持续性强降雪影响,西藏西北部地区出现罕见的持续性低温天气,阿里地区东部和那曲市西部24 h最低气温降幅达10 ℃以上,其中阿里地区改则县月平均气温较常年偏低9.9 ℃,最低气温低至−39.1 ℃,为历史同期第二低。通过对环流形势和预报检验分析发现,本次西藏西北部强降温天气过程是在两次降雪过程后叠加强冷平流和地面积雪晴空辐射的共同作用下产生的,各家模式虽均预报出降温天气过程,但单站降温幅度预报均小于实况,尤其是针对12月7—8日的降温过程,预报较实况偏差较大。因此,在降温预报中,还需关注冷平流的强度和维持时间,并结合本地预报员经验指标进行温度订正。

关键词:低温,预报服务,模式检验

引言

2021年12月2—3日,西藏西南部出现大到暴雪天气过程,雪后阿里地区东部和那曲市西部气温骤降,尤其是阿里地区改则县,在12月3—6日出现持续降温过程,最低气温从3日的−5.2 ℃降到6日的−28.8 ℃。12月6—7日阿里地区再次遭遇降雪天气过程,受雪后晴空辐射效应和冷空气影响,西藏大部再次出现强降温过程,阿里地区改则县最低气温再次下降,12月11日最低气温下探至−39.1 ℃,日平均气温跌破−20 ℃。在经历了两次大幅度的降温天气过程后,改则县月内最低气温低于−30 ℃的天数达17天,日最高气温低于−15 ℃的天数达10天。由于持续低温和电力中断,造成阿里地区改则县城供暖管道大面积爆裂,经济损失高达1260.7万元;持续性低温冰冻天气还造成牦牛、山羊、绵羊无法自然取食而大量死亡。

针对连续的强降温过程,西藏自治区气象台严密监测,准确预报暴雪及雪后降温天气,及时发布预警信息并向政府相关部门提供了《天气公报》《天气消息》《一周天气回顾与未来天气展望》《主席专报》《积雪监测公报》等多份决策服务材料,多次提出有关低温天气的防范措施与建议。多次与阿里地区气象局开展天气会商,联合阿里地区气象局、改则县应急管理局、改则县城投公司等多部门进行了天气会商研判,并对后期天气趋势做出了具体预报。

虽然西藏自治区气象台准确预报出了本次降雪降温天气过程,但强降温的范围之广,强度之强,远超预计(图1)。个别站点的预报偏差较大,特别是阿里地区改则站,最低气温降幅超过20 ℃,在各家模式、指导预报都未报出大幅度降温情况下,改则站极端降温天气的预报偏差较大。

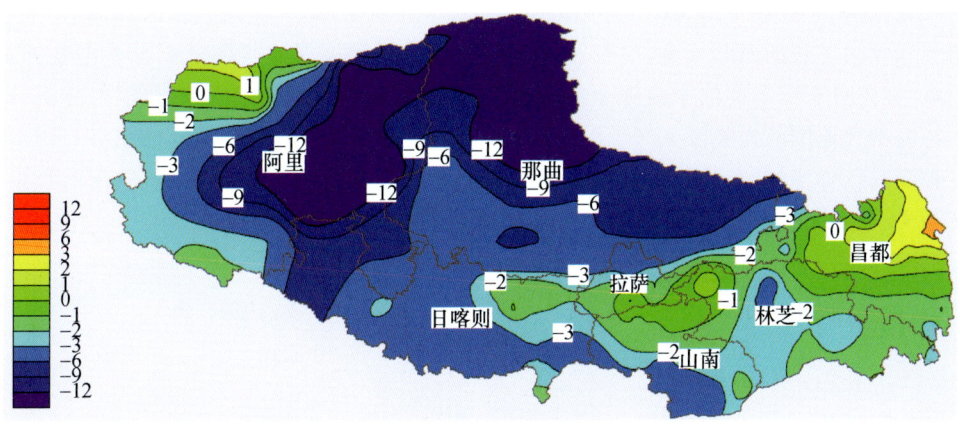

图 1　2021 年 12 月 8 日 08 时西藏 24 h 变温分布(单位:℃)

1　低温天气成因分析

1.1　环流形势和主要天气系统发展演变概况

1.1.1　高空形势

分析 200 hPa 高度场,自 12 月 1 日起在乌拉尔山西侧有低槽不断向高原分裂冷空气,阿拉伯海上空有南支槽维持,系统深厚,阿里地区处于槽前高空西南急流控制下,9 日后受冷空气影响转为西北风,高空干冷空气的侵入为强降温天气提供了有利条件。

分析 500 hPa 的高度场、风场和温度场,12 月 1 日 08 时欧亚中高纬度呈现典型的"两槽一脊"经向型环流,乌拉尔山西侧有一低涡发展,配合有−28 ℃的冷中心,鄂霍茨克海地区到我国东北地区有深厚低槽发展,且有−40 ℃冷中心与之配合;贝加尔湖以西到乌拉尔山东侧为高压脊区。巴尔喀什湖附近有低槽不断向青藏高原分裂冷空气,高原西部有一深厚的南支槽,中南半岛至我国西部地区为一个高压脊控制,稳定在高原南侧,使得南支槽移速缓慢,槽前西南急流源源不断地向西藏输送水汽,造成了西藏 12 月 2—4 日大范围降雪天气,并使高原西北部出现雪后降温天气过程。到 12 月 6 日 20 时(图 2a),欧亚中高纬度呈现典型的"两槽一脊"经向型环流,乌拉尔山东侧为浅槽,冷槽中心温度低于−36℃,鄂霍茨克海地区有深厚低涡发展,且有−48 ℃冷中心与之配合;贝加尔湖以西为高压脊区。乌拉尔山上游强烈冷空气在浅槽引导下经青藏高原北侧,并有一温度槽南下影响西藏西部地区。高原西风短波槽活跃并东移影响西藏地区,阿拉伯海至孟湾地区存在一个暖中心,槽前西南急流强度达 32 m/s,向西藏西部输送水汽,导致西藏西部地区出现降雪天气。从 12 月 7 日 08 时温度场(图 2b)来看,西藏地区温度槽落后于高度槽,预示着高度槽将不断发展东移,−20 ℃等温线南压至西藏西北部地区,等温线较密集,等高线和等温线交角较大,表明 500 hPa 西藏冷平流较强。欧洲以东地区为南北向的弱高压脊,脊后暖平流北上,脊前为等高线疏散结构,脊后暖平流和疏散脊结构促使高压脊不断加强,脊前的偏北气流加强,风速均达 16 m/s,高压脊引导北侧冷空气不断南下。中南半岛上空持续维持暖性高压。7 日 20 时(图 2c)乌拉尔山脉东侧的低槽加深,冷中心加强至−40 ℃,

—24 ℃等温线南压至40°N左右。由于欧洲东部高压脊加强,高原西风短波槽加深,乌拉尔山至青藏高原西侧为一致的西北气流,冷空气在乌拉尔山浅槽和加深的西风槽引导下不断补充南下影响西藏,在阿里东部和那曲中西部上空存在明显的冷锋锋区,配合雪后晴空辐射降温,共同造成西藏西北部大范围的强降温天气。8日08时(图2d)乌拉尔山脉东侧的低槽东移,乌拉尔山至里海一带受高压脊控制,乌拉尔山至青藏高原西侧为一致的西北气流,西藏上空受弱脊控制,高空锋区消失,西藏东部地区受温度槽影响,也开始出现强降温天气。

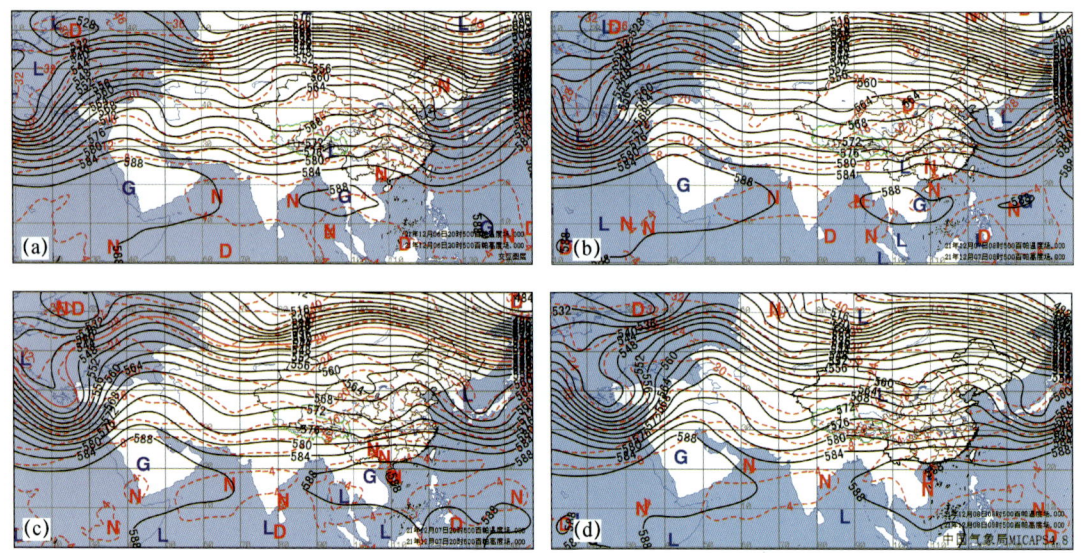

图2　2021年12月6日20时(a)、7日08时(b)、7日20时(c)和8日08时(d)500 hPa环流图

1.1.2　地面形势

12月2日西藏受南支槽系统影响,零变压线和零变温线均位于高原西部。12月3日降雪过程结束后,零变压线开始东移,西藏西部地区由正变压控制,开始出现降温。12月6—7日西藏西部又迎来一次降雪过程,6日20时,高原北部的新疆地区有冷高压生成一直维持到7日14时,高原上变压不明显。但从7日14时起,出现了明显的零变压线,零变压线位于高原腹地,呈东北—西南走向。7日19时起高原西部开始由正变压控制,到7日20—23时24 h变压的正变压中心位于阿里地区改则县,达+6.9 hPa,3 h变压同样为正变压,23时3 h变压达+12 hPa,同时改则县降温幅度达到最大。10日08时零变压线位于改则县西部,改则县出现持续性低温天气,并且气温在11日达到最低。

1.2　强降温天气成因

局地的温度变化主要取决于温度平流和非绝热因子的作用。温度平流主要考虑平流冷暖性质和强度,非绝热因子包括辐射、水汽凝结、蒸发和地面感热对气温的影响[1]。

1.2.1　温度平流

12月6日20时500 hPa风速与等温线的交角近似90°,7日20时西藏北部5个纬距温差达12 ℃,到了12月8日20时,西藏西北部10个纬距内仍有12条等温线(图3)。等温线密集,冷平流强度强,在偏西气流的引导下,强冷平流向偏东方向移动。强冷平流维持时间较长,是此次强降温天气的主要原因之一。而12月7日白天的辐射升温,进一步加大了变温的幅度[2]。

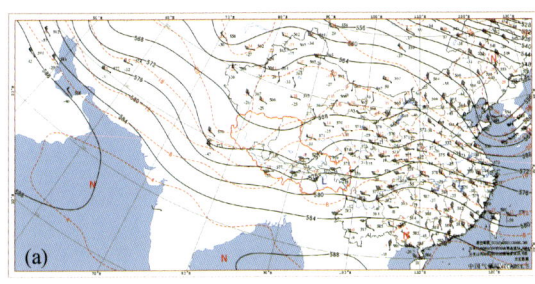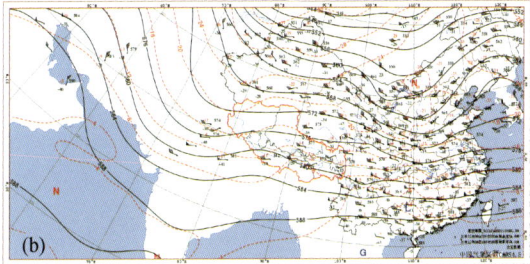

图3 (a)12月6日20时500 hPa环流图;(b)12月8日20时500 hPa环流图

1.2.2 非绝热因子

非绝热因子在此次过程中起了重要的作用。从可见光云图(图4)上可以看到反照率没有变化,说明雪后有明显的积雪覆盖,且西藏大部均以晴好天气为主,有利于积雪融化过程中水汽蒸发,吸收大量热量,从而使气温降低。而过程结束后改则县以无云或少云天气为主,满足晴空辐射降温的条件,因此雪后晴空辐射降温效应对改则县气温降低起了较大作用。

图4 12月9日15时(a)和10日14时(b)可见光云图

2 预报偏差分析

2.1 环流形势预报检验

从500 hPa高度环流场上来看,整体ECMWF模式预报环流场和实况场一致,6日20时ECMWF模式的预报场在阿里地区系统更偏南一些,但是在阿里地区均预报出较弱的高原槽。7日08时实况高原浅槽基本消失,ECMWF模式依然在那曲北部有一小的短波槽维持;8日08时在高原西侧形成新的南支槽,ECMWF模式的南支槽略偏强偏南。

500 hPa温度环流预报,ECMWF模式预报的基本和实况一致,在高原地区7日08时的冷空气更偏强一些,而对8日08时预报的冷平流明显偏弱,这可能是ECMWF模式预报对7—8日强降温预报不足的部分原因。

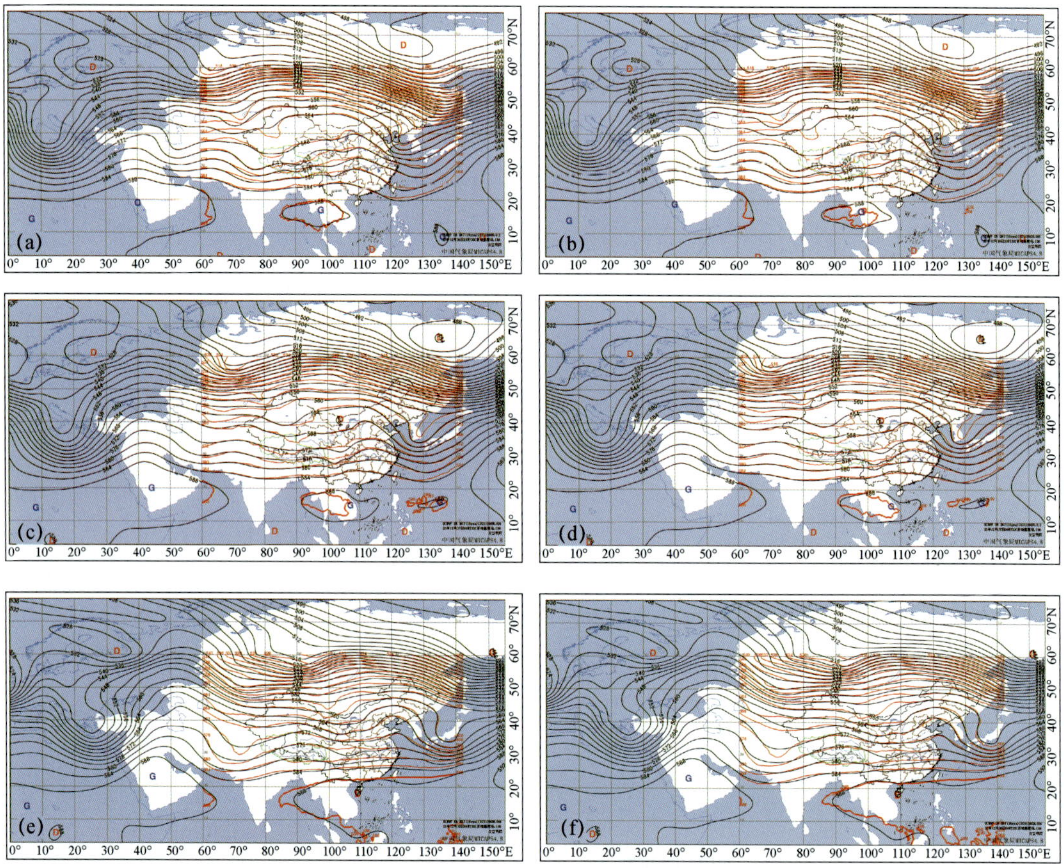

图5 2021年12月6日20时(a、b)、7日08时(c、d)、8日08时(e、f)500 hPa实况观测资料(黑色线)与12月6日08时(a、c、e)、6日20时(b、d、f)ECMWF数值模式起报(红色线)对比

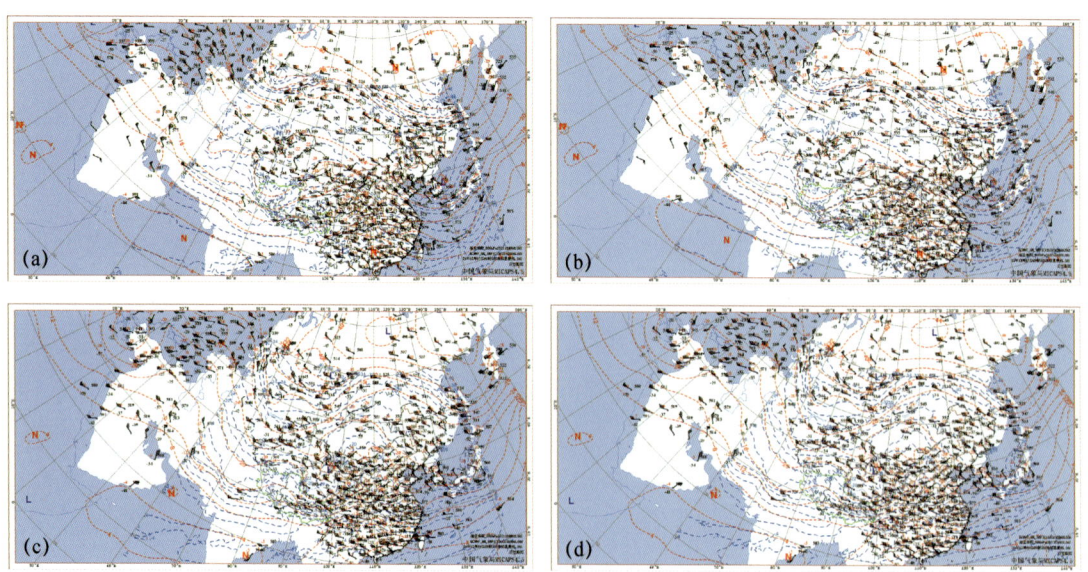

图6 2021年12月7日08时(a、b)、8日08时(c、d)(红色线)实况观测资料与12月6日08时(a、c)、6日20时(b、d)起报(蓝色线)对比

2.2 降温预报检验

此次降温最为明显及影响最大的地区均在阿里地区改则县,其他区域气温波动相对较小,因此下文以改则县作为代表站点,对国家指导、国省融合以及西藏客观预报产品的预报水平进行检验分析。

对国家气象中心下发指导预报(SCMOC)、国家气象中心发布的国省融合(SMERGE)模式、西藏气象台客观融合预报方法预报(NBF-TIBET)三种模式和西藏气象台发布的网格预报(SPCC)2021年12月1—16日08时和20时起报的24~240 h预报最高气温和最低气温性能进行检验。

改则站12月1—16日最高气温预报24~240 h 2 ℃准确率(表1)SMERGE 8.81%、SCMOC 11.88%、NBF-TIBET 5.36%;最低气温 2 ℃准确率 SMERGE 6.59%、SCMOC 2.23%、NBF-TIBET 18.99%。

表1 24~240 h预报2 ℃准确率

	预报	08时(%)	20时(%)
最高气温	SCMOC	12.12	11.63
	SMERGE	9.09	8.53
	NBF-TIBET	6.82	3.88
最低气温	SCMOC	15.27	3.15
	SMERGE	6.11	7.09
	NBF-TIBET	19.85	18.11

对于最低气温预报准确率,西藏本地的客观预报方法准确率高于国家指导预报,同时西藏本地08时客观预报准确率略高于20时预报;对于最高气温预报,国家指导预报准确率优于西藏本地预报。由于24~72 h预报和大众活动关联最高,故接下来给出24~72 h最高气温和最低气温的准确率(表2)。

表2 24~72 h预报2 ℃准确率

	预报	08时(%)	20时(%)
最高气温	SCMOC	2.38	7.14
	SMERGE	0	0
	SPCC	4.76	2.38
	NBF-TIBET	0	7.14
最低气温	SCMOC	0	0
	SMERGE	9.52	11.91
	SPCC	7.14	9.52
	NBF-TIBET	28.57	7.14

24~72 h最高气温08时起报预报效果较差,西藏气象台预报员准确率较高,20时西藏客观预报方法和国家指导一致;对于最低气温,西藏客观预报方法准确率相对较高为28.57%,其次为国省融合产品。

2.3 综合误差分析

综合误差分析主要关注最低气温的平均误差(ME)变化和均方根误差(RMSE)变化。

NBF-TIBET 在 12 月 1—9 日预报准确率较差,温度预报平均误差大于 5 ℃,同时气温预报波动较大;10—13 日平均误差较小,13 日以后平均绝对误差逐渐增加。NBF-TIBET 在强烈降温时最低气温预报效果较差,平均气温预报高于实况温度,对于过程性降温的预报偏高;在实况升温后 NBF-TIBET 的预报则调整不足,最低气温预报偏低。国省融合产品同时表现了在气温变化剧烈时预报准确性较低,平均误差随降温增强而增加,9—13 日气温波动幅度较小,平均误差逐渐减小,13 日、14 日融合产品预测较为接近,波动幅度不大,15 日、16 日波动逐渐加大。国家下发指导产品对于过程性最低气温降温预报不足,最低气温平均高于实况最低气温。在 2—3 日预报降雪时最低气温和实况气温误差逐渐增加,但对于 4—5 日和 7—8 日的明显降温能预测到,但是预测温度仍高于实况温度,后期最低气温预报波动不大时,国家指导预报的平均误差保持在一定范围内(图 7)。

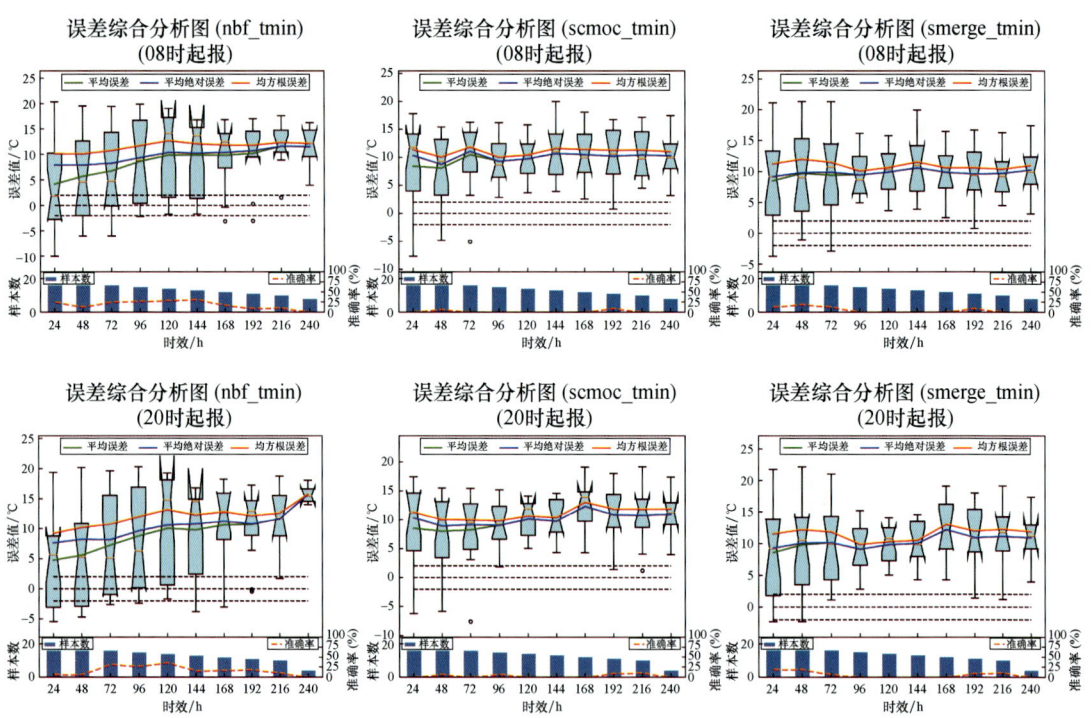

图 7 西藏气象台客观融合预报方法预报(NBF-TIBET)、国家气象中心
下发指导预报(SCMOC)、国家气象中心发布的国省融合(SMERGE)
预报时效(08 时起报和 20 时起报)误差综合分析图

NBF-TIBET 平均误差随预报时效的延伸而增大,但后期预报的最低气温平均误差较为一致,在短期预报时效范围内预报的波动较大。SCMOC 国家指导预报的最低气温 08 时误差波动大于 20 时误差波动。SMERGE 国省融合产品平均误差随预报时效增加而增加,误差波动随预报时效增加而减少。

12 月 4—5 日和 7—8 日最低气温降幅最为明显,因准确率较低,故主要关注模式预报误差分布,现给出西藏本地预报和国家指导以及国省融合预报的5日最低气温(图8)和8日最低气温(图9)预报误差分布情况。

对于12月5日的降温,国家指导预报(SCMOC)在12月1日预报了5日的降温,08时均方根误差在3℃以内,后期均方根误差略有增加,20时预报均方根误差相对较小,在3.2℃以内。西藏本地客观预报在12月2日预报中均方根误差相对较小,在5.5℃以内。国省融合(SMERGE)产品08时起报中2日预报的最低气温和实况的均方根误差较小,3日和4日的均方根误差则大于7℃;20时起报中1日均方根误差小于3℃,在2日以后均方根误差增长,和实况差异较大。对于2021年12月7—8日的降温,西藏气象台客观预报、国家指导预报和国省融合产品均方根误差偏大,08时国家指导和国省融合预报产品在1日预报的168 h均方根误差相对较小,西藏客观预报方法产品在6日的72 h预报中均方根误差较小;20时国家指导和国省融合预报产品在4日起报的96 h预报中均方根误差较小,西藏本地客观预报方法在2日起报的144 h预报的均方根误差较小,和实况差异较小。

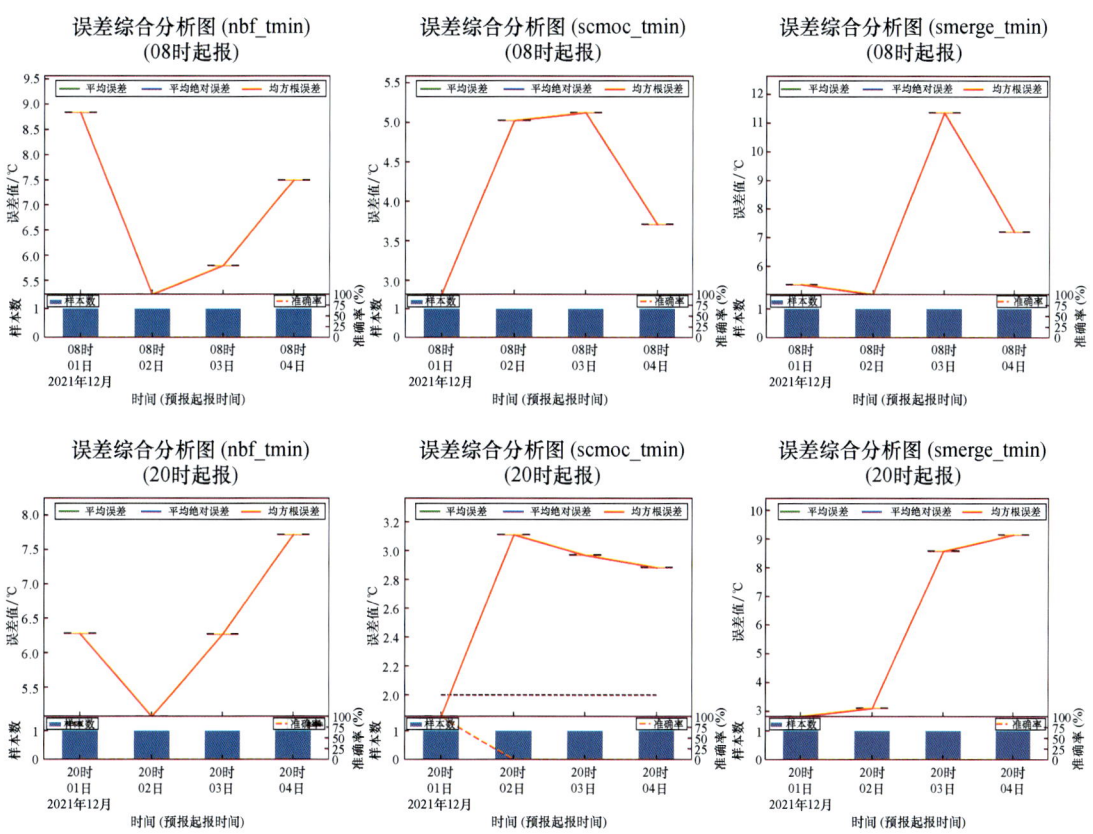

图8 西藏气象台客观融合预报方法预报(NBF-TIBET)、国家气象中心下发指导预报(SCMOC)、国家气象中心发布的国省融合(SMERGE)预报的2021年12月4—5日降温误差分布

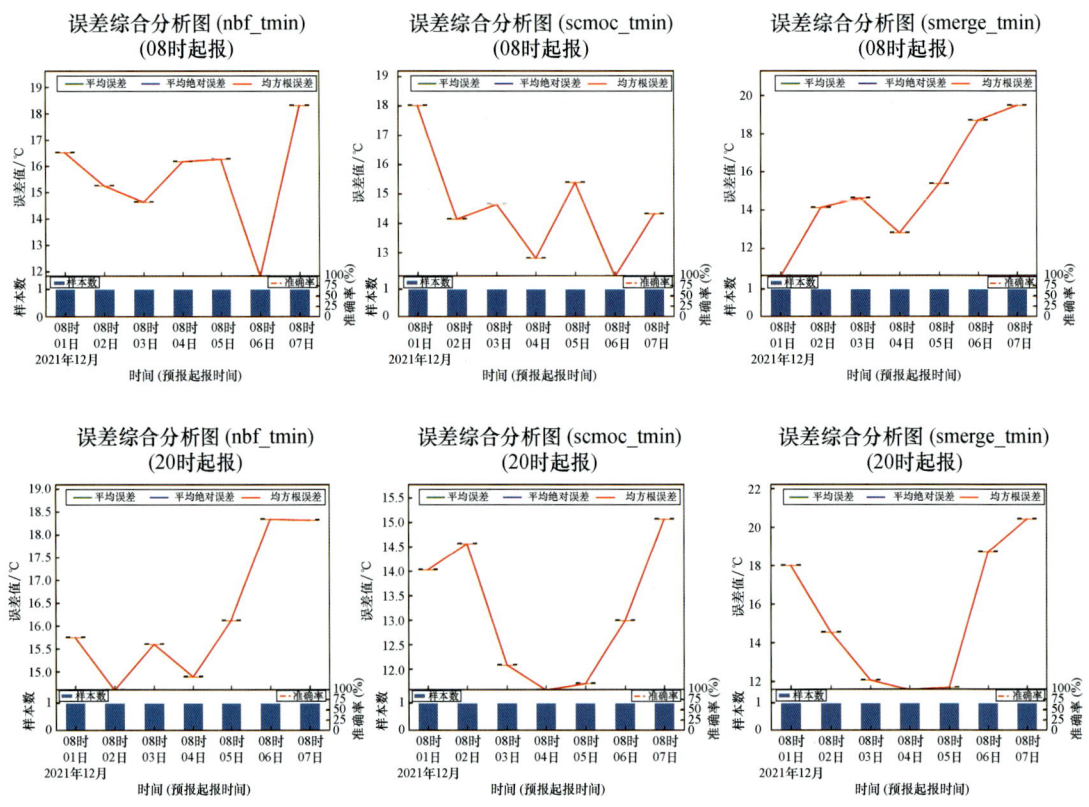

图 9 西藏气象台客观融合预报方法预报(NBF-TIBET)、国家气象中心下发指导预报(SCMOC)、国家气象中心发布的国省融合(SMERGE)预报的 2021 年 12 月 7—8 日降温误差分布

通过对模式预报的温度检验可知,针对改则站 2 次明显的降温预报,各家模式均报出降温天气过程,但降温幅度预报均小于实况,但三家模式对 12 月 4—5 日的降温过程预报均优于 7—8 日降温过程预报。总体来看,国家气象中心下发指导预报(SCMOC)对降温过程的预报是与实况最为接近的,对 12 月 4—5 日的降温过程预报效果较好,预报较实况偏差 3 ℃ 左右,但对 12 月 7—8 日的降温过程,预报较实况还是偏高了 12~18 ℃。因此,针对 12 月 7—8 日的降温过程,各家模式均未预报出准确的降温幅度,造成预报与实况偏差较大。

2.4 预报偏差原因分析

从短期预报上看,12 月 7 日预报 8 日的改则最低气温为 -24.0 ℃,最高气温为 -10.0 ℃,而实况最低气温为 -35.5 ℃,最高气温为 -20.0 ℃,预报与实况偏差较大。

从 500 hPa 高度场(图 10a)分析,实况场西风槽东移减弱,副热带高压强度较强,预报场与实况场有偏差;从温度场与风场(图 10b)分析,风场预报与实况相一致,但等温线与风速交角与实况相比偏小。由此造成短期预报中考虑了雪后非绝热因子降温,而南下冷空气对气温的影响估计偏低。

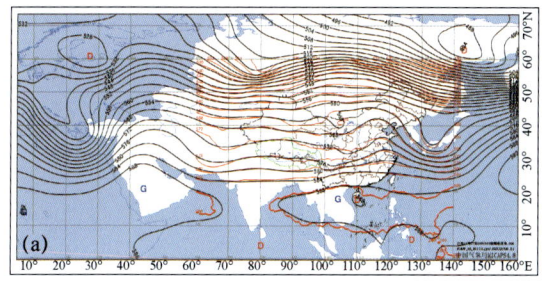 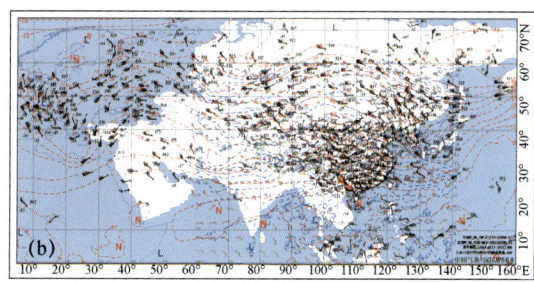

图 10　12 月 8 日 20 时 500 hPa 高度场(a)与温度场(b)的实况观测资料与 ECMWF 模式预报对比

根据分析复盘,各家模式虽然报出了降温过程,但均未预报出准确的降温幅度,造成预报与实况偏差较大。推测三家模式对 12 月 7—8 日的降温过程预报效果较差的原因,可能模式忽略了下垫面性质的改变对模式预报的影响,经过连续降雪,改则及其周边地区为积雪覆盖,下垫面已由原来的草甸或沙石下垫面转变为雪面或冰面,而通过卫星云图观测资料和风速资料可知,改则县降雪结束后,很快进入晴朗无云且风速极小的状态,近地面有效辐射强。但由于高原大气保温作用弱,热量大量向空气散失,使得日落之后近地面层气温迅速下降,空气受冷收缩导致密度增大。而从 500 hPa 气压场、温度场、地面 3 h 变压和下沉运动分析,西藏西北部近地层可能出现冷性反气旋,其强度自地面向高空逐渐减弱,因此在 8 日 08 时的 500 hPa 形势场在西藏东部出现一个冷性的高压脊,而各家模式预报均对这个冷性高压脊预报偏弱。

3　结论与讨论

3.1　低温预报分析思路和预报着眼点

本次西藏西北部强降温是在两次降雪过程后叠加强冷平流和地面积雪晴空辐射的共同作用下产生的,但由于各家模式预报偏差都比较大,因此提炼出本次过程的预报着眼点,为后期预报强降温提供参考。

(1)要分析强降温的气候背景,包括强降温的时空分布特征。

(2)要加强对冷空气强度识别:主要关注 500 hPa 图－20 ℃等温线是否南压至西藏西北部地区、等温线密集程度、较大的等高线和等温线交角,除了关注冷平流的强度外,还应关注强冷平流的维持时间。

(3)要关注地面零变压线和 3 h 变压:零变压线的位置和中心强度对降温均有指示意义,3 h 变压越大,气温降幅越大。

(4)须考虑晴空辐射降温:考虑雪后晴空辐射效应对降温天气产生的影响。

(5)加强对数值预报产品的检验与分析。

(6)结合本地预报员经验指标:根据阿里地区气象局的研究,当改则县出现 5 mm 以上大雪,在积雪厚度超过 6 cm 的微风天气条件下,极易出现 10 ℃以上降温。

3.2 服务改进思路和建议

在本次寒潮天气过程中,虽然西藏自治区气象部门提前预警,发布各类气象服务信息,但是改则县城仍然出现了严重的低温冰冻灾害,在服务中存在以下不足之处。

(1)由于此次强降温的预报与实况差距较大,基本上是因为数值预报的预报偏差较大。数值预报是气象业务的核心与基础,也是目前制约西藏气象预报现代化的关键和瓶颈[3],因此,在数值预报偏差较大的情况下,预报员的经验就显得尤为重要[4]。因此,对高影响性天气进行经验总结、分析和提炼,定期开展技术交流,不仅能够提高预报员对灾害性、转折性、关键性天气的综合分析与预报能力,也能够改进各家模式本地化应用,从而更好地开展精细化数值预报,提高预报准确率[5]。

(2)本次预报偏差的原因,是在综合分析各类资料后推论得出的,并不一定是西藏西北部强降温预报偏差的真实原因,因此加密观测站点才能真正准确地描述出强降温的天气模式。

参考文献

[1] 朱乾根,林锦瑞,寿绍文,等. 天气学原理和方法[M]. 4版. 北京:气象出版社,2007:266-319.
[2] 王万筠,卢焕珍,卜清军,等. 2018年华北寒潮天气的强降温及大风分析[J]. 天津科技,2019,46(11):110-116.
[3] 占堆. 改则县强降温天气地面气候资料分析[J]. 西藏科技,2009,2009(2):62-65.
[4] 冯晓钰,黄艳,吴天贻. 一次成功的春季强对流寒潮天气气象服务总结与思考[J]. 浙江气象,2020,42(2):18-22.
[5] 杜莉丽,刘嘉慧敏,张黎. 陕西2018年4月强寒潮天气过程决策服务探讨[J]. 陕西气象,2019,2019(5):53-56.

五、沙尘

2021年3月15日强沙尘暴天气形成机理及预报难点分析

桂海林　王继康　花丛　江琪　宫宇　张碧辉

(国家气象中心,北京,100081)

摘要:2021年3月14—17日,我国北方地区出现了近10年来最强的沙尘暴天气过程。本文利用常规气象观测数据、生态环境部PM_{10}数据、FY-4气象卫星资料以及NCEP和ECMWF再分析资料,对本次强沙尘暴天气过程进行了详细分析。结果表明:3月上旬,蒙古国以及我国西北地区植被稀少、气温高、降水少,为沙尘提供了良好物质基础。中纬度斜压扰动与热力作用导致蒙古国强烈气旋锋生,强气压梯度造成的大风,有利于强沙尘暴天气的发生。蒙古国为本次沙尘天气过程的主要沙源地,对我国中东部地区贡献超过70%。CMA-GFS与ECMWF数值模式能提前一周左右给出很好的沙尘预报指示,中国、日本、韩国沙尘数值模式72 h内均能较好预报出此次强沙尘暴过程,但存在沙尘浓度预报偏低情况。沙尘天气强度及持续时间是本次沙尘天气预报的主要难点,须关注地表状况、气温、降水等背景条件,尤其是上游地区沙尘强度分析以及沙尘天气系统移动路径预报。

关键词:沙尘暴,气旋,斜压扰动,涡度平流,温度平流,溯源

沙尘暴在全球范围内都是严重的灾害性天气之一。在强风作用下,一旦超过临界摩擦速度,沙粒便会离开地表释放到大气中。亚洲、中东和北美地区每年向大气中释放200亿~5000亿吨沙尘气溶胶[1,3]。在合适的气象条件下,沙尘天气的传输尺度可达几百至上千千米,从而对远离沙源地的人口稠密地区产生影响[4,5]。传输过程中,沙尘气溶胶粒子可在一定程度上影响区域辐射收支及降水[6,7]。此外,沙尘粒子与人为排放的污染物混合后会改变其化学组分,从而对人体健康造成负面影响[8,9]。

沙尘来源一直是学者研究热点之一。分布在我国及周边地区的戈壁、沙漠是影响我国的主要沙源地。张德二等[10]、Zhang等[11]研究认为,在东亚冬季风环流作用下,中国北方沙漠和戈壁被认为是黄土高原黄土的主要源区之一;通过对"近源"中国沙漠与"远源"高空西风粉尘的元素示踪研究,证明晚第四纪以来输入黄土高原的粉尘,其源地主要是中国沙漠。根据已有研究,北极极涡位置、冷空气强度、气温、土壤湿度等因子均对沙尘天气的发生频率和强度有显著影响[12,13]。

在近年来我国沙尘暴整体呈减少趋势的背景下[14],2021年3月14—17日一次强沙尘暴天气过程影响我国北方多个省份,引起社会广泛关注。受大风沙尘天气影响,内蒙古自治区阿拉善左旗、巴彦淖尔市、乌拉特前旗、乌拉特中旗等的设施农业受到损坏,数千人受灾,直接经济损失2000余万元。北方多个城市空气质量出现严重污染,多地民航航班取消或延误、高速公路封闭。已有学者从气候背景、大气环流和下垫面条件等角度对此过程进行了分析[15,16],

认为极端气候异常下沙源地地面裸露、土质疏松,在蒙古气旋强风作用下形成了此次多年未见的强沙尘暴天气。然而,对于导致起沙的天气系统的极端性仍缺少系统分析,对沙尘向华北等下游地区的传输过程也缺少定量化评估,对沙尘范围和强度预报偏差也缺乏深入评估。本文针对2021年"3·15"强沙尘暴过程的起沙背景、动力因子以及沙尘溯源等方面进行了详细分析和数值模拟,并对沙尘业务数值模式效果进行了检验分析,提炼出预报思路和着眼点,可为沙尘天气预报预警提供参考。

1 资料与方法

1.1 资料来源

本文所用地面温度、相对湿度、风向、风速等数据来自中国气象局国家气象观测站,时间分辨率为1 h。逐小时PM_{10}数据由中国环境监测总站提供。气象再分析资料来自美国国家环境预报中心(NCEP)提供的时间分辨率6 h,空间分辨率1°×1°的FNL再分析资料及逐小时、空间分辨率0.25°×0.25°的欧洲中期天气预报中心(ECMWF)的第5代欧洲再分析(ERA5)资料。除特别说明外,文中所用时间均为北京时。

1.2 沙尘模式

本文使用CAMx(v7.0)模式[17]对沙尘天气过程进行模拟,并计算东亚地区不同沙尘源的贡献,模型覆盖了东亚的大部分地区。该模型的水平网格间距为24 km,从地表到500 hPa有30个垂直层。为定量化评估本次过程中沙尘粒子的来源,利用颗粒物示踪技术进行模拟分析。在沙尘模型中对18个不同的沙源地进行标记,包括中国的16个沙漠区域和蒙古国的2个地区。本文选用Kok等[18]研发的起沙方案对本次过程进行模拟,相关设置参考前人研究[19,20]。

2 沙尘实况及天气学成因分析

2.1 沙尘天气实况

2021年3月14—17日,受强烈发展的蒙古气旋及相伴随的地面冷锋影响,蒙古国中南部、我国长江中下游以北大部地区自北向南出现沙尘天气,影响面积超过380万km^2。其中,新疆南疆盆地东部、内蒙古中西部、华北北部等地出现沙尘暴及强沙尘暴(图1a)。沙尘天气过程中,西北、华北、东北地区及内蒙古等地部分地区出现10~11级阵风,内蒙古中东部、新疆北部局地风力达12级。3月15日沙尘对我国影响最为严重,北方多地PM_{10}峰值浓度超过5000 $\mu g/m^3$,部分地区为6000~8000 $\mu g/m^3$(图1b)。07—08时(北京时,下同),北京市能见度迅速由2 km下降为不足400 m,并出现6~7级、阵风10~11级以上大风。

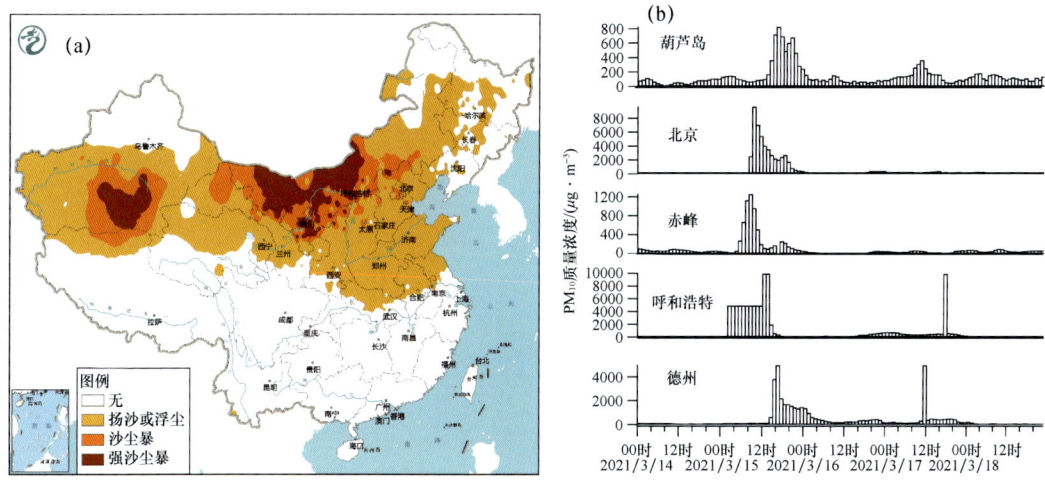

图1　3月14—17日强沙尘暴过程发生区域、强度(a)和沙尘期间我国北方部分城市PM$_{10}$质量浓度(b,单位:μg/m³)

2.2　大气环流形势分析

3月14日08时,500 hPa高度上蒙古国西北部有极涡分裂出的疏散槽,中心温度达 −36 ℃,温度槽略落后于高度槽,低槽内均为冷平流(图2a);15日08时,温度槽明显落后于高度槽,等高线与等温线夹角增大,表明冷平流强度增大。随着冷平流的增强,低槽发展加深(图2b),同时强的槽前正涡度平流使得地面气旋快速发展,导致地面出现明显锋生。14日14时,蒙古国气旋强度约980 hPa,冷高压强度达1037 hPa(图2c),3 h正变压约10 hPa,负变压最大约5 hPa,24 h变压达50 hPa,强气压梯度造成的锋面大风一旦超过临界摩擦速度,沙尘便在大风作用下脱离地表进入大气边界层及更高的自由大气中,并随着气流向下游地区输送(图2d)。

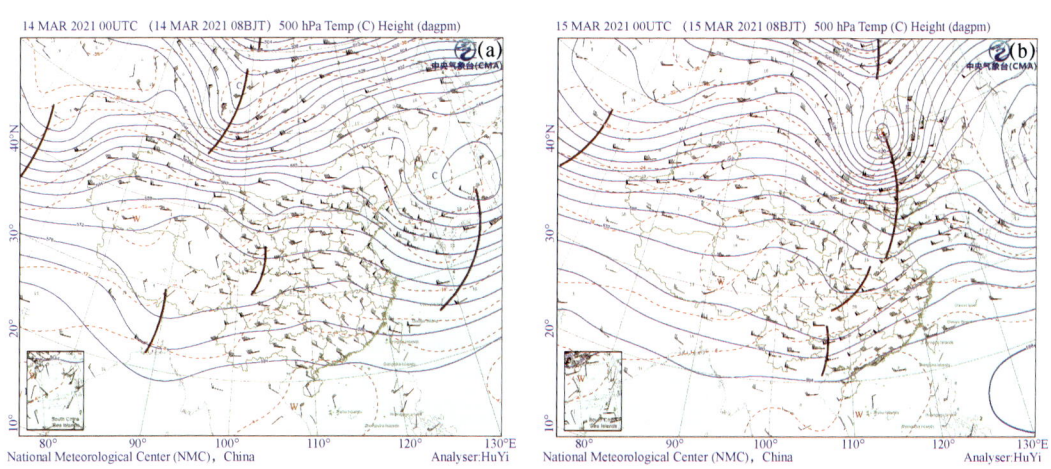

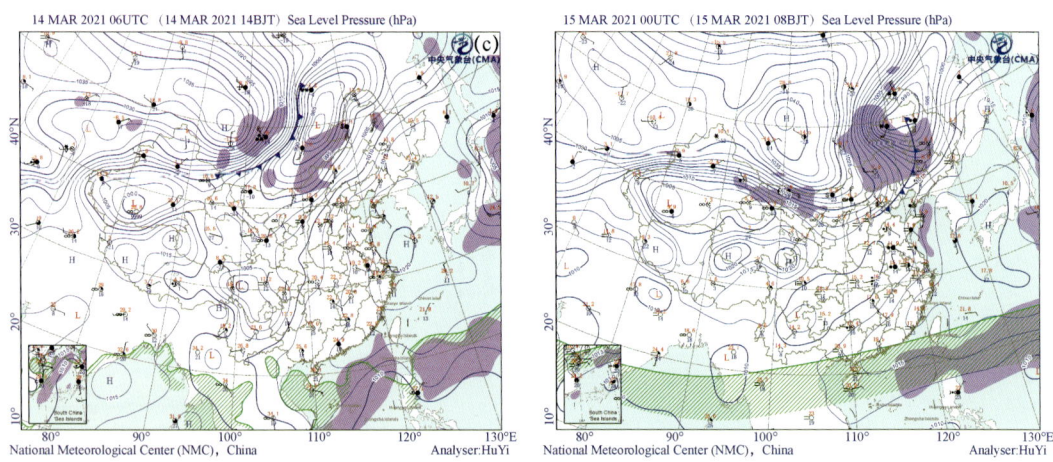

图2 3月14日08时(a)和15日08时(b)500 hPa高空图(单位:dagpm)以及14日14时(c)和15日08时(d)海平面气压图(单位:hPa)

2.3 下垫面及天气系统极端性分析

2.3.1 沙尘物质条件

已有研究表明[3,11],蒙古国南部年均沙尘排放约占中亚地区的29%,其次为我国西北地区,两者合计约占总排放量的50%。根据地面观测,2021年3月上旬,蒙古国和我国西北地区气温较常年同期偏高5~8 ℃,蒙古国、我国内蒙古等地降水量普遍偏少50%以上,且地表无明显积雪覆盖(图略)。FY-3D植被指数监测显示,2021年3月上旬与2020年同期相比,蒙古国中南部和我国西北部地区的植被条件偏差(图3)。大范围裸露地表为沙尘天气的产生提供了丰富的物质源。

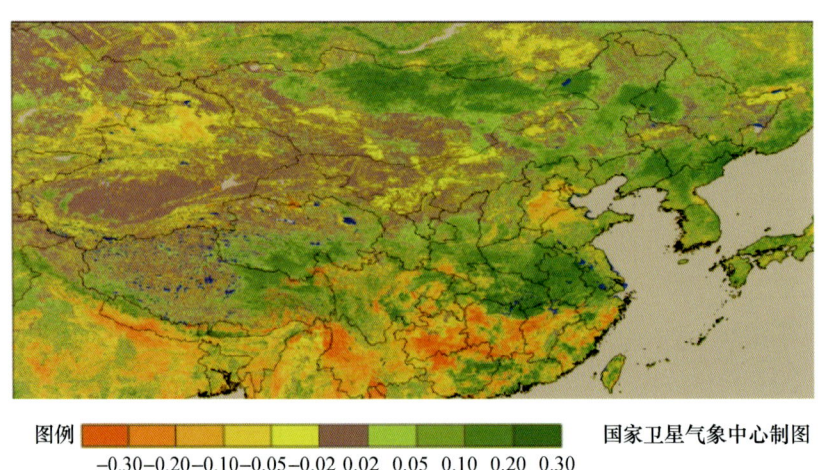

图3 2021年3月上旬与2020年3月上旬FY-3D气象卫星植被指数差值图

2.3.2 中纬度地区斜压扰动与热力作用

3月14日14时地面蒙古气旋强烈发展,气旋中心海平面气压降至980 hPa,与历史同期相比,中心气压偏低幅度超过4个标准差。气旋后部高压中心强度为1038 hPa,比历史同期偏高2个标准差,高、低压中心气压差值达58 hPa(图4)。此外,与常年同期相比,700 hPa气温与风速同样异常偏高,幅度为3.6~4.2个标准差(图5)。在地转风与动量下传等共同作用下,强烈的气压梯度导致蒙古国出现大范围10~12级阵风,并伴有能见度仅几十米的强沙尘暴天气。随着蒙古气旋东移南下,3月14日夜间起,沙尘天气开始影响我国。

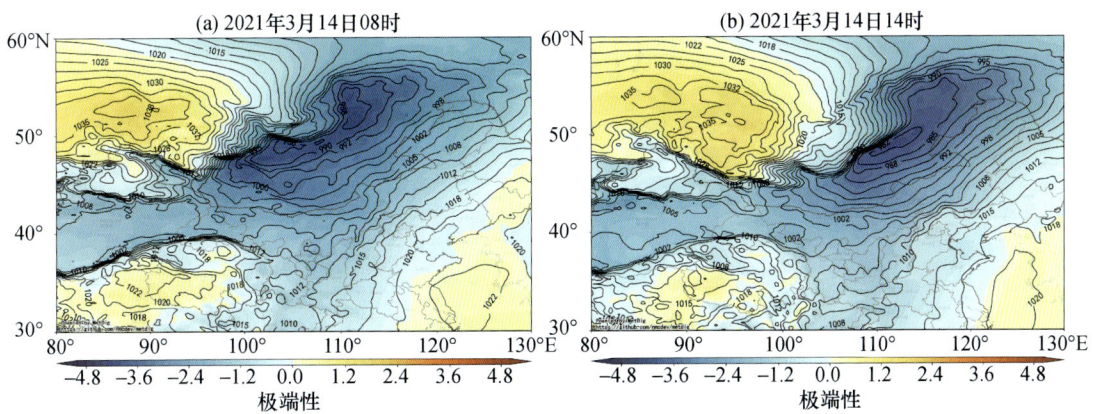

图4 2021年3月14日08时(a)、14时(b)海平面气压及其与常年同期方差

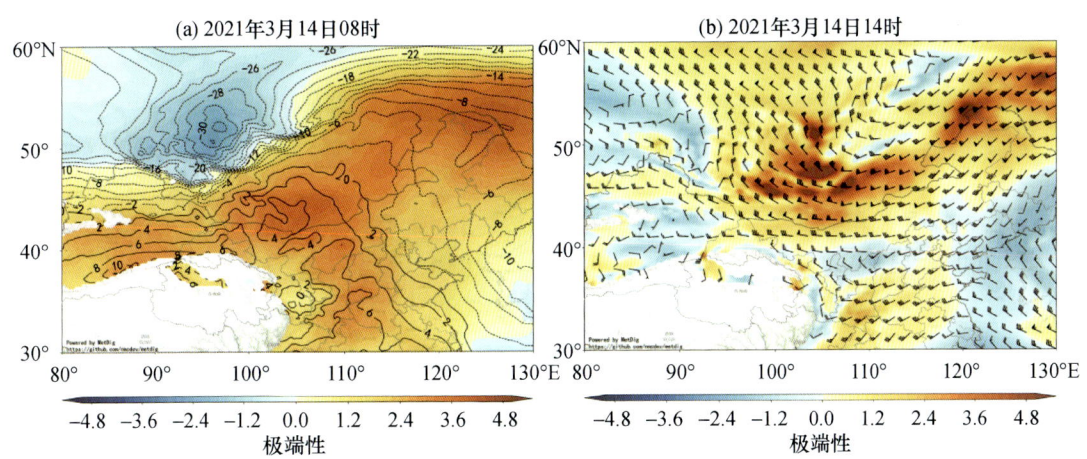

图5 2021年3月14日08时700 hPa气温及极端性(a)和
14时700 hPa风速及极端性(b)

Petterssen等[21]研究认为温带气旋发生发展主要有两种方式,其中一种是高空槽移到低层系统上,强烈的正涡度平流导致气旋快速发展。从图6可见,500 hPa高度上蒙古国北部低槽前部有明显正涡度平流,中心强度达到$4.8×10^{-8} s^{-1}$。根据位势倾向方程,涡度平流随高度增加,必然伴随有上升运动,从而导致地面减压。高低层涡度平流差越大,上升运动越强,地面气旋发展越迅速。此外,从温度平流可清晰看到,850 hPa槽前有强的冷平流,中心值达$-140×10^{-3} K·s^{-1}$。暖平流$40×10^{-3} K·s^{-1}$,强度一般,在此次气旋发展过程中作用并不显

著。因此导致地面气旋强烈发展的主要因子是高层的正涡度平流。强冷平流有利于地面冷锋后的冷高压发展,从而导致地面强烈的气旋锋生。由以上分析可知,蒙古气旋发展的主要原因是动力因子,气旋低压与冷高压的共同作用导致地面强烈锋生造成的大风触发了此次强沙尘暴天气。

位涡是一个动力与热力综合的守恒量。Hoskins[22]认为平流层或对流层高层位涡下传是导致对流层中低层系统发展的主要机制。3月14日14时,平流层的高位涡下传到对流层中低层,位涡高值区(≥3.0 PVU)到达700 hPa,1~1.5 PVU位涡密集带向下传至地面附近,等位温密集区位于蒙古国中部地区(图7)。根据等熵位涡守恒理论,绝热、无摩擦干空气中位涡具有严格的守恒性,随着高位涡侵入到低层,低层有正位涡异常,导致正位涡异常中心区等位温面距离增大,静力稳定度减小,在位涡守恒作用下,气旋性涡度明显发展加强,因此平流层高位涡的扰动导致地面气旋的快速发展。

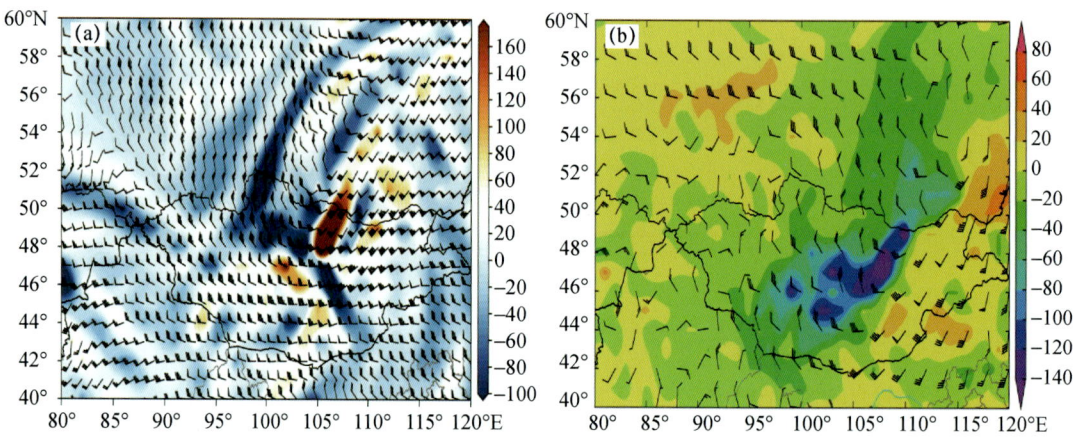

图6 2021年3月14日14时500 hPa涡度平流(a,单位:10^{-8} s^{-2})及850 hPa温度平流(b,单位:10^{-3} K·s^{-1})

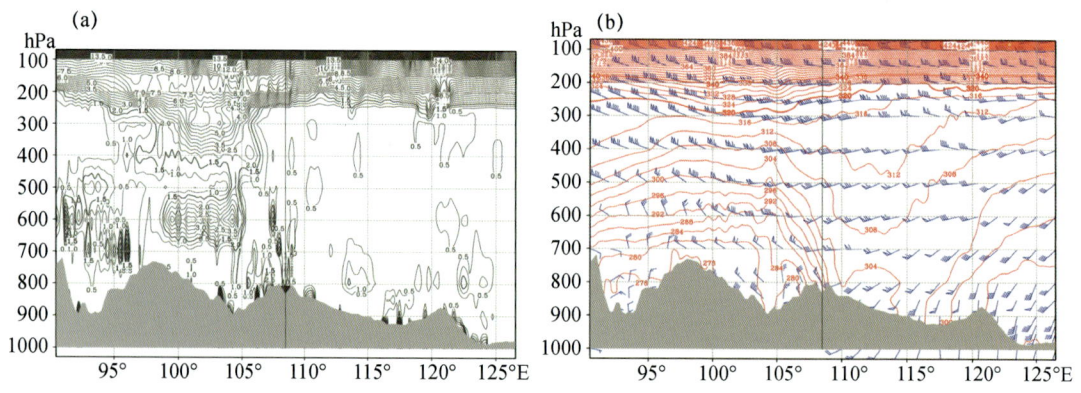

图7 2021年3月14日14时蒙古国中部地区(46°N,105°E)位涡
(a,单位:PVU)及等位温图(b,单位:K)

2.3.3 阵风起沙影响

阵风不断地将近地层沙尘通过湍流边界层输送到自由大气,并随着高空风向下游地区输送[23]。但是,现有的沙尘预报模式没有将阵风在起沙中的作用考虑在内。为系统评估阵风在

此次沙尘天气中所起的作用,本文参考 Efthimiou 等[23]的研究结果,构建了一个基于统计的阵风谱分布预报方案,并将其应用到 CAMx 模式沙尘模块中。本方案认为阵风谱分布符合 β 分布,而且可用极大风速和平均风速进行描述。

本次沙尘天气过程中,蒙古国(图略)和内蒙古大部分的沙源地区域均出现了风速超过 20 m/s 的阵风(图8)。在沙尘模式中融合阵风谱预报方案后,结果显示,起沙通量和 PM_{10} 峰值浓度相对于平均风均有显著提高(图9)。加入阵风作用后,沙源地中心区域可提高 10%～20% 的起沙通量,沙源地边缘区域可提高约 200%。考虑阵风影响后,PM_{10} 峰值浓度的增幅大于起沙通量的增幅。我国中东部非沙源地区域,PM_{10} 峰值浓度普遍可增加 20%～30%,部分地区增幅可超过 200%。融合阵风谱方案后的模拟结果说明阵风强度可显著提高起沙通量和沙尘强度。因此,强阵风是将更多沙尘输入大气的有效途径。

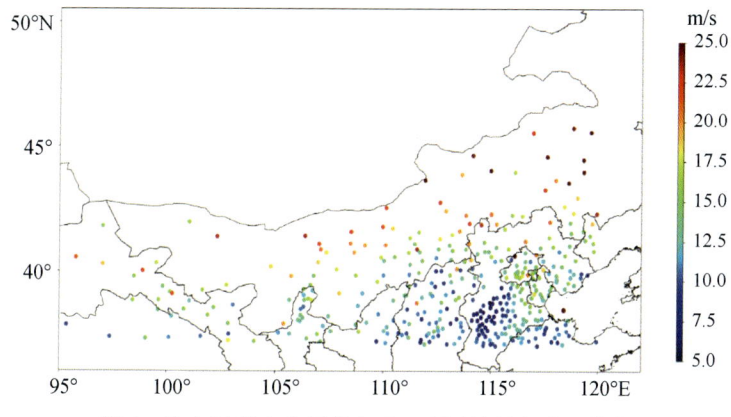

图 8 沙尘过程中我国北方地区观测站最大阵风分布

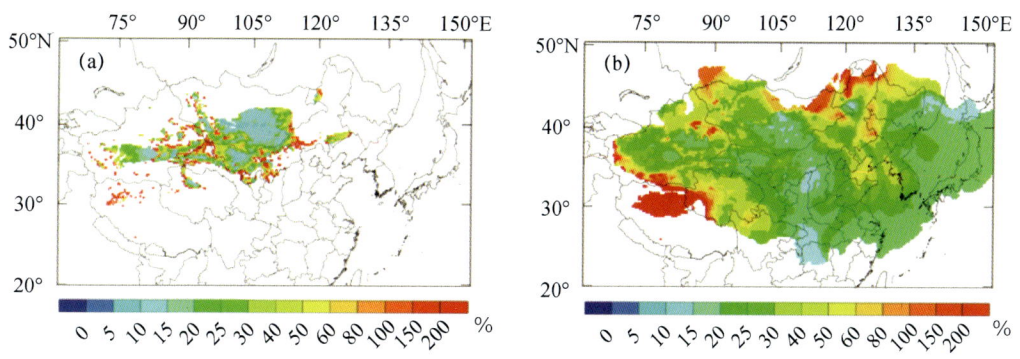

图 9 阵风对沙尘起沙通量(a)和最大 PM_{10} 浓度(b)的增加率

2.3.4 沙尘路径和来源

利用美国国家海洋和大气管理局(NOAA)的后向轨迹模式(HYSPLIT),分别从 100 m、1000 m、3000 m 三个起始高度对到达内蒙古乌兰察布(41.01°N,113.12°E)、北京(39.95°N,116.32°E)、河南洛阳(34.63°N,112.42°E)、江苏淮安(33.58°N,119.08°E)的沙尘粒子进行 24 h 后向轨迹分析(图10),根据上述地区出现沙尘时间,选择模拟起始时间分别为 3 月 15 日 05 时、15 日 09 时、16 日 03 时、16 日 06 时。结果表明,影响乌兰察布和北京的沙尘粒子主要来自蒙古国和内蒙古中部地区,洛阳、淮安沙尘粒子来自西北与华北地区。100 m 起始高度上,乌兰察布、洛阳、淮安的后向轨迹显示粒子随时间主要沿近地面传输,无明显来自中、高空粒子的沉降(图10a、10c、10d)。与乌兰察布不同,在地面100 m高度上,北京的粒子轨迹显示随时间从高空下降至地面,这可能与北京地处华北平原与内蒙古高原过渡地带有密切关系(图10b),说明在沙尘向下游传输过程中,沙尘沿地面整体向前推进,海拔有明显落差过渡地区出现明显的沙尘粒子沉降,数值模拟也能说明这点(图略)。

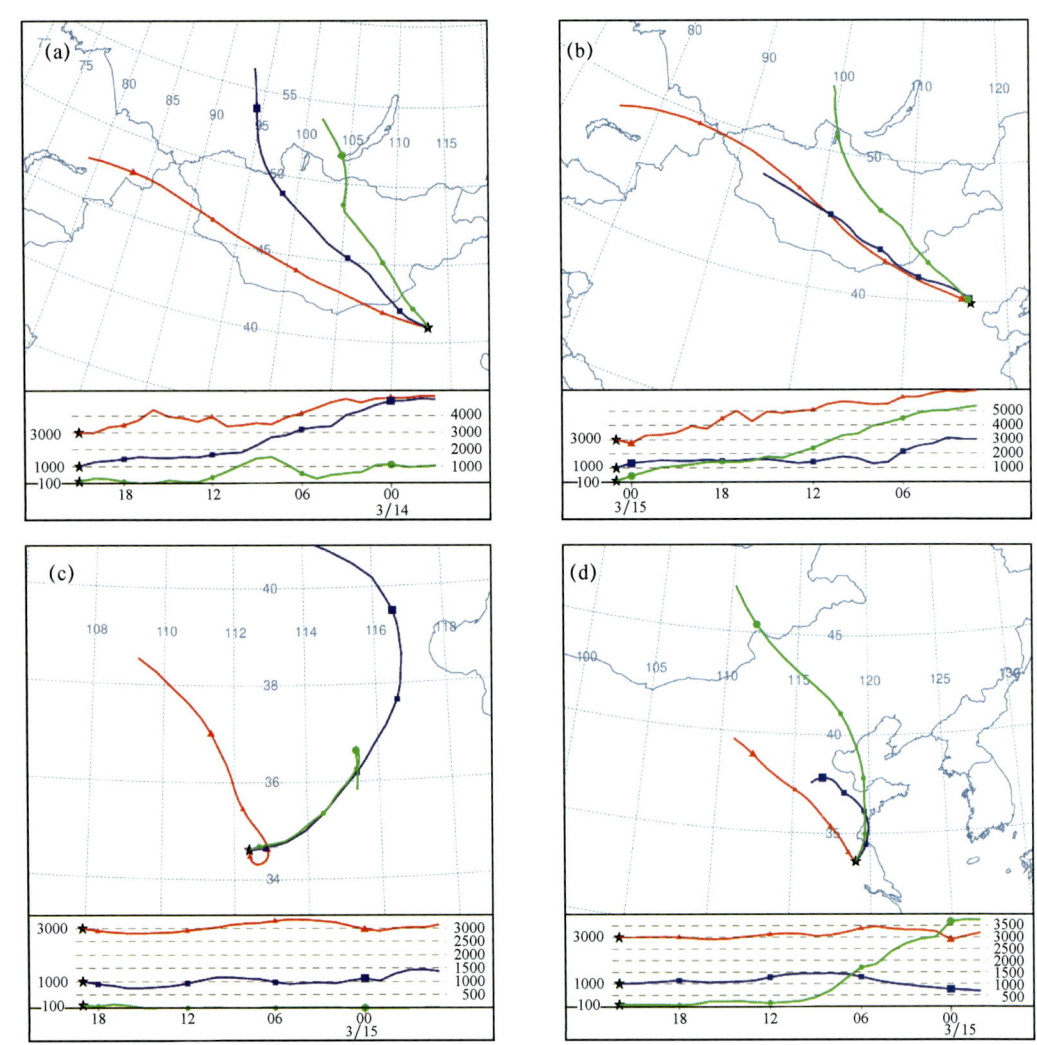

图10 内蒙古乌兰察布3月15日05时(a)、北京15日09时(b)、河南洛阳16日03时(c)、江苏淮安16日06时(d)的沙尘粒子24 h后向轨迹

基于沙尘模式溯源结果显示,本次沙尘天气过程蒙古国中南部起沙量(约3000亿吨)远超过其他沙源地起沙量总和(0.5亿吨),是本次沙尘过程主要沙尘源地。以北京为例,本次过程中北京80%的PM_{10}来自于蒙古国,19%的PM_{10}来自于内蒙古中部。分析本次过程沙尘源对周边地区的贡献可知,蒙古国中南部区域对我国中东部地区的PM_{10}贡献普遍超过70%,对华北部分地区超过了80%(图11)。与HYSPLIT结果一致,溯源模式结果表明蒙古国中南部地区是本次强沙尘天气的主要来源。

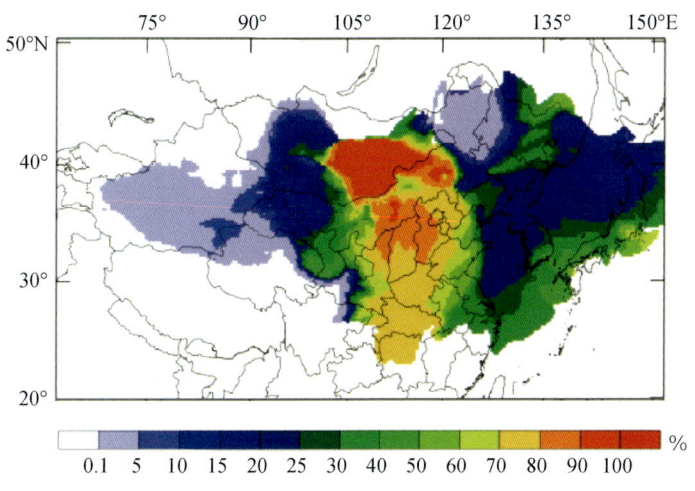

图 11 3月14—15日沙尘过程蒙古国中南部沙尘源区对周边区域 PM_{10} 的贡献率

3 业务数值模式检验和预报偏差分析

3.1 业务数值模式可预报性分析

中央气象台统计的沙尘天气气象要素阈值显示,当春季沙源地有气旋发生发展,且气旋最强盛时中心气压约 990 hPa,85％概率会出现沙尘暴。当气旋中心气压低于 990 hPa,80％概率会出现强沙尘暴。针对这次"3·15"沙尘天气过程,对常用业务数值模式的可预报性进行分析。

从中国气象局全球同化预报系统(CMA-GFS)3月8日起报的预报结果看(图略),14日14时蒙古气旋位于蒙古国中部,中心气压约为 1000 hPa,与实况相比偏高约 20 hPa。预报冷高压中心气压 1035 hPa,和实况接近。虽然对气旋强度预报有一定误差,但明确预报出了蒙古气旋位置,指示预报员该地有出现沙尘天气的可能性。与8日预报相比,9日起报的气旋形状有所变化,但强度调整不大。10—13日 08时起报的 14日 14时蒙古气旋中心气压分别为 990 hPa、990 hPa、985 hPa、990 hPa(图 12),气旋强度向更强方向调整。对于地面高压中心的预报从8日起一直稳定为 1035 hPa,这说明 CMA-GFS 模式可提前一周左右预报出有利于沙尘天气发生的关键天气系统,提前2天基本能预报出此次沙尘天气可达到强沙尘暴。ECMWF 模式 7日和 8日起报的产品预报蒙古气旋中心强度可达 995 hPa。9—13日,ECMWF 模式对于蒙古气旋中心位置的预报较为稳定(图略),且中心气压预报稳定在 985 hPa。与 CMA-GFS 模式相比,ECMWF 模式的预报稳定性及气旋强度、位置预报更为精准,预报提前量与 CMA-GFS 模式相近。

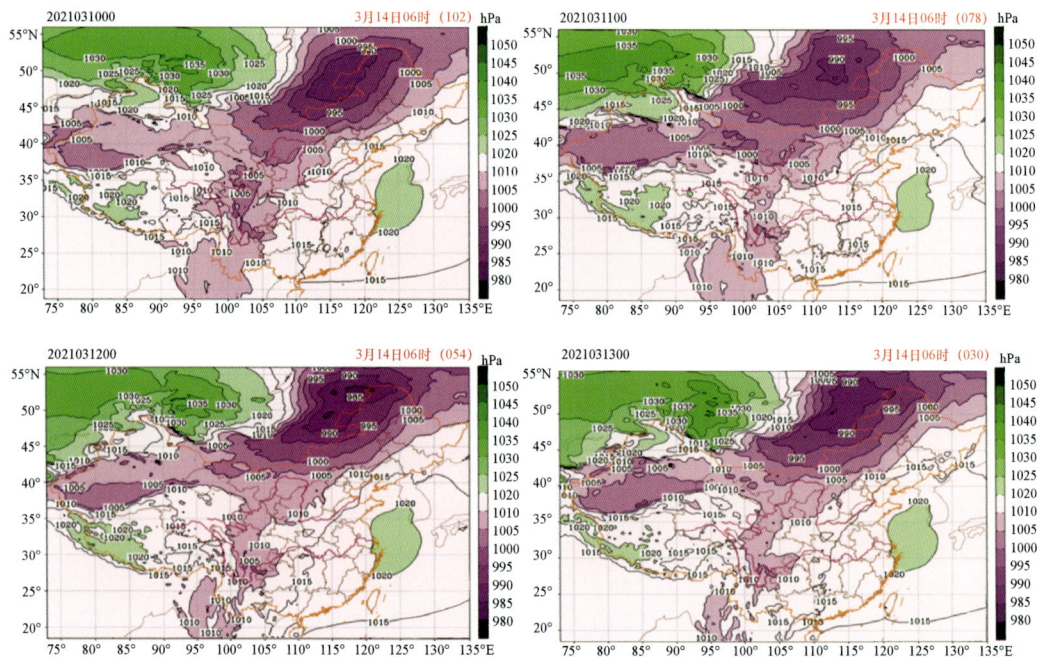

图 12　CMA-GFS 3 月 10—13 日 08 时起报的 14 日 14 时海平面气压

3.2　沙尘数值模式预报检验

结合业务应用,本文重点分析中国、日本、韩国沙尘数值模式的预报性能(沙尘模式仅有 72 h 预报)。蒙古国大范围沙尘爆发阶段(图 13a),中国、日本、韩国模式在 3 月 12 日 08 时的 54 h 预报均准确预报出 14 时沙尘暴发生区域。其中,韩国模式沙尘范围与实况最为接近,中国模式对于蒙古国中东部沙尘预报范围偏小,日本模式对于沙尘范围预报明显偏大(图 13b、13c、13d)。

3 月 15 日沙尘天气影响我国华北地区(图略),以 14 日 08 时最近起报时刻分析,15 日 08 时从内蒙古东南部经京津冀、山西、陕西到内蒙古西部均为带状沙尘覆盖。对比地面 PM_{10} 观测,黑龙江和吉林西部等地出现了明显 PM_{10} 浓度升高的情况,空气质量达重度污染。韩国、日本模式在东北地区西部均预报出了 PM_{10} 浓度的高值区,但日本预报的 PM_{10} 高值区较实际沙尘区范围略小,中国模式对于东北地区西部的沙尘天气出现漏报。

沙尘持续时间预报方面(图略),3 月 15 日 14 时 PM_{10} 实况显示沙尘前锋已到达河北南部、山西南部、东北地区西部一带,京津冀、山西、陕西北部仍处在沙尘影响范围内,空气质量为严重污染。中国模式沙尘前锋预报与实况一致,但对于北京、山西及河北中北部等地的沙尘范围明显偏小,且沙尘维持时间比实际沙尘影响时间明显偏短。与之相比,日本、韩国模式预报的沙尘范围和影响时间更接近实况。

综合以上分析可知,三个模式均能提前 3 天左右报出此次强沙尘天气。韩国模式整体预报浓度最低,但对沙尘范围及持续时间的预报与实况最接近。日本模式对沙尘天气的预报范围较实况偏大。中国模式对 PM_{10} 浓度的预报最接近实况,但对沙尘天气影响的持续时间偏差较大。

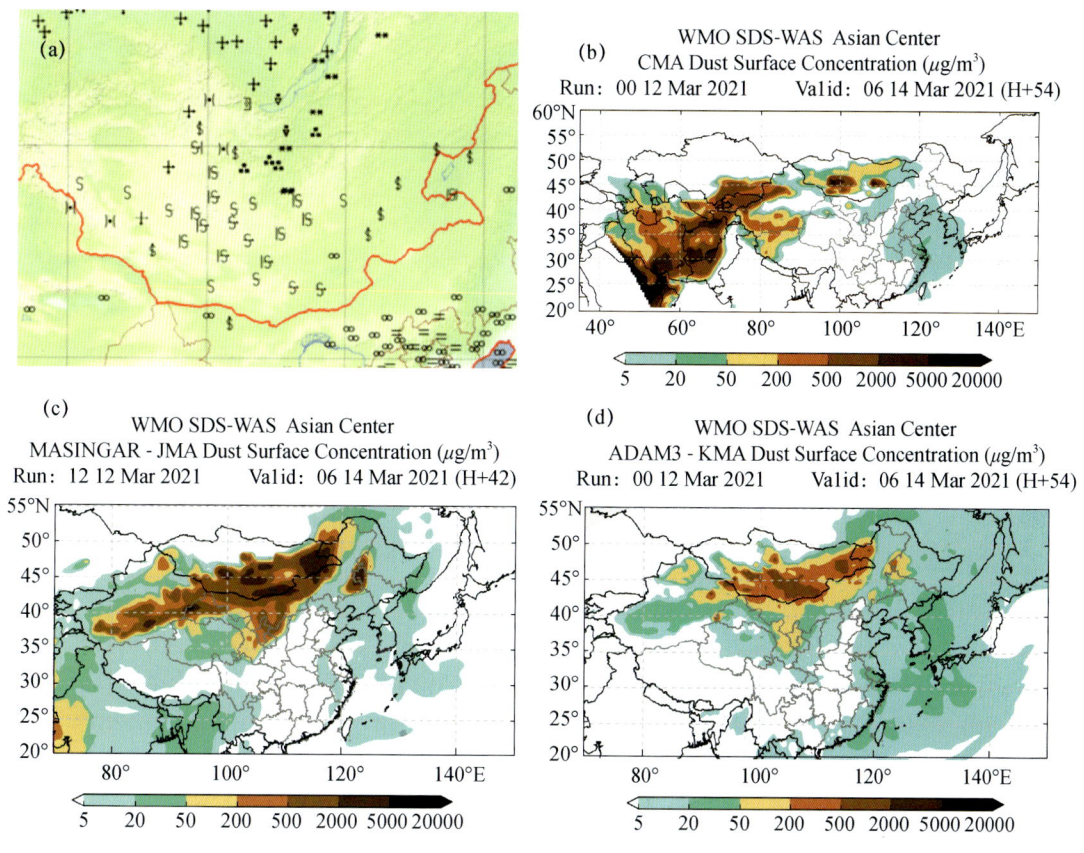

图 13 2021年3月14日14时沙尘气象观测实况(a)与中国(b)、日本(c)、韩国(d)模型12日预报

3.3 预报难点分析

针对此次沙尘天气的预报难点主要来自4个方面。

(1)基于常规卫星观测的戈壁、沙漠等沙尘源区下垫面数据分辨率较低,尤其是蒙古国土壤资料较少,在一定程度上影响了预报员对起沙物质条件的判断。

(2)对于沙尘业务数值模式缺少长期、定量化的检验,预报员对于模式在起沙通量及起沙持续时间方面偏差的机理缺乏深入了解,从而影响到对沙尘强度及持续时间的判断。

(3)针对沙尘源地及传输路径,缺乏有效的沙尘垂直观测和质量浓度观测,预报员难以实时掌握上游沙尘起沙及传输情况,仅基于常规气象观测中的能见度结合主观经验来推测沙尘强度,对下游地区的预报容易出现较大偏差。

(4)针对"3·15"极端沙尘天气,预报员在做预报时除关注导致此类天气的天气系统位置、强度、移动路径外,还应关注天气系统的极端性,才能更为准确地做出预报。

3.4 预报分析思路和预报着眼点

(1)关注沙尘源区及沙尘天气系统路径预报。对于蒙古国、我国西北地区等沙尘源区的起沙情况,除关注下垫面类型、地表状况、气温、降水、积雪等背景状况,须重点关注风力(平均风力6级以上,阵风9~10级及以上)、变压(3 h变压、24 h变压)、水平气压梯度等要素阈值的分析。当天气学要素值达到或超过阈值,须高度关注该区域出现相应级别强度沙尘天气及对下游地区的影响。研究表明,沙尘源区起沙后向下游输送与导致沙尘起沙的天气系统移动高度一致(锋面气旋、纯冷锋、纯气旋等)。另外,沙尘高发季节,要关注天气系统的极端性,可更好把握沙尘的强度。

(2)关注弱天气系统背景下,传输作用对下游地区的沙尘预报。以北京为例,通过对多次沙尘天气的分析发现,导致北京PM_{10}浓度急剧攀升、能见度快速下降的沙尘天气,主要是上游起沙后远距离输送型的沙尘天气。对于这种沙尘天气,关键在于对上游沙尘源区天气系统强度、下垫面状况、降水以及沙尘输送路径的分析。传输型沙尘影响地区通常天气系统并不强,或天气系统减弱很快,沙尘传输至东部地区时,风力已明显减小,气象要素和普通天气差别不大,此时往往预报员容易漏报。其实,传输型沙尘导致的PM_{10}浓度仍能达到重度或严重污染水平,能见度快速下降至3~5 km,且持续时间较长。

(3)关注沙尘回流的影响。华北地区经常会受此类"回马枪"沙尘影响。冷高压东移入海后,华北地区处于高压后部,风向由偏北风转为偏南风。输送到华北地区南部的沙尘在持续南风影响下,又输送回华北中北部地区。对于华东地区,东移出海的沙尘在偏东风影响下,可以回流到上海、江苏等沿海地区。实际业务中需要加强预报员对多源资料的应用,尤其是卫星对海上沙尘的监测,及时关注是否有回流的可能,避免发生漏报。

4 结论

2021年3月14—17日,我国北方地区出现了近10年来最强的沙尘暴天气过程。受强烈发展的蒙古气旋及后部的地面冷高压影响,蒙古国中南部、我国长江中下游以北大部地区自北向南出现沙尘天气,影响面积超过380万km^2。北方多地PM_{10}峰值浓度超过5000 $\mu g/m^3$,部分地区为8000~10000 $\mu g/m^3$。利用多源资料和数值模式对本次沙尘过程分析结果如下。

(1)2021年3月上旬,蒙古国和我国西北地区气温较常年同期偏高5~8 ℃,降水量普遍偏少50%以上,地表无明显积雪覆盖,植被条件偏差。大范围裸露地表为沙尘天气的产生提供了丰富的物质源。

(2)平流层高位涡的扰动导致地面气旋的快速发展,气旋低压与冷高压的共同作用导致地面强烈锋生,强的气压梯度造成大风。蒙古国和内蒙古大部分的沙源地区域均出现了风速超过25 m/s的阵风。阵风将大量沙尘带入大气,相对于平均风,阵风可以增加30%~40%的起沙量。

(3)本次沙尘过程的后向轨迹和溯源结果证明,蒙古国为主要沙源地,对我国中东部贡献超过70%,对华北部分地区贡献超过80%。

(4)CMA-GFS与ECMWF数值模式能提前一周左右给出很好的沙尘预报指示,中国、日本、韩国沙尘数值模式72 h内均能较好预报出此次强沙尘暴过程,但存在沙尘浓度预报偏低情况。沙尘强度与持续时间是本次沙尘天气预报的主要难点,须关注沙源地及移动路径下垫面、温度、降水等背景,尤其是上游起沙强度以及沙尘天气系统的移动路径。

致谢:感谢中国环境监测总站王威博士提供PM_{10}监测数据。

参考文献

[1] TEGEN I,FUNG I. Modeling of mineral dust in the atmosphere:Sources,transport and optical thickness[J]. Journal of Geophysical Research Atmospheres,1994,99(D11):22897-22914.

[2] ZENDER C S,MILLER R,TEGEN I. Quantifying mineral dust mass budgets:terminology,constraints,and current estimates[J]. Eos Transactions American Geophysical Union,2004,85(48):509-512.

[3] ZHANG X Y,ARIMOTO R,AN Z S. Dust emission from Chinese desert sources linked to variations in atmospheric circulation[J]. Journal of Geophysical Research Atmospheres,1997,102(D23):28041-28047.

[4] GROLL M,OPP C,ASLANOV I. Spatial and temporal distribution of the dust deposition in Central Asia-results from a long term monitoring program[J]. Aeolian Research,2013,9:49-62.

[5] MARINOU E,AMIRIDIS V,BINIETOGLOU I,et al. Three-dimensional evolution of Saharan dust transport towards Europe based on a 9-year EARLINET-optimized CALIPSO dataset[J]. Atmos Chem Phys,2017,17:5893-5919.

[6] SUN H,PAN Z,LIU X. Numerical simulation of spatial temporal distribution of dust aerosol and its direct radiative effects on East Asian climate[J]. Journal of Geophysical Research,2012,117.

[7] PENNER J E,HEGG D,LEAITCH R. Unraveling the role of aerosols in climate change[J]. Environ Sci Technol,2001,35:332-340.

[8] LEE S,LEE W,LEE E,et al. Effects of Asian dust-derived particulate matter on ST-elevation myocardial infarction:retrospective,time series study[J]. BMC Public Health,2021,21(1):68.

[9] ZHOU X,LI Z Q,ZHANG T J,et al. Chemical nature and predominant sources of PM_{10} and $PM_{2.5}$ from multiple sites on the Silk Road,Northwest China[J]. Atmospheric Pollution Research,2021,12:425-436.

[10] 张德二,陆风. 我国北方的冬季沙尘暴[J]. 第四纪研究,1999,(5):441-447.

[11] ZHANG X Y,GONG S L,ZHAO T L,et al. Sources of Asian dust and role of climate change versus desertification in Asian dust emission[J]. Geophysical Research Letters,2003,30:2272.

[12] YANG Y Q,HOU Q,ZHOU C H,et al. Sand/dust storm processes in Northeast Asia and associated large-scale circulations[J]. Atmos Chem Phys,2008,8:25-33.

[13] KIM T H,BOO K O,LEE J,et al. Analysis of the future emission changes in mineral dust aerosol in CMIP5 related to bare soil and soil moisture conditions[J]. Clim Res,2014,9:33-51.

[14] 范一大,史培军,周俊华,等. 近50年来中国沙尘暴变化趋势分析[J]. 自然灾害学报,2005,14(3):22-28.

[15] YIN Z,WAN Y,ZHANG Y,et al. Why super sandstorm 2021 in North China[J]. Natl Sci Rev,2021,9(3):nwab165.

[16] LIU S,XING J,SAHU S K,et al. Wind-blown dust and its impacts on particulate matter pollution in Northern China:current and future scenarios[J]. Environ Res Lett,2021,16:114041.

[17] ENVIRON AND HEALTH. User's Guide for the Comprehensive Air Quality Model with Extensions (CAMx),Version 7.00[M]. Noavto:Environ International Corporation,2020.

[18] KOK J F,MAHOWALD N M,FRATINI G,et al. An improved dust emission model-Part 1:model description and comparison against measurements[J]. Atmospheric Chemistry and Physics,2014,14:13023-13041.

[19] WANG J K,ZHANG B H,ZHANG H D,et al. Simulation of a severe sand and dust storm event in March 2021 in Northern China:dust emission schemes comparison and the role of gusty wind[J]. Atmosphere,2022,13(1):108.

[20] WANG J K,GUI H L,AN L C,et al. Modeling for the source apportionments of PM_{10} during sand and dust storms over East Asia in 2020[J]. Atmospheric Environment,2021,267:118768.

[21] PETTERSSEN S,SMEBYE S J. On development of extratropical cyclones[J]. Q J R Meteor Soc,1971,

97:457-482.

[22] HOSKINS B J. Towards a PV-Theta view of the general-circulation[J]. Tellus A Dyn Meteoroloceanog, 1991,43(4):27-35.

[23] ZENG Q,CHENG X,HU F,et al. Gustiness and coherent structure of strong winds and their role in dust emission and entrainment[J]. Advances in Atmospheric Sciences,2020,27(1):1-13.

[24] EFTHIMIOU G C,HERTWIG D,ANDRONOPOULOS S,et al. A statistical model for the prediction of wind-speed probabilities in the atmospheric surface layer [J]. Bound Layer Meteorol,2016,163:179-201.

第三部分

重大活动气象保障

中国共产党成立 100 周年庆祝活动气象保障服务总结

北京市气象局

摘要：在中国共产党成立 100 周年庆祝活动气象保障服务工作中,北京市气象局通过各类新型观测设备综合应用以及各类加密观测,形成了"3 站址＋2 垂直＋1 应急＋多点位"的三维立体精细化观测布局;针对活动保障需求,研发以天安门为核心区的高分辨率数值预报产品体系;开发专项数据可视化专题页面,利用大数据可视化技术构建多场景的数字气象空间,实现对于新增专项保障观测数据、分析和预报产品的综合可视化;针对庆祝活动,组织研发气候预测、中短期天气预报、环境气象预报、专业气象预报四类专题服务产品;首次由预报员启动数值预报模式定制试验,以 CMA-GFS 和 NCEP 模式替代 ECMWF 模式为背景场驱动 CMA-BJ 模式,预报出"6 月 28 日出现雷阵雨可能性较小",科学支撑文艺演出比原计划提前一天举行,取得了较好的服务效果。本文从气象保障服务工作情况、科技支撑、成效与经验总结等方面对建党百年庆祝活动气象服务保障全过程进行梳理,总结出成功经验。

引言

2021 年 7 月 1 日,中国共产党迎来百岁诞辰。北京市气象局按照中央和北京市庆祝活动领导小组要求和部署,在中国气象局、北京市委市政府的坚强领导下,按照"监测精密、预报精准、服务精细"的气象工作总要求和"精精益求精、万万无一失"庆祝活动服务保障要求,坚持细致再细致、周密再周密,在国家级业务单位,天津、河北、山西、内蒙古、辽宁等省(区、市)气象局,在京科研院所和部队气象部门的支持下,集军地行业之智,以最坚决的态度、最周密的筹划和最高的标准出色完成了建党百年庆祝活动气象服务保障任务。本文对建党百年庆祝活动气象保障的全过程进行细致全面的梳理,希望为气象部门开展重大活动气象保障提供参考。

1 基本情况

1.1 活动基本情况

2021 年 6 月 28 日晚,举行庆祝中国共产党成立 100 周年文艺演出。该演出原定于 6 月 29 日举行,因天气原因,在气象部门建议下提前一天在国家体育场举行。

7 月 1 日上午,庆祝中国共产党成立 100 周年大会在北京天安门广场举行。

1.2 活动组织方对气象服务的需求

活动组织方共有11个专项工作机构与北京市气象局对接了气象服务需求,服务保障时间自3月19日起至庆祝活动结束,历时近三个半月的时间。气象服务需求范围广,内容涵盖历史观测数据、实况观测数据、天气预报预警、气象风险评估、空气质量预报、花粉监测预报等内容(表1)。

表1 活动组织方气象服务需求表

时段	气象服务需求
活动筹备 (3月19日—6月11日)	1. 天安门地区和国家体育场历史天气精细分析、城区庆祝活动期间气候特征分析 2. 天安门地区活动历史同期出现降水、大风、雾、霾、高温、雷电、冰雹等高影响天气概率 3. 北京地区延伸期及月气候预测、中长期空气质量趋势预测
预演、彩排、正式活动 (6月12日—7月1日)	1. 提前10天,天安门地区、国家体育场未来10天逐日预报和预警信息 2. 活动前3天,关键时段逐3 h预报和预警信息 3. 活动前1天至活动当天,关键时段逐1 h预报和预警信息,内容包括天空状况、温度、风向、风速、降水量、相对湿度、能见度等要素预报 4. 活动当天,天安门地区花粉监测预报 5. 北京地区未来10天空气质量预测预报,核心区未来3天空气质量精细预报

1.3 气象保障服务工作的难点与重点

(1)气象条件最为复杂多变

此次庆祝活动举办恰逢北京主汛期,天气复杂多变,气候异常、极端天气现象多发。从活动彩排、演练到最终举办的近一个月时间里,北京地区受多个高空冷涡天气系统连续影响,有时高温晴晒,有时连续多日出现雷阵雨,并伴有大风、冰雹等强对流天气,给气象预报带来极大"变数"。

(2)气象预报精准度最具挑战

此次活动保障战线长、服务需求多、任务要求高,气象预报既要求精确到小时又要求提前时间长。强对流天气的定时、定点、定量预报本身就是世界性难题,加之北京特殊的地形、超大城市复杂下垫面等因素的影响,如何在当前技术能力范畴尽可能满足活动对天气预报精细化需求是气象部门面临的最大挑战。

2 中国共产党成立100周年庆祝活动气象保障服务工作情况

2.1 编制重大活动气象保障服务工作方案

北京市气象局根据北京市庆祝活动领导小组部署,3月制定了《北京市气象局重大活动气象服务总体工作方案》,4月按照"一场一策"编制了4个专项方案,即《天安门地区活动气象服务专项方案》《国家体育场地区活动气象服务专项方案》《北京昌平南口地区活动气象服务专项方案》和《北京昌平阅兵村地区活动气象服务专项方案》。

2.2 观测设备建设和观测资料应用情况

2.2.1 完善关键区域气象观测系统，形成精细化立体观测

依据庆祝活动气象服务保障需求，按照"3站址＋2垂直＋1应急＋多点位"的布局，开展天安门地区气象观测系统补充建设及设备升级，对关键区域进行精细化立体观测，共观测风速、风向、空气温度、相对湿度、降水、能见度、黑球温度等16种地面气象要素及2 km高度内的垂直风、云高、云量等。具体包括以下工作。

(1)在中国国家博物馆楼顶安装3套传感器，开展风速、风向、空气温度、相对湿度、黑球温度、暴晒温度的气象要素监测；在天安门气象观测站增加能见度、降水现象要素观测；在故宫气象观测站增加蓝天指数、公共环境指数等直接测量进行观测；在广场观众席增设六要素多介质温度(空气温度、湿度、铝地毯温度、钢地毯温度、地砖温度、座椅温度)观测站。

(2)在正阳门气象观测站增设测风激光雷达和云高仪，开展2 km高度内的垂直风、云高、云量观测。

(3)在国家体育场建设3层梯度6套智能气象站，开展水平方向的空气温度、湿度、风速、风向和气压等多要素观测。

(4)升级气象应急观测车装备，加装便携式降水现象仪和蓝天指数仪。

2.2.2 加密观测及应急观测

(1)启动各类加密气象观测

地面加密观测。自6月28日14时起，京津冀三地174个国家站开展17时次/站的地面加密观测工作，加密要素主要为天气现象、总云量、云高。

加密探空观测。自6月12日起演练及活动期间，北京南郊观象台每日14时开展探空加密观测。

卫星加密观测。针对庆祝活动演练及正式活动，国家卫星气象中心启用刚刚发射成功的风云四号B星观测，将逐分钟可见光图像产品应用于活动保障中。此外，开展10个时次(共计10 h)高分四号卫星加密观测。

(2)强化现场服务气象应急观测

活动及演练期间派驻气象应急观测车赶赴现场，观测、预报服务人员开展现场气象要素观测及现场服务保障。在出现微量降水等自动观测设备无法识别的天气时，现场应急观测车的人工观测发挥重要作用。

2.3 模式及系统建设情况

2.3.1 充分发挥中国气象局北京快速更新循环数值预报系统(CMA-BJ)模式体系优势，精准预报

针对活动保障需求，研发以天安门为核心区的高分辨率数值预报产品体系。新增天安门区域10 m水平分辨率逐6 min更新的风、温度、相对湿度数据及平均辐射温度、热舒适指数格

点分析产品;新增城区 100 m 分辨率逐 10 min 更新的风、温度、降水数据的分析和预报产品;新增北京地区 1 km 分辨率、6 min 更新的分析和预报产品;北京多波段雷达组网应用系统(BJ-SXNet)新增雷达 0～1 h 外推产品。以 1 km 智能网格预报业务体系为基础,建立重大活动客观预报产品集成显示、制作平台。

2.3.2 组织开发活动保障专题页面,助力服务

开发专项数据可视化专题页面,利用大数据可视化技术构建多场景的数字气象空间,实现对于新增专项保障观测数据、分析和预报产品的综合可视化,使专项活动保障气象数据更加直观、丰富展示。完成地面观测要素、云高仪、激光测风雷达、56 项 CMA-BJ 模式新增产品和 15 项 CMA-BJ 模式调整产品的集成显示。依托北京市政务外网,为相关指挥部提供指定区域范围内的观测、预报等实时气象数据服务。

2.4 演练期间气象保障服务情况

针对庆祝大会及文艺演出演练期间天气,提供未来 4～10 天(逐 12 h)、24～72 h(逐 3 h)、0～24 h(逐 1 h)预报服务;预报内容涵盖天气现象、温度、风向风速、能见度、相对湿度、体感温度等多种类气象要素,具体服务情况见表 2。

表 2 庆祝活动演练期间气象保障情况表

演练内容	重点时段	预报服务内容
天安门广场庆祝大会演练	6 月 12 日	提前 3 天逐 3 h 高温趋势和相对湿度预报、提前 1 天的逐 1 h 阵风预报结论与实况基本相符
	6 月 22 日	提前 7 天预报出演练时段为晴到多云天气;提前 3 天预报出演练时段温度较高,为 27～30 ℃;提前 1 天预报出演练傍晚至 20 时阵风 6 级
国家体育场文艺演出演练	6 月 25 日	提前 7 天提示 24 日前后有降水天气;提前 2 天预报 23 日夜间至 25 日多降水天气。提前 1 天预报 25 日 17—20 时将会有雷阵雨,阵风 7 级左右。25 日 18 时将雷雨预报调整到 22 时前后。预报和实况基本相符
	6 月 26 日	提前 7 天预报 26 日演练当天为多云到阴天气;24 日 17 时起,预报天安门地区 26 日下午至傍晚有雷阵雨,演练时段为多云到阴天气。26 日 16 时预报 17 时仍有雷阵雨,17 时之后直到演练结束不再预报降雨。演练关键时段天气多云到阴,预报和实况基本相符

2.5 活动期间气象保障服务情况

北京市气象局派出多名首席预报员、专家,在天安门指挥中心、国际体育场文艺演出指挥部、安保指挥中心等驻场开展全天候现场气象服务,指挥中心平台实时更新气象监测预报信息。

2.5.1 文艺演出气象保障服务情况

针对文艺演出气象保障需求,组织军地、央地联合会商 10 余次,研判文艺演出关键时段天气。提前 3 天预报 6 月 29 日国家体育场活动期间可能出现雷阵雨。6 月 27 日凌晨,经过对比 28 日和 29 日的气象条件,对两晚降雨出现时间、影响区域等进行精细预报,判断 6 月 28 日晚上较 6

月 29 日更加适合文艺演出的举行,为中央领导正确选择窗口期提供了科学决策依据。文艺演出时间由 6 月 29 日调整到 28 日,比原计划提前一天举行,确保文艺演出取得了更好的效果。演出当天及时提供演出期间天气实况和关键时段逐 1 h、逐 3 h 预报,同步向文艺演出运行指挥部运行指挥中心、设施保障组、舞台与演职管理组、焰火燃放组等及时提供预报和服务提示。

2.5.2 庆祝大会气象保障服务情况

针对庆祝大会气象保障需求,组织军地、央地联合会商近 20 次,研判庆祝大会期间天气情况,关注降水、高温、大风、高湿、闷热、雷电等天气现象。

提前 14 天预报天安门地区 6 月 30 日夜间有降水、7 月 1 日上午多云;提前 2 天滚动提供天安门逐 1 h 精细化气象预报;提前 1 天预报明确 7 月 1 日上午天气对庆祝大会的举行无明显影响。提供天安门地区精细到城楼、表演区、南北观礼台的体感温度分布预报,提供天安门广场三种材质坐席和地砖的温度预报。及时提供关键时段实况和逐 1 h、逐 3 h 预报,通过多种方式同步向中央和北京市庆祝活动领导小组、中国共产党成立 100 周年庆祝活动领导小组办公室、调度运行中心、8 个指挥部以及中央电视台总台等及时提供预报和服务提示。在庆祝大会开始前 3 h 密切监测到有降雨云团,做出 09 时左右天安门将有零星阵雨,但不影响活动正常进行的判断。针对 7 月 1 日上午逐 1 h 的温度进行分析,为领导小组科学确定庆祝大会举行具体时段提供决策依据。

3 重大活动气象保障服务科技支撑

3.1 针对重大活动气象保障服务进行的专题产品研发

3.1.1 专题产品研发

针对庆祝活动,组织研发气候预测、中短期天气预报、环境气象预报、专业气象预报 4 类专题服务产品(表 3)。

表 3 庆祝活动专题产品表

产品类别	产品名称	产品内容
气候预测	庆祝活动期间气候特征综述报告	近 40 年活动期间北京主城区的气候总体情况和极端天气
	北京地区历史天气精细分析报告	天安门广场和国家体育场地区活动期间历史逐时天气情况
中短期天气预报	气象服务专报	天安门、国家体育场未来 24 h(逐 1 h)、未来 24~72 h(逐 3 h)、未来 4~10 天(逐 12 h)多要素预报(天空状况、温度、风向、风速、降水量、相对湿度、能见度);11~20 天逐日天气现象
环境气象预报	臭氧污染预报	北京地区未来 10 天逐日臭氧污染预报
	空气质量预报	北京地区未来 3 天逐 1 h 空气质量预报;活动演练期间空气质量、能见度和雾霾的趋势预测和中长期(15 天)预报
专业气象预报	人体舒适度预报	天安门地区城楼区、北观礼台、南观礼台、表演区 4 个区域活动时段逐 1 h 体感温度预报及天安门观众席位不同材质表面温度预报

3.1.2 预报效果评估

(1) 主观预报效果

天安门地区48 h预报准确率较近三年平均预报准确率提升10%左右。文艺演出及庆祝活动期间温度趋势预报与实况基本一致；逐1 h风速预报基本准确(图1)。

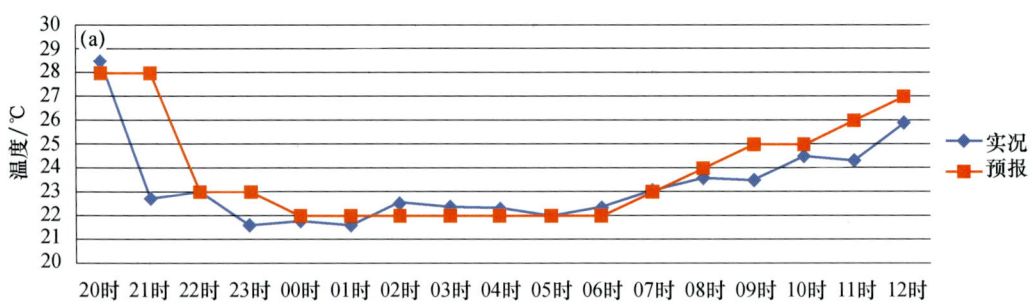

图1 庆祝活动(2021年6月30日—7月1日)期间逐1 h温度(a)、平均风速(b)预报检验

(2) CMA-BJ模式预报效果

针对6月25日国家体育场文艺演出演练,从24 h降水落区来看,与欧洲中期天气预报中心(ECMWF)模式相比,CMA-BJ短期模式有更好的预报能力,能体现出局地强降水分布不均的特征。随时效临近,24日20时起报、25日02时和08时起报均能反映出北京地区西北—东南向的雨带,且主要位于北京的北部地区。

(3) 机器学习客观算法

基于CMA-BJ模式产品和实况降水资料,使用频率订正方法,得到更接近实况的预报产品(图2)。运用模式后处理机器学习MOML算法对ECMWF模式数据进行后处理,并选取最优的机器学习模型进行最终的预报,逐1 h温度偏差订正超过1 ℃(图3)。

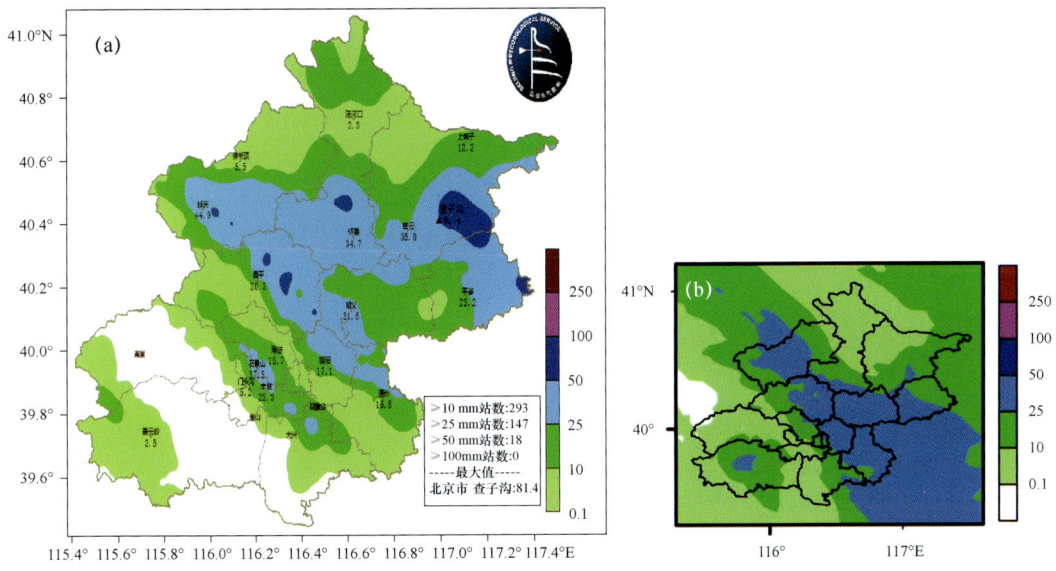

图 2 概率匹配算法降水预报结果与实况对比

(a)6月25日20时—26日20时降水实况(单位:mm);(b)6月25日20时预报(单位:mm)

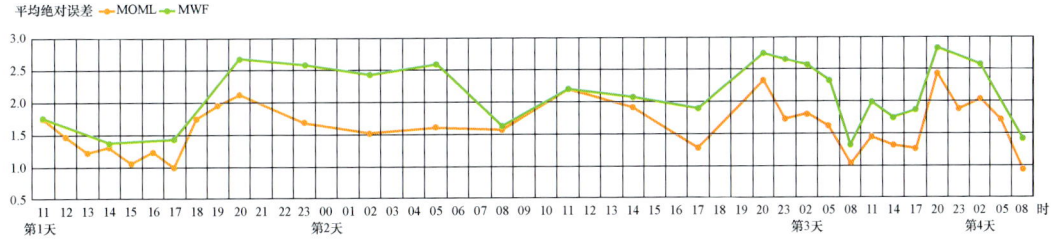

图 3 MOML方法预报天安门地区6月1—25日起未来4天气温平均绝对误差

3.2 新技术、新方法、新平台、创新工作机制等气象现代化成果在保障服务中的应用

3.2.1 在关键区形成三维立体观测体系

通过各类新型观测设备综合应用以及各类加密观测,形成了"3站址+2垂直+1应急+多点位"的三维立体精细化观测布局。

3.2.2 根据服务需求定制精细化客观预报预测产品,为活动保障提供科学依据

结合庆祝活动气象服务需求,组织定制气候预测、数值模式、环境气象预报、专业气象预报等多种产品,具体情况见表4。

表 4 庆祝活动定制产品简介

产品名称	亮点
气候预测	环流相似订正、EOF迭代方法、集合预报、人工智能气候预测方法,提前2个月给出预测结论
CMA-BJ 短期	定制12~96 h时效的专项服务产品,产品类型包括指定地区的体感温度、阵风、云量、综合探空预报以及前期预报的检验
CMA-BJ 睿思	100 m分辨率、逐10 min更新的网格化分析、预报集成及检验产品
CMA-BJ 临近	京津冀、环北京、北京范围1 km分辨率、逐6 min间隔的观测、分析、预报产品
CMA-BJ 化学	历史同期能见度预报产品系统性检验
CMA-BJ 城市	北京城区指定位置气象要素和体感指数10 m级水平分辨率快速分析和预报
臭氧污染预报	基于LSTM神经网络的北京地区未来10天逐日的臭氧污染预报
体感温度预报	基于人体热平衡机理模型。建立SET(标准有效温度)、PET(生理等效温度)、UTCI(通用热气候指数)等多种体感温度预报模型

3.2.3 针对性升级或开发系统平台,为保障提供直观产品

将原有X波段网络化应用系统升级多波段雷达组网应用系统,新增25层雷达组网产品及回波外推、冰雹外推、降水外推和大风外推四种临近预报产品。雷达组网产品三维展示,可360°无死角观看风暴结构和各类降水粒子空间分布。在保障活动中,对强对流回波进行有效跟踪监测,为活动保障提供决策依据。

以1 km智能网格预报业务体系为基础,结合各类实况观测产品,建立重大活动气象保障集成显示平台,通过利用大数据可视化技术构建多维多场景的数字气象空间,实现对于新增保障观测数据和预报产品的综合三维可视化,满足活动保障专题气象数据的直观、丰富展示。

3.2.4 数值预报模式定制试验在活动保障工作中发挥关键作用

根据服务需求,首次由预报员启动数值预报模式定制试验,以中国气象局全球同化预报系统(CMA-GFS)和美国国家环境预报中心(NCEP)模式替代ECMWF模式为背景场驱动CMA-BJ模式,得到不同预报结果,并经过预报专家分析研判,预报出"6月28日出现雷阵雨可能性较小",科学支撑文艺演出比原计划提前一天举行,取得了较好的服务效果。

4 成效与经验总结

4.1 取得的成效

4.1.1 精准预报为庆祝活动顺利举行保驾护航

为文艺演出选择日期提供科学决策依据。提前3天预报出6月29日降雨,并将影响国家体育场,28日夜间气象条件更加有利于文艺演出。据此预报结论,文艺演出举办时间及时做出调整,确保演出取得更好效果。

为庆祝大会平安举行提供有力气象保障。提前14天提供7月1日上午天安门广场天气

潜势预报；提前1天明确气象条件对庆祝大会举行无明显影响；提前3 h预报出09时左右天安门广场虽将有零星阵雨，但不影响活动正常进行。7月1日上午逐1 h气温分析助力领导小组科学确定庆祝大会举行的具体时段。滚动、精细的预报有力保障了庆祝大会顺利举行。

4.1.2 细致服务、保障工作充满关怀体贴

气象服务"细"致入微。针对不同高影响天气，开展具体影响活动举办的气象要素阈值分析，针对可能出现超阈值的高影响天气，及时提醒采取措施予以防范。开展不同材质座席温度观测预报和精细化分区域体感温度预报，为应对高温提供数据支撑。开展国家体育场上空不同高度风速、风向实况观测和预报，提供能见度、云底高度、云量等预报服务产品，为保障威亚表演和飞行表演提供服务。

4.2 经验总结

（1）"一个纲"部署工作，坚决落实中央指示是关键

以建党100周年庆祝活动为纲，中央领导同志及北京市、中国气象局、军委联参部、空军等领导在筹备、演练和正式活动期间全程全面部署气象服务保障工作，对气象监测、预报、服务、气候分析和人工影响天气工作持续给予具体细致指导。

（2）"一条流程"应对需求，强化保障机制是前提

面对复杂多变的服务需求，建立了"一张重点区域精密监测网、一个精细化预报方法库、一个细致入微服务出口"的全流程预报服务保障机制工作机制，主动深入对接、及时梳理分类共性和个性化需求，畅通服务渠道，集约高效提供精细化无缝隙气象服务。

（3）"一套成果"科技助力，强化现代化成果应用是基础

气象新设备、新技术在庆祝活动气象服务保障中的作用得到充分发挥。多年努力建成的多波段雷达组网、风云气象卫星和关键区精密立体监测网发挥"千里眼、顺风耳"作用，国际国内先进的全球模式系统及本地CMA-BJ模式体系等核心技术发挥"望远镜"作用，军地专家预报团队丰富的经验和敬业精神发挥"定盘星"作用，提供长时效、全要素、精准细致的预报服务。

（4）"一个机制"形成合力，强化军地协同是支撑

地方牵头、军地深度融合的军地联合会商组织体系发挥"中枢大脑"作用，军地领导在关键节点靠前指挥、统一调度、协同推动发挥"主心骨"作用，集全部门之力、集军地专家之智发挥"智能终端"作用，天安门及周边所有气象监测数据及专项活动保障平台实时与军队单位共享共用发挥"协同高效"作用。

（5）"一支队伍"勇挑重担，敢打硬仗是保证

所有参加保障人员立足岗位职责，发挥"细致、精致、极致"的工作作风，迎难而上，连续作战，时刻保持高昂斗志，以科学严谨的专业素养和精益求精的专业技能，全身心投入到庆祝活动气象服务保障中，充分彰显了新时代首都气象人的使命担当。

4.3 存在的问题及改进

4.3.1 问题与不足

鉴于气象预报的复杂性、北京超大城市和周边地形影响的特殊性，此次活动保障中气象预

报结论出现摆动和"空漏报"现象。现有数值预报模式对影响重大活动举办的高影响天气定点、定时、定量预报能力还不足,特别是对强对流天气的预报预警能力需要进一步提升。

4.3.2 改进方案与计划

(1)围绕重大活动保障需求,建设关键区域精细化、智能化靶向观测体系,着力提升重大国事活动关键区域长序列、立体、精细观测和实况反演能力。

(2)将冬奥"百米级、分钟级"精细化预报技术应用到重大活动保障关键区域。实现水平网格 100 m,10 min 快速更新循环的精细数字化气象要素三维实况分析和 0~24 h 预报,提升重大活动精细预报能力。

(3)建立华北区域 25 km、关键区域 5 km 分辨率气温、降水等气象要素的 11~30 天延伸期智能网格预测业务,提升重大活动定时、定点延伸期气候预测提前量和精准度。

(4)建设数字气象台,搭建数值模式业务应用工程化平台、气象人工智能客观预报算法库、三维可视化天气系统交互分析系统,实现对极端天气的智能化精准识别、自动捕捉、自动追踪,提高短时临近和短中期智能预报水平。

5 总结

本文详细回顾了建党百年庆祝活动气象保障全过程,深入分析了气象服务的效益、成功经验及不足,得到如下结论。

(1)提前深入对接、分析服务需求,找准"一场一策"精细服务的方向。

(2)建立"一张重点区域精密监测网、一个精细化预报方法库、一个细致入微服务出口"的全流程预报服务保障工作机制,是庆祝活动成功保障的前提。

(3)多波段雷达组网、关键区精密立体监测网、CMA-BJ 模式体系等核心技术为支撑,依靠军地专家预报团队丰富的经验和敬业精神,突破常规业务,提供时效更长、要素更全、精准细致的预报服务,是庆祝活动成功保障的重要支撑。

(4)仍需进一步提升超大城市复杂地形下,现有数值预报模式对强对流等高影响天气的定点、定时、定量预报能力。

中华人民共和国第十四届运动会
气象保障服务总结

陕西省气象局

摘要：陕西省气象部门在第十四届全国运动会和残特奥会气象保障服务工作中，开发了十四运会和残特奥会预报预警系统，实现统一方式的平台、操作系统服务调用；建立了覆盖十四运会全部赛事场馆的雷达时序预测模型，极大地提升了户外赛事的逐小时预报服务需求；基于CMA-BJ数值模式建立了陕西省区域数值预报模式系统，为最早预报十四运会开幕式晴转雨转折性过程的两个数值模式之一；组织三道防区空地作业力量对可能影响开幕式的降雨云团实施了有效拦截和消减，开幕式现场实际降雨时间比预报降雨时间推后了近 2 h，保障了开幕式的顺利进行；创新建立"前店后厂"机制，全面融入组委会整体工作布局，圆满完成了开闭幕式等重大活动及赛会赛事全程气象保障服务。

关键词：第十四届全运会，预报预测预警，气象业务系统，人工影响天气，气象保障服务

引言

第十四届全国运动会于2021年9月15—27日在陕西举办，设有35个竞技比赛项目和19个群众赛事活动共计595个小项，共有1.2万余名运动员和1万多名群众运动员参加，比赛场馆分布在陕西11个市（区）以及西咸新区和韩城市。全国第十一届残运会暨第八届特奥会于2021年10月22—29日在陕西举办，设有43个大项47个分项，共有4484名残疾人运动员参加，比赛场馆主要分布在西安、宝鸡、渭南、杨凌、铜川等5个市（区）。

十四运会和残特奥会组委会2019年8月即成立了独立运行的气象保障部，要求气象保障部负责赛事期间各赛区的天气预报服务工作、拟定大型活动人工消雨方案并组织实施等。同时，组委会其他22个部室在赛会活动组织、赛事编排运行、火炬传递路线策划、交通电力运行保障等工作环节中都提出了相应的气象服务需求。根据组委会、中国气象局、陕西省委省政府的工作要求和服务需求，气象保障服务工作的重点主要包括圣火采集和火炬传递、开（闭）幕式等赛会活动、测试赛和正式比赛气象保障服务；开幕式人工消减雨、城市运行及公众气象服务；高影响天气风险管理和应急气象服务等。十四运会和残特奥会开（闭）幕式等赛会赛事标准高、规模大、范围广、时间长，对气象保障服务工作的组织管理、能力水平提出了极高的要求。同时，2021年极端天气多发频发重发，十四运会期间降水量为历届全运会之最，加之新冠肺炎疫情的不利影响，都给气象保障服务工作带来了巨大压力和挑战。

1 重大活动气象保障服务工作情况

1.1 观测设备建设和观测资料应用情况

新建81套观测设备,构成了由99个国家自动气象站、267个多要素站、1305套两要素站、4个探空站、7部天气雷达以及新建相控阵雷达、激光雷达、微波辐射计等17种81套新型观测设备组成的十四运会气象监测体系。各赛区或场馆周围站网密度达1 km左右,赛场及周边地区天气监测覆盖率达到90%以上,监测时效达到分钟级,西安城区地面自动气象站网平均密度达5 km,实现对基本气象要素的分钟级全空间覆盖。研发"十四运会和残特奥会综合气象监测系统平台",全天候实时监视和评估陕西2000余套设备运行状态,实现温、压、湿、风、雨等基本要素站点和网格的三维无缝隙"一张网"。同时,数据通过多源观测资料快速融合分析,形成气象要素三维实况场及天气系统实时监测产品,并直达预报服务系统,供业务人员实时参考。微波辐射计、暑热、水体、沙温等观测数据还应用于预报技术研发。通过十四运会和残特奥会综合气象监测系统实况产品,设备探测环境、运行状态与数据产品相辅相成,形成一个完整的观测闭环。

1.2 模式及系统建设情况

1.2.1 十四运会和残特奥会预报预警系统建设情况

为了满足十四运会多场馆、高并发和快速服务响应需求,采用面向服务的架构(SOA),开发十四运会和残特奥会预报预警系统,将服务通过接口和契约与程序进行联系,实现统一方式的平台、操作系统服务调用。系统包括十四运会45天网格精细化预报、高影响天气客观预报预警、短时精细化预报、临近监测预警、产品制作、预报检验6大模块。45天网格精细化预报融合了网格实况、短临预报、网格预报和11~45天网格预测产品;高影响天气预报能够自动预报预警赛事场馆和关键点高影响天气,制作沙温、水温、暑热压力等特殊要素预报;短时预报能够开展分钟级降水预报和分类强对流客观预报。

针对预报产品精准度需求,广泛应用国家气象中心、中国气象科学研究院、国家卫星气象中心等国家级业务单位的先进科研成果。在国家气象中心的指导下,采用模糊逻辑算法,总结分类强对流天气关键环境参量及阈值模型并构建客观预报方程,形成赛事场馆的分类强对流客观预报产品。建立覆盖十四运会全部赛事场馆的雷达时序预测模型,生成未来0~2 h全省高时空连续性的10 min更新的雷达外推产品和分钟级定量降水预报产品,极大地提升了高尔夫、攀岩等户外赛事的逐小时预报服务需求。基于格点预报产品中逐小时温度、湿度、降水量等预报数据和实况数据,采用多元线性回归方法,建立预报因子与温度、降水、湿度等气象要素的回归方程模型,得到沙温、水温、暑热指数等产品,为十四运会的水上项目、马术和沙滩排球等比赛项目提供专题气象保障服务。

1.2.2 十四运会和残特奥会系列服务系统建设情况

针对赛事标准高、场馆分布广、时间跨度长、人员众多、需求多样等特点,研发了全运·追天气智慧气象决策系统、一体化智慧气象服务系统、全运·追天气 APP 和相关网站。全运·追天气智慧气象决策系统部署于十四运会和残特奥会赛事指挥中心、省市安保联合指挥中心和消防安保指挥部，系统利用三维空间、气象可视化、大数据等技术，实现了全省 13 个赛区气象监测预报信息融合分析和分级展示，为组委会最高决策层及时掌握天气概况、科学指挥调度提供决策支撑。十四运会及残特奥会一体化智慧气象服务系统基于 SpringBoot、WebSocket、Nginx 和大数据处理等技术实现了气象服务产品的定制和快速制作、智能发布和信息共享等功能，实现了天气数据与赛程相结合，产品与任务相结合的多线联动作业机制，为省市两级赛事气象服务提供了基础支撑。全运·追天气 APP 充分应用人工智能、大数据分析、智能语音识别等新技术，面向决策用户、体育代表团、志愿者和媒体、公众等人群，实现了随时随地获取赛事相关实况监测、预报预警及自动报警提醒等定制化功能，仅十四运会期间，全运·追天气 APP 决策用户总量超 15 万人，公众版访问量破 100 万人次。

1.2.3 十四运会气象信息化支撑建设

构建了以气象大数据云平台"天擎"为基础的"云＋端"业务布局，以省级"天擎"为核心数据环境、CIMISS 为主备份系统，试点应用国家级天擎作为十四运服务的次备份系统，建立了针对接口整体切换、分资料精细化切换的技术流程，做到了应用系统"零感知"应急切换。完成多要素区域站、微型智能站、天气现象智能观测仪、风廓线雷达、X 波段雷达等数据向天擎的接入，通过 CTS2、FTP、MUSIC 接口等方式为全省各级保障服务单位提供数据支持。为组委会信息技术部研发、提供专门的数据共享服务。全国首批试点部署挖掘分析-机器学习平台，实现多类实况融合产品在线检验模型研发。完成了十四运会综合监测、预报预警、人影作业指挥系统的"云化改造"和"云原生"研发，十四运会期间陕西"天擎"日均接口调用超过 30 万次，共集成算法 68 个，居全国前列。

1.2.4 陕西省区域数值预报模式建设情况

基于 CMA-BJ 数值模式建立了陕西省区域数值预报模式系统，并完成业务试运行。十四运会期间，区域模式共提供预报产品 196 次，是最早预报十四运会开幕式晴转雨转折性过程的两个数值模式之一。图 1 及图 2 分别是各主要数值预报模式产品在十四运会赛事期间的 08 时和 20 时起报的降水预报 TS 评分，其中 sxmodel-9 km 和 sxmodel-3 km 分别表示陕西区域

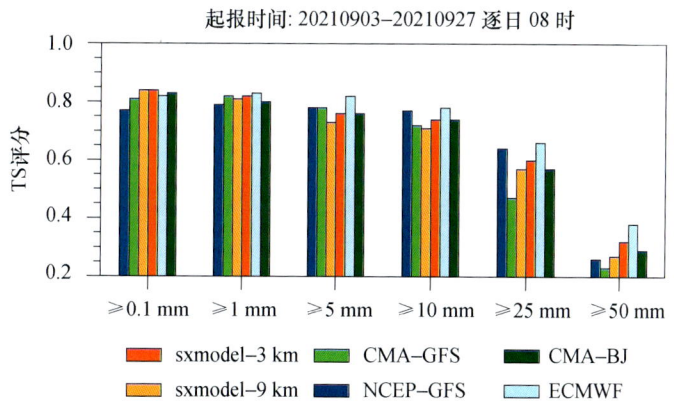

图 1　各主要数值预报模式产品在十四运会开幕式前后降水预报评分（08 时起报）

数值模式 D01 和 D02 的评分结果。对比可见,陕西区域模式系统在整个十四运会赛事期间降水预报表现良好,特别是 0.1 mm 阈值 TS 评分值达到了 0.84 以上,明显优于其他模式。

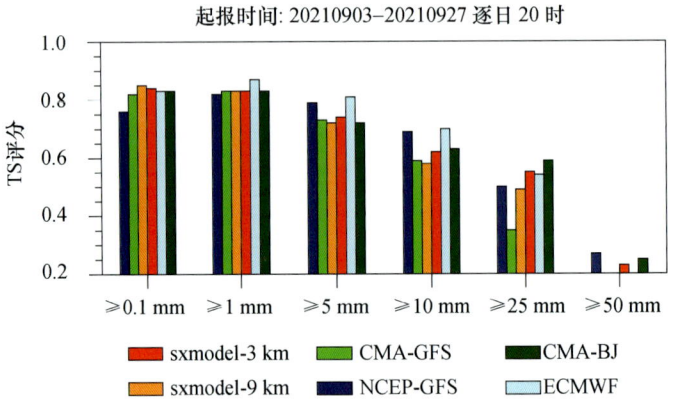

图 2　各主要数值预报模式产品在十四运会开幕式前后降水预报评分(20 时起报)

1.2.5　人工消减雨业务系统建设

陕西省气象局通过自主研发和技术引进建设了多个人工消减雨业务系统。引进北京市气象局重大活动人影保障业务一体化系统,实现了多源、多类监测信息的云降水反演加工、集成显示、综合交互分析等云物理宏微观结构实时综合处理分析功能。建设十四运会和残特奥会人影应急保障三维可视化指挥系统,借助 GIS(地理信息系统)信息集成技术有效管理海量数据,实现多源数据的叠加、显示、查询、运算,以及云和降水的实时精准分析、动态监测。建立实景监控云平台,消除了指挥大厅和作业现场的物理距离,使指挥员能够快速掌握现场的作业动态。

1.3　重大活动演练期间气象保障服务情况

严格按照"全流程、全要素、全方位"演练的竞赛组织要求,建立了现场信息反馈机制、气象服务对象反馈评价机制和紧急情况下的叫应机制。十四运会筹备期间主要针对 7 月 12 日—9 月 13 日开幕式分篇章和全流程彩排开展了保障服务,共向组委会和执委会等报送精细化气象预报服务材料 194 期,发布强对流天气及高影响天气预报 12 期。

1.4　重大活动举办期间气象保障服务情况

自 2020 年 9 月 15 日启动十四运会倒计时 1 周年以来,组委会和执委会相继举行了倒计时 200 天、倒计时 100 天、圣火采集、火炬传递、开(闭)幕式等 25 项重大活动。陕西省气象局与组委会和执委会对接气象保障需求,针对 25 项重大活动逐一制定任务清单 96 项。在各重大活动举办期间,共发布气象服务产品 421 期、高影响天气专报 91 期;组织移动气象台、应急保障车和预报服务人员赴活动现场,向组委会和执委会提供实况气象信息和预报信息服务。

十四运会开幕式期间(9 月 15 日)正处于华西秋雨的影响之下,降水是否会对开幕式造成直接影响存在较大不确定性。十四运气象台 9 月 4—12 日每日开展开幕式气象预报服务模拟演练及复盘分析,13 日全面进入十四运会开幕式气象保障服务特别工作状态。针对 15 日 18—23 时开幕式重要影响时段,各家数值预报模式对影响雨带的副热带高压及 700 hPa 切变线的位置预报存在较明显分歧,面对这个问题,十四运气象台基于陕西自主研发的以全球模式、中尺度模式、区域模式和集合预报产品为基础的数值模式产品动态交叉取优技术,通过协同周边省区市同步加密观测,密切监视降水云团发展变化,通过十四运会和残特奥会一体化预报预警系统及十四运会和残特奥会一体化智慧气象服务系统综合研判开幕式现场天气,逐小时迭进式制作开幕式专题预报,圆满完成了十四运开幕式气象保障任务。

陕西省气象局成立重大活动人工消减雨工作专班和联合指挥中心,自上而下统筹协调军地、国省、行业之间联动,形成"政府领导、部门联动、齐抓共管"的工作合力。开幕式保障期间,专班联合指挥中心组织三道防区空地作业力量对可能影响开幕式的降雨云团实施了有效拦截和消减。根据形势需要,加急协调 2 架高性能飞机进行空中力量驰援,共组织 7 架飞机开展探测、作业 15 架次,累计飞行 54 h 14 min;陕西省、甘肃省和四川省组织 14 市 21 县开展地面作业 2000 余炮箭次。在空中、地面共同作业下,西安奥体中心 21 时 55 分开始降雨,比预报的降雨时间推后了近 2 h,保障了开幕式的顺利进行,高质量完成了开幕式人工消减雨保障任务,服务效果得到了陕西省委省政府的充分肯定。

2 重大活动气象保障服务科技支撑

2.1 针对重大活动气象保障服务进行的专题产品研发

2.1.1 客观预报预测产品

基于 Kalman 动态频率研制了西安地区水平分辨率 1 km、时间分辨率 48 h 内逐小时、240 h 内逐 3 h 的降水预报产品;研发沙温、水温、暑热压力、高空风等专项预报方法;根据历史统计阈值研发赛事场馆高影响天气自动预警产品;应用风暴单体识别和跟踪算法、机器学习方法,研发雷暴大风和冰雹等强对流天气自动实时识别产品;研发分钟级降水预报产品和基于模糊逻辑算法的分类强对流客观预报产品;研发了静稳指数、混合层高度、滞留指数、大气自净能力指数等赛事场馆综合预报指标;基于 HYSPLIT 模型研发污染气团扩散轨迹预报和溯源追踪评估产品。

基于国内外多模式气候预测产品,研发陕西省 11~45 天逐日网格(0.05°×0.05°)降水、平均/最高/最低气温预报的释用技术,形成延伸期逐日滚动网格预报产品。开展从半年前到延伸期尺度的华西秋雨强度及开始日期预测,实现了对十四运开幕式当天气象要素及华西秋雨开始日期、强度的精准滚动预测,预报提前量 15 天到半年。

2.1.2 实况监测产品

研发了全省天气雷达实况拼图、单站雷达、微波辐射计、相控阵双偏振雷达、风廓线雷达、激光测风雷达等设备近地面三维大气廓线观测和多源观测产品融合技术;研发了地面气象站、总辐射、大气电场仪、天气现象仪、水体浮标仪、沙温仪、暑热仪、土壤水分仪、35 m 梯度风及奥体中心场馆内自动站实况产品。依托国家气象信息中心实况数据和技术研发十四运会重点关注区域图像产品，水平分辨率达到 100 m，每 10 min 更新，包括 6 种地面气象要素。研发三维网格实况分析数据与图像产品，水平分辨率 1 km，垂直方向 43 层，逐时更新。基于微波辐射计研发 10 min 更新的大气要素垂直廓线和时间演变分析图形产品。基于激光测风雷达研发 60 m 垂直分辨率、逐 5 min 更新的"高度-时间"剖面分析产品。

2.1.3 精细服务产品

针对十四运会赛事研制多种精细化高影响天气服务产品，产品总体对逐日/逐小时天气现象、气温、降水量、风向风速、舒适度指数及穿衣指数等进行精细预报，并根据预报和天气对不同活动、人群的影响阈值，提出主要影响和气象风险。研发马术比赛场地逐小时暑热指数预报，沙滩排球逐小时沙温预报，高尔夫球雷电、大风、强降雨逐小时预报和高风险发生时段预报等服务产品。

2.2 新技术、新方法、新平台、创新工作机制等气象现代化成果在保障服务中的应用

2.2.1 新技术、新方法在保障中的应用

（1）精准预报新系统应用。十四运会和残特奥会一体化气象预报预警系统准确预报赛区 31 次区域性降水过程，24 h 一般性降水 TS 评分达到 0.7723（表 1），报出 14 次区域暴雨过程，暴雨过程命中率 63.4%。提前 26 天预测十四运和残特奥会火炬传递日"无雨"，提前 19 天预测十四运会开幕式"小雨"。赛事期间，应用系统制作十四运会重大气象信息专报、高影响天气专报共 60 余期，常规赛事预报服务产品 3000 余期，重大户外赛事预报预警产品 306 期。

表 1 十四运会和残特奥会一体化气象预报预警系统降水客观预报 TS 评分

预报时效	24 h	48 h	72 h	96 h	120 h	144 h	168 h
小雨	0.4713	0.4781	0.5048	0.4771	0.4358	0.4824	0.3084
中雨	0.5391	0.3333	0.3182	0.2160	0.1440	0.1769	0.1256
大雨	0.3733	0.5550	0.6573	0.3405	0.3870	0.3653	0.1608
暴雨	0.1519	0.1250	0.2295	0.0000	0.1892	0.0645	0.0364
一般性降水	0.7723	0.7447	0.7362	0.6883	0.7402	0.7070	0.6524
暴雨（雪）以上	0.1687	0.1744	0.2222	0.0000	0.1892	0.0580	0.0364

（2）智慧服务新系统应用。全运·追天气智慧气象决策系统提供精细化、可视化综合信息，为决策层做出综合研判、推进赛事顺利举办提供了支撑作用。十四运会及残特奥会一体化智慧气象服务系统实现了产品与任务相结合的多线联动作业机制，为省、市两级气象保障服务工作提供了全面的技术支撑。全运·追天气 APP 和微信小程序以其方便、快捷的服务特点，实现了公众版、专业版、志愿者版及媒体版的定制化气象信息服务，大幅提升了十四运会和残特奥会气象台、现场服务人员、省市气象部门服务人员的工作效率。

（3）信息化新技术应用。按照气象数据统一服务接口标准规范，采用 SpingBoot 框架，研发 Restful 定制化接口，为十四运组委会安全共享气象数据。搭建公有云中转传输链路，

研发同步软件,实现微波辐射计、风廓线雷达及移动式、便携式探测设备数据快速接收和共享。研发"AI 天气-享全运"微信小程序,辅助业务人员"早、准、快"地分析处理观测数据异常。建立台站元数据规范更新机制,实现全省非考核区域站接入 MDOS(气象资料业务系统)。研发基于云图的极端降水质量控制产品;基于三维云量网格实况数据,应用 WebGIS 实现交互式剖切分析。

(4)人工消减雨技术应用。引进中国气象局人工影响天气中心重大活动人影保障决策指挥系统,迭代更新云降水精细化分析模块、部署西北人影工程指挥系统十四运会专版,提升了稳定性天气系统下人工消减雨保障业务能力。首次调集 4 架新舟-60 高性能作业飞机执行同地任务,实现了多架高性能飞机在同一空域进行接续式保障作业飞行。综合应用了冷暖云烟条、焰弹、液氮和吸湿性材料等 4 种作业催化剂,创造了国内混合云人工消减雨飞机作业新模式。首次配置骨干作业站点,配齐、配强地面高性能火箭作业装备和人员技术力量,设计验证了针对同一作业目标的飞机和地面接续作业案例。各项技术综合应用下形成了一套稳定性天气系统下成功实施人工消减雨作业的保障模式。

(5)国家级新技术的引进和应用。应用中国气象局气象探测中心天气沙盘,全方位、立体式展现了全省气象观测站点位置和气象要素;实现天衡系统质量评估本地化,提供了各类观测设备质量评估报告;实现天衍系统本地化,提供了丰富的气象实况产品。基于对国家级技术系统和产品的应用,实现了陕西综合气象观测数据一张表,创建应急观测保障"1+N"模式,建立国、省、市、县和厂家五级协同观测保障工作机制,提升十四运会气象观测保障能力。

2.2.2 十四运气象台在保障中的作用

陕西省气象局集全省预报力量组建了十四运会和残特奥会气象台。2020 年 9 月 14 日十四运气象台正式启动,下设综合协调办公室、预报服务中心、场馆服务中心和应急保障中心,设 23 个岗位共 65 人,预报队伍由全省预报员抽调组成,在十四运会开幕式保障期间国家气象中心专家团队加入预报队伍。按照"统一制作、分级发布、属地服务"的原则,十四运气象台具体承担了赛会赛事及重大活动气象保障预报服务工作,充分应用各种监测预报预警新系统和新技术,准确发布各类气象保障服务信息,并对全省其他地市赛区气象保障服务提供预报支撑,圆满完成预报服务工作。

2.2.3 "前店后厂"融入式工作机制的应用

一是融入组委会决策流程,在 200 余次组委会各类会议活动中发出气象声音,建立面向组委会决策层的"直报"式气象服务机制,参与开闭幕式、重要户外赛事等重大活动日期选择、调整等重大决策,应请求向组委会提供订单式服务 50 次。二是融入组委会管理体系。推动组委会印发《高影响天气风险应急预案》,先后下发关于做好高影响天气防范应对工作通知 6 份。气象保障工作纳入比赛项目评估考核指标,气象服务首次写入各代表团《通用政策》《比赛指南》。三是融入测试赛和正赛全部赛事组织运行。各项目竞委会设立气象服务主管,6 名气象专家入驻赛事指挥中心,气象保障组为小轮车、网球等户外赛事调整优化比赛"窗口时间"提供了精准服务,助力最多降水量秋雨季完美完赛。四是融入安保指挥和赛事指挥系统。智慧气象·追天气决策系统接入赛事指挥中心、安保指挥部。"全运·追天气"APP 与官方 APP 无缝对接,用户数超 15 万。

3 重大活动气象保障服务总结

3.1 取得的效益

十四运会及残特奥会气象保障工作获得组委会、中国气象局和陕西省委省政府领导书面感谢信和高度肯定,共获得领导批示30次,收到执委会、项目竞委会发来的感谢信18件。十四运会气象保障服务满意度达到98.6%。中国气象局办公室对"重要领导伴随式气象服务工作陕西模式"给以肯定和推广。2021年9月期间,《人民日报》社、《科技日报》社、中国新闻网等中央级媒体组团来陕采访,各级媒体刊发气象相关新闻报道200余篇,网络报道总量3700余篇。

3.2 取得的经验

在此次保障过程中,陕西省气象部门通过应用中国气象局系列气象科技成果和自主改进研发,建成综合气象观测系统、气象信息网络系统、气象预报预测系统、公共气象服务系统和人工影响天气系统,研发了一系列监测预报服务产品,创新构建了融入组委会决策流程、融入组委会管理体系、融入赛事组织运行、融入赛事指挥系统的"前店后厂"工作机制,全面融入组委会整体工作布局,气象保障部和省气象局各司其职、分工协作,组委会各部室、省级各部门以及军队、民航等协同配合,圆满完成了开闭幕式等重大活动及赛会赛事全程气象保障服务,为今后的重大活动和重大赛事气象保障服务工作提供了参考和借鉴。

3.3 存在的问题与不足,改进方案与计划

存在不足。一是满足赛事、赛会需要的精准预报能力尚显不足,不能充分满足不同时段的预报关注需求。例如:从短期、短时、短临的预报时效和内容,如何与赛事安排计划相衔接,为赛事提供有效的决策参考。二是观测、预报、服务的有效协同机制尚不完善,新型观测资料既缺乏前期历史资料积累,也缺乏预报服务应用经验,实际应用基本从零起步,不利于保障服务。三是人影保障方面实现特定目标的人影精准服务,仍存在极大的不确定性,整体距离"定点、定时、定目标"干预保障的需求仍存在巨大差距。

改进思考。一是提高对赛事影响较大的弱降水的预报和模式订正能力;改进中小尺度分散性降水发生发展机制预报能力;提高复杂地形下精细化预报能力;加强短时临近预报技术产品支撑(智能网格、分钟级预报)。二是进一步完善作业防区和三网布局的重点设计,突出成排连片,跟踪接续、特大剂量、及时精准,对于特定目标人影保障,完善"五区三网"架构,实现预报监测联动、作业成片接续、滚动逼近目标。

第四部分
预报技术支撑

综合观测技术及天气应用复盘（2021 年）*

郭建侠　杨金红　陶　法　王　佳　高　岑　张乐坚　康家琦　高丽娜　李翠娜

(中国气象局气象探测中心,北京,100081)

摘要：本文简要总结了 2021 年观测站网、观测质量、观测技术、观测试验等方面的进展，重点介绍新的观测产品在重要天气过程和重大服务中的应用。2021 年，新建新一代天气雷达 6 部、X 波段天气雷达 60 部、垂直观测系统 20 部、地面自动气象站 500 套，全国 1 km 高度雷达覆盖率提高 10%，中西部垂直观测覆盖率提升 5%～16%。新增 82 种观测产品在预报服务中发挥精密监测作用，地基垂直观测的分钟级风、温、湿云廓线产品可准确监测暴雨发生、发展演变过程，台风假相当位温、风圈等三维监测新产品有助于理解台风演变过程中强度与结构变化，强对流天气现象（雷暴、雷暴大风、冰雹）的智能识别格点产品命中率 90% 以上。最大积雪深度产品、新增积雪深度产品清晰展现台站当前累积积雪和新增积雪情况，云雷达降水相态和融化层产品基于空中到地面粒子相态准确判识雨雪转化过程。视程障碍天气现象格点产品客观识别沙尘等现象发生发展范围。雷达 6 分钟快速三维拼图和三维反演风场产品，在"七一"庆祝建党百年重大活动和"十四运"开幕式保障服务中发挥快速监测作用。

关键词：观测站网，数据质量，观测产品，观测技术，观测试验，年度进展

引言

气象观测是预报服务的基础支撑，2021 年综合气象观测系统从观测站网、观测质量、观测产品等方面不断完善和优化，进一步弥补了空白和短板。建成以"质量问题解决"为主线的观测业务质量全寿命信息化跟踪机制，全国观测质量管理体系建成并稳定运行。天气雷达、风廓线雷达、雷电、探空、GNSS/MET、地面观测、土壤水分、气溶胶质量浓度等八类观测业务分钟级质量控制"全覆盖"，39 种质控评估算法业务化，八类观测业务数据正确率稳定提升。探测技术不断进步，地基垂直廓线观测系统完善，推出下一代往返智能探空系统，研制面向下一代相控阵天气雷达技术标准，实现地面气压传感器国产化等。平漂探空等新技术观测试验取得新进展，观测试验基地体系的业务效用充分显现。

综合观测产品系统从 V1.0 升级为 V1.1，形成 2 层-5 类-6 级产品体系（简称"256 体系"），新研 82 种面向需求的观测产品，经产品发布会向全国发布。强对流、视程障碍天气现象格点产品试运行，地基垂直观测产品、天气雷达反演三维风场、雷达 6 分钟快速三维拼图、台风三维结构等产品在暴雨、台风、寒潮等重要天气过程以及重大活动保障服务中发挥精密监测作用。

---

* 参与本文编写的人员还包括李雁、茆佳佳、石城。

1 观测布局与质量改进

1.1 观测站网布局完善

2021年依托雷达、海洋、山洪、补短板等工程建设项目,新建新一代天气雷达6部、X波段天气雷达60部、垂直观测系统20部、地面自动气象站500套,升级了1500个自动气象站(图1)。6部新一代天气雷达分别在新疆塔城、内蒙古巴林左旗、黑龙江鹤岗、陕西渭南、湖南娄底和广西贺州,60部X波段天气雷达主要弥补重点区域新一代天气雷达监测空白和缝隙。地基遥感垂直观测系统包括风廓线雷达、微波辐射计、云雷达、激光雷达和GNSS/MET,20部分布在天气系统上游区域和西部复杂地形区,与探空站同址布设。新建500套自动气象站主要分布在青藏高原东部边坡地带、地形复杂的偏远乡村、七大流域的重点防汛河段和重点湖泊汇水区域等防汛减灾需求较强的区域。升级的1500套自动气象站主要对业务运行时间超过10年的自动气象站进行更新。

建设完成后,我国1 km高度雷达覆盖率在原有基础上提高10%左右,中西部地基遥感垂直观测2°网格覆盖率提高了5%~16%,在青海、西藏、云南、贵州和湖北等省份实现了地基遥感垂直观测零的突破。

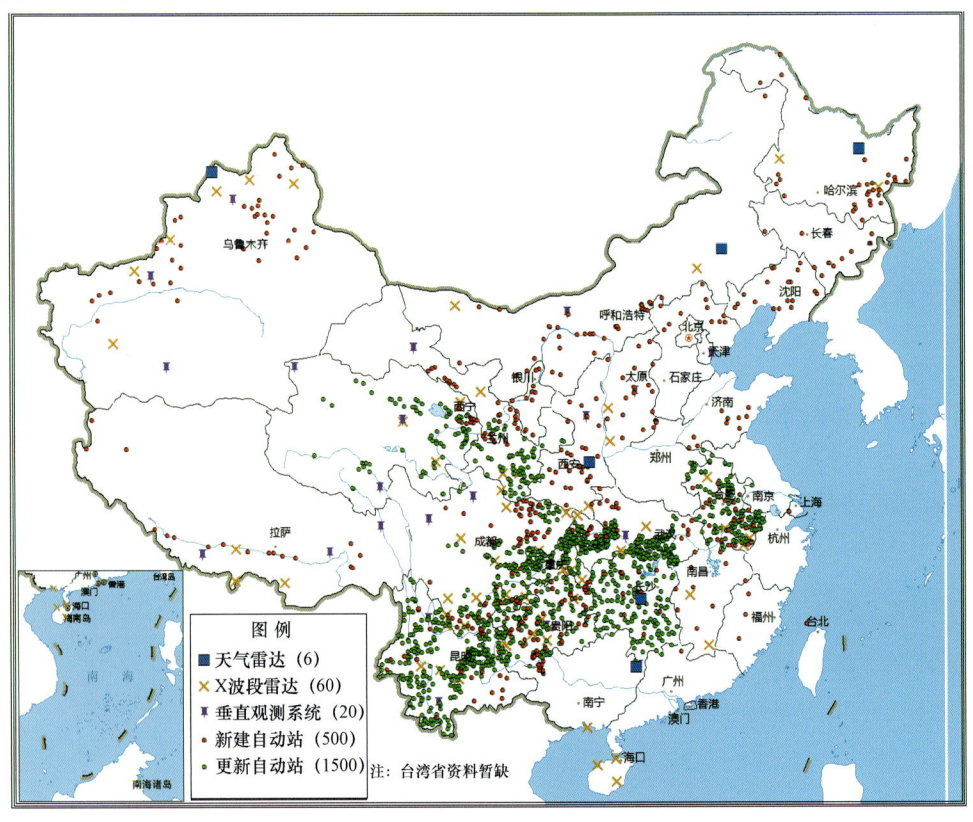

图1 2021年新建站点和升级观测站点分布

1.2 观测运行质量改进

中国气象局于2020年底在气象观测领域全面建成质量管理体系[1],通过了ISO 9001认证,标志着中国的气象观测质量管理符合国际通用标准,实现了与国际水平接轨,中国气象观测数据质量在国际上的信任度和认可度得到进一步提升。

建立了八大类观测业务的首席负责制,构建了质量改进问题库,建成了以"质量问题解决"为主线的观测业务质量全寿命信息化跟踪机制,实现"发现-辨识(会商)-确定(例会)-解决(结转)-评估-考核"质量改进的全流程业务建设和运行,2020—2021年共召开质量例会7期,提出观测软硬件、制度、流程等各方面质量问题209个,解决质量问题133个(占比约63.6%),纳入发展规划三类7个,发布了观测质量报告[2]。

1.3 观测数据和产品进步

为提升综合气象观测系统质量和效益,构建了以"两端控制(国家级和设备端)""八类质控"为基本思路的数据质量保证体系(简称2-8架构)。建立"天衡天衍—综合气象观测数据质量控制系统"(简称"天衡系统"),实现天气雷达、风廓线雷达、雷电、探空、GNSS/MET、地面观测、土壤水分、气溶胶质量浓度等八类观测业务分钟级质量控制"全覆盖",实现39种质控评估算法业务化,新研21种质控评估算法。据统计,2021年,新一代天气雷达数据正确率为98.8%,天气雷达回波均一性平均标准偏差为5.4 dB,SA同型号均一性最好,平均标准偏差为4.0 dB;其中,电磁干扰对新一代天气雷达数据质量影响相对较大,占雷达数据质量问题的85.5%。风廓线雷达数据正确率为92.6%,质量问题主要因设备老化、数量增加引起。GNSS/MET数据正确率89.8%,雷电数据正确率87.6%,国家级地面气象站数据正确率全年均在99.0%以上,土壤水分数据正确率99.4%,土壤水分数据质量问题主要由设备故障或性能下降、传感器标定漂移和土壤水文物理常数漂移引起。

建立以气象雷达组网产品生产加工为主体的"天衡天衍—综合气象观测产品系统"(简称"天衍系统")[3],包含现在天气、综合观测、监测预警、统计分析、三维实况等功能板块,具有在线实时查看综合观测产品的功能。2021年,新增全球观测板块和82种新产品,尤其是根据《实况业务建设实施方案(2021—2023)》开展了强对流天气现象和视程障碍天气现象格点产品的研发,并在天衍系统上集成测试与改进,同步推送中央气象台进行检验。开展了强降水天气系统面雨量产品研发。为贵州提供六盘水分钟级精细化三维实况融合分析产品,支持灾害调查报告。在台风服务中,新研发了台风体绘制假相当位温产品,优化了风圈半径、暖心高度产品,实现定量化。新研发了雨量、雨强、降雨时长的告警产品,加强汛期强降雨的监测告警。大风、能见度、雾/霾、土壤水分、台风、寒潮、积雪深度等实况产品多次在中央气象台会商中使用,《中国气象报》、华风影视等多家媒体报道引用。2021年,天衍系统访问量6.4亿次,日均85万次。

2 观测技术方法与观测试验进展

2.1 新技术新方法进展

雷达探测技术:研制了S波段相控阵雷达原理样机,采用曲面相控阵技术,保证在探测范围内天线的特性参数保持不变,提高探测精度。基于电磁辐射和电子对抗技术,研制天气雷达外场有源标定系统,实现对包括天线关键参数在内的全链路40多个参数的测试标定。攻关雷达信号处理器标定算法,建立标定标准,将不同型号的新一代天气雷达信号处理器引起的基数据误差降低50%。使S波段和C波段天气雷达对同一天气过程观测反射率产品的统计标准差从约10 dB降低到不大于2 dB。在湖南、京津冀和黑龙江部分地区雷达网的标定中应用,解决了区域组网雷达数据偏差较大的问题。基本建立下一代天气雷达技术标准。

探空技术:攻克了平漂零压气球、多通道双向通信接收设备、高精度气象专用北斗导航SoC芯片等探空设备的重点难点技术,以及平流层测温和下降段测风、平流层轨迹预测和观测资料质量控制等业务应用的关键技术,实现了低成本加密探空目标。新型北斗智能探空系统采用自主北斗导航定位技术的"春分1号"探空仪专用卫星导航系统级芯片,并采用"云+端"数据传输模式,实现了从定时定点单一接收观测数据向实时智能组网接收的技术变革,并实现探空数据接收、处理及应用的自动化。

地基垂直廓线观测技术:攻克了风、温、湿、气溶胶、水凝物五条垂直廓线协同观测技术,解决了有云和降水条件下相对湿度[4-5]和风廓线观测精度问题;引进和发展了国际先进的气溶胶激光雷达网标定技术,实现气溶胶激光雷达消光系数定量化标定;攻克X波段天气雷达组网协同观测技术[6],实现对强对流天气重点关注区域的智能识别、参数计算和雷达任务调度,开发出天气雷达组网协同观测软件平台,在北京和成都业务中应用。

传感器技术:以谐振式微机械传感器为技术路线,利用MEMS加工工艺和技术,采用电磁激励、电磁监测的技术完成气压传感器的国产化,实验室准确性高于0.2 hPa,接近国际水平。开展湿度敏感材料研究,基于湿度膜配比技术研发出较为稳定的湿度敏感材料,具备高灵敏度的湿度敏感特性。

2.2 观测试验进展

2021年,气象探测中心联合高校院所及相关企业和14个试验基地,组织开展了五大类38项观测试验,获取了50余种370 GB观测数据集,数据汇交率100%。通过试验完成功能需求书7项、新算法18项、新产品3项、标准规范7项、专利7项。重点观测试验进展如下。

协同观测比对试验。首次开展激光微波复合雷达对比试验,实现云、气溶胶时空同步观测,研发出云粒子谱等四类新产品、3项质控算法和卫星云顶高度的地基真实性检验方法,实现云粒子有效半径探测和云粒子相态自动识别,改进后的设备为卫星云观测提供很好的真实性检验能力,校正后卫星观测云顶高度系统误差≤500 m。在福建、上海和海南开展了基于毫米波和激光波段雷达的大雾协同观测试验。实现海雾水平分布和垂直结构的精密监测,实现从轻雾到浓雾全程监测。产品在实际航运服务中应用。

长江中下游智能探空与预报交互观测试验。基于"春分"芯片的新型北斗智能探空系统,在长江中下游4省份开展了为期近7个月的探空组网试验。观测资料在中央气象台及湖北、湖南、江西和安徽省气象台得到示范应用,资料同化后风分析场标准差减小约2%。

单站地基北斗实时水汽观测试验。解决了目前水汽观测业务中产品延时及时空精度、数据可用性不足等关键性问题,地基遥感水汽观测实现从"准实时"到"真实时"的跨越。

3 新产品、新数据应用效果

3.1 暴雨监测新产品及应用

地基垂直观测包括微波辐射计、风廓线雷达、激光雷达和云雷达观测,能够获取连续的大气温、湿、风、气溶胶和云垂直结构的产品,可以从热力和动力两个方面提供天气过程和云的演变过程精细化信息,在暴雨监测中能够发挥精密监测作用。以2021年7月11—12日京津冀地区强降雨过程监测为例,该次过程从11日18时至12日16时全市平均雨量90.3 mm,城区平均103.7 mm,伴有7~9级阵风和雷电,昌平局地有小冰雹。

图2是北京南郊风、温、湿综合廓线时序图,图中包含气温、相对湿度、水平风羽、垂直风速等信息。由图可见,7月11日18时前1 km高度以下大气温度在26 ℃以上,水汽维持在70%左右,能量蓄积,热力条件较好;19时30分后70%湿层厚度增大,并伴随有上升气流;21时前后850 hPa低层风增大,超过12 m/s,出现东南急流,低层湿度超过90%,开始出现明显降水。

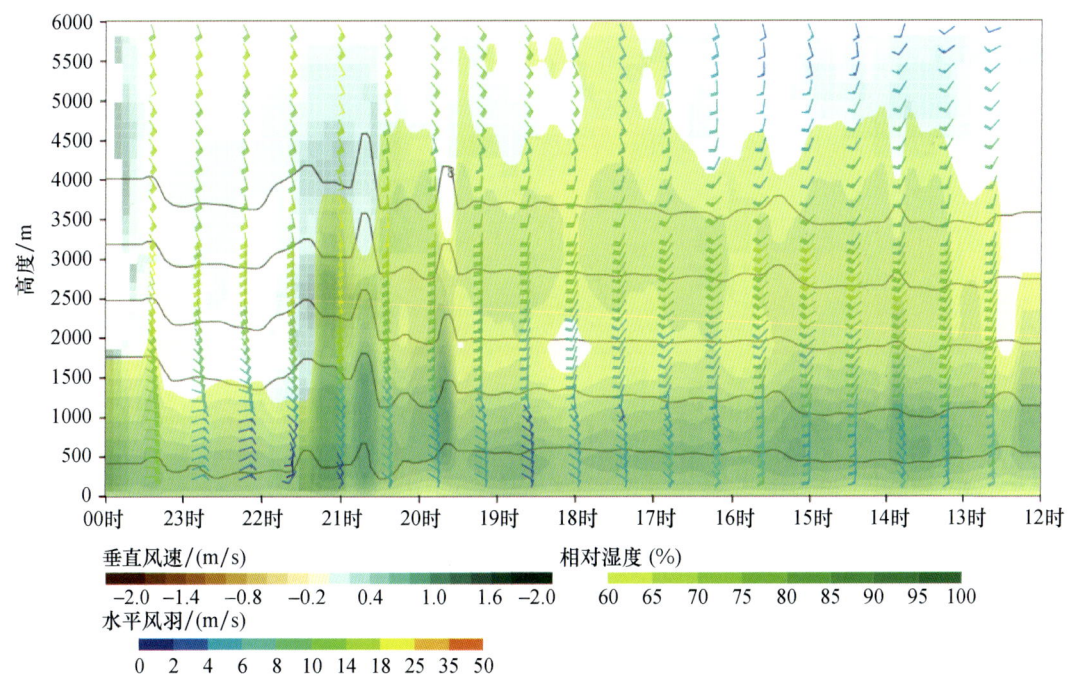

图2 7月11日12时—7月12日00时北京市南郊观象台温、湿、风垂直廓线时序图

图3是北京7部云雷达反射率因子图,从中可以很好地看到暴雨过程的时空特征。7月11日18时30分前,北京地区云的发展高度普遍超过12 km,形成降水云,平均云层厚度达到3 km;18时30分—21时,自房山区霞云岭站至怀柔站相继出现第一次降水,之后有3~4 h间歇,12日00—14时全市出现连续降水。

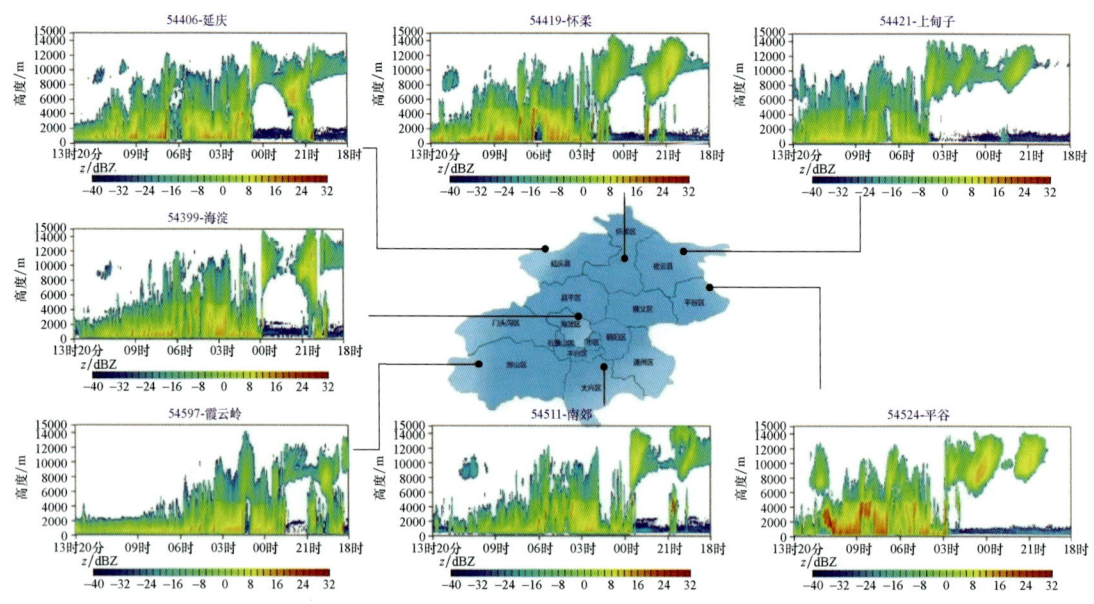

图3 7月11日18时—7月12日13时20分北京7个站云雷达反射率因子

云雷达垂直速度产品通过降水粒子的垂直下落速度反映降水强度。图4是北京7部云雷达垂直速度图,可以看到,上层垂直速度较小为云层粒子,下落速度在 1 m/s 左右,低层下落速度较大为雨滴粒子,二者中间为融化层,高度约为 4 km。7月11日18时30分—21时,北京西部雨滴粒子垂直下落速度为 3~5 m/s;12日00时起,雨滴垂直下落速度为 6~8 m/s,说明降雨强度有所加强,11时后,雨滴垂直下落速度逐渐减小,降雨减弱趋于结束。

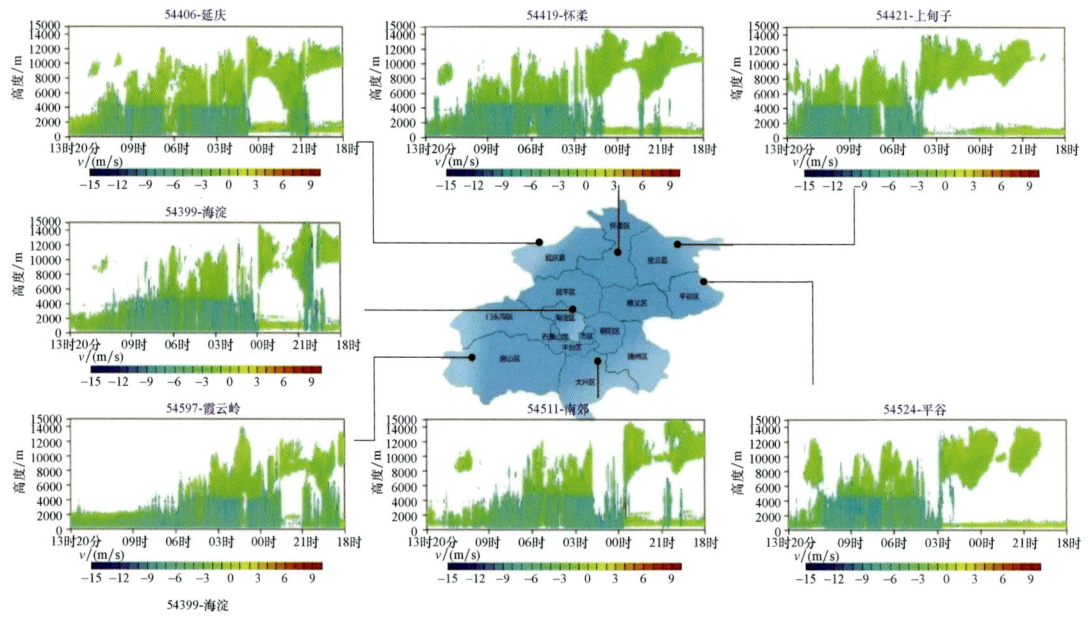

图4 7月11日18时—7月12日13时20分北京7个站云雷达垂直速度

通过风、温、湿和云的垂直廓线产品可准确监测暴雨发生、发展、消亡,以及其热力、动力条件变化。但是云雷达产品也存在局限,主要表现为云雷达对云滴直径较小、尚未形成降水的云监测较有利,对于含水量较大的云,如积雨云、冰雹云等,波束难以穿透,探测效果不好。

3.2 台风监测新产品及应用

本节介绍基于气象探测中心实时观测实况分析系统(RTOAS)全国 3 km 三维实况格点数据研发的台风三维新产品的应用,以台风"灿都"为例说明。

3.2.1 假相当位温三维产品

台风的加强和发展与海洋、大气间能量传输密切相关,假相当位温(EPT)一定程度上能表征海气间感热通量和潜热通量的强弱。EPT 三维产品有体绘制(图 5a 和 5b)和面绘制(图 5c 和 5d)两种。图 5a 显示"灿都"9 月 9 日 EPT 柱体纤直且高值(>360 K)较集中,强度较大;图 5c 和 5d 显示 9 月 11 日 15 时 EPT 柱体纤细,16 时柱体断裂,表明"灿都"的减弱过程;图 5b 显示 9 月 13 日 03 时,EPT 垂直柱体重建并加强,但柱体高值相对分散且低于图 5a,表明过台湾后"灿都"重新加强但强度不大。

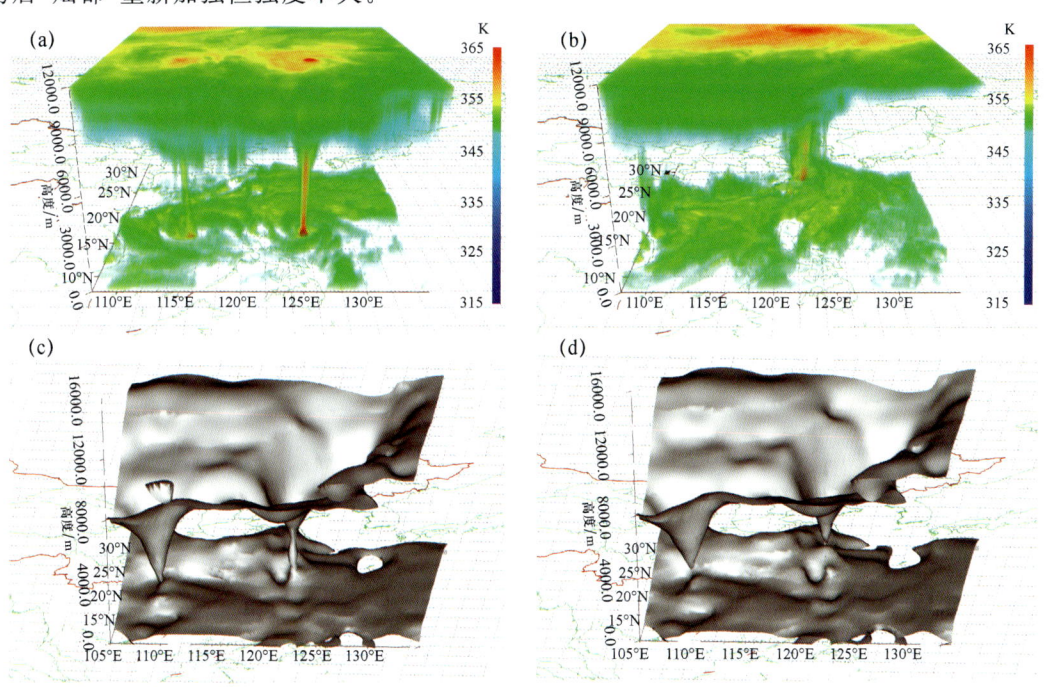

图 5 台风"灿都"EPT 产品
(a)9 月 9 日 23 时 EPT 三维体绘制产品;(b)9 月 13 日 03 时 EPT 三维体绘制产品;
(c)9 月 11 日 15 时 EPT 等值面(348 K);(d)9 月 11 日 16 时 EPT 等值面(348 K)

3.2.2 台风风圈产品

台风风圈产品不仅可以监测台风强度与风圈影响范围的变化,也给出了以台风中心为圆心四个象限的最大风圈半径。图 6 显示,"灿都"9 月 10—13 日 10 级风圈(绿色)显著扩大(图 6a 和 6c),第一、四象限 10 级风圈半径由 123 km、102 km(图 6b)增大到 295 km、254 km(图 6d),增大了近 1.5 倍左右。

以上台风三维监测新产品有助于理解台风演变过程中强度与结构变化,但也存在一些局限性,主要表现在远海由于观测资料稀少,分析结果更接近模式背景场。

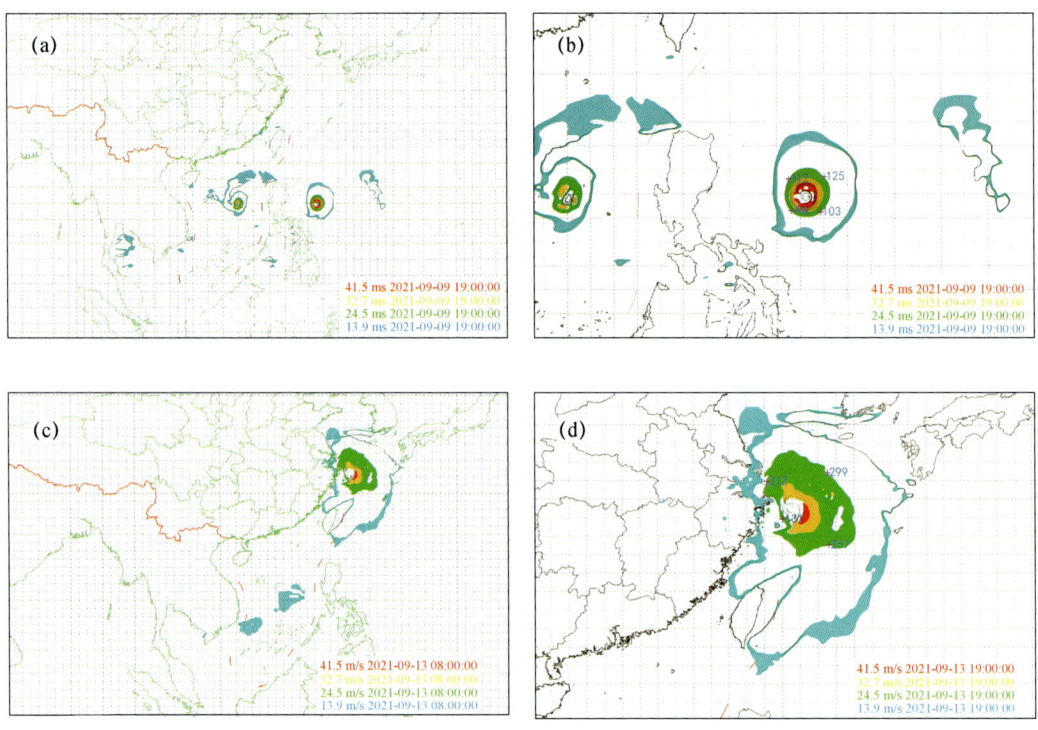

图 6　台风"灿都"9 月 9 日 19 时和 13 日 08 时风圈分布(a)(c)和风圈半径(b)(d)定量分析产品

3.3　强对流监测新产品及应用

2021 年研发了强对流天气现象(雷暴、雷暴大风、冰雹)的智能识别产品,其中雷暴主要依据雷电监测网数据判识,雷暴大风基于天气雷达三维数据,通过计算生成 CREF(组合反射率因子)、ET(回波顶高)、VIL(垂直积分液态水含量)、VILD(垂直积分液态水含量密度)和 SPEED(运动速度)五种产品,在分析上述五种产品和雷暴大风发生时的概率密度的基础上利用模糊逻辑方法实现雷暴大风区域的识别。产品的优势在于可以快速准确判识全国雷达覆盖范围内雷暴大风可能发生的区域,为雷暴大风预警提供第一手资料。冰雹识别是对天气雷达三维反射率因子和探空数据的综合处理,将雷达对应不同高度的反射率因子值转为冰雹动能并结合温度权重函数计算出冰雹指数(SHI),利用 0 ℃层高度和 SHI 的经验公式计算出强冰雹概率(POSH),最后基于 SHI 和冰雹指数的统计关系式计算出冰雹尺寸(MEHS)。冰雹识别产品的优点在于解决了单站覆盖不好、边界识别效果不佳问题;实时更新 0 ℃和－20 ℃层探空高度数据,解决参数本地化问题;增加垂直方向数据连续性检查、K 指数阈值、卫星对消干扰回波,降低虚警率。

以上产品分辨率为 0.01°×0.01°,时效 10 分钟。产品集成在天衍系统中并在中央气象台和 5 个省份气象台试用。产品自检验评估表明,雷暴大风命中率超过 90%,冰雹 124 个例检验评估 TS 评分为 70%,命中率为 95%,虚警率为 28%,水平与美国相当。图 7 为天衍系统展示的强对流现象产品和对应的雷达回波图示例。

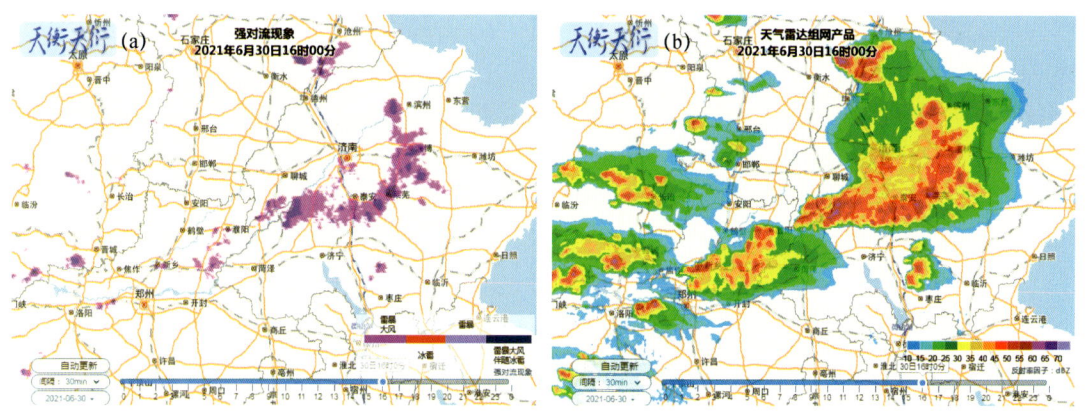

图 7　6月30日16时山东局地强对流天气现象监测产品(a)及同时刻雷达回波图(b)

3.4　寒潮暴雪监测新产品及应用

3.4.1　积雪深度监测产品

基于全国2131个有雪深观测任务的台站观测数据,开发了12 h、24 h、36 h及72 h最大积雪深度产品和新增积雪深度产品,产品时次分别为05时(加密观测)、08时、14时、20时。

2021年11月5—9日寒潮过程也伴随北方的大范围降雪,其中,11月8日积雪深度最大、范围最广。24 h最大积雪深度产品(图8a)和24 h新增积雪深度产品(图8b)清晰展现了台站当前历史积雪和前一日新增积雪的情况,明显看出前一日辽宁、吉林以及渤海湾降雪较大,新增积雪深度超过20 cm。

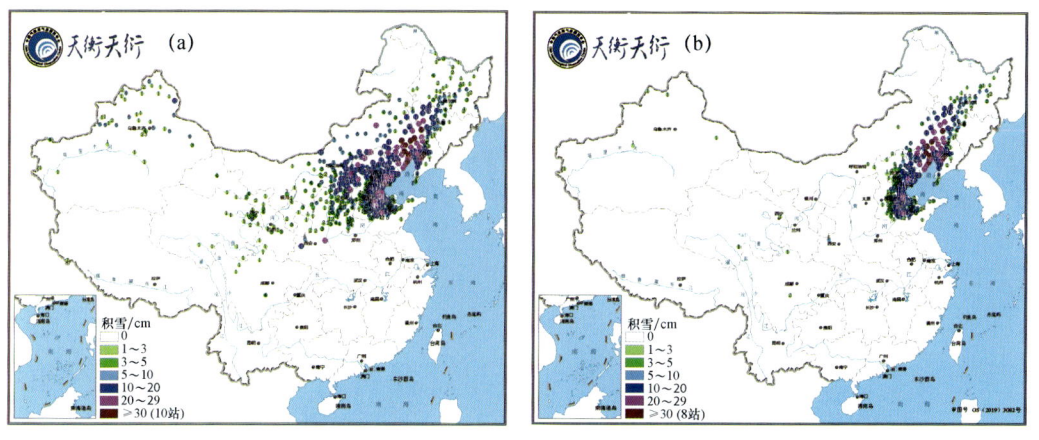

图 8　11月8日08时国家级地面气象观测站24 h最大积雪深度(a)和新增积雪深度产品(b)

3.4.2　新型垂直遥感产品对降温降雪的协同监测

通过微波辐射计和云雷达的协同监测,利用水凝物的温度和散射特性,基于统计方法调整模糊逻辑的隶属度函数对云粒子相态做分类,生成雨滴、液态云滴、混合相态、冰晶、雪花等降水相态以及融化层产品。图9是11月6—7日北京延庆云雨雪相态以及气温和风廓线时序图,从图中可以看出,11月6日13时前,延庆上空2 km高度以下气温高于0 ℃,低层云中粒子以雨滴和液态云滴为主,高层云以冰晶为主,其中12时近地层由西北风转为西南风,风速加大。13时冷垫发展,1 km高度以下低层云出现雪花与混合相态,14时前后低层混合相态触地,地面出现雨夹雪,云层增厚,15时出现间歇,16时上下两层云趋于混合,云中雨滴减少,随后地面温度降至0 ℃以下,地面逐渐出现雪花,云中雨滴完全被雪花替代,雪花层深厚,降雪过程开始。直至7日12时,上空云层重新分离为两层,低层云底开始持续抬升,厚度减小,云中相态由雪花转为液态云滴和冰晶,降雪停止。

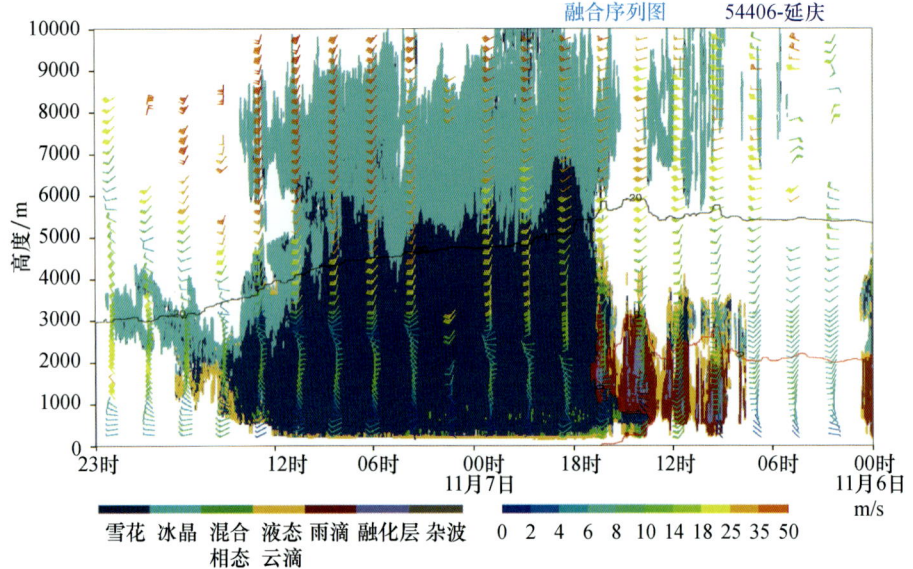

图9　11月6日00时—7日23时北京延庆云雨雪相态及气温和风速廓线时序图

3.5　大气环境监测新产品及应用

基于格点能见度、格点实况分析场、格点$PM_{2.5}$和PM_{10}质量浓度研发了格点视程障碍产品,其中格点$PM_{2.5}$和PM_{10}质量浓度是采用多源气溶胶观测资料实时同化系统分析得到的三维格点产品。相关产品集成到天衍系统中,并开展同步检验。如2021年3月28日沙尘现象判识产品与风云卫星沙尘产品比较(图10),有较好的一致性。

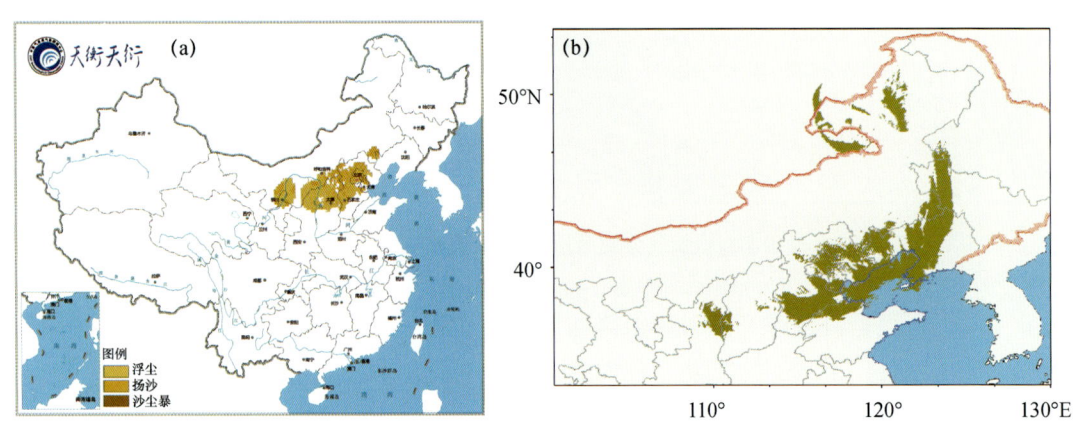

图10　3月28日09时沙尘判识格点产品(a)与09时19分风云卫星沙尘指数产品(b)

3.6 重大服务新产品及应用

中国共产党成立100周年庆祝大会于7月1日上午在北京天安门广场举行,气象探测中心利用毫米波测云仪等地基遥感观测新产品分析了活动即将开始前天气实况,为此次活动提供服务。

云雷达与卫星的星地融合云底高度产品显示(图11),7月1日04时北京西部有云发展,云底高度在4.5 km左右。

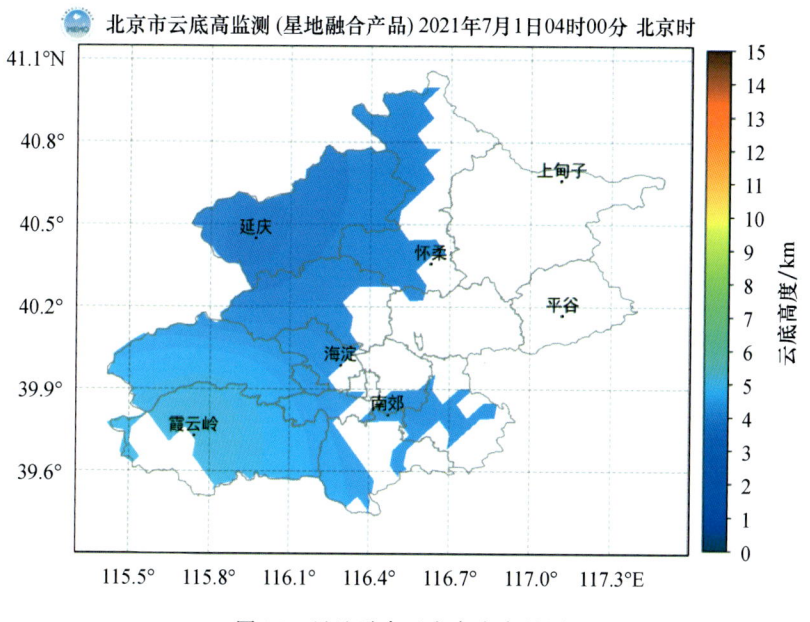

图11 星地融合云底高度产品图

天气雷达反演三维风场叠加回波图可见(图12a),04时,北京西北有弱回波受西风影响向东移动,北京城区上空为西南风,1.5 km高空平均风速10 m/s。08时30分,回波发展加强并掠过城区上空,产生短暂降水(图12b)。

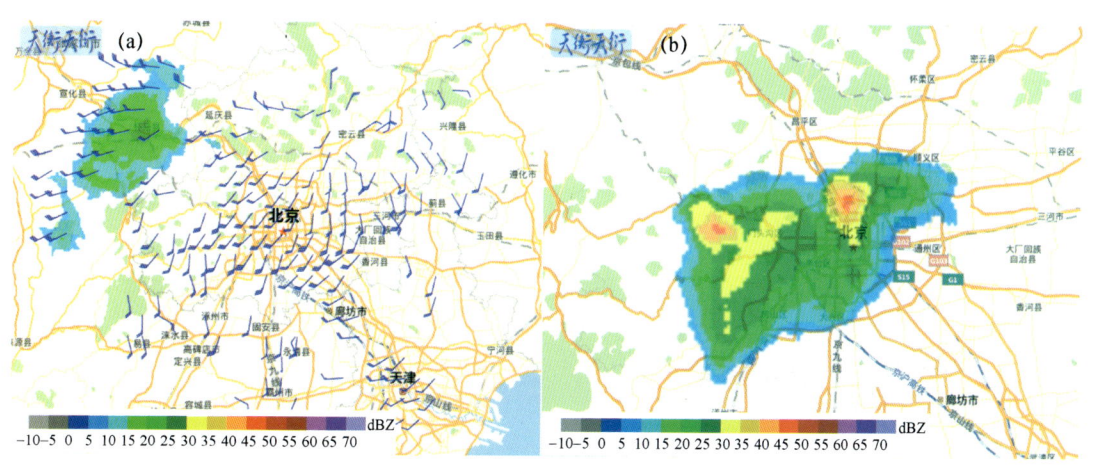

图12 7月1日04时天气雷达反演三维风场叠加回波图(a)和08时30分雷达回波图(b)

第十四届全国运动会开幕式于9月15日20时在西安奥体中心体育场举行,气象探测中心利用快速雷达拼图产品和雷达反演三维风场产品为此次活动开展定时、定点、定量化的服务。高频精细化雷达三维风场和回波监测显示(图13),奥体中心北门、港务区管委会、奥体中心运动员村2 km高度为西南风,1.5 km高度以下为偏东风,城区上空低层偏东风持续到开幕式期间,减缓了系统的移动速度,21时前后转为西南风。

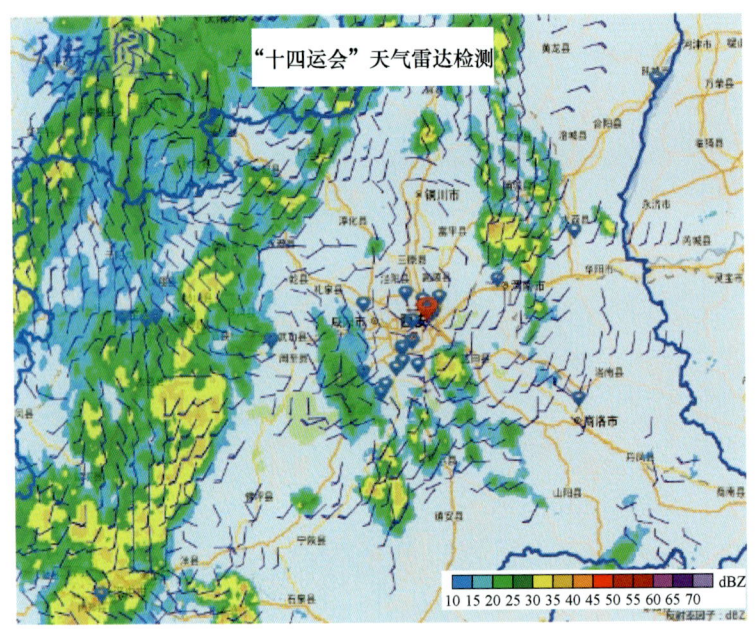

图13　9月15日20时雷达6分钟快速组网拼图叠加雷达反演三维风场产品

此外,基于气象探测中心RTOAS东部实况分析1 km高度数据,采用unity 3D技术制作了陕西省"十四运会"天气沙盘,尤其是奥体中心场馆沙盘产品(图14),每5分钟更新数据并在场馆内外巡游,为直观查看场馆8个临时观测站点实况提供场景感可视化服务。

图14　西安奥体中心精细化天气沙盘产品

4 总结和展望

2021年,综合观测的主要进展如下。

(1)依托雷达、海洋、山洪、补短板等工程建设项目,观测站网得到进一步完善,西部地区垂直观测实现零的突破,全国天气雷达1 km高度覆盖率提升10%。

(2)八类观测业务数据正确率稳定提升,新一代天气雷达数据正确率为98.8%,风廓线雷达数据正确率为92.6%,GNSS/MET数据正确率89.8%,雷电数据正确率87.6%,国家级地面气象站数据正确率全年均在99.0%以上,土壤水分数据正确率99.4%,为观测实况产品和用户提供质量可靠的基础观测数据。

(3)充分挖掘天气雷达、地基垂直观测、三维大气实况分析等数据产品优势,观测产品新增82种,产品服务能力提升、覆盖范围更加广泛。地基垂直观测的分钟级风、温、湿和云廓线产品对暴雨发生发展演变过程精准监测,台风假相当位温、风圈等三维监测新产品有助于理解台风演变过程中强度与结构变化,强对流天气现象(雷暴、雷暴大风、冰雹)的智能识别格点产品命中率90%以上。最大积雪深度产品、新增积雪深度产品清晰展现台站当前历史积雪和统计时段新增积雪的情况,云雷达降水相态和融化层产品刻画空中到地面粒子相态,准确判识雨雪转化过程。视程障碍天气现象格点产品,客观刻画沙尘等现象发生发展范围。雷达6分钟快速三维拼图和三维反演风场产品,在"七一"庆祝建党百年重大活动和"十四运"开幕式保障服务中发挥快速监测作用。

未来将进一步加强观测实时业务与预报服务的互联互动,提高数据质量控制和观测产品服务保障能力和水平,发挥国家级业务引领作用,持续推进全国观测质量和观测产品高水平发展。

参考文献

[1] 中国气象局.中国气象局关于气象观测质量管理体系全面通过ISO 9001认证的公告[R].北京:中国气象局,2021.

[2] 中国气象局气象探测中心.中国气象观测质量报告(2020)[M].北京:气象出版社,2021:56.

[3] 梁海河.综合气象观测产品系统(天衍)技术手册[M].北京:气象出版社,2019.

[4] 张雪芬,王志诚,茆佳佳.微波辐射计温湿廓线反演方法改进试验[J].应用气象学报,2020,31(4):385-396.

[5] 邹荣士,何文英,王普才,等.辐射传输模式对地基微波辐射计观测亮温的模拟能力分析[J].大气科学,2021,45(3):605-616.

[6] 张羽,田聪冲,傅佩玲,等.广州X波段双偏振相控阵天气雷达观测试验进展[J].气象科技进展,2020,10(6):80-85.

风云气象卫星技术及天气应用复盘（2021年）*

任素玲　寿亦萱　商　建　王　新　刘　辉　白文广　窦芳丽

(国家卫星气象中心,北京,100081)

摘要：本文阐述了2021年度风云气象卫星发展概况，针对新发射的FY-4B和FY-3E卫星，详细介绍了卫星性能、应用潜力以及新仪器快速成像仪和风场测量雷达。介绍了卫星反演大气温湿度廓线、洋面风和降水估计产品的反演算法、技术改进和产品精度。冬季中高纬度FY-4A/GIIRS大气温度绝对误差为1.79 ℃，基于该产品实现了中国区域冷空气活动及其带来的雨雪天气2 h/次高频次精细化监测。基于FY-3D大气温度产品研发的极涡监测产品，可在中期时效内持续追踪冷空气活动及未来影响。在中国共产党成立100周年气象保障服务中，首次应用FY-4B卫星1 min、250 m快速扫描观测，为人工影响天气及天安门庆典现场强对流临近预报提供决策支持；FY-4A大气温度及数值预报偏差订正产品，为突发对流性天气大气层结演变提供精细化监测信息。"2106"号台风"烟花"短时临近预报服务中，风云卫星对高空冷涡、低层积云排列和移动方向的监测，以及对副热带高压范围和强度的判识，为"烟花"台风路径北上预报增强了信心。

关键词：FY-4B快速成像仪，FY-3E风场测量雷达，大气温湿度廓线，洋面风

引言

2018年以来，风云卫星综合探测技术水平显著提升。通过对长序列风云卫星历史数据系统性回溯分析和处理研究，进一步深化了风云遥感数据评估诊断和处理技术体系，结合新型仪器定标、定位技术攻关，以及业务系统建设，逐步具备了风云卫星仪器状态、L1数据质量在轨监测业务能力。风云卫星L1历史和实时产品质量逐步提升，定标、定位精度显著提高，2021年红外谱段定标精度为0.65 K(短波)/0.45 K(中波)/0.2 K(长波)，太阳反射谱段定标精度5%(可见近红外)/7%(短波红外)，微波谱段定标精度1.9 K(窗区)/1.2 K(吸收通道)；定位精度优于一个像元，极轨卫星FY-3E/MERSI和静止卫星FY-4B/AGRI数据定位精度分别达到0.45 km和2.5 km。同国际同类卫星性能对比(欧洲、美国和日本)，在探测能力方面，均实现全球数据接收南北极布局；区域观测均优于5 min；风云卫星全球数据获取时效2 h，欧洲和美国分别为2.25 h和2 h；风云卫星可见光定标误差小于5%，欧洲、美国和日本小于4%。2021年风云卫星业务运行平均总成功率分别为 FY-2F 99.78%、FY-2G 99.95%、FY-2H 99.97%、FY-4A 99.18%、FY-3C 99.46%和FY-3D 99.59%。

---

* 参与本文编写的人员还包括游然、王静、翟晓春、李莹莹、刘畅、咸迪和毛冬艳。

2021年,风云四号B星(FY-4B)和风云三号E星(FY-3E黎明星)成功发射[1-4]。目前在轨运行的风云静止气象卫星包括FY-2F、FY-2G、FY-2H、FY-4A和FY-4B共5颗,极轨气象卫星包括FY-3C、FY-3D和FY-3E共3颗。风云静止卫星实现从非洲中部到太平洋中部地区的覆盖,风云极轨卫星实现首次全球晨昏时刻观测,弥补了全球数值预报晨昏时刻数据的空白,风云卫星遥感全球监测产品生成时效已达到3.5 h,相比2020年提升2 h。风云卫星为"一带一路"建设和"全球监测、全球预报、全球服务"提供重要支撑。

FY-4B和FY-3E在轨测试期间,"边测试、边应用、边服务",在建党百年庆典、十四运会、北京冬奥会等重大活动气象保障以及"21·7"河南特大暴雨灾害服务中发挥了重要作用。围绕2021年度高影响天气服务需求,持续开展业务产品精度改进,研发多类型新探测产品并开展应用检验和适用性分析。卫星天气应用平台(SWAP)优化了架构设计并完善了产品体系,增加FY-4A陆表温度、红外纹理增强等业务化产品,融入智能降水估计等新试验产品。SWAP平台开展新发射FY-4B卫星应用测试,研发十四运会和冬奥会保障专题服务SWAP平台,为中央气象台、北京市气象台、陕西省气象台等单位提供服务保障。

1 风云气象卫星、仪器和产品新进展

1.1 风云气象卫星、仪器新进展

(1)FY-4B气象卫星和快速成像仪(GHI)

FY-4B气象卫星于2021年6月3日成功发射,计划2022年投入业务运行。FY-4B为继FY-4A(科学实验星)之后发射的新一代静止轨道业务星。共搭载4个仪器,分别为先进的静止轨道辐射成像仪(AGRI)、静止轨道干涉式红外探测仪(GIIRS)、快速成像仪(GHI)和空间环境监测仪器包。快速成像仪为新增载荷,共设置7个通道,包括全色、可见光、近红外和红外通道。首次实现静止轨道250 m空间分辨率、1 min频次2000 km×1800 km区域的连续灵活观测,夜间红外通道观测分辨率为2 km。卫星数据的获取时效为1 min左右,与辐射成像仪形成优势互补。高频次观测可有效监测快速变化的台风、强对流等极端天气系统的发展演变。

(2)FY-3E气象卫星和风场测量雷达(WindRAD)

FY-3E气象卫星于2021年7月5日成功发射[4],计划2022年投入业务运行。FY-3E是全球首颗民用晨昏轨道气象卫星,有效填补晨昏时刻全球气象观测空白。FY-3E将与在轨的FY-3C和FY-3D组网运行,我国也因此成为国际上唯一同时拥有上午、下午、晨昏三条轨道气象卫星组网观测能力的国家,每4 h为数值预报提供一次全球覆盖的完整资料,有效提高和改进全球数值天气预报精度和时效,对完善全球对地观测系统具有重要意义。FY-3E实现对三维大气、洋面风场、夜间微光、太阳和电离层等多种要素的监测,"看太阳""看大气""看地球"能力全面提升。

FY-3E风场测量雷达是风云系列气象卫星的第一个主动遥感仪器,在国际上首次实现双频双极化洋面风场主动探测。风场测量雷达采用先进的扇形波束圆锥扫描体制,观测幅宽超过1200 km,通过地球系统的后向散射测量获取全球海洋表面的高精度风速和风向,最小可检测风速优于 3 m/s。2021 年 7 月 9 日风场测量雷达开机运行后,地面系统开展了定标定位预处理工作,已建成稳定的业务系统,生成 C 波段和 Ku 波段全球陆表、海表后向散射产品,据此可开展数值预报资料同化、全球洋面风场反演、海冰和土壤湿度等产品开发[5,6]。

1.2 风云气象卫星 L2 级新产品及产品改进

根据 2021 年风云卫星发展情况和高影响天气特征,选取洋面风、大气温湿度廓线和定量降水估计三类产品,介绍产品反演算法、改进技术、产品精度和应用方向等。

1.2.1 洋面风

基于 FY-3E 卫星新载荷研发完成了风场测量雷达、GPS/GNOS 两类洋面风产品。产品在"2106"号台风"烟花"和"2109"号台风"卢碧"中开展应用,该产品可以清晰地反映洋面高风速影响区域,提高了对台风近海大风的监测能力。

(1)FY-3E 风场测量雷达洋面风产品

FY-3E 在轨测试期间,利用风场测量雷达 L1 数据完成了洋面风场反演算法调试和改进工作,在业务系统中生成了 C 波段和 Ku 波段全球洋面风速和风向产品,形成 10 km 和 20 km 两种分辨率产品,风速精度优于 2 m/s,风向精度优于 25°,每日两次观测,轨道产品时效 3 h。产品示例如图 1。

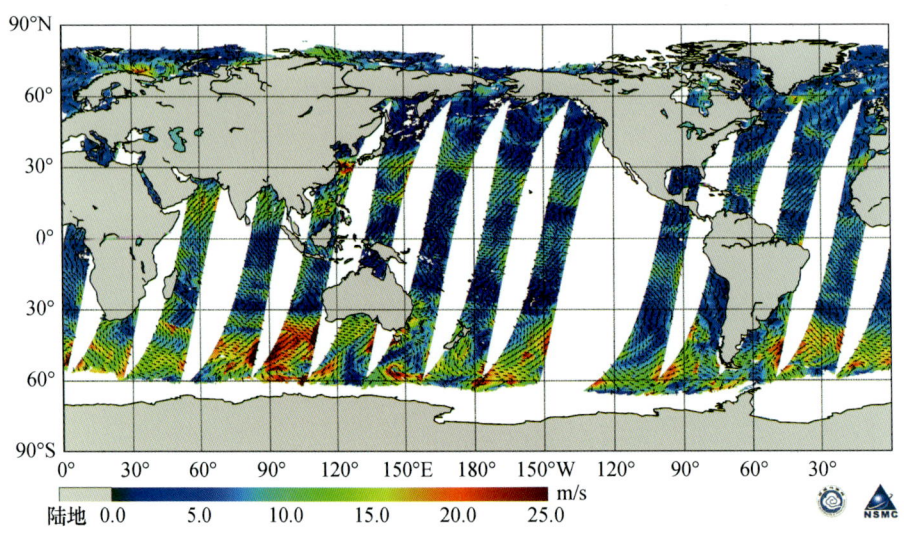

图 1 2021 年 7 月 24 日 FY-3E 风场测量雷达洋面风速和风向

(2)FY-3E GNOS 洋面风速产品

该产品是基于 FY-3E GNOS 卫星反射信号的双基雷达散射系数和波形前沿斜率的 GMF 函数反演得到,目前可生成 BDS(北斗)及 GPS 两种导航系统的洋面风速产品,空间分辨率为 25 km,时间分辨率为 1 s。对于 25 m/s 以下 FY-3E GNOS 洋面风速产品,与 ECMWF 模式再分析风速相比,GPS 风速精度为 1.78 m/s,BDS 风速精度为 1.70 m/s;与 HY-2 散射计风速对比,GPS 风速精度为 1.94 m/s,BDS 风速精度为 2.00 m/s。产品示例如图 2。

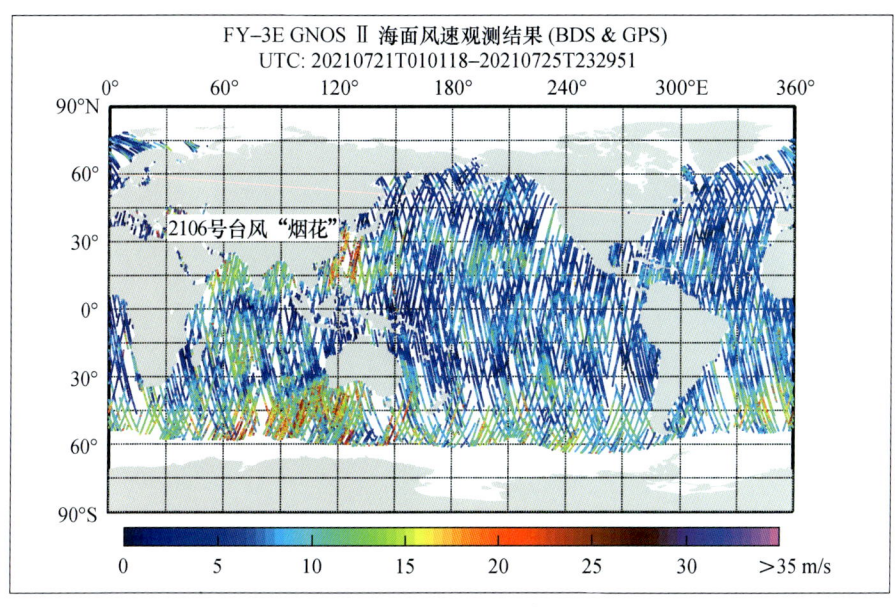

图 2 FY-3E GNOS Ⅱ 洋面风速

1.2.2 大气温湿度廓线

FY-4 静止和 FY-3 极轨卫星均可获得大气温、湿度廓线产品,两者互为补充,可对全球有云和无云条件下大气进行高时空分辨率探测[7]。

(1)FY-4A/GIIRS 大气温度廓线产品

FY-4A/GIIRS 为国际上首个静止轨道干涉式垂直探测仪器,在长波和中波红外波段实现 1650 个细分光谱通道,覆盖中国及周边区域,每日共计 10 个观测时次。由于不同光谱通道反映不同高度层的大气辐射贡献,选取一组合适的光谱通道,根据大气红外辐射传输原理,经数值计算可以获得温度垂直分布。大气温度廓线产品星下点空间分辨率为 16 km,共 101 个气压层。业务反演算法主要基于统计回归方法,分别进行晴空和有云状态下反演,可以获得晴空、部分云和薄云时的整层大气温度,对于较厚的云仅反演云上的大气温度。产品设有逐像元逐层质量标识,标识为 0、1 的产品精度较高。与气象再分析数据相比,大气温度廓线精度平均优于 2.0 K。2021 年在 FY-4A/GIIRS 的温度廓线产品原有算法基础上进行了改进和完善,将原来扫描角范围由 0°～50°扩展到 70°,大大增加了边界层内有效反演数据量。产品示例如图 3。

(2) FY-3/VASS 大气温、湿度廓线产品

FY-3/VASS 大气温、湿度廓线产品也同样采用统计方法。包括红外高光谱探测仪(HIRAS)和两台微波探测仪(温度计、湿度计)观测数据,借助微波探测仪的穿透性,改善非降水云云下大气廓线反演精度。产品空间分辨率为 14 km,每颗卫星可每天 2 次获得全球大气温、湿度(产品示例如图 4、图 5)。与 ERA5(第 5 代欧洲再分析)资料相比,晴空区域,陆地和洋面上空温度平均偏差分别为 1 K 和 0.5 K,900 hPa 以上均方根误差平均优于 2 K;陆地和海洋上空湿度平均偏差接近 0 g/kg,湿度均方根误差分别优于 1.5 g/kg 和 1 g/kg。

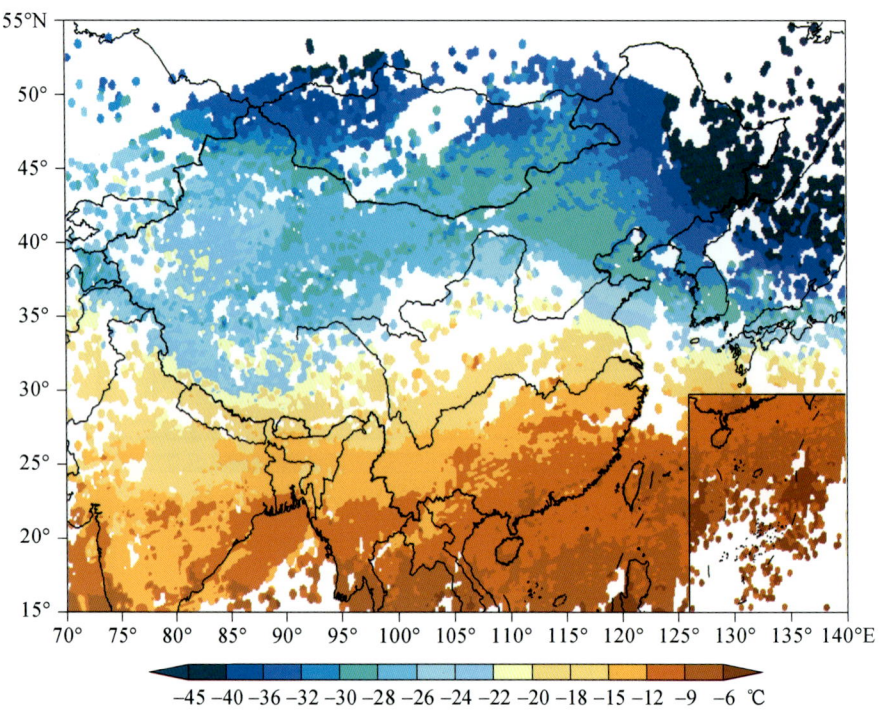

图 3　2021 年 12 月 31 日 00 时（世界时）FY-4A/GIIRS 500 hPa 温度

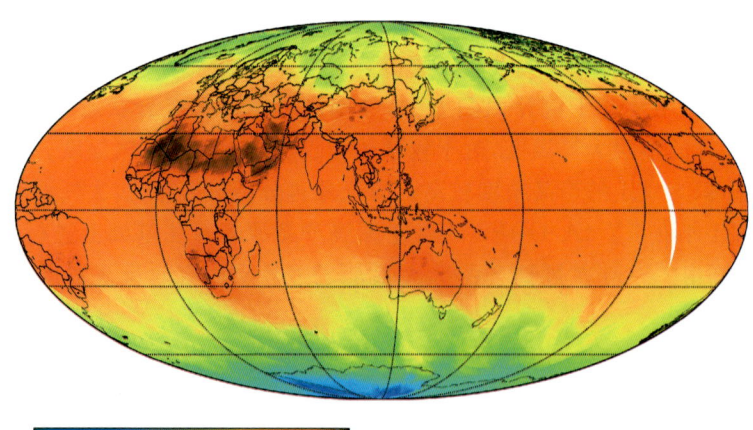

图 4　2021 年 9 月 12 日 FY-3E/VASS 850 hPa 温度

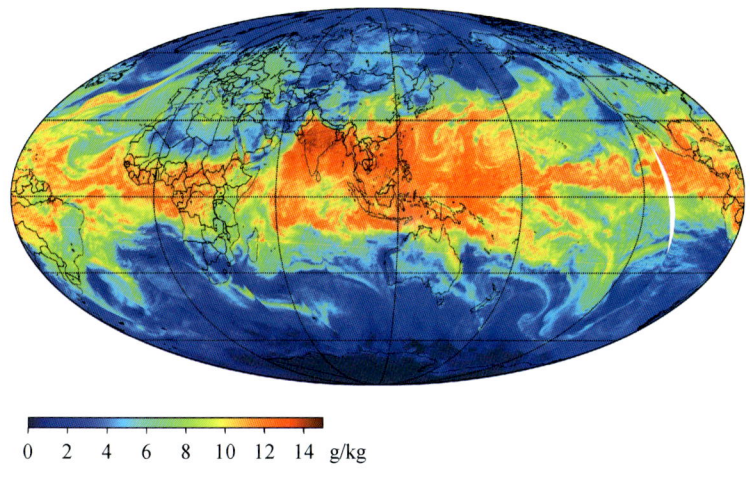

图 5 2021 年 9 月 12 日 FY-3E/VASS 850 hPa 湿度

1.2.3 静止气象卫星定量降水估计

该产品以风云静止气象卫星红外降水估计为主、以地面雨量计资料订正为辅,推导 1、3、6、24 h 定量降水估计产品。其中红外降水估计系数的推导采用动态的概率密度匹配方法,通过比较时空匹配的静止卫星红外亮温和极轨卫星降水的直方图,使得降水分布中高于给定降水率的比例等于低于相应亮温分布的比例,根据由此建立的动态最优亮温(降水查找表)来生成卫星降水估计产品(产品示例如图 6)。

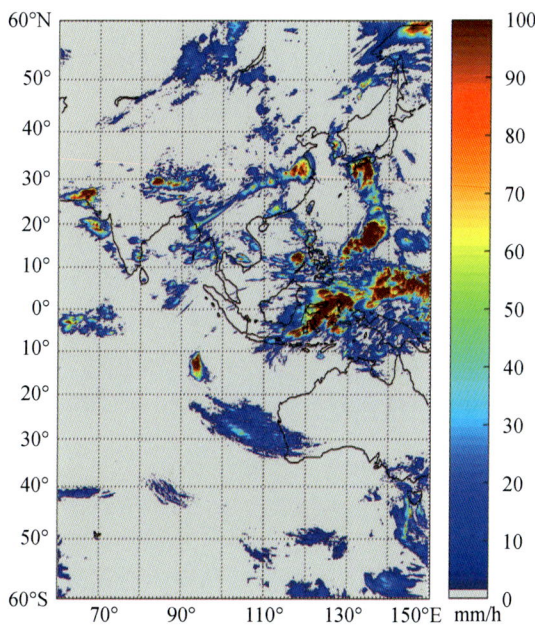

图 6 2020 年 7 月 16 日 FY-4A 定量降水估计日产品

本年度完成了三次算法改进。(1)系数改进和更新:重新审视和严格了匹配样本库的提取方法,对微波和红外降水融合过程算法进行了优化,更新后的 FY-2G 和 FY-4A 的卫星降水估计效果有明显提高。(2)境外算法改进:通过计入地球纬圈的实际地理范围相对固定的标定区,大大改进了卫星降水估计系数在高纬度地区的代表性和卫星降水估计结果。(3)融合模块业务变更:修改了1、3、6、24 h卫星降水融合模块的卫星估计降水的累加方法。

采用GPM DPR降水产品作为检验数据,业务算法修改后的结果明显比往年同期的结果要好(表1),改进前(2020年)、后(2021年)的7月和10月同期结果相比,[1,50] mm/h偏差分别减小了0.53 mm/h和1.84 mm/h,相对误差减小了49%和70%。

表1 用GPM DPR降水检验FY-4A业务定量降水产品(北半球,2020—2021年)

FY-4A-NH	偏差/(mm/h)	标准差/(mm/h)	相对误差/%
2020年1月	2.08	3.57	106.17
2020年4月	1.22	2.74	68.18
2020年7月	2.04	4.92	122.80
2020年10月	2.82	4.94	121.60
2021年1月	2.93	4.96	148.93
2021年4月	2.12	4.47	86.51
2021年7月	1.51	3.72	73.53
2021年10月	0.98	2.67	51.64
2020年平均	2.50	4.74	116.28
2021年平均	1.75	3.94	85.86

2 风云气象卫星高影响天气过程监测

2.1 风云气象卫星产品在寒潮监测中的应用

2021年,FY-4A/GIIRS温度廓线产品成功应用于冬季寒潮等高影响天气的监测分析中。同时,利用FY-3D/VASS大气温度廓线产品对极区的监测优势,开发了极涡冷空气监测产品,在中期天气预报时效内持续追踪极区冷空气的移动变化。

2.1.1 FY-4A/GIIRS温度冬季中高纬度精度检验

选取产品覆盖的中、高纬度地区共计72个气象高空观测站温度数据作为精度检验的真值。检验了2020—2021年冬半年FY-4A/GIIRS温度的精度。通过时空匹配,共获取约23万个检验样本。总体来看(图7):FY-4A/GIIRS温度平均偏差为0.14 ℃,平均绝对误差为1.79 ℃。针对"冬奥会"重大活动气象服务保障关键区域,检验了北京和张家口高空气象观测站位置FY-4A/GIIRS 850 hPa温度精度。北京平均偏差为−0.43 ℃,平均绝对误差为1.56 ℃;张家口平均偏差为0.01 ℃,平均绝对误差为1.77 ℃。

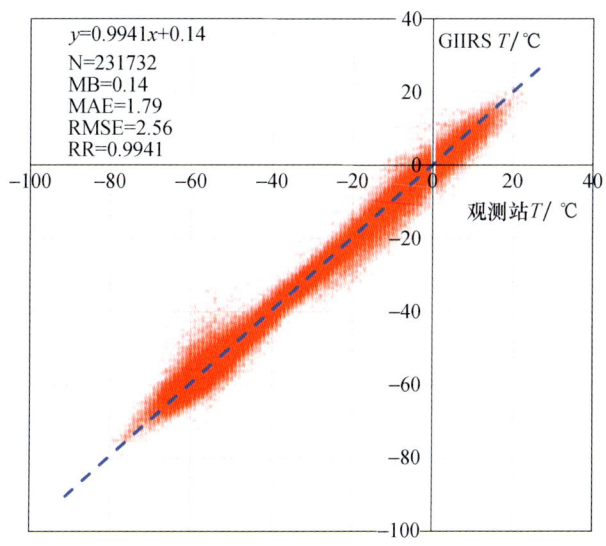

图 7　FY-4A/GIIRS 温度和高空气象观测站温度散点分布

2.1.2　FY-4A/GIIRS 温度云区缺测数据重构

FY-4A/GIIRS 有云区域温度数据较少,受云和质量标识控制的影响,在某些区域就会出现较大范围的缺测,为满足天气系统监测连续性业务服务需求,需对缺测数据进行重构。在常用插值算法分析的基础上,采取逐级插值分析的方法,实现了计算速度提升和高精度的插值迭代。经过优化插值算法(图 8a、b),填补了黄淮、华北、东北、内蒙古中东部、蒙古国西北部等区域受云系影响造成的温度缺测。重构温度和 ERA5 数据整体分布和-4 ℃等值线基本一致(图 8c),研究表明,850 hPa 高空-4 ℃等温线为北京雨雪相态判定的关键指标。同时,温度重构后完整保留了高精度有效探测区域的低温中心(图 8a、b),内蒙古中部和蒙古国中东部低温中心强度和位置均比 ERA5 数据(图 8c)有更精细特征。

2.1.3　温度廓线产品在寒潮天气监测中的应用

2021 年 10—12 月我国共出现 8 次冷空气过程(中央气象台提供数据),其中,12 月 15—18 日为全国中等强度冷空气,12 月 23—26 日为全国寒潮。利用 FY-4A/GIIRS 温度和 FY-3D/VASS 温度产品开展了寒潮监测,产品包括:FY-4A/GIIRS 850 hPa 中国及周边区域温度(图 8b)和 24 h 变温(图 9);FY-4A/GIIRS 24 h 变温垂直剖面;FY-3D/VASS 极区冷空气监测(图 10)。

12 月 15—18 日中等强度冷空气过程中(图 9),17 日 08 时 850 hPa 24 h 强负变温区出现在华北、黄淮和东北地区,部分地区 24 h 降温超过 14~16 ℃。12 月 23—26 日寒潮过程中,FY-3D/VASS 监测极涡伴随的冷空气演变可以看出(图 10),冷空气影响我国前期,19 日我国东北地区以北的北极圈附近出现强冷中心,并逐渐南推,23 日 850 hPa 高空-30 ℃以下冷空气开始影响东北北部和内蒙古东北部。该产品有效加强了极区附近极涡活动演变监测,在更长时效内对影响我国的寒潮过程开展追踪。

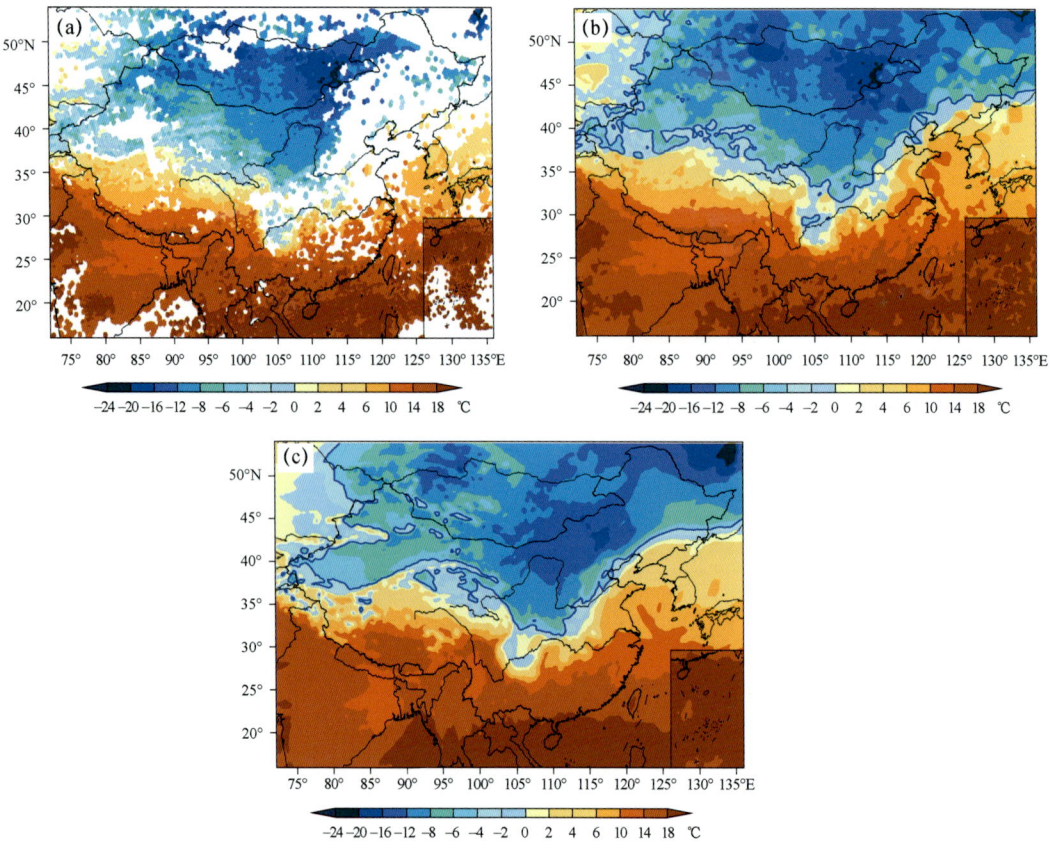

图8 2021年11月7日00时850 hPa FY-4A/GIIRS 高精度温度(a)、
数据重构后温度(b)和ERA5温度(c)

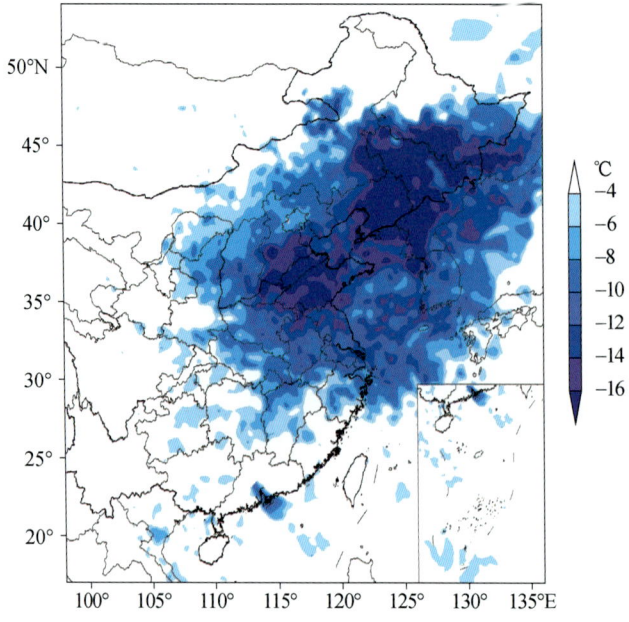

图9 2021年12月17日08时 FY-4A/GIIRS 850 hPa 24 h变温

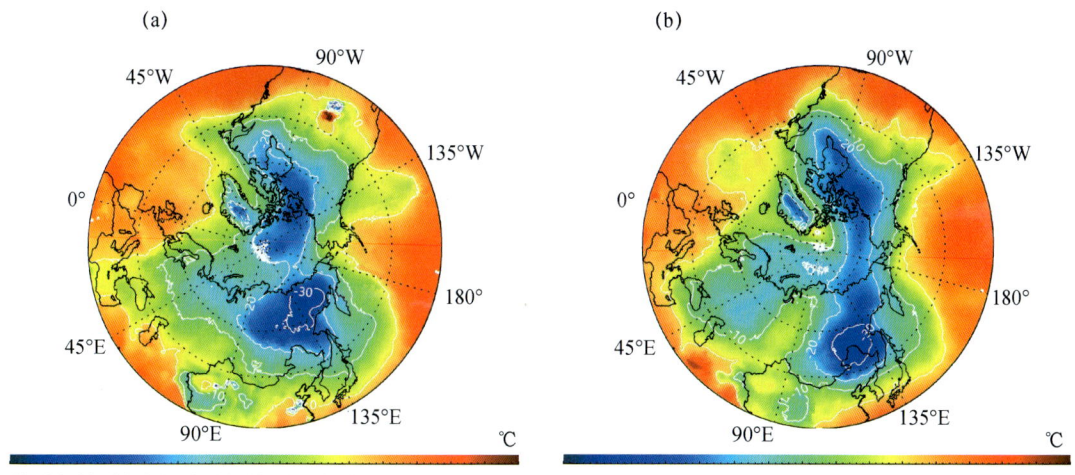

图10 2021年12月19日(a)和23日(b)FY-3D/VASS极区850 hPa温度

2.2 中国共产党成立100周年庆祝活动气象保障卫星遥感监测分析

2.2.1 气象保障监测预报难点

本次重大活动气象保障是在北京6—7月主汛期开展,6月25、28、30日和7月1日的几次活动中预报难点主要体现在以下三方面:(1)北京上游天气系统和午后热对流在东移过程中复杂多变;(2)冰雹等局地中小尺度强天气突发天气形势急转,保障区临近预报难度大;(3)活动核心时段定点精细实况观测需求迫切。

2.2.2 风云卫星在气象保障监测预报中的应用

以风云气象卫星实况观测为分析依据,瞄准每一次活动的预报关键点和难点,通过应用新卫星、新产品,突出此次活动定制化遥感应用服务的特点,提升气象保障服务精细程度。

第一,用好FY-4B新资料,首次展现分钟级快速观测资料在重大活动中的应用能力。FY-4B于6月3日成功发射,18日完成成像仪和快速成像仪可见光开机,仅15天之内就实现了1 min、250 m分辨率观测的首次应用,创造了从卫星发射到应用的最快纪录。特别工作状态期间,FY-4B卫星在强对流临近监测预警、人工影响天气作业指挥等方面发挥了不可或缺的作用。7月1日05时,北京西部云量开始增多,FY-4B卫星1 min、250 m分辨率快速观测形成实况直播,定量计算云团距离天安门广场的距离、移动速度等,为人工影响天气及天安门庆典现场临近预报提供决策支持,强对流云团最终与天安门广场擦肩而过(图11)。

第二,用好FY-4A高时空分辨率大气温度廓线产品,为突发对流性天气大气层结演变提供精细化监测。FY-4A/GIIRS温度廓线为强天气发展潜势的重要观测资料。6月30日19时—20时30分,北京昌平、海淀等地突发冰雹和短时强降雨,改变了大气层结状态,这种局地天气的变化是数值预报模式预报能力很难达到的,此时距离7月1日活动举办只剩下不到12 h。利用卫星观测的优势,从云团初生到快速发展全过程2 h一次的大气温度层结连续演变为预报提供参考建议(图12)。

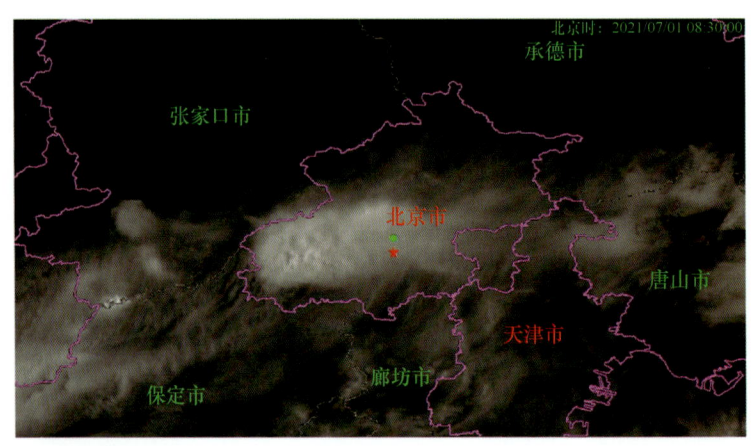

图 11　FY-4B快速成像仪7月1日08时云图（天安门庆祝活动开始前期,上游云系正向天安门移近,云图动画为预报员和人影作业提供了观测资料）

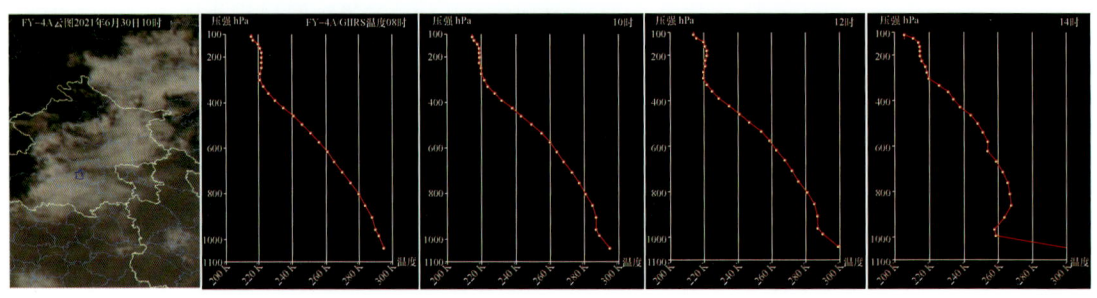

图 12　天安门地区FY-4A/GIIRS温度垂直廓线2 h一次连续监测

第三,用好风云气象卫星数值预报模式订正新产品。 针对本次服务保障,研发了卫星观测云、温度、风场等六类数值预报偏差订正产品。6月28日晚上国家体育场气象保障服务中,卫星实况模式订正产品显示:卫星观测锋面云系位置较数值模式预报偏西,表明系统东移速度偏慢,云系影响活动区时段较前期预报更推后。上述模式预报与卫星实况的定量偏差,为预报员提供了准确的监测信息(图13)。

2.2.3　卫星气象保障服务情况

派遣卫星分析首席直接参与中央气象台和北京市气象局决策会商,SWAP平台实现FY-4B分钟级云图及动画实时推送,为短时强天气的发展演变监测、人工影响天气作业条件研判提供了重要保障。

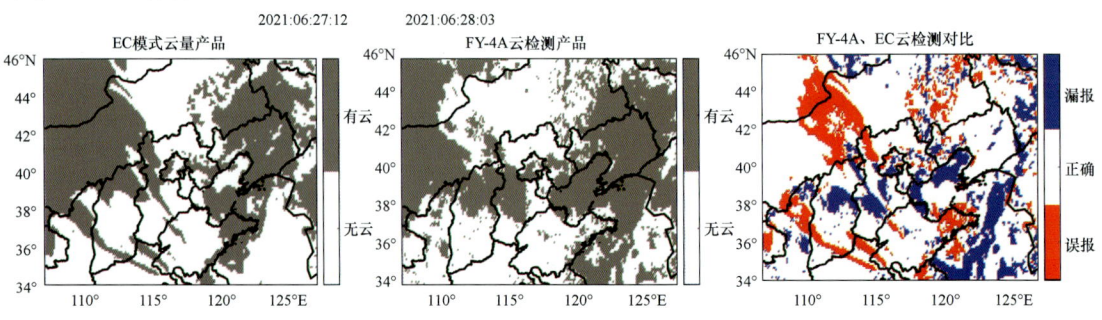

图 13　6月28日11时FY-4A云检测与ECMWF模式总云量预报对比

2.3 台风"烟花"风云卫星遥感监测分析

2.3.1 台风"烟花"监测预报难点

在多个天气系统影响下,台风"烟花"最主要的特点和预报难点为路径复杂,体现在三个方面:(1)"烟花"先后与"查帕卡""尼伯特"相互作用,前期以偏西路径为主,而7月23日早晨突然发生北翘;(2)"烟花"预报登陆地点由浙闽交界逐渐向浙江东北部调整,登陆后预报偏西路径逐渐向北上路径调整;(3)"烟花"在北上路径过程中东折入海的位置,预报中也出现了较大的不确定性。

2.3.2 风云气象卫星在台风"烟花"监测预报中的应用

针对"烟花"路径预报难点,风云气象卫星在以下三方面发挥了实况分析的优势。

第一,利用风云卫星水汽图像和云导风对高空冷涡的监测,分析"烟花"与高空冷涡的相互作用,为台风路径北上预报增强了信心。 自7月20日,卫星水汽图像显示,"烟花"中心以北逐渐形成高空冷涡,冷涡中心稳定盘踞在黄海北部至韩国西部沿海一带。在高空冷涡与副高的共同作用下,"烟花"中心北侧的高空云系呈现出外流辐散,有利于台风向偏北路径移动。当数值模式对台风登陆地点的预报出现较大不确定性时,此时卫星给出的实况观测分析结果,为台风路径更加偏北提供了有力证据。分析实况与模式的差异,有利于矫正路径预报的较大分歧(图14)。

图14 FY-4A卫星水汽图像监测台风"烟花"与高空冷涡的相互作用,为"烟花"路径北上提供了分析依据(2021年7月21—23日)

第二,利用风云卫星副热带高压判识和强度分析,对ECMWF模式副热带高压588 dagpm区域进行订正分析。 该方法相比于ECMWF模式预报的副高588 dagpm区域,其优点在于不但可以解译出副热带高压的范围,而且能够表征副热带高压范围内不同位置的强弱,基于连续的卫星副热带高压观测,形成了副热带高压强度演变趋势。针对台风"烟花"复杂路径预报难点,基于风云卫星的副热带高压实况解析结果表明,7月21—23日期间,副热带高压范围缩小、北抬,北边界较ECMWF模式预报的588 dagpm线范围的北边界更偏北。副热带高压的南边界,也较ECMWF模式的588 dagpm线区域更早出现减弱趋势。这些特征都释放出台风将加大偏北路径的明显信号(图15)。

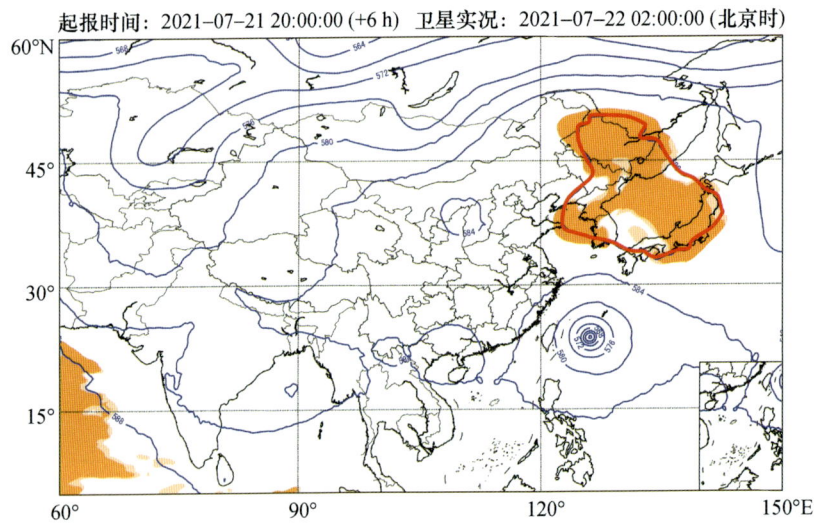

图 15　FY-4A 卫星识别（橘黄色）和 ECMWF 模式预报（红色实线）的副热带高压范围的对比分析（2021 年 7 月 22 日 02 时）

第三，利用 FY-4B 1 min、250 m 的高时空分辨率观测低层积云排列和移动方向，判断台风"烟花"低层环流，辅助研判"烟花"登陆后继续北上。台风"烟花"在浙江登陆后，给浙江、上海、江苏、河南、安徽、京津冀等地均带来强风雨影响，风云卫星可见光云图动画可见，台风主体云系低层积云走向，呈现大范围"串珠状"向北侧的持续移动，由此辅助判断台风未来走向仍维持以偏北路径为主（图 16）。

2.3.3　台风"烟花"卫星服务情况

国家卫星气象中心参加中央气象台组织的台风专题会商，重点分析卫星监测实况、对数值预报模式的订正等；将 FY-4B 分钟级快速观测资料及分析结论实时传送至上海市气象局、河南省气象局，为台风和"21·7"河南特大暴雨预报服务提供参考。

图 16　FY-3D 卫星观测的低层积云排列和移动方向（2021 年 7 月 25 日）

3 总结和讨论

2021年风云气象卫星及天气应用技术提升主要内容如下。

(1)FY-4B和FY-3E卫星发射成功,首次实现静止轨道250 m空间分辨率、1 min频次观测,可有效监测快速变化的极端天气系统的发展演变,风云极轨卫星首次实现全球晨昏时刻观测。

(2)新增洋面风产品已应用于海上大风业务服务;静止和极轨卫星大气温湿度廓线反演产品互为补充,可对全球有云和无云条件下大气进行高时空分辨率探测;降水估计产品经过三次业务算法改进产品精度明显改进。

(3)冬季中高纬度地区FY-4A/GIIRS温度产品绝对误差为1.79 ℃,基于该产品开发的寒潮类产品应用于业务服务,实现了中国区域冷空气活动及其带来的雨雪天气2 h/次高频次精细化监测。发挥FY-3D卫星极区观测优势研发了极涡产品,有效加强了极区附近冷空气活动演变监测,在更长时效内对影响我国的寒潮过程开展追踪。

(4)在中国共产党成立100周年庆祝活动气象保障服务中,针对对流性天气短时临近精细化监测需求,首次应用FY-4B卫星1 min、250 m快速扫描观测,为人工影响天气及天安门庆典现场强对流临近预报提供决策支持;FY-4A大气温度及数值预报偏差订正产品,为突发对流性天气大气层结演变提供精细化监测信息。在"2106"号台风"烟花"短时临近预报服务中,针对其复杂路径预报难点,风云卫星对高空冷涡、低层积云排列和移动方向的监测,以及对副热带高压范围和强度的判识及对模式的订正,为"烟花"台风路径北上预报增强了信心。

2022年将加紧推进FY-3E风场测量雷达反演数据的精度提升和业务使用,提升FY-4B快速成像仪图像质量,研究典型高影响天气发展演变过程卫星图像特征,卫星反演产品对高影响灾害性天气的灾害监测预警方法,同时加强卫星数据和其他多源观测数据的综合应用能力,提高对高影响天气的监测预警综合能力及精细化服务能力。

参考文献

[1] 张鹏,郭强,陈博洋,等.我国风云四号气象卫星与日本Himawari-8/9卫星比较分析[J].气象科技进展,2016,6(1):72-75.

[2] YANG J,ZHANG Z,WEI C,et al. Introducing the new generation of Chinese geostationary weather satellite-FengYun4 (FY-4)[J]. Bullentin of the American Meteorological Society,2016,DOI:10.1175/BAMS-D-16-0065.1637-1659.

[3] 张志清,陆风,方翔,等.FY-4卫星应用和发展[J].上海航天,2017,34(4),8-19.

[4] ZHANG P,HU X Q,LU Q F,et al. FY-3E:The first operational meteorological satellite mission in an early morning orbit[J]. Advanues in Atmospheric Sciences,2022,39(1):1-8.

[5] 窦芳丽.风云三号双频测风雷达风场反演仿真与精度提高方法研究[D].北京:中国气象科学研究院,2012.

[6] 窦芳丽,商建,郭杨,等.卫星遥感海面风技术现状及应用进展[J].气象科技进展,2017,7(4):6-11.

[7] 刘辉,寿亦萱,漆成莉.高光谱大气红外探测仪(AIRS)反演大气不稳定度指数在强对流天气个例中的应用试验[J].气象,2014,40(6):678-686.

数值预报系统技术升级及在河南特大暴雨中的应用复盘(2021年)

陈起英　万子为　徐国强　赵　滨　佟　华　孙　健　王　雨　陆其峰

(中国气象局地球系统数值预报中心,北京,100081)

摘要:简要回顾了中国气象局各业务数值预报系统在2021年度的业务化技术升级,主要包括中国气象局全球同化预报系统(CMA-GFS)、中国气象局中尺度天气数值预报系统(CMA-MESO)、中国气象局区域台风预报系统(CMA-TYM)技术升级情况,介绍了为冬奥服务的1 km分辨率CMA-MESO快速循环模式系统新增产品。统计检验表明,2021年全年平均CMA-GFS北半球可用预报天数提高到7.8天,东亚地区为8.2天。2021年年平均CMA-MESO中雨TS评分达到0.18,暴雨达到0.11。选取河南"21·7"极端暴雨高影响天气过程,重点对CMA-GFS和CMA-MESO的预报性能进行了应用分析,结果表明CMA-GFS模式提前5天预报出了河南暴雨过程,CMA-MESO提前12 h的预报即可有效捕捉强降水特征,在降水强度及雨带特征上与实况较为一致,但对郑州极端降水存在漏报。诊断分析表明,CMA-MESO模式对郑州附近的中尺度辐合线预报偏西偏南、对长时间维持的对流风暴和强对流风暴预报能力不足可能是极端降水偏差的原因。

关键词:数值预报系统,技术升级,检验评估,应用分析

引言

从2001年开始,中国气象局组织建立数值天气预报创新基地,开始自主开发建立新一代多尺度通用的同化与数值预报系统 GRAPES(Global/Regional Assimilation and PrEdiction System)模式[1-5]。模式的动力框架由包含完全动力学过程的非静力、全可压的方程组描写,使用等温参考廓线,采用两时间层的半隐式半拉格朗日时间积分方案。水平方向上采用Arakawa C跳点,垂直方向采用Charney Philips跳点。2006年水平分辨率为30 km的GRAPES区域版本实现业务化。2009年和2014年分别升级到15 km和10 km,2016年和2019年分别完成了覆盖中国东部和全国范围的3 km模式的研发。2020年建立了全国3 km间隔3 h的快速循环同化预报系统,还针对冬奥气象服务建立了1 km分辨率的覆盖京津冀地区的试验系统并提供产品。GRAPES模式全球版本在2016年实现业务化运行之后经过多次升级,实现了采用三维参考大气和预估修正的半隐式半拉格朗日算法、具有高效切线性和伴随的四维变分同化技术、国际多平台卫星资料、FY-3和FY-4特有传感器的卫星资料同化技术、适合中国特点的复杂物理过程技术等关键核心技术[6-9]。可以认为,最近20年是中国数值预报创新性发展的20年,是中国自主研发的数值预报系统全面业务应用和不断提高的20年。

2021年,中国数值预报系统(CMA-GFS、CMA-MESO)有了长足的进步,数值预报技术进

行了较大的升级,在国内的重大活动、极端降水预报和台风预报等灾害天气服务中发挥了重要作用,预报员对中国自己的数值预报产品越来越重视。

1 数值预报技术升级

1.1 CMA-GFS 业务升级和研发

完成 CMA-GFS V3.1、V3.2 业务升级,全球模式物理过程全面改进,湿度偏差显著减小;建设了全球海域热带气旋的预报流程,实现全球海域热带气旋业务预报。完成 CMA-GFS V3.3 业务升级评审,模式升级为混合垂直坐标,研发了混合垂直坐标动力框架的切线性模式和伴随模式,提高了切线与伴随模式的计算效率,新增 Aeolus(测风雷达卫星)等卫星观测资料。CMA-GFS V3.3 在模式高层有显著改进,3 天以内的降水预报评分提高 3~5 个百分点,运行稳定性明显提高,同化计算时间减少 50% 左右。初步建成分辨率 12.5 km 的全球中期数值模式,较显著地提高了模式对热带地区云和格点降水量的模拟能力,缓解了潜热偏低以及近地面 2 m 温度偏低问题,明显改进了地面反照率和地表温度的模拟,总体预报性能优于 0.25°分辨率版本。

研发新一代多矩约束非静力模式地形格点数据集,发展了三维立方球高精度平流模式,完成了三维变形流试验、有复杂地形平流试验等标准试验测试;研制了垂直有限体积离散的多矩非静力模式动力框架;研制的新一代多矩约束非静力模式(包括高精度平流模式)在面向地球系统定制的国产耦合器 C-coupler 软件架构中通过了二进制一致性测试。开展了实际个例的预报试验,预报结果合理可靠。

1.2 CMA 区域模式业务化升级

完成 3 km 区域模式预报系统 CMA-MESO 业务化升级。优化改进了侧边界松弛方案、WSM6 云微物理方案、浅对流方案、地形滤波等,实现 CMA-GFS 模式面驱动能力,形成 CMA-MESO V5.1 版,其统计检验评分和对强天气的预报能力均优于 5.0 版。11 月业务升级后,通过数值预报云下发的 00 时、12 时(国际时)预报产品时效由 36 h 延长至 72 h。完成面向冬奥气象服务的 CMA-MESO 1 km 分辨率、1 h 更新系统的建立和实时运行。试验结果表明,快速循环系统对近地面 2 m 温度和 10 m 风场预报能力优于模式直接冷启的预报结果,为冬奥服务提供高分辨的近地面要素产品。

改进模式边界层过程、云量诊断、陆面过程、对流参数化等物理过程,实现了 CMA-TYM V3.1 业务升级,减小了台风路径强度预报误差,提高了降水 TS 评分,24 h 路径预报平均误差保持在 70 km 以内,台风强度 24 h 预报误差降至 5.0 m/s 以内。建立了 9 km 实时运行的海气耦合台风数值预报系统 CMA-TYM-HYCOM,预报区域覆盖西北太平洋和南海,对比分析表明:CMA-TYM-HYCOM 对"烟花"台风路径预报误差与 CMA-TYM 基本相当,移速误差略有增大,但强度预报改进明显。初步建立了 3 km 分辨率海气耦合的区域台风数值预报系统,实现了 3 km 分辨率区域大气模式和洋流模式的双向实时耦合,建立了 3 km 分辨率区域海气耦合模式系统。

1.3 CMA-MESO 数值预报新产品

开展冬奥气象服务产品开发,完成 1 km 分辨率 CMA-MESO 快速循环模式系统后处理及产品开发,包括地面和等压面单层要素、核心点位垂直剖面产品及核心点位模式探空产品。研发模式偏差订正技术、多模式集成技术、风场动力降尺度技术,完成 CMA-MESO 次千米级、次百米级和站点的订正集成产品和风场动力降尺度产品。还开发了 A701 站阵风风险概率预报产品和冬奥赛事站点概率预报产品。实现 FDP(预报示范项目)产品业务运行和实时上传提供产品。

诊断量要素方面,新开发云底高、云顶高和云幂高产品,优化阵风和能见度产品诊断技术。开发满足航空预报和重大服务保障等的云底高、云顶高和云幂高新产品,其中判断标准分别为云量高于 1‰ 的最低模式层高度、云量高于 1‰ 的最高模式层高度、云量高于 50% 的最低模式层高度,并且凝结量都需大于 1.0×10^{-6} kg/kg。

根据阵风的成因研究,主要认为与大尺度风、湍流和大气稳定度有关,主要包括大尺度风、动量的垂直输送及对流拖曳导致的垂直动量输送的贡献。通过分别计算动量的垂直输送对阵风的贡献和对流拖曳导致的向下的动能传输对阵风的贡献改进了阵风的预报准确性。

改进能见度诊断技术,通过增加考虑霰对能见度的贡献,将使用模式最底层云水物质改进为最下面三层最大的云水物质,加夜晚选项以考虑夜晚能见度与白天的差异,使得能见度的诊断更符合观测。

2 数值预报模式总体检验情况

根据 WMO(世界气象组织)模式检验标准,选取 500 hPa 高度场南、北半球距平相关系数(ACC)自 2010 年 1 月以来历史演变特征(图 1)为参考,考察模式改进效果。可以看到,业务化后 CMA-GFS 的预报效果有明显提升,南、北半球预报差异逐渐减小。其中第 5 天北半球

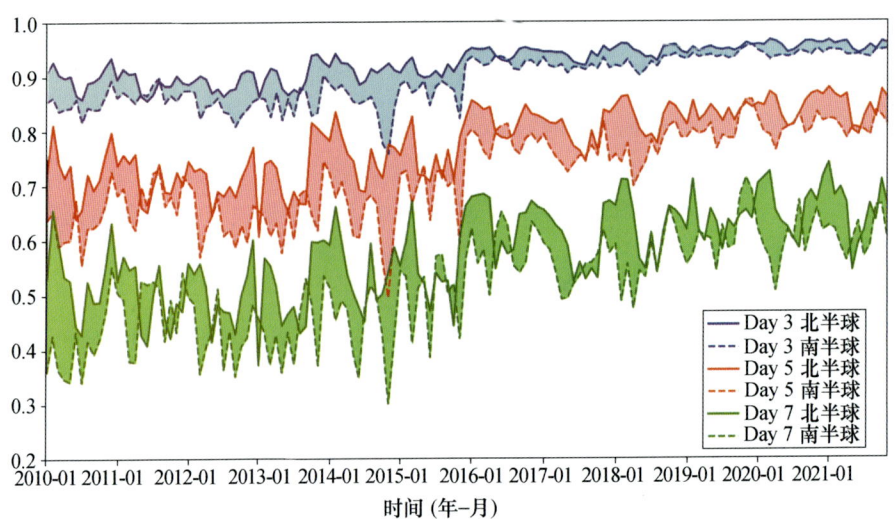

图 1　2010 年 1 月—2021 年 12 月北半球及南半球 500 hPa 高度场第 3、5、7 天 ACC 月平均演变特征(实线:北半球;虚线:南半球)

500 hPa 高度场 ACC 从 2010 年 9 月的 0.695，到 2015 年 9 月的 0.768，至 2021 年 9 月已升至 0.827。

从全球模式多年可预报天数分析(图 2)可以发现，CMA-GFS 模式 2015 年业务化后可用预报天数稳步提高，2016 年北半球超越 T639 模式，为 7.4 天(T639 为 7.2 天)；2017 年后东亚地区同样超越 T639 模式(GRAPES：7.4 天；T639：7.1 天)。2021 年全年北半球可用预报天数为 7.8 天，东亚地区为 8.2 天，具有明显的进步。但是与欧美等发达国家相比，CMA-GFS 模式还是有比较明显的差距，尤其是北半球(图 3)。

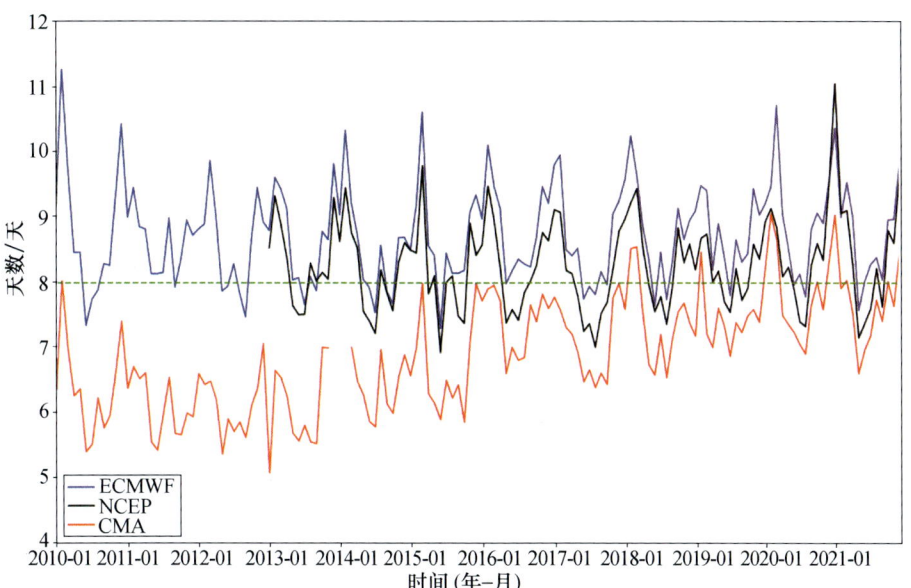

图 2 2010 年 1 月—2021 年 12 月北半球月平均可用预报天数

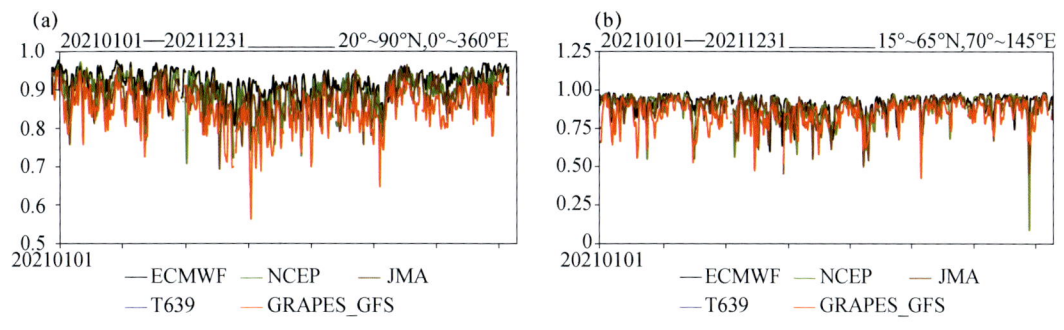

图 3 2021 年 1—12 月 CMA-GFS 模式 120 h 预报北半球(a)和东亚(b)500 hPa 高度场距平相关系数检验

基于中国区域 2400 站实况观测资料，2007 年 1 月—2021 年 12 月的 CMA-MESO 24 h 降水 TS 评分检验(图 4)表明，区域模式 CMA-MESO 的中雨和暴雨的预报评分是逐年提升的，2021 年年平均中雨 TS 评分达到 0.18，暴雨达到 0.11。

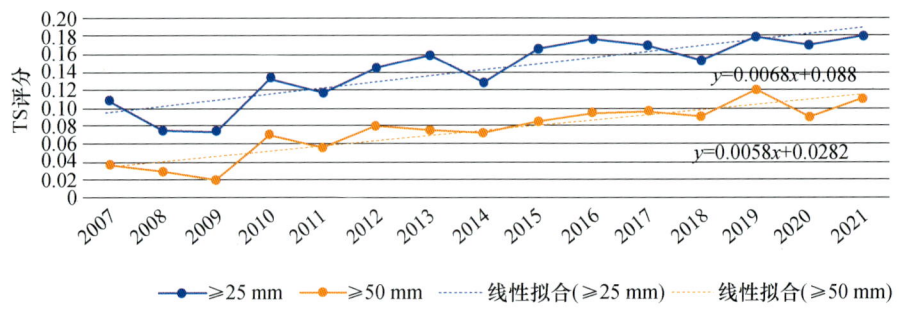

图 4　2007—2021 年年平均 CMA-MESO 24 h 降水 TS 评分检验

3　数值预报模式应用

3.1　数值预报模式对河南"21·7"极端暴雨应用分析

2021 年 7 月 17—22 日，河南省出现历史罕见的极端强降水（简称"21·7"暴雨），最大累积降雨量高达 1122.6 mm，郑州国家站最大 1 h 降雨量达 201.9 mm。"21·7"暴雨发生发展过程中的主要天气系统是：副热带高压异常偏北，我国东海"烟花"台风和南海"查帕卡"热带风暴共存，充沛的水汽被源源不断地输送到我国郑州附近地区；在相对稳定的大尺度环流条件下，黄淮地区形成了一个明显的气旋性涡旋，以及太行山和伏牛山辐合抬升，形成了强烈的垂直上升气流。数值模式业务预报对于此次降水中心预报虽有一定的偏差，对于降水强度和极端性估计不足，但对预报仍然起到重要支撑作用。

3.1.1　5 天以内的全球模式预报在"21·7"大暴雨预报中起到重要作用

数值预报在"21·7"大暴雨预报中起到了极其重要的作用，CMA-GFS 模式提前 5 天预报出了河南暴雨过程，为预报员提前 5 天预报河南暴雨过程提供了关键性的参考依据。

如对河南 7 月 20 日 08 时（以下均为北京时）至 21 日 08 时最强降水日的预报分析，从 7 月 16 日开始至 7 月 20 日，ECMWF（欧洲中期天气预报中心）模式和 CMA-GFS 都对该暴雨过程做出了较为准确的预报。图 5 为 ECMWF 模式、CMA-GFS 模式和 JMA（日本气象厅）全球模式的降水 TS 评分检验，可以看到在提前 108～132 h 的暴雨以上量级预报中，CMA-GFS 模式的 TS 评分均超过了 0.1，明显高于 ECMWF 和 JMA 模式；而在提前 36～84 h 的暴雨预报中，ECMWF 模式占优，其中提前 36 h 预报的评分接近 0.57 左右，说明 ECMWF 模式预报的短期强降水中心位置与实况较为接近；JMA 模式对这次过程的暴雨预报能力最低。三个全球预报模式对 7 月 20 日 08 时至 7 月 21 日 08 时降水预报的极值都未超过 200 mm，其特大暴雨的评分均为 0，说明全球模式预报的降水极值明显偏小。

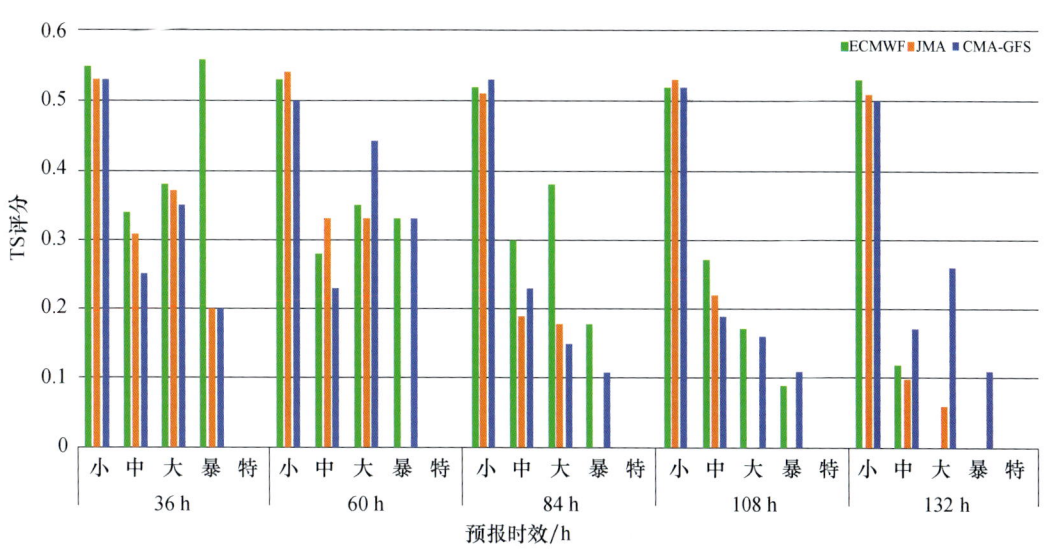

图 5　2021 年 7 月 20 日 08 时—7 月 21 日 08 时降水过程 ECMWF、CMA-GFS 和
JMA 全球模式降水预报 TS 评分

3.1.2 区域中尺度模式在降水落区和量级上具有明显优势

前面的分析已经指出全球模式虽然提前 5 天已经做出了暴雨过程的预报，但降水量极值明显偏小。区域模式都预报出了特大暴雨过程。如 20 日 08 时—21 日 08 时 24 h 降水预报，郑州实测最大降雨量达 624.1 mm，CMA-MESO(3 km) 系统、CMA-GD(中国气象局广东快速更新同化数值预报系统)、CMA-BJ(中国气象局北京快速更新循环数值预报系统)、CMA-SH(中国气象局上海快速更新同化数值预报系统)模式对暴雨以上量级的评分都高于 ECMWF 模式的评分(图 6)，其中 CMA-MESO 和 CMA-BJ 降水最大值都超过了 500 mm，更接近于观测数据。

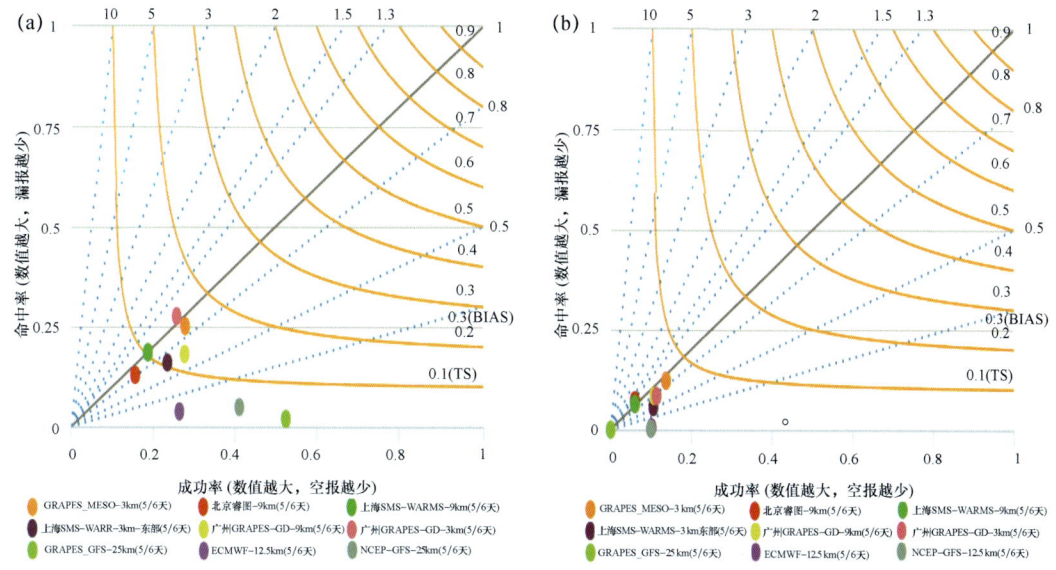

图 6　2021 年 7 月 17—22 日河南逐 3 h 降水数值模式预报检验
(a)检验阈值≥25 mm；(b)检验阈值≥50 mm；(起报时间为 2021 年 7 月 17 日—22 日逐日 08 时)(引自国家气象业务内网)

选取最强降水发生时段(7月20日14—20时)6 h累积降水预报特征进行分析,考察区域CMA-MESO(3 km)模式对强降水过程的预报效果(图7),可以看到,CMA-MESO模式在此次强降水预报中,与观测(图7a)对比,提前6 h(图7b)及12 h(图7c)的预报均可有效地捕捉强降水特征,在强度及降水雨带特征上与实况较为一致;而当预报提前18 h(图7d)时,降水强度预报明显减弱,但降水雨带形态依然可以有效维持;但提前24 h的预报与实况之间差异已非常明显(图略)。

通过24 h累积降水评估可以考察日累积降水预报性能,即不考虑强降水的时间差异性,仅着眼于空间及强度特征。图8给出了CMA-MESO(3 km)、CMA-GFS及ECMWF模式在此次强降水过程中的预报特征。可以看到,与观测对比(图8a),仅CMA-MESO模式有效预报了强降水形势,郑州地区降水峰值可超500 mm/24 h,与实况强度较为吻合(图8b)。而CMA-GFS(图8d)及ECMWF(图8c)模式预报均明显偏弱,降水形态也与实况不尽一致。可以认为,对于此次极端降水过程,区域模式具备更佳的预报能力,而全球模式强降水预报效果有限。

以上分析说明,中尺度模式较好地预报了这次极端降水过程,但降水极值中心位置存在偏西和偏北的现象。总体来看,区域中尺度模式比全球模式具有明显的优势。

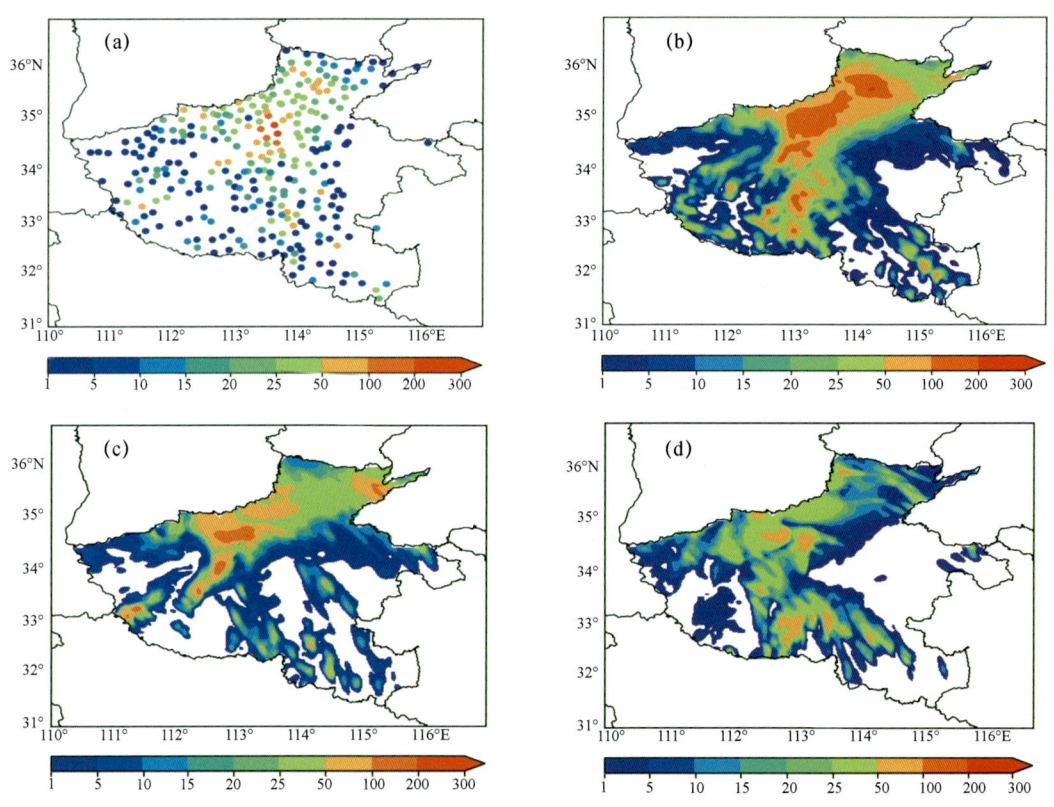

图7 2021年7月20日14—20时(北京时)观测(a)、CMA-MESO提前6 h(b)、12 h(c)和18 h(d)预报的河南省6 h累积降水量(单位:mm)

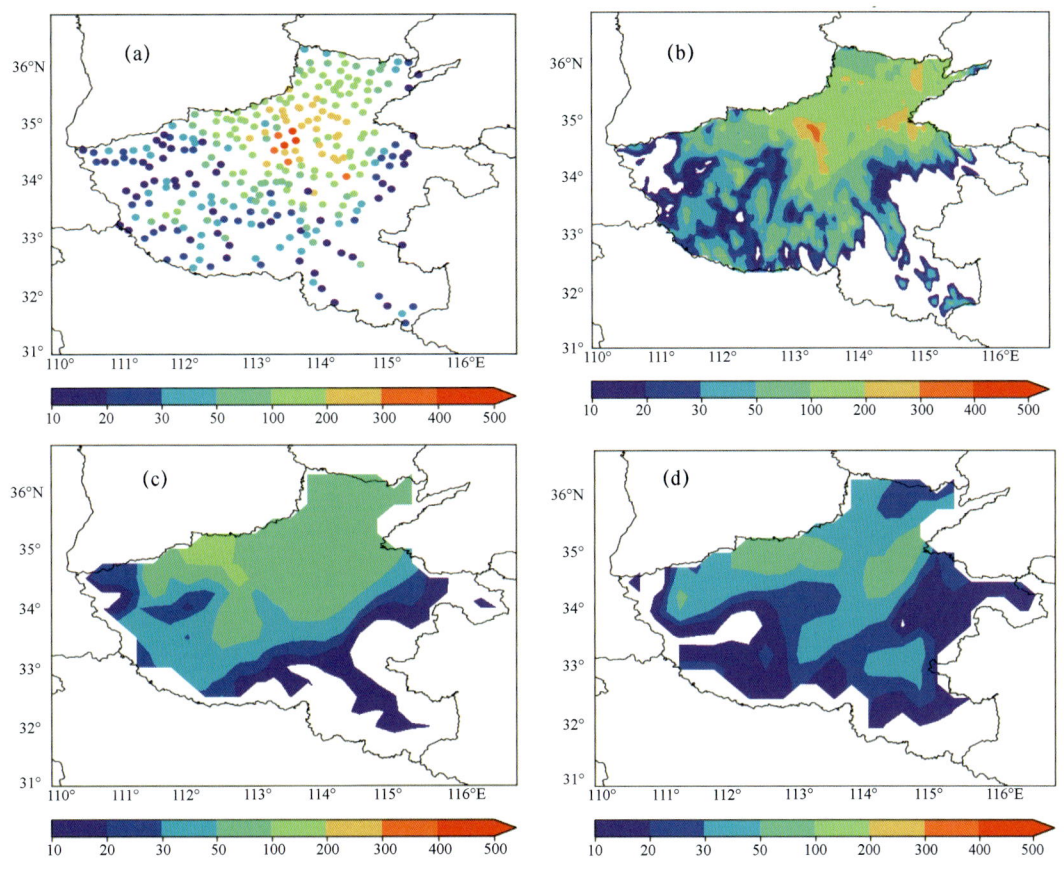

图 8　7 月 21 日 08 时(北京时)的观测(a)以及 MESO 3 km(b)、ECMWF(c)和 CMA-GFS(d)模式在 7 月 19 日 20 时起报的 12～36 h 郑州地区 24 h 累积降水分布(单位:mm)

3.1.3　数值预报对"21·7"大暴雨预报的不足

ECMWF 模式和 CMA-GFS 模式都预报出了这次暴雨过程,但预报的降水极值和区域都存在明显的偏差,预报的 24 h 降水量最大值都在 200 mm 以下。区域中尺度模式对这次极端短时强降水预报具有明显优势,但对于极端降雨强度的预报能力仍存在明显不足,且各数值预报模式对暴雨中心的预报明显偏西,没有预报出 201.9 mm/h 的极端强降水过程,即都不能预报出降水的极值强度。从区域集合预报系统 CMA-REPS 预报分析可以认为,这次暴雨过程可预报性高,但降水极值及落区可预报性低。未来还需要加强新技术、新理论和新资料的研究,完善高分辨率模式的同化和预报系统。

苏爱芳等[10]从天气学角度对模式预报进行了分析,认为数值预报模式对豫西低涡生成及演变、豫西风向的转换及切变线的演变等中小尺度系统预报,中尺度模式优于全球模式;对地面系统关键系统如豫西气旋等,全球模式均漏报,中尺度模式尤其是 CMA-MESO 和 CMA-BJ 对其有较好的反映,明显优于全球模式,但对郑州附近的中尺度辐合线,中尺度模式同样存在一定的漏报。

根据不同阈值,将回波划分为层状云回波(20～35 dBZ)、对流风暴回波(35～50 dBZ)和强对流风暴回波(≥50 dBZ)[11],分别统计雷达实况和高分辨率模式回波产品的强度(图 9)及频率(图 10)。CMA-MESO(3 km)模式预报回波产品对于层状云回波、对流风暴回波以及强对流风暴回波的强度预报与实况接近(图 9),但低估了郑州站及周边的对流风暴回波及强对流风暴回波的持续时间,尤其针对强对流风暴回波,郑州站及周边总出现时长为 8～12 h,而模式回波产品仅预报了 2～4 h(图10),即模式对长时间维持的对流风暴和强对流风暴预报能力不足。

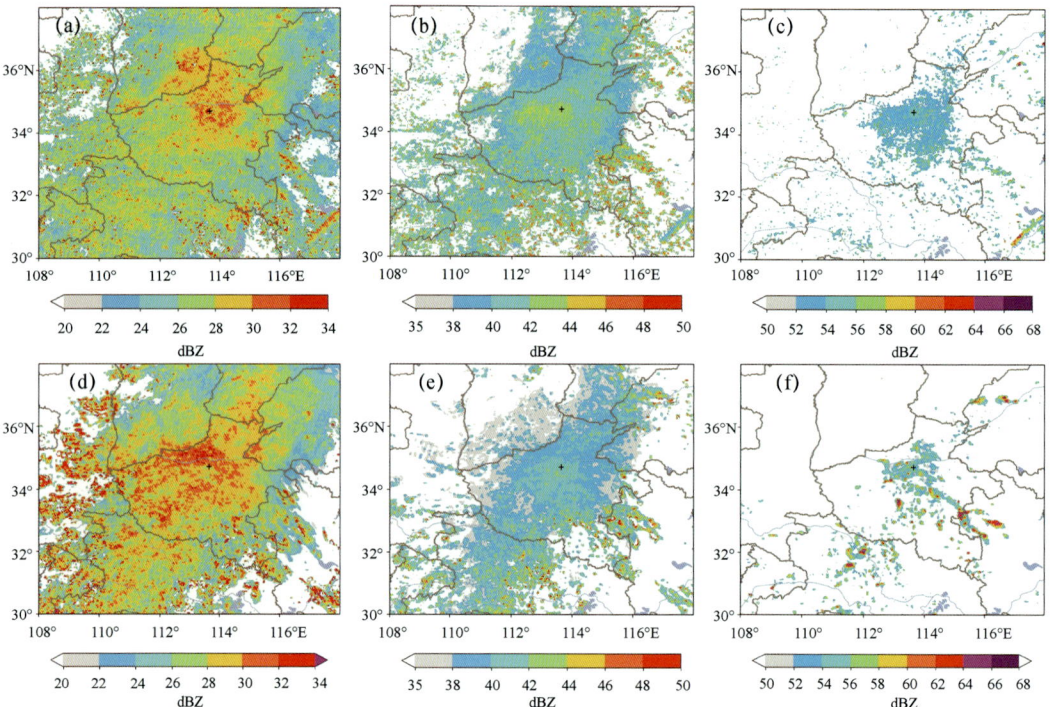

图9 7月19日08时—21日08时不同对流回波雷达观测和模式预报的平均强度分布
(a)观测层状云回波平均强度;(b)对流风暴回波平均强度;(c)强对流风暴回波平均强度;(d)20时起报的模式层状云回波平均强度;(e)20时起报的模式对流风暴回波平均强度;(f)20时起报的模式强对流风暴回波平均强度(十字星代表郑州站)

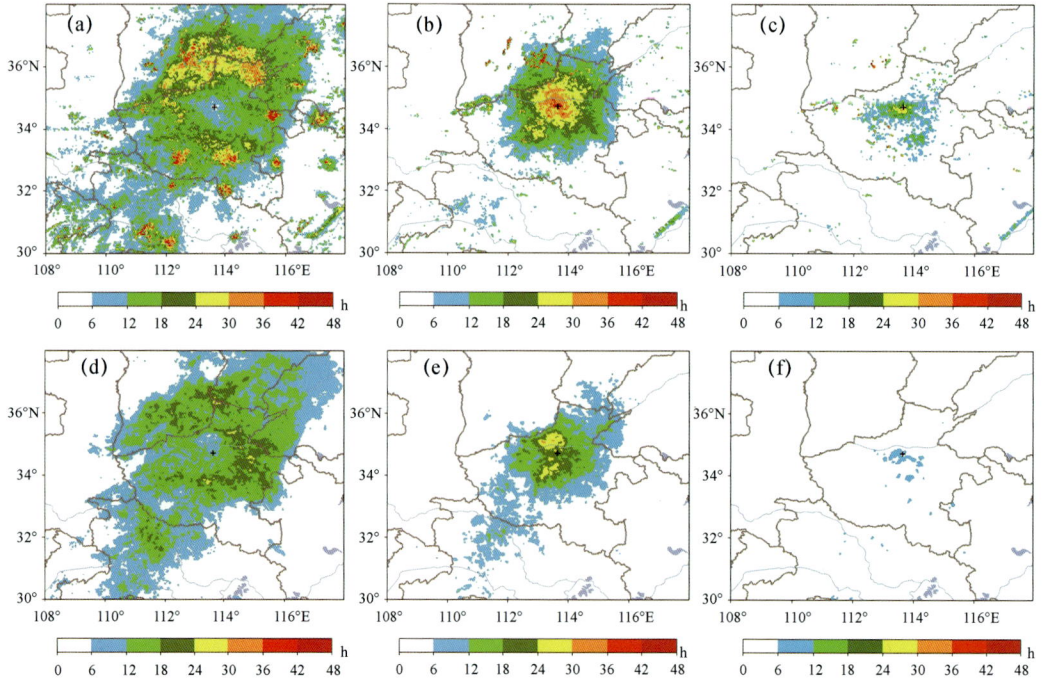

图10 7月19日08时—21日08时不同对流回波雷达观测和模式预报的出现时间分布图
(a)观测层状云回波出现时间;(b)对流风暴回波出现时间;(c)强对流风暴回波出现时间;(d)20时起报的模式层状云回波出现时间;(e)20时起报的模式对流风暴回波出现时间;(f)20时起报的模式强对流风暴回波出现时间(十字星代表郑州站)

图 11 给出极端降水(7 月 20 日 16—17 时)前后 2 h 逐小时雷达回波和高分辨率模式回波预报产品对比,发现在极端降水发生前后 2 h,模式对郑州站的回波出现了明显漏报。结合图 12 给出的极端降水发生时(20 日 16 时)的地形和地面风场的实况与模式预报对比,发现实况在郑州站地面出现较明显的中尺度辐合线,配合地形抬升作用,形成有利于强降水的辐合条件,而模式预报的地面风场辐合位于郑州站偏西和偏南的区域,这可能是造成郑州站强回波漏报的原因之一。

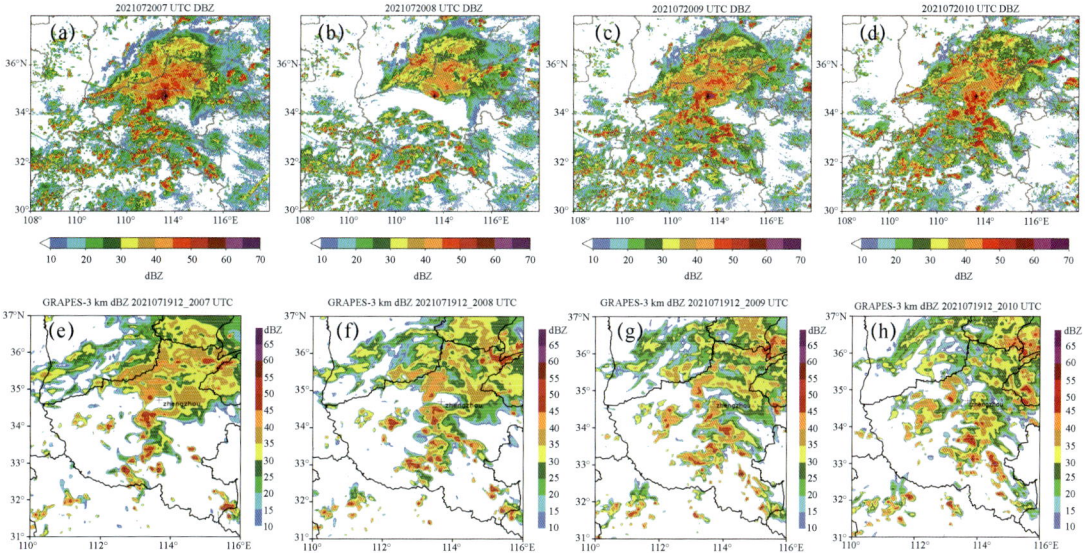

图 11 极端降水发生前后 2 h(20 日 15 时—21 日 18 时)雷达实况(a～d)和 CMA-MESO 预报(19 日 20 时起报,(e～h))逐小时回波(十字星代表郑州站)

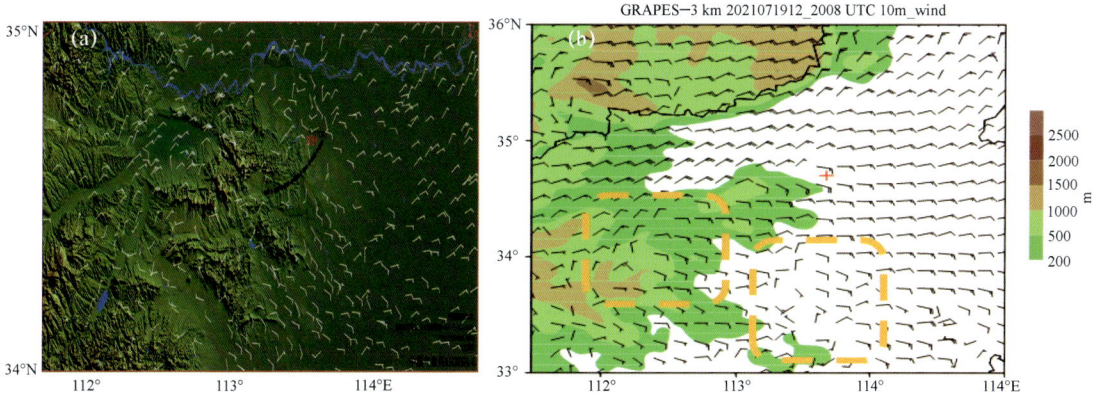

图 12 20 日 16 时地形和地面风场填图(a);19 日 20 时起报的 CMA-MESO 地形和 10 m 风场图(b,十字星代表郑州站)

从卫星红外云图与模式云产品对比(图 13)来看,尽管模式也预报出位于河南北部上空范围较大的对流云团,但预报的对流云图明显漏报了郑州站,这也是造成模式未能预报出极端降水的原因之一。

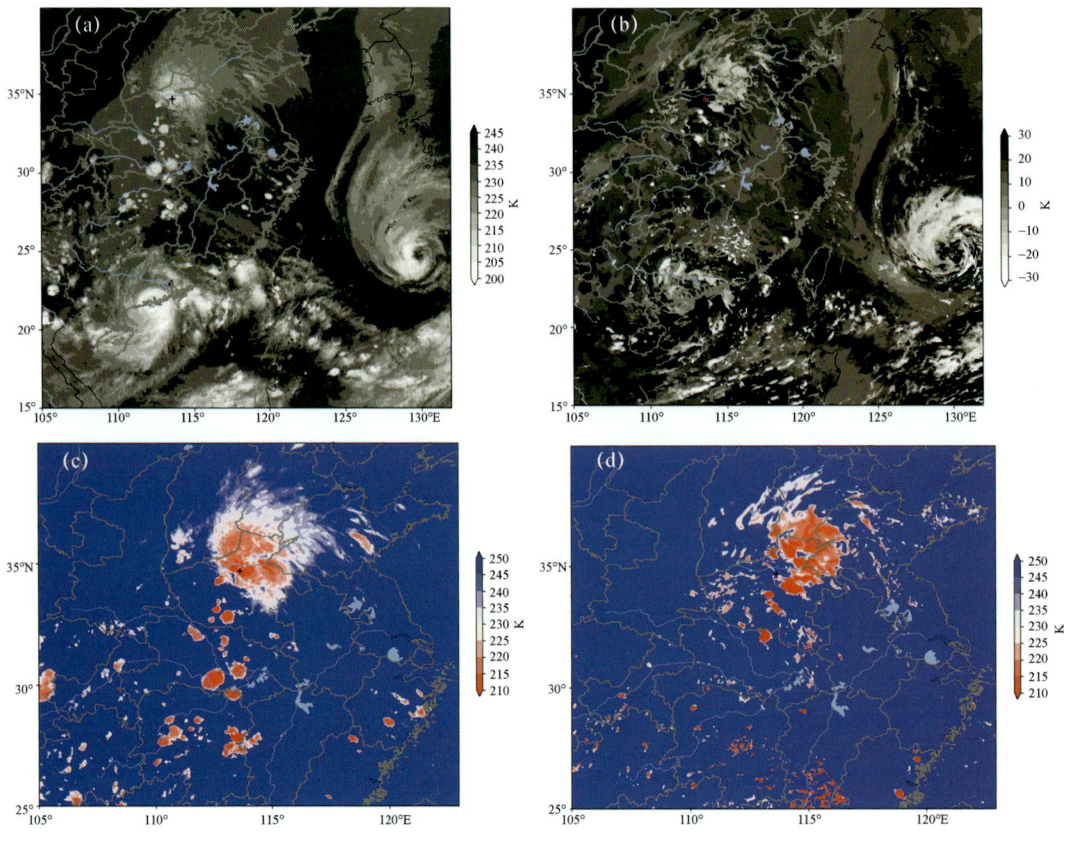

图 13 (a)极端降水发生前 2 h(7 月 20 日 14 时)葵花卫星水汽云图;(b)19 日 20 时起报的 CMA-MESO 水汽通道模拟卫星云图与葵花卫星云图差值;(c)葵花卫星红外云图;(d)19 日 20 时起报的 CMA-MESO 红外通道模拟卫星云图(十字星代表郑州站)

4 总结与讨论

2021 年,中国气象局业务数值预报模式研究和业务应用取得了全面的进步。完成 CMA-GFS V3.1、V3.2 业务升级;3 km 区域模式预报系统 CMA-MESO V5.1 业务化升级;CMA-TYM V3.1 升级;开展冬奥气象服务产品开发,完成 1 km 分辨率 CMA-MESO 快速循环模式系统后处理及产品开发。全球模式和高分辨率区域模式的预报性能都逐年稳步提高。统计检验表明,2021 年全年平均 CMA-GFS 北半球可用预报天数提高到 7.8 天,东亚地区为 8.2 天。2021 年年平均 CMA-MESO 中雨 TS 评分达到 0.18,暴雨达到 0.11。

选取河南"21·7"极端暴雨高影响天气过程,重点对 CMA-GFS 和 CMA-MESO 的预报性能进行了应用分析,结果表明 CMA-GFS 模式提前 5 天预报出了河南暴雨过程,CMA-MESO 提前 12 h 的预报即可有效捕捉强降水特征,在强度及降水雨带特征上与实况较为一致。但 CMA-MESO 模式预报也存在对郑州极端降水漏报的问题,本文对预报偏差进行了诊断分析。模式预报的地面风场辐合位于郑州站偏西和偏南的区域,预报的对流云图明显漏报了郑州站,均是造成模式未能预报出极端降水的原因。

数值天气预报虽然存在不足,但仍然是当前天气预报的主要科技手段,数值天气预报的改进是需要过程的。极端降水预报一直是业务降水预报的难点,需要加强雷达、卫星等多种常规和非常规高时空分辨率观测在数值模式中的应用,有针对性提升全球和区域业务数值预报模式对极端强降水的预报能力,发展集合预报系统,加强中尺度模式及其集合系统的检验评估和应用。根据《"十四五"数值预报业务发展规划2022年度实施方案》,数值预报模式发展和改进计划如下。

(1) 12.5 km分辨率全球天气模式研发

面向CMA-GFS 12.5 km全球天气模式业务化需求,通过对当前CMA-GFS模式动力框架优化升级、Helmholtz大型代数方程高效求解、尺度自适应对流参数化的引入和优化、陆面过程优化升级、云物理方案的改进以及格点尺度地形、湍流尺度地形和次网格尺度地形的一致性表述等方面工作的研究,有效提高CMA-GFS全球模式预报技巧。

(2) 千米/次千米尺度物理过程研发

优化和改进自主研发的双参数云微物理方案中主要冰相微物理过程;开展双参数方案对中国区域典型强对流性降水过程的预报研究。评估城市冠层模式对区域模式预报效果的影响,并根据较新的卫星遥感资料更新城市覆盖资料。高精度陆面静态数据的应用,植被覆盖高分辨率下垫面静态数据集在模式中的应用。

(3) 海洋天气模式发展

开发高分辨率模式台风初始化方案,减小高分辨率模式的SPIN-UP现象。基于台风边界层最新观测数据与分析结果,发展高分辨率台风模式边界层方案重要参数的公式模型,改善热带气旋预报能力。发展高分辨率区域台风及海洋气象海气耦合模式,优化耦合技术和海气交换过程参数化方案;优化全球模式不同海域的热带气旋风压关系计算方案,开展高分辨率全球模式台风预报试验;升级海浪模式,开展高分辨率全球海浪模式预报试验;发展适用于我国近海台风和温带气旋天气过程的风暴潮数值预报模式。

致谢:在成文过程中,程佳佳、黄丽萍等在绘图方面提供了许多支持,在此表示感谢。

参考文献

[1] 陈德辉,薛纪善,杨学胜,等. GRAPES新一代全球/区域多尺度统一数值预报模式总体设计研究[J]. 科学通报,2008,53(20):2396-2407.

[2] 薛纪善,庄世宇,朱国富,等. GRAPES新一代全球/区域变分同化系统研究[J]. 科学通报,2008,53(20):2408-2417.

[3] 杨学胜,胡江林,陈德辉,等. 全球有限区数值预报模式动力框架的试验验证[J]. 科学通报,2008,53(20):2418-2423.

[4] 徐国强,陈德辉,薛纪善,等. GRAPES物理过程的优化试验及程序结构设计[J]. 科学通报,2008,53(20):2428-2434.

[5] 沈学顺,王建捷,李泽椿,等. 中国数值天气预报的自主创新发展[J]. 气象学报,2020,78(3):451-476.

[6] CHEN J,MA Z,LI Z,et al. Vertical diffusion and cloud scheme coupling to the Charney-Phillips vertical grid in GRAPES global forecast system[J]. Q J R Meteorol Soc,2020,146:2191-2204.

[7] CHEN Q Y,SHEN X S,SUN J,et al. Momentum budget diagnosis and the parameterization of subgrid-scale orographic drag in global GRAPES[J]. J Meteor Res,2016,30(5):771-788.

[8] LIU K,CHEN Q Y,SUN J. Modification of cumulus convection and planetary boundary layer schemes in

the GRAPES global model[J]. J Meteor Res,2015,29(5):806-822.

[9] MA Z,LIU Q,ZHAO C,et al. Application and evaluation of an explicit prognostic cloud-cover scheme in GRAPES global forecast system[J]. J Adv Modeling Earth Sys,2018,10(3):652-667.

[10] 苏爱芳,吕晓娜,崔丽曼,等. 郑州"7·20"极端暴雨天气的基本观测分析[J]. 暴雨灾害,2021,40(05):445-454.

[11] Dixon M,Wiener G,1993. TITAN:Thunderstorm identification, tracking, analysis, and nowcasting-a radar-based methodology[J]. J Atmos Oceanic Technol,10(6):785-797.